Biologie et physiologie cellulaires et moléculaires

Transmission des savoirs et préparation aux concours

Licence Maîtrise Doctorat

Biologie

Forêt R., *Réussir le CAPES externe de SVT*, 2e éd.
Gauthier-Clerc M., Thomas F., *Écologie de la santé et biodiversité*
Guégan J.-F., Choisy M., *Introduction à l'épidémiologie intégrative des maladies infectieuses et parasitaires*
Tanzarella S., *Perception et communication chez les animaux*
Thomas F., Guégan J.-F., Renaud F., *Écologie et évolution des systèmes parasités*

Méthodologie

Aimonetti J.-M., *Comment ne pas endormir son auditoire en 30 secondes. La communication orale avec diaporama*
Pochet B., Méthodologie documentaire. *Rechercher, consulter, rédiger à l'heure d'Internet*, 2e éd.

Ivan Couée, **Laurence** Fontaine-Poitou, **Valérie** Guillaume

Biologie et physiologie cellulaires et moléculaires

Transmission des savoirs et préparation aux concours

biologie

CONCOURS DE L'ENSEIGNEMENT

de boeck

Pour toute information sur notre fonds et les nouveautés dans votre domaine de spécialisation, consultez notre site web :
http://www.deboeck.com

Éditions De Boeck Université
rue des Minimes 39, B-1000 Bruxelles

Corrections & Mise en pages : Compo-Méca sarl
Imprimé en Belgique

Dépôt légal : 2010
Bibliothèque nationale, Paris : août 2010
Bibliothèque royale Albert Ier, Bruxelles : 2010/0074/338

ISBN 978-2-8041-3510-2

Remerciements

Nos tout premiers remerciements vont aux étudiants que nous avons eu le plaisir de former, d'encadrer et d'accompagner dans leur choix de projet professionnel. Par leur enthousiasme, leur curiosité, leur travail, leur persévérance, leur remise en cause d'idées reçues, ils ont fortement contribué à nous former nous-mêmes de manière permanente sur le plan des relations humaines et sur le plan éducatif et professionnel. Ce sont les réflexions et les échanges avec eux qui nous ont incités à entreprendre ce travail. Nous remercions ainsi en particulier Yann Renault, Marie-Laure Cadoret, Laurent Economides, Christophe Favrot, Mehdi Guiard, Caroline Roullier, et Antoine Werthe, dont les points de vue sur des questions d'approche des sujets et de méthode de travail ont été pour nous très précieux.

Nous remercions chaleureusement Fabrice Chrétien, Amaury Derand et toute l'équipe éditoriale De Boeck, qui ont accompagné ce projet avec beaucoup d'empathie et beaucoup de rigueur dès ses premiers balbutiements.

Nous tenons à remercier vivement l'ensemble de nos collègues qui, de manière pluridisciplinaire, forment les équipes de formation de la préparation aux concours CAPES-CAFEP et Agrégation externes des Sciences de la Vie et de la Terre, et des filières de licence et maîtrise / master, qui, au cours des dix dernières années, ont si souvent changé de nom (Biologie Générale et Sciences de la Terre et de l'Univers, Sciences de la Vie et de la Terre, Systèmes Biologiques et Géologiques), pour les passionnantes discussions, scientifiques ou organisationnelles, que nous pouvons avoir, et pour l'ambiance générale d'investissement collectif et solidaire qui existe dans ces formations.

De manière plus générale encore, nous remercions l'ensemble de nos collègues et collaborateurs scientifiques, enseignants, enseignants-chercheurs, chercheurs, doctorants, post-doctorants, dont les interventions et les idées partagées quotidiennement sont une source de renouvellement, de réflexion et de progrès. Nous remercions en particulier nos collègues Irène Hummel, Gwenola Gouesbet, Jean-Pierre Gourret, Fanny Ramel, et Cécile Sulmon, dont les travaux et réalisations ont pu servir de source et d'inspiration pour des illustrations. Nous remercions aussi toutes les personnes qui ont bien voulu relire le manuscrit et prendre le temps de nous faire part de leurs remarques judicieuses.

Nous tenons à exprimer toute notre gratitude à nos propres enseignants, qui ont joué un rôle fondamental dans notre passion pour les travaux académiques, dans le développement de nos centres d'intérêt scientifique, et dans notre plaisir à être des passeurs de connaissances et d'idéaux. Nous pensons tout particulièrement à Guy Durliat et à Jean-Claude Ehrhart, de l'École Normale Supérieure de Cachan, et nous saluons le souvenir de Jean Gouranton, de l'Université de Rennes 1.

Nous pensons enfin avec affection et gratitude à nos familles, à nos enfants, et à nos amis pour leurs encouragements, pour leur soutien, et leur patience vis-à-vis de ce travail de longue haleine.

biologie

Préface

Écrire une préface est un exercice agréable… et difficile ! Agréable : comme à un retour de voyage, on se laisse aller à ses impressions, à ses souvenirs, on les rassemble, les trie, les organise, prêt à les livrer à ceux que le voyage tente. Et difficile : l'auteur de la préface doit concilier la présentation de l'ouvrage, sa promotion et sa critique ! Tout à la fois guide touristique, boniment de champ de foire et rapport de gendarmerie, une préface peut être, plus simplement et plus sérieusement, la main amicale de celui qui a lu un livre à celui qui va le lire.

C'est cette main amicale que je tends au lecteur, non à un lecteur qui lirait pour son seul plaisir quelque roman frivole, mais à un lecteur qui se prépare à passer un concours de l'enseignement. Pressé, submergé, pragmatique donc, ce lecteur s'interroge : « Ce livre m'est-il utile ? M'est-il indispensable ? » Indispensable : non ! Seul le propre travail du candidat est indispensable. Utile : à coup sûr ! On ne peut être autodidacte en tout ; on peut beaucoup découvrir par soi-même, mais la perte de temps et l'efficacité incertaine d'une pareille démarche, aussi nécessaire et courageuse soit-elle, la rendent inopportune en ce temps de préparation longue et intense. Utile, cet ouvrage l'est : il offre à l'étudiant, au candidat, en un mot au lecteur, une aide précieuse, une aide « par l'exemple », lui montrant, par des sujets corrigés, comment on peut traiter telle ou telle question, à l'écrit ou à l'oral.

Cet ouvrage est doublement original. D'abord, réunissant dans une même perspective biologie et physiologie, il intègre les dimensions moléculaire et cellulaire du Vivant, permettant ainsi une compréhension des structures et fonctions qui sous-tendent la Vie dans leur globalité et dans leur relation avec l'environnement. Ensuite, il propose une méthodologie de l'exposé scientifique, tant écrit qu'oral : le lecteur apprend ainsi le savoir-lire, le savoir-écrire et le savoir-dire de la Science, ici de la biologie et de la physiologie moléculaires et cellulaires.

Chaque question étudiée, judicieusement choisie, est l'objet d'une synthèse remarquable, où la clarté le dispute à la précision, la qualité du texte à l'abondance et la variété des illustrations. Mais au-delà du sujet corrigé, de la monographie complète, chaque synthèse se donne en exemple à d'autres questions qui, si elles ne sont pas traitées intégralement, sont néanmoins largement évoquées dans l'ouvrage. Le lecteur apprend, par les sujets traités, les méthodes d'exposé qu'il appliquera avec profit à d'autres sujets. Il est intéressant que, pour chaque dissertation, d'autres « fils conducteurs », d'autres angles de vue que celui retenu, soient proposés, qui permettent, comme le photographe tourne autour de l'objet photographié pour le montrer sous des jours différents, au lecteur de l'aborder d'autres manières, privilégiant ainsi certains aspects spécifiques ou indiquant une perspective différente, plaçant un autre point de fuite, offrant un autre éclairage. « Discours sur la méthode » – clin d'œil des auteurs au philosophe – et, sans nul doute, « Méthode sur le discours » – clin d'œil du préfacier aux auteurs.

Ami lecteur, je puis à présent te quitter et te laisser en compagnie d'un ouvrage qui te fera faire les pas nécessaires sur le chemin que tu t'es tracé, à la rencontre du jury de concours, et plus encore de la Science, dans sa rigueur et sa beauté, ferments de la curiosité et de la réflexion scientifiques du futur enseignant.

On ne digère bien que ce qu'on a avalé avec appétit… Puissé-je, ami lecteur, t'avoir mis l'eau à la bouche…

Christian Moussard

biologie

Avant-propos

La recherche scientifique et sa diffusion au sein des milieux scientifiques (revues scientifiques classiques, revues scientifiques en ligne, conférences), ou en interaction avec le grand public (médias généralistes, radios, télévisions), sont en croissance exponentielle. Cette croissance a fait émerger de plus en plus de nouvelles situations de transmission des savoirs scientifiques, par écrit ou oralement, dans un cadre académique, scolaire ou universitaire, ou extra-académique. En même temps, de nombreux indicateurs font état d'une désaffection des nouvelles générations pour les domaines et les carrières scientifiques.

Dans un tel contexte, les professeurs des collèges et des lycées jouent un rôle fondamental de transmission des méthodes et des savoirs scientifiques, ce qui inclut la lecture et l'analyse critique de documents et de résultats scientifiques, la synthèse et la comparaison de contributions scientifiques de nature diverse (livres académiques, articles scientifiques, données primaires), la rédaction de synthèses écrites, et l'expression orale de ces travaux de synthèse. Outre ce travail de transmission de méthodologies et de savoirs académiques, le professeur et/ou le conférencier constituent des éléments clés dans la notion de plaisir d'apprendre, d'explorer et dans la découverte d'une passion pour une discipline.

Ce travail de transmission démarre dès la préparation des épreuves de concours de l'enseignement (écrits du CAPES-CAFEP, écrits de l'agrégation, épreuves de travaux pratiques de l'agrégation, leçons du CAPES-CAFEP, leçons de l'agrégation), au cours desquelles les capacités de transmission sont évaluées. Il se poursuit tout au long de la carrière, et peut s'étendre à des activités hors du cadre du collège ou du lycée, par exemple dans les structures, de plus en plus nombreuses, d'interface science-grand public.

Dans le domaine de spécialités qui est le nôtre, à savoir la biologie et la physiologie cellulaires et moléculaires, pour lequel nous avons une expérience concrète de recherche et/ou d'enseignement, aux différents niveaux universitaires (Licence-Master-Doctorat : LMD) et de préparation aux concours de l'enseignement (cours, travaux dirigés, travaux pratiques, organisation de concours blancs, encadrement de leçons), **notre objectif est de traiter, par des exemples concrets et originaux,** non-publiés et distincts des exemples des annales et des rapports de jury de concours, les points suivants :

(I) **comment analyser** :

- une question scientifique (épreuve écrite de type dissertation, épreuve orale de type leçon magistrale)
- un jeu de documents et de données expérimentales (épreuve écrite sur documents, épreuve orale de type leçon de spécialité)

(II**) comment organiser et construire un plan,** ou différents plans, à partir de cette analyse

(III) **comment,** dans le cas des analyses de données, **exprimer des interprétations** en accord avec la pertinence des résultats

(IV) **comment mener la rédaction des points-clés d'une dissertation** (introduction, problématique, transitions, conclusion) ou **d'une leçon** (introduction, problématique, transitions, conclusion).

Les sujets traités et les documents analysés seront systématiquement placés dans **une logique intégrative** faisant appel à des connaissances et à des notions transversales couvrant et comparant des modèles biologiques différents (procaryotes, eucaryotes, cellule animale, cellule végétale, cellule fongique). Les différentes parties :

- partie 1 : construire un écrit,
- partie 2 : analyser des documents scientifiques expérimentaux,
- partie 3 : construire un oral illustré,

suivront ainsi cette logique, en utilisant des thématiques traitant de développement cellulaire, de métabolisme cellulaire, de physiologie cellulaire, de régulations, d'interactions cellule-environnement et de pathologies cellulaires.

Ces démarches d'exercice sur des questions de dissertation et de problème associées aux concours de l'enseignement seront utiles **à toute personne préparant des concours** avec des épreuves de biologie et physiologie cellulaires et moléculaires : CAPES-CAFEP et Agrégation externes des Sciences de la Vie et de la Terre, CAPES et Agrégation internes des Sciences de la Vie et de la Terre, CAPET externe et interne de Biotechnologies, Agrégation externe et interne de Biochimie, Génie Biologique, concours d'entrée dans les écoles d'ingénieurs, concours d'entrée B des écoles d'ingénieurs. L'ensemble des exemples qui sont traités dans les trois parties est issu de questions posées en conditions réelles de préparation et de formation d'étudiants préparant ces concours. Il s'agit donc de travaux qui ont été confrontés aux capacités réelles de réponse des étudiants agrégatifs ou préparant le CAPES, ainsi qu'à leurs remarques et à leurs suggestions. Grâce au cadre universitaire, nous avons en effet la chance de pouvoir mettre en œuvre **une pédagogie**

multi-directionnelle faite de rencontres des points de vue et d'échanges des idées entre les enseignants et les élèves-enseignants. Nous avons essayé de faire transparaître dans cet ouvrage cette pédagogie multi-directionnelle.

Ainsi, nous l'avons déjà indiqué, il ne s'agit pas d'exemples de résolution de sujets déjà donnés aux concours, tels que pourrait le proposer un livre d'annales. Les sujets proposés, tout en étant très proches des thématiques des sujets réels des concours, cherchent aussi à susciter **une réflexion intégrative** qui manque parfois dans la structure même du système éducatif et universitaire, et qui pose souvent un problème réel aux étudiants, même lorsqu'ils sont conscients de son importance.

Cet ouvrage n'a pas non plus l'ambition d'être un manuel exhaustif et disciplinaire de biologie et physiologie cellulaires et moléculaires. L'accent étant mis sur les approches, les méthodes et la réflexion, certains thèmes pourront être traités de manière complète, dans le style d'un chapitre de manuel scientifique, tandis que d'autres thèmes feront l'objet d'un traitement sous forme de lignes directrices et d'exemples significatifs. Comme les questions de dissertation ont par essence une vocation de réflexion et d'intégration de thèmes que les manuels scientifiques traitent généralement dans des chapitres distincts, certains points, certaines sections, ou certaines figures pourront avoir un intérêt pour plusieurs sujets. Ces recoupements ou ces références croisées ne seront généralement pas répétés, mais seront clairement indiqués dans les sections concernées.

Nous avons fait le choix d'ancrer nos analyses dans le cadre bien défini et rigoureux des concours de l'enseignement. Mais la rigueur et les enjeux de ces situations de concours ont, à notre avis, **un intérêt plus large pour toute personne amenée à réaliser un travail d'analyse et de synthèse scientifiques dans ces domaines d'étude**, à savoir non seulement pour les étudiants impliqués dans les filières universitaires à vocation de recherche, où le travail de restitution des recherches demande une bonne capacité de synthèse, de clarté et de présentation, mais également pour toute personne impliquée dans la communication scientifique, écrite ou orale.

Nous nous attacherons par conséquent à montrer l'intérêt de ces démarches de préparation aux concours dans un cadre plus ouvert. Cette ouverture de la préparation des concours de l'enseignement, CAPES et Agrégation, vers des activités générales de transmission des savoirs se reflète d'ailleurs dans la diversité des fonctions et des tâches scientifiques, culturelles, sociétales, administratives, que les titulaires de ces concours assument dans le cadre de débouchés professionnels autres que les postes de professeur de lycée ou de collège, ou bien, en parallèle, ou en plus, de leur travail de professeur de lycée ou de collège.

L'accent étant mis sur **la rigueur de l'analyse et la logique de construction des plans**, la structure des plans est mise en valeur, et la rédaction finalisée des textes est plus ou moins développée en fonction des sujets traités. Les différents chapitres seront donc souvent présentés sous la forme d'un plan principal développé, suivi parfois de structures non-développées de plans alternatifs, plus ou moins distincts du plan principal. D'autre part, suivant les chapitres et les sujets, l'accent sera mis sur les illustrations ou bien sur les commentaires écrits. Certains passages importants, tels que les introductions ou les conclusions, seront cependant rédigés complètement dans la plupart des cas. Nous pensons que cette diversité de traitement des plans et de l'équilibre entre les illustrations et les textes servira à donner au lecteur une idée de la liberté et de l'originalité qu'il est possible de déployer dans le traitement d'un sujet donné. Enfin, certaines thématiques de la première partie, correspondant à une forte actualité scientifique, seront traitées de manière très détaillée.

Pour rendre la lecture de l'ouvrage la plus aisée possible, **de nombreuses illustrations** sont données, **certains mots-clés sont indiqués en gras, un index et un glossaire** sont fournis. De plus, certains points sont traités sous forme d'encadrés. Enfin, pour des raisons de clarté de lecture, les abréviations ont été utilisées avec parcimonie. La signification des abréviations souvent utilisées est donnée dans le glossaire final.

Les références bibliographiques intègrent des informations tirées d'ouvrages de synthèse de référence, souvent d'ailleurs présents sur les listes bibliographiques des concours de l'enseignement, des articles de synthèse, et des articles de recherche, provenant des journaux scientifiques, en français ou en anglais. La bibliographie est organisée par type d'ouvrages : elle pourra servir à approfondir les connaissances et à prendre conscience du cheminement qui va des résultats de recherche aux synthèses comparatives et critiques. Dans le cas des étudiants préparant des concours, en particulier les concours de l'enseignement, le travail de préparation doit s'accompagner d'une analyse systématique et approfondie de la liste des ouvrages mis à la disposition des candidats. **Pour cette raison, une partie significative des illustrations utilisées provient de livres qui sont inscrits dans la liste d'ouvrages de l'Agrégation externe de Sciences de la Vie – Sciences de la Terre et de l'univers et qui nous paraissent particulièrement importants.** La connaissance, l'analyse, la maîtrise et l'utilisation de l'iconographie des ouvrages de la liste bibliographique des concours doivent faire partie intégrante du travail de préparation des étudiants. Il peut être ainsi extrêmement intéressant, pour un domaine ou un sujet donné, de comparer les iconographies de différents ouvrages.

Malgré l'évolution et l'augmentation constantes des connaissances et des recherches, notre ouvrage est fondé avant tout sur un socle solide de notions reconnues et validées. Les informations qui sont encore le sujet de débat ou de discussion seront indiquées comme telles. Les questions de vocabulaire et d'orthographe ont été systématiquement résolues à l'aide du Trésor de la langue française informatisé (TLFI), dictionnaire en ligne élaboré par l'Université de

Nancy 1 et le Centre national de la recherche scientifique. Toutefois, malgré toute notre attention, il est possible que des imprécisions ou des erreurs se soient involontairement glissées dans ce livre. La parution d'un livre peut être aussi un temps et un espace d'échanges et de rencontres, en particulier dans le cas de cette catégorie d'ouvrages, où les lecteurs-étudiants, dans leur travail d'apprentissage, sont amenés à faire une analyse comparative et approfondie de leurs livres d'étude. **Toute remarque, tout commentaire, toute suggestion, ou toute indication de correction qui pourrait être apportée seront les bienvenus.**

Table des matières

Introduction

Les termes de biologie et de physiologie font parfois implicitement référence à une dichotomie d'étude et d'approche entre les structures et les fonctions, ou entre la diversité, écologique et évolutive, des structures et l'unité biochimique des fonctions. Les progrès conceptuels et technologiques des vingt dernières années permettent cependant de ne plus dissocier structure et fonction, ou de ne plus dissocier diversité et fonction.

Ainsi, de nombreuses méthodes, telles que l'hybridation *in situ* ou l'analyse de constructions promoteur : gène rapporteur dans des organismes génétiquement modifiés, permettent maintenant d'associer les informations fonctionnelles, et donc par définition physiologiques, aux informations structurelles.

Il est donc nécessaire d'associer étroitement biologie et physiologie.

Pour des raisons analogues, il est difficile maintenant de dissocier l'échelle moléculaire et l'échelle cellulaire, dans la mesure où les techniques actuelles permettent de détecter rapidement et efficacement **les niveaux moléculaires dans les problèmes cellulaires**, ou, réciproquement, de considérer ou de reconstruire **les niveaux cellulaires à partir des données moléculaires.**

Les quinze dernières années (Tableau 0.1) ont même vu se développer à un degré sans précédent **la systématisation haut-débit des analyses biochimiques et moléculaires**, avec l'émergence d'analyse massive des génomes, des transcrits, des protéines, et des métabolites, aboutissant au séquençage complet de plusieurs milliers de génomes, à la découverte d'interactions et de réseaux entre les transcrits (transcriptomes), entre les protéines (protéomes), entre les métabolites (métabolomes), et entre ces différentes classes biologiques (interactomes). Ainsi, alors que l'analyse de quelques gènes-candidats permettait difficilement de passer à l'échelle intégrée de la cellule ou de l'organisme, **l'analyse parallèle de tous les transcrits, de toutes les protéines, ou d'un grand ensemble de métabolites, dans un type cellulaire ou dans un organisme, permet de révéler des ensembles coordonnés ou des interactions qui ont un rapport relativement direct avec le fonctionnement de la cellule ou de l'organisme.**

Tableau 0.1 Quelques étapes majeures de la systématisation de l'analyse des génomes
[I. Couée, d'après diverses sources]

Année	Découverte ou réalisation	Chercheurs ou structures
1953	Structure de l'ADN	Francis Crick Rosalind Franklin James Watson Maurice Wilkins
1961	Code génétique	Marshall Nirenberg Har Gobind Khorana
1975	Séquençage de l'ADN par la méthode de terminaison de chaîne	Frederick Sanger
1985	Projet de séquençage du génome humain	Human Genome Project
1995	Séquençage complet des premiers génomes procaryotes	Craig Venter
1995	Analyse transcriptomique par hybridation sur puce à ADN	Patrick O. Brown
1997	Commercialisation des séquenceurs capillaires	Applied Biosystems
2000	Séquençage complet du génome de la plante *Arabidopsis thaliana*	Arabidopsis Genome Initiative
2000	Séquençage complet du génome de la drosophile	Drosophila genome project
2001	Séquençage complet du génome humain	Human Genome Project
2004	Séquençage en masse du métagénome de la mer des Sargasses	Craig Venter
2005	Commercialisation des séquenceurs de masse par pyroséquençage	454 Life Sciences Roche Diagnostics

Les procédés d'analyse haut-débit sont aussi depuis quelques années l'occasion de dépasser le cadre de quelques organismes modèles, tels que l'ont été, pour les eucaryotes, la levure, le nématode *Caenorhabditis elegans*, la drosophile, la souris, ou la plante *Arabidopsis thaliana*, pour aborder frontalement les structures génétiques et les fonctionnements moléculaires de nombreuses autres espèces, d'intérêt non seulement médical, agronomique, ou biotechnologique, mais aussi évolutif ou écologique. L'obtention d'un très grand nombre de génomes d'espèces différentes a ouvert la voie de la **génomique comparative** à grande échelle, renouvelant la phylogénie moléculaire et permettant d'ancrer les études fonctionnelles dans un contexte évolutif. Enfin, le développement des techniques d'extraction et d'échantillonnage a permis d'envisager des études génomiques directes d'échantillons environnementaux, et de faire émerger une **génomique environnementale** découvrant ainsi une biodiversité et des fonctions insoupçonnées dans l'environnement, ou permettant l'étude concomittante de communautés d'organismes, en particulier de micro-organismes, que ce soit dans des **écosystèmes d'intérêt médical**, comme l'intestin, ou dans des **écosystèmes d'intérêt écologique et planétaire**, comme les écosystèmes marins.

Ainsi, grâce à l'ensemble de ces techniques haut-débit, on peut envisager des intégrations jusqu'ici impossibles à réaliser, non seulement entre **biologie et physiologie**, mais aussi entre **biologie cellulaire et biologie évolutive**, entre **biologie moléculaire et biologie des populations**, ou entre **biologie moléculaire et écologie**. De telles intégrations vont prendre de plus en plus d'importance dans les années à venir.

Ces **perspectives d'intégration** ont souvent structuré notre réflexion sur les sujets proposés dans cet ouvrage. Comme il s'agit de développements très récents, il était cependant difficile d'en faire la démonstration précise, par exemple en décrivant les méthodes utilisées. Ces perspectives d'intégration sont donc plutôt mentionnées dans les introductions, les conclusions ou les transitions.

De manière générale, les questions de méthodes et de technologies sont mentionnées dans les différents chapitres, mais ne sont pas traitées dans le détail, tel que cela peut être fait dans un manuel de biochimie ou de physiologie. **Une bonne connaissance des techniques de la biologie cellulaire, de la biologie moléculaire, de la biochimie et de la génétique est un pré-requis pour bien comprendre cet ouvrage**. Les chapitres initiaux de méthodes des grands manuels classiques de la biochimie et de la biologie moléculaire (Alberts, Lehninger, Stryer, Zubay, etc ...) sont donc des passages obligés de lecture et d'étude. Le passage à l'échelle globale des méthodes –omiques peut être vu comme un simple processus de systématisation, même si les technologies sous-jacentes sont extrêmement complexes. Il faut souligner cependant qu'il est un domaine spécialisé, la **bio-informatique**, dont le développement a joué un rôle essentiel pour l'analyse des génomes, qui est donc sous-jacent à toutes les études génomiques, mais qui reste quasiment passé sous silence dans les manuels généraux actuels.

Les chapitres de cet ouvrage sont avant tout des **synthèses** sur des sujets devant faire appel à différents domaines de la biologie et de la physiologie cellulaires et moléculaires. L'objectif de cet ouvrage n'étant pas d'être un manuel exhaustif de biologie et physiologie cellulaire et moléculaire, une bonne connaissance des chapitres classiques de ces disciplines est aussi un pré-requis. Enfin, nous avons pris la liberté, **dans le cadre des approches et des méthodes à transmettre pour réaliser des synthèses**, à donner plus d'accent et plus de détails pour certains sujets qui nous sont apparus comme cruciaux, en tant qu'exemples d'avancées récentes, ou en tant qu'exemples de thématiques susceptibles de développement important dans un avenir proche. Ces chapitres traités en détail servent ainsi de chapitres ressources pour des illustrations pouvant être utiles à plusieurs sujets et qui sont ainsi référencées dans d'autres chapitres moins développés.

En relation avec les arguments exposés ci-dessus sur l'étude des génomes et sur l'intégration cellulaire fonctionnelle, au sein de l'organisme ou en relation avec l'environnement, nous avons très fortement développé les thèmes suivants :

- **la caractérisation des génomes et de leur fonctionnement** (Partie I, chapitre 4.2) ;
- **les assemblages supramoléculaires, les compartiments et leur intégration cellulaire** (Partie I, section 3.1) ;
- **les relations cellule-environnement et les mécanismes de transduction de signal** (Partie I, section 5.1).

Ces thèmes sont développés en détail dans des chapitres de la partie I, consacrés à la construction de la synthèse écrite. De manière générale, l'utilisation du livre comme moyen de communication nous a amenés à privilégier le développement de cette première partie sur l'écrit.

Il aurait par contre été périlleux de proposer des rédactions complètes des commentaires de leçon, en contradiction avec la transmission orale inhérente à cet exercice. Cependant, les chapitres des parties 2 et 3 font aussi écho aux grands thèmes du fonctionnement des génomes (Partie 3, chapitre 3), de l'intégration des compartiments cellulaires (Partie 2, chapitre 2), et de la transduction de signal (Partie 2, chapitre 3).

biologie

Partie I

Construire un écrit : la dissertation et l'article

biologie

Chapitre 1

Discours sur la méthode

L'objectif de ce chapitre est de réaliser une **dissertation illustrée à partir d'un sujet** posé par un jury, ou de rédiger un manuscrit d'article dans le style de la **synthèse bibliographique**. Les détails techniques liés aux problèmes spécifiques des concours ne sont pas traités ici de manière exhaustive. Le lecteur peut, à ce sujet, se référer directement aux rapports des jurys de concours, qui sont librement disponibles sur les sites officiels des jurys de l'Agrégation (http://pedagogie.ac-limoge.fr/agreg-stu) et du CAPES des Sciences de la Vie et de la Terre (http://svt-capes.scola.ac-paris.fr/).

1.1 Le sens des mots : lire et analyser le sujet

Le premier contact avec un sujet de concours est une simple lecture du libellé, des mots employés et de leurs relations. Cette première lecture doit déboucher sur une analyse presque linguistique des mots et des expressions utilisés, en faisant particulièrement attention aux **définitions des termes clés,** que l'on peut écrire explicitement sur une feuille de brouillon, à la précision des termes utilisés, et à l'utilisation de tel ou tel terme, en particulier lorsque plusieurs synonymes sont couramment employés dans le discours scientifique. Il ne faut pas négliger non plus d'**analyser les mots de liaison**, tels que les conjonctions de coordination et les prépositions, pour comprendre la portée du sujet.

Certains libellés de sujet de concours comportent des indications de **limitation du sujet.** Dans le cas d'un sujet de synthèse que l'on choisit soi-même de traiter, il convient aussi de s'interroger sur les limites que l'on veut se donner.

1.2 Mobiliser ses connaissances : brain-storming

Une fois que le cadre et l'analyse du sujet ont bien été assimilés, il est important de se lancer dans un brain-storming personnel.

Dans la situation contraignante du concours, ce brain-storming doit être rapide, mais il ne faut pas qu'il soit superficiel. Il faut absolument **« griffonner » de deux à quatre pages d'idées,** d'inspirations, sans trop faire de tri, et même en acceptant certaines idées d'apparence saugrenue. De telles idées, réfléchies à nouveau et re-travaillées, peuvent être la source d'un plan original, ou bien d'idées originales d'introduction ou de conclusion.

> Dans une situation de rédaction d'article, avec moins de contraintes de temps et d'espace, il peut être aussi intéressant de se détacher de l'environnement bibliographique, et de prendre le temps de rédiger des notes de brain-storming personnel, qui devront permettre de trouver un cadre original où replacer toute la diversité et la quantité d'informations bibliographiques.

À ce stade préliminaire du travail, **l'esprit d'ouverture et d'interdisciplinarité** peut être important, en essayant de faire tomber dans son esprit des barrières intellectuelles, qui proviennent souvent de l'organisation des enseignements universitaires en disciplines séparées et quasi-étanches. Il faut noter que certaines filières, dont les filières de type sciences de la vie ou de la terre, ou systèmes biologiques et géologiques, maintiennent un effort d'intégration de champs disciplinaires, en particulier entre biologie, écologie et géologie.

Les étudiants préparant les concours de l'enseignement doivent prendre conscience de cette richesse de leur formation et mettre en valeur le plus possible **les interfaces** qu'ils sont capables de construire, suivant en cela une tendance forte de la recherche scientifique mondiale : interface biologie moléculaire – biologie évolutive, interface biologie moléculaire – écologie, interface biologie – géologie. Ainsi, dans des sujets concernant la photosynthèse, les étudiants de ces filières devraient être les premiers à développer des considérations sur le contexte géologique de la sélection de la photosynthèse de type C4. Le corollaire de cette remarque est qu'on attend de ces étudiants une très forte culture scientifique, la capacité à intégrer des domaines scientifiques très larges, mais aussi la capacité à ne pas faire d'erreurs scientifiques dans ces domaines variés. Ils doivent savoir extraire de leur formation pluridisciplinaire les grandes structures qui charpentent la biologie contemporaine, à savoir la biochimie et la biologie moléculaire, comme base universelle du fonctionnement des organismes, et la théorie synthétique néodarwinienne, comme base explicative de l'évolution des systèmes biologiques.

Cet esprit d'ouverture et d'interdisciplinarité peut être utile à tous les niveaux du travail qui va suivre, mais particulièrement pour la rédaction de la conclusion et de ses perspectives. Ainsi, il est toujours très enrichissant de chercher à replacer des mécanismes cellulaires et moléculaires dans un cadre évolutif.

1.3 Cartographier son voyage d'écriture : construire un plan

Le travail de dissertation en temps limité et dans un espace limité ne permet pas de réaliser une monographie exhaustive du sujet proposé. Certaines contraintes d'espace s'appliquent aussi bien sûr à la plupart des rédactions d'articles synthétiques. Étant donné cette impossibilité pratique de l'exhaustivité ou de la monographie, il est essentiel de **présenter les connaissances dans le cadre d'une problématique, d'une question, d'un questionnement**, ou d'un nombre restreint de problématiques, de questions, de questionnements, auxquels on répond étape par étape, et qu'on illustre par des exemples précis et bien choisis.

L'étape préliminaire est une étape **de structuration des idées et des connaissances**, dans leur diversité et leur incohérence apparente, **autour d'un axe fort.** Dans ce travail de structuration, il ne faut pas craindre de penser à des idées structurantes personnelles et originales. En effet, tout sujet de concours, toute thématique, peuvent être traités, sur la base d'un corpus commun de connaissances et d'informations, de manières très différentes et personnalisées, soit par des plans et des fils conducteurs variés, soit par des modes de présentation ou de progression, qui mettent l'accent sur tel ou tel aspect, ce qui, toutes proportions gardées, peut se comparer à des différences d'interprétation musicale à partir d'une même partition.

Nous avons essayé dans certains chapitres de montrer cette variété possible des plans en proposant un plan central détaillé et en donnant en parallèle d'autres interprétations et d'autres expressions possibles de ce plan.

La prise de conscience individuelle qu'**un sujet peut être traité de différentes manières**, toutes aussi justifiées les unes que les autres, est essentielle pour l'étudiant rédigeant sa dissertation, ou pour l'auteur scientifique rédigeant un article de synthèse. Cette prise de conscience est un moteur extrêmement important pour donner la motivation d'avancer dans le travail de rédaction et le goût de convaincre le lecteur. Elle est relativement naturelle et spontanée dans le cas de l'auteur d'article, qui l'assume par le fait même de signer ou co-signer son travail. L'étudiant rédigeant son travail de dissertation doit aussi assumer une telle prise de conscience.

Dans le cadre d'un sujet de concours, la structuration des idées et des connaissances doit se faire autour d'un **plan apparent composé de plusieurs grandes parties et de sous-parties. Le nombre de ces grandes parties reste à l'appréciation de l'étudiant, et peut varier de 3 à 5, voire exceptionnellement 6,** selon les contraintes de temps, l'organisation personnelle du contenu et la nécessité de présenter des parties équilibrées. La conception de plans en deux parties, bien qu'envisageable, se révèle souvent maladroite, car pouvant contribuer à mettre en opposition de façon trop marquée les contenus de ces parties.

Si vraiment, pour des raisons de blocage mental, ou pour des raisons de stress, l'étudiant se trouve à court d'idée pour la construction d'un plan, il pourra toujours démarrer le travail de rédaction en structurant ses connaissances autour d'un plan tiré simplement des sous-parties ou des mots-clés du sujet proposé. On en revient donc au point précédemment traité de l'analyse linguistique et grammaticale du sujet. Il faut par contre totalement **éviter toute forme de plan qui ressemble à un catalogue ou à une « collection de timbres »**, que ce soit un catalogue de dates historiques, un catalogue de phyla, un catalogue de types cellulaires ou un catalogue de situations physiologiques.

1.4 Invitation au voyage : l'introduction

L'auteur de la dissertation ou de l'article doit **donner au lecteur la motivation et le goût de démarrer la lecture** et de continuer sa lecture **avec plaisir et intérêt**.

Dans une introduction, **la première phrase doit éveiller la curiosité du lecteur** tout en suggérant la thématique générale du sujet. Il est ainsi possible de commencer par un fait établi ou une analyse historique majeure. Des **aspects d'histoire des sciences** peuvent souvent être présentés ; il faut alors bien faire la distinction entre l'essentiel (par exemple, la succession des découvertes en génétique réalisées par Charles Darwin, Gregor Mendel, Thomas Morgan, Oswald Avery, James Watson, et Francis Crick) et l'anecdotique. La première phrase peut aussi faire référence à **un problème actuel** qui interpelle la communauté scientifique, ou à une découverte récente qui remet en cause ou valide des concepts, des théories ou des modèles importants.

Une fois le prélude de la première phrase achevé, il faut nécessairement **présenter le sujet**, **définir ses termes** et préciser quels seront les **modèles d'études biologiques** considérés dans l'exposé (modèle eucaryote, modèle procaryote ...). À ce stade, il ne faut pas hésiter à **justifier une prise de position** par rapport à une partie du sujet que l'on peut décider de ne pas traiter, tout en évitant bien sûr toute situation d'inadéquation par rapport au thème central du sujet. Le lecteur ne doit pas démarrer la lecture en se demandant constamment pourquoi tel point n'est pas traité. Cette prise de position nécessite toutefois de développer les bons arguments qui justifient clairement la mise à l'écart de certaines questions.

L'étape suivante dans la rédaction de l'introduction est de **poser la problématique,** c'est-à-dire **énoncer un ensemble restreint de questions et de problèmes** suggérés par le sujet. La formulation de cette problématique peut se faire sur le mode interrogatif qui a l'avantage d'interpeller plus directement le lecteur.

La dernière partie de l'introduction consiste en une **annonce de la logique du plan**. Le lecteur doit comprendre la démarche qui sera suivie pour répondre à la problématique. Ainsi, en quelques phrases, il faut suggérer les grandes étapes du raisonnement sans forcément entrer dans le détail du plan.

1.5 Savoir écrire pour donner le goût de lire : clarté et concision de l'expression écrite

Une fois que la problématique, l'idée centrale, le fil conducteur et le plan sont annoncés à la fin de l'introduction, il faut avoir en tête que le travail sera lu par un vrai lecteur, en chair et en os, et notamment par un membre du jury du concours visé. Comme le faisait remarquer le romancier anglais Anthony Trollope, « Of all the needs a book has, the chief need is that it be readable » (« **De tous les critères qu'un livre doit remplir, le critère essentiel est qu'il soit lisible** »). C'est vrai d'un livre, c'est tout aussi vrai d'un article, et c'est encore vrai pour une dissertation ou une copie d'examen.

La qualité de la rédaction est ainsi essentielle à la compréhension de l'exposé. L'orthographe et la grammaire doivent évidemment être irréprochables. Le discours doit être **clair, concis et précis**. Il faut en particulier s'attacher à utiliser un **vocabulaire scientifique adapté**.

La mise en place d'un plan logique, avec un fil conducteur doit normalement permettre une progression de la pensée de l'auteur, et en reflet, une progression de la pensée du lecteur. Ainsi, **les transitions** qui permettent le passage d'une partie à l'autre doivent souligner avec facilité cette progression. La difficulté à rédiger des transitions, ou la tentation d'écrire des transitions qui n'apportent rien au contenu du travail (« Et maintenant, nous allons voir... », « Voyons maintenant un autre rôle ...), peuvent être le signal d'alerte que le plan n'a pas été suffisamment construit.

De même, **les titres doivent être informatifs** et montrer une relation claire avec le plan choisi et avec les mots-clés du sujet traité. **À la lecture de chaque titre, le lecteur doit ressentir une relation, explicite ou implicite, avec les mots-clés du sujet**. Une série de titres de qualité peut même, dans certains cas, suffire à maintenir l'attention du lecteur, et ainsi, jouer le rôle de transitions.

Enfin, éviter l'écueil de paragraphes purement descriptifs au profit du développement d'arguments permet de fournir des clés de compréhension du sujet et de sa problématique. Cet argumentaire structuré repose notamment sur des aspects expérimentaux.

1.6 Importance centrale des méthodes d'étude et des approches expérimentales

Sous la contrainte du manque de temps ou d'espace, les méthodologies sont souvent mal traitées ou tout simplement oubliées dans les dissertations de concours. C'est une grave erreur dans un sujet de biologie, quel que soit le domaine biologique qui est considéré. Il y a de plus des méthodes générales d'histologie, de biologie moléculaire, de biochimie, et actuellement de type –omique (génomique, transcriptomique, protéomique, métabolomique) qui forment un socle commun de méthodes qui sont appliquées à tous les processus cellulaires.

Il est important à l'heure actuelle de **posséder une très bonne culture générale sur ces méthodologies,** et de les mentionner de manière opportune, même simplement en termes généraux.

Il est aussi essentiel de **savoir présenter des connaissances et des informations de manière démonstrative** (preuves expérimentales, preuves scientifiques) **et critique** (doute cartésien et académique), plutôt que d'asséner des connaissances de manière dogmatique ou comme des vérités naturelles et universelles.

Il faut donc penser sans cesse à décrire des méthodes, des stratégies, des approches expérimentales. Il ne s'agit pas de rendre compte des détails de protocoles expérimentaux, mais de savoir donner des principes de méthodes.

1.7 Savoir illustrer : les schémas et leur intégration dans le texte

La complexité des interactions et des régulations en biologie cellulaire impose absolument l'utilisation de **schémas synthétiques et illustratifs** pour expliquer un processus. Dans le cas d'un concours en temps limité, ces schémas sont nécessairement réalisés de manière artisanale (tracés et couleurs aux crayons et aux stylos). C'est une contrainte très forte qui doit être vécue de manière positive pour atteindre un objectif de clarté et de simplicité.

Il faut profiter de ce caractère nécessairement artisanal pour réaliser des schémas qui expriment des idées claires et simples. Il faut éviter de passer du temps à retrouver les détails les plus fins d'une figure livresque ou académique que l'on cherche à retranscrire textuellement, tel que l'on peut être tenté de le faire dans le cadre d'un examen très scolaire. Il est donc tout à fait conseillé de **réaliser des schémas simples**, mais il faut garder en tête que toute simplification doit être sous-tendue par un objectif, par une justification liée au plan et à la structure du travail. Il faut par contre éviter de donner l'impression qu'un schéma a été outrageusement simplifié par manque de connaissances.

La réalisation de schémas rigoureux nécessite le positionnement correct et complet de la légende, la rédaction d'un titre et l'utilisation à bon escient et avec parcimonie de la couleur, pour en faire un système de codage pertinent. Le schéma peut également revêtir un caractère dynamique et représenter des mécanismes, des interactions ou des évènements chronologiques.

Il est important de réfléchir à l'emplacement des schémas relativement au texte. Il faut en effet que le schéma et le texte faisant son commentaire soient relativement faciles à visualiser ensemble. Cependant, certaines illustrations peuvent servir à plusieurs endroits de la dissertation ou de l'article. Il est donc courant dans les mémoires ou dans les articles de **numéroter les figures ou les tableaux** pour y faire référence avec facilité. Le même principe peut s'appliquer aux dissertations de concours.

1.8 L'importance des comparaisons : les tableaux synthétiques

Pour des raisons de contrainte de temps et d'espace, en situation de concours, ou pour des raisons pédagogiques, il est important d'éviter de longues litanies descriptives des différents cas délimitant une découverte, telles que la liste des espèces chez lesquelles un processus donné a pu être mis en évidence et vérifié, ou bien telles que la liste des conditions de stress environnementaux où tel type de mécanisme de défense a été caractérisé. Il est cependant important parfois de montrer que tel ou tel processus n'est pas le résultat d'une observation fortuite, ou d'une expérience trop spécifique, mais qu'il a un caractère ubiquitaire dans le monde vivant. Dans un tel cas de figure, il peut suffire de donner ces informations sous forme de tableau synthétique, accompagné d'un commentaire général.

Le tableau permet ainsi de structurer son discours, d'établir une comparaison entre deux ou plusieurs organismes, espèces, ou faits, sans tomber dans un catalogue fastidieux pour le lecteur. Il faudra toutefois être soucieux de ne pas omettre la légende, complément indispensable pour comprendre certaines abréviations telles que des chiffres ou des symboles.

1.9 Des écueils à éviter

La rédaction doit suivre des principes de rigueur académique et scientifique, à savoir que tout énoncé doit être basé de manière explicite ou implicite sur le corpus de découvertes, d'articles, de littérature du domaine, et donc dans son principe, basé sur des références bibliographiques qui peuvent être toutes en cohérence les unes avec les autres, ou bien, contradictoires, dans les situations d'incertitude ou de débat scientifique.

Dans le cadre de la dissertation en temps limité, il est clair que les indications de références bibliographiques précises sont quasiment impossibles à donner. Cependant, en gardant ce principe théorique à l'esprit, on peut avoir une attitude plus circonspecte et éviter ainsi d'écrire et exposer de graves contresens scientifiques. L'expérience de la lecture de nombreuses dissertations réalisées par d'excellents étudiants montre d'ailleurs que les contresens sont beaucoup plus souvent dus à des inattentions qu'à des manques de connaissances.

Pour chaque type de sujet ou de thème, il semble qu'il y ait des pièges et des erreurs récurrents, qui résultent souvent d'inattentions et d'inversions, telles que des inversions de classification binaire, des inversions de sens de flux, ou des inversions sémantiques. Il semble aussi qu'il y ait des concepts nouveaux qui mettent du temps à investir la culture scientifique, et qui sont donc trop facilement passés sous silence. Lorsque cela est possible ou pertinent, une sous-partie de chapitre sera consacrée à ces erreurs et à ces lacunes potentielles.

Pour des raisons scientifiques majeures, il faut rester constamment, y compris au niveau le plus élémentaire de la description, dans un cadre adaptatif et évolutif, en ayant toujours à l'esprit l'Évolution des espèces, les processus de sélection darwinienne (notion de survie, notion de fitness), les mécanismes d'adaptation des espèces, et les mécanismes d'acclimatation des individus. Il faut donc éviter toutes les tendances à la téléologie, et éviter des formules anthropocentriques toutes faites, telles que « Il est normal que la cellule utilise le glucose comme substrat énergétique », ou bien « La cellule doit exprimer des superoxyde-dismutases pour lutter contre le stress oxydant ».

Il faut aussi rester dans le cadre de la taxonomie nouvelle, si possible la plus récente, et absolument éviter des termes confus ou remontant à la taxonomie du XIXe siècle. Les substantifs « Végétal » ou « Végétaux », par exemple, devraient être évités. S'il est question des plantes (Viridiplantae), il conviendra de parler de plantes, et à la rigueur, le terme « végétal » pourra être utilisé comme adjectif pour désigner un attribut relatif aux plantes dans des expressions telles que « cellule végétale » ou « physiologie végétale ».

Dans ces travaux de synthèse, le lecteur s'attend à un certain niveau de culture de la part de l'auteur. Il est donc important de faire attention aux bizarreries orthographiques, ce qui requiert une bonne culture linguistique. Il est aussi extrêmement important de faire attention à ne pas écrire d'énormités scientifiques.

1.10 Arriver à bon port : la conclusion

Une conclusion peut comporter, de manière légère, un résumé clair et concis des points principaux qui ont été développés, ainsi qu'un bilan critique :

- toutes les questions posées ont-elles été résolues ?
- peut-on les résoudre dans l'état actuel des connaissances ?

Mais ce n'est absolument pas suffisant. Il faut que ces points importants soient replacés dans un contexte plus vaste, un contexte plus « grandiose », tel que des perspectives de recherche ultérieure ou d'une synthèse qui serait à faire dans le prolongement du travail qui vient d'être réalisé.

L'ouverture doit ainsi permettre d'élargir le propos, notamment si le libellé a nécessité des choix argumentés lors de l'introduction. Cette limitation peut alors être dépassée et la conclusion peut ainsi devenir l'occasion de montrer l'étendue de la réflexion inhérente au sujet.

biologie

Chapitre 2

Métabolisme cellulaire

2.1 Les petites molécules gazeuses

Cette thématique a été conçue au départ comme un sujet de dissertation d'agrégation, « Les petites molécules gazeuses dans le fonctionnement des cellules et des organismes : vous utiliserez des exemples précis concernant les différents types cellulaires et les différents organismes procaryotes ou eucaryotes ». Ce travail est présenté principalement sous la forme d'un plan semi-développé et illustré, ainsi que par des pistes de plans plus simplifiés, mais qui s'appuient sur la même réflexion initiale.

2.1.1 Plan détaillé et illustré de la dissertation

Introduction

Les molécules gazeuses peuvent se trouver à l'état volatile dans une phase gazeuse, ou à l'état dissous dans une phase liquide en équilibre avec un compartiment gazeux. L'ensemble de la biosphère est en interaction avec des compartiments gazeux, et en particulier, avec l'atmosphère terrestre. De nombreuses petites molécules gazeuses, minérales ou organiques, sont en interaction intime avec les systèmes biologiques : O_2, CO_2, N_2, NH_3, H_2O, NO, CO, C_2H_2, H_2S, CH_4, NO_2, H_2, etc ...

Ainsi, l'évolution des organismes biologiques s'est généralement faite en interaction avec un milieu environnant contenant des molécules gazeuses, soit par contact direct avec une atmosphère, ou par contact avec des molécules gazeuses dissoutes en équilibre avec une atmosphère environnante. Ces molécules gazeuses ne sont pas physiologiquement inertes, et au contraire, peuvent jouer des rôles importants et variés, en particulier en termes de métabolisme énergétique, de métabolisme biosynthétique et de mécanismes de signalisation. De plus, le fonctionnement biochimique cellulaire peut lui-même générer des molécules gazeuses de manière endogène.

Objectifs :

Le présent travail exposera, en se basant sur le cas des molécules gazeuses les plus abondantes de l'atmosphère actuelle (O_2, CO_2, N_2) et sur quelques molécules gazeuses formées de manière endogène (NO, CO, C_2H_2), comment les cellules et les organismes perçoivent, distribuent, tolèrent et exploitent les petites molécules gazeuses, et dans quelle mesure ces interactions peuvent modifier l'environnement gazeux.

I. Interfaces entre l'environnement gazeux et les cellules ou les organismes

A. Solutions mises en place pour les échanges gazeux en milieu aquatique

Les équilibres entre phase liquide et phase gazeuse aboutissent à la **dissolution dans la phase aqueuse de molécules de gaz,** qui dépend des coefficients de solubilité des gaz dans l'eau et des cinétiques de dissolution. Ainsi, une solution saturée en oxygène en équilibre avec l'air atmosphérique, à température et à pression ambiantes, présentera une concentration en oxygène de 280 $\mu mol.L^{-1}$.

Les niveaux de molécule gazeuse dissoute peuvent être déterminés par des mesures électrochimiques, telles que les mesures de dioxygène dissous par l'électrode de Clark. Les flux de molécules gazeuses et leur devenir chimique et biochimique peuvent être étudiés par des expériences de radiomarquage ou de marquage en isotope lourd.

Certaines molécules gazeuses, en particulier le CO_2, peuvent être en équilibre chimique avec des formes ioniques :

$$CO_2 + H_2O \leftrightarrow H_2CO_3 \leftrightarrow HCO_3^- + H^+ \leftrightarrow CO_3^{2-} + 2H^+$$

Les interactions entre ces gaz solubles et les cellules d'organismes aquatiques peuvent impliquer de simples systèmes de diffusion, les molécules gazeuses dissoutes étant capables de diffuser à travers les membranes phospholipidiques et les structures cellulaires.

Cette diffusion peut se faire directement, sans organes spécialisés, ou bien par l'intermédiaire d'organes spécialisés tels que les trachéobranchies de larves aquatiques d'insecte ou les branchies de poissons.

B. Adaptations des échanges gazeux à la sortie des eaux et en milieu aérien strict

Les contraintes liées à la sortie du milieu aquatique et à la vie en milieu amphibie ou terrestre peuvent être analysées au travers des mécanismes mis en jeu dans les espèces adaptées à ces différents milieux.

Même en milieu terrestre, la diffusion des molécules gazeuses peut se faire sans la présence d'organes spécialisés. C'est ainsi le cas des lombrics, qui ont un type respiratoire tégumentaire nécessitant des milieux de vie saturés en vapeur d'eau.

Transition En cas de spécialisation de la captation des molécules gazeuses, le niveau de spécialisation peut être variable, allant de structures cellulaires de surface, telles que les stomates à la surface des feuilles des plantes, à des organes complexes internalisés, tels que les poumons.

II. Distribution des gaz au sein des organismes à partir de surfaces d'échange

Lorsque les surfaces d'échange entre l'organisme et le milieu atmosphérique sont des structures spécialisées, les contacts entre l'ensemble des cellules et des molécules gazeuses sont dépendants de systèmes de prise en charge et de distribution.

A. Prise en charge des gaz respiratoires par un milieu brassé ou circulant

La dissolution de molécules gazeuses dans un compartiment liquidien, tel qu'une lymphe interstitielle, ne permet qu'une lente diffusion des solutés entre le milieu et les cellules.

La différenciation d'appareils circulatoires permet la mise en mouvement des compartiments où se sont dissoutes des molécules gazeuses, ainsi que l'accélération des transports et des échanges gazeux.

B. Les modes de transport des gaz respiratoires

L'importance des échanges gazeux au niveau cellulaire a conduit à la sélection de mécanismes moléculaires spécialisés, sous la forme de **protéines de transport et d'échange, telles que les hémoglobines, les hémérythrines et les hémocyanines**, et dans certains cas, de **cellules spécialisées de transport**, telles que les hématies des mammifères. Les hématies sont ainsi capables d'assurer le transport du dioxygène et du CO_2.

♦ Structure des hémoglobines

Il s'agit d'hémoprotéines, dont la structure quaternaire est caractérisée par la présence de quatre chaînes globulaires appelées globines (2 α et 2 β dans l'hémoglobine A), chacune liée à un groupement prosthétique : l'hème. Ce dernier contient en son centre un atome de fer ferreux (Fe^{2+}) lié aux atomes d'azote des quatre cycles pyrrole de la protoporphyrine. Le Fe^{2+} est également lié par une liaison de coordination à une histidine de la poche de la globine où l'hème est fixé. La plupart des acides aminés de cette poche sont apolaires et assurent au Fe^{2+} un environnement hydrophobe le protégeant des oxydations.

♦ Transport et mécanismes d'échange du dioxygène

L'ion ferreux Fe^{2+} au sein du complexe hexacoordonné de l'hème est capable d'interaction avec le dioxygène. L'interaction entre l'hémoglobine et l'O_2 dépend de facteurs physico-chimiques tels que la température, le pH ou la concentration en CO_2.

♦ Transport et mécanismes d'échanges du CO_2

Le CO_2 diminue l'affinité de l'hémoglobine pour le dioxygène, en se combinant avec des résidus amine de la protéine pour former des fonctions carbamines de manière réversible, ce qui constitue ainsi un système de fixation-relargage de CO_2.

Transition Par contact direct avec un environnement gazeux ou avec un environnement de molécules en solution dans un milieu aqueux, ou par redistribution de molécules gazeuses au sein d'un organisme, des transferts de molécules gazeuses peuvent avoir lieu de manière réversible entre les compartiments intracellulaires et le milieu extracellulaire.

III. Métabolismes assimilateurs de molécules gazeuses au sein des cellules et des organismes

Dans l'ensemble de la biosphère, différents processus d'incorporation métabolique permettent l'utilisation et l'intégration des molécules gazeuses dans des biomolécules.

A. Mécanismes de fixation du diazote

♦ Fixation du diazote et nutrition azotée

Le problème majeur de la nutrition azotée est d'aboutir à la formation de NH_3, incorporable dans les acides aminés par des réactions d'amination, à partir des ressources minérales d'azote dans l'environnement. Seules certaines bactéries, libres ou en symbiose, peuvent réaliser cette assimilation à partir de N_2 gazeux.

La fixation biologique du diazote, généralement à température et à pression ordinaires, est réalisée par des complexes enzymatiques de type **nitrogénase** catalysant la réaction simplifiée suivante :

$$N_2 + \text{pouvoir réducteur} + \text{énergie} \rightarrow NH_3$$

♦ Biodiversité des bactéries fixatrices d'azote

Les bactéries fixatrices de diazote montrent une très grande diversité d'espèces et de types métaboliques liés à des réponses variables à un autre composant atmosphérique : le dioxygène. Alors que les complexes nitrogénase sont irréversiblement inhibés par le dioxygène, **les bactéries fixatrices d'azote peuvent être anaérobies strictes, aérobies facultatives, aérobies strictes et même productrices de dioxygène** dans le cas des cyanobactéries. Cette variabilité des situations d'exposition à l'oxygène nécessite la mise en place de mécanismes adaptatifs de protection, par exemple, par consommation métabolique du dioxygène ou par fixation sur des protéines spécifiques (la leghémoglobine).

D'autre part, **la fixation peut se faire de manière libre, ou de manière symbiotique**, ce qui est le cas des bactéries du genre *Sinorhizobium sp*, en interaction biotique avec les racines de légumineuses.

♦ Bases enzymatiques de la fixation de diazote

La **nitrogénase** chez *Sinorhizobium*, comme chez la plupart des espèces fixatrices étudiées, est un complexe protéique composé de la dinitrogénase, un tétramère de type $\alpha_2\beta^2$, associé à une nitrogénase-réductase présentant un centre Fe-S. Les polypeptides de ces complexes sont codés par des **gènes appelés *nif***.

La nitrogénase-réductase catalyse l'hydrolyse de l'ATP (en ADP et phosphate inorganique) et assure le transfert d'électrons de flavodoxines ou de ferrédoxines à la dinitrogénase.

L'ensemble des sous-réactions catalysées par le complexe de la nitrogénase aboutit au bilan ci-dessous (en fonction des conditions de l'environnement, 20 à 30 ATP pouvant être hydrolysés lors de cette réaction) :

$$\mathbf{N_2 + 8\,e^- + 8\,H^+ + 16\,ATP \rightarrow 2NH_3 + H_2 + 16\,ADP + P_i}$$

♦ **Régulation biochimique et moléculaire de l'activité nitrogénase**

L'activité de fixation de diazote est cependant conditionnelle et dépend des conditions nutritionnelles, dans la mesure où les autres sources d'azote minéral jouent un rôle régulateur, permettant aux bactéries d'ajuster leur métabolisme à la disponibilité des ressources.

Ainsi, la nitrogénase-réductase est soumise à des **régulations par modification covalente en fonction de la teneur du cytosol en NH_4^+.**

Par ailleurs, il y a de très fortes **régulations d'expression génétique portant sur les opérons portant les gènes nif**, comportant au moins 20 gènes différents. Cette régulation met en jeu les gènes Ntr (*Nitrogen-regulated*) et leurs produits, parmi lesquels des systèmes de perception à deux composants. Ainsi, la disponibilité en NH_4^+ dans l'environnement est un signal-clé de la régulation de ces gènes (Figure 2.1.1), aboutissant à un *switch* métabolique entre l'assimilation de NH_4^+ et la fixation du diazote.

Le résultat final de la régulation dépend donc de l'intégration de divers signaux, dont la disponibilité en formes réduites d'azote minéral et le niveau de dioxygène.

Figure 2.1.1 **Régulation de l'expression des gènes Nif en fonction de la disponibilité en NH4⁺ dans l'environnement : les protéines Ntr B et Ntr C forment un système de perception à deux composants.**
Glu : glutamate, Gln : glutamine
[L. Fontaine-Poitou, d'après diverses sources]

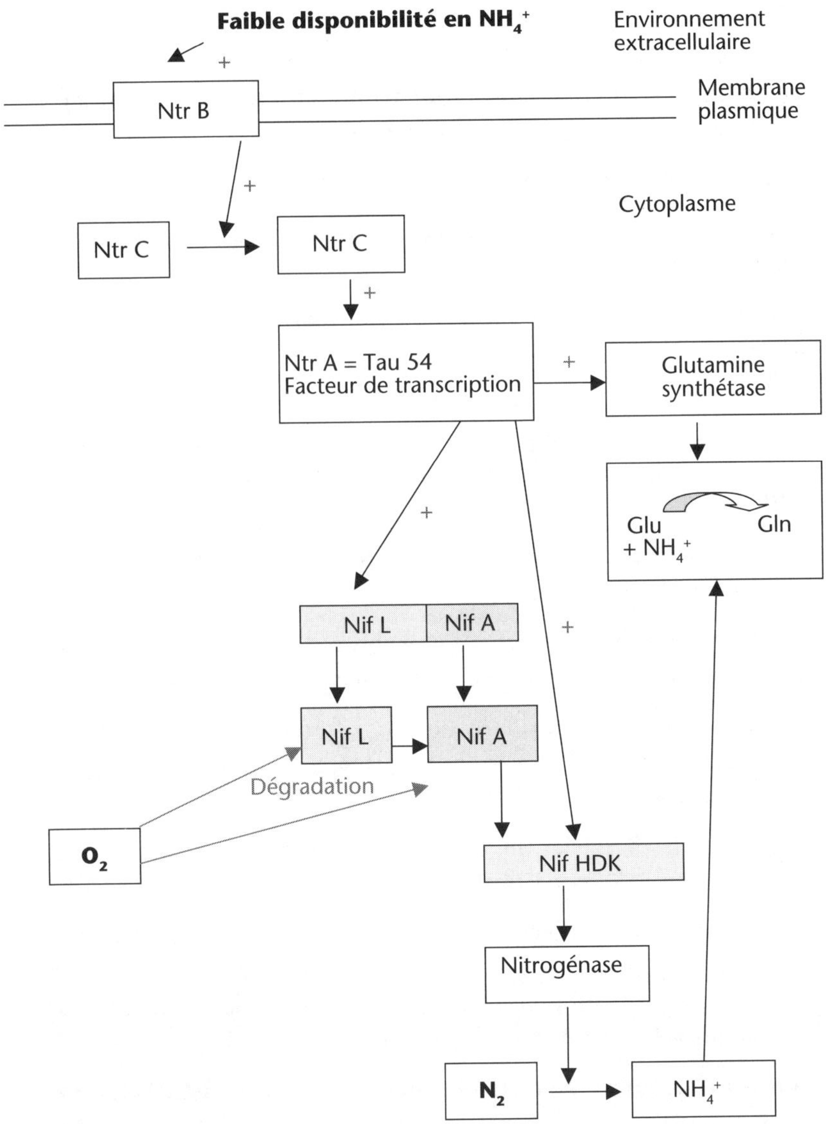

B- La fixation d'azote comme élément central de relations symbiotiques

♦ La symbiose légumineuse-*Sinorhizobium*

Étant donné l'importance des ressources en diazote atmosphérique, la capacité de fixation de diazote est un avantage sélectif qui a eu un impact important sur l'évolution de différents modes d'interactions durables, en particulier sur l'**émergence de symbioses**, telles que les symbioses entre légumineuses et bactéries du genre *Sinorhizobium.*

Cette symbiose se présente sous la forme de structures morphologiques présentes au niveau des racines : les **nodosités**, contenant les bactéries symbiotiques capables de fixer le diazote par l'action d'une nitrogénase.

♦ Mise en place des nodosités fixatrices d'azote

La mise en place des nodosités est un processus complexe qui a lieu au niveau des poils racinaires et qui suit les étapes suivantes :

a. Interaction bactéries libres du sol - poil racinaire.

b. Libération de flavones par les plantes qui induisent chez les bactéries l'activation d'opérons Nod (nodulation), contrôlant la formation de facteurs Nod qui stimulent l'expression de gènes spécifiques chez la plante. La reconnaissance physique lors des contacts bactéries/cellule végétale met en jeu des récepteurs spécifiques.

c. Induction de la courbure du poil racinaire par des phytohormones, en particulier l'auxine.

d. Pénétration de la bactérie dans le poil absorbant par invagination de la membrane plasmique de la cellule végétale de ce poil absorbant.

e. Formation d'un filament d'infection sous forme d'un cordon allant de l'épiderme à l'endoderme en traversant le cortex, et induction d'une multiplication des cellules végétales.

f. Endocytose des bactéries qui sont alors localisées dans le cytosol, entourées d'une membrane de séquestration.

g. Différenciation des cellules végétale et bactérienne, aboutissant à la formation de cellules de nodosité comportant des bactéroïdes symbiotiques, avec synthèse de leghémoglobine à partir du génome nucléaire de la plante, et synthèse de nitrogénase à partir du génome du bactéroïde.

♦ Expression symbiotique de la nitrogénase et de la leghémoglobine

La synthèse et l'assemblage de la nitrogénase dans le bactéroïde ont lieu pendant sa différenciation. La leghémoglobine joue un rôle de fixation et d'allocation d'O_2.

Elle participe ainsi à une régulation fine des apports en dioxygène, entre la fourniture d'O_2 aux besoins énergétiques des bactéroïdes, qui sont aérobies stricts, et la protection de la nitrogénase contre les effets délétères du O_2.

Le système de fixation de diazote fonctionne donc grâce à un contrôle symbiotique très fin du micro-environnement en molécules gazeuses dissoutes.

C. Assimilation du CO_2 dans des molécules organiques

Plusieurs **réactions de carboxylation** permettent d'intégrer du CO_2 dans des squelettes carbonés de biomolécules, suivant la réaction :

$$\textbf{Molécule organique } C_n + CO_2 \rightarrow \textbf{Molécule organique } C_{n+1}$$

Ces réactions de carboxylation sont catalysées par une panoplie de **carboxylases.** Ainsi la Ribulose 1,5-bisphosphate carboxylase-oxygénase (Rubisco), intégrée au cycle de Calvin, permet chez les organismes photoautotrophes la fixation du carbone, suivant la réaction globale suivante :

$$3\ CO_2 + \textbf{énergie} + \textbf{pouvoir réducteur} \rightarrow \textbf{Triose-phosphate} \rightarrow \textbf{glucides}$$

La Rubisco fonctionne en utilisant le CO_2 dissous. Or, chez les plantes supérieures, les voies d'entrée du CO_2 sont limitées aux ouvertures des stomates. Le CO_2 est accumulé dans les chambres sous-stomatiques, puis distribué aux cellules photosynthétiques, mais la diffusion du CO_2 en milieu aqueux est limitée. Cependant, l'assimilation du carbone par la Rubisco utilise également les ressources de carbone inorganique existant sous forme d'ions carbonates : ces derniers étant transformés en CO_2, sous l'action de l'anhydrase carbonique, dans le voisinage de la Rubisco.

De plus, le fonctionnement moléculaire de la Rubisco la rend capable de fonctionner en oxygénase, par interaction avec le dioxygène dissous, court-circuitant ainsi l'assimilation du CO_2. Ainsi, pour des raisons moléculaires différentes, le dioxygène dissous a un comportement antagoniste vis-à-vis de l'assimilation du diazote et vis-à-vis de l'assimilation du CO_2.

Cet antagonisme O_2 / CO_2 a été une source de pression sélective et d'innovations évolutives aboutissant à divers mécanismes de captation / concentration / relargage du CO_2. C'est le cas des plantes présentant un métabolisme photosynthétique de type C_4, où la première étape de fixation du CO_2 a lieu, dans les cellules du mésophylle des feuilles, au niveau d'une réaction de carboxylation catalysée par une phosphoénolpyruvate (PEP)-carboxylase :

$$\textbf{PEP} + CO_2 \rightarrow \textbf{oxaloacétate} + \textbf{phosphate inorganique}$$

L'acide organique oxaloacétate, molécule contenant quatre carbones, peut être rapidement transformé en d'autres composés à quatre carbones, malate et aspartate, qui peuvent être transférés vers les cellules de la gaine entourant les vaisseaux conducteurs. Dans ces cellules spécialisées, des réactions enzymatiques de relargage ciblé du CO_2 ont lieu, suivant les espèces, grâce à la PEP-carboxykinase, à l'enzyme malique NAD-dépendante, ou à l'enzyme malique NADP-dépendante, apportant ainsi de fortes concentrations de CO_2 au niveau de la Rubisco.

Ce système de captation-relargage ciblé permet une concentration du CO_2 et un meilleur rapport CO_2 / O_2 assurant une meilleure efficacité de fonctionnement de l'activité carboxylase de la Rubisco. Les plantes de type photosynthétique C_4, telles que le maïs, présentent effectivement des activités très élevées de fixation photosynthétique du CO_2. Dans cet exemple, l'organisme photosynthétique réalise donc une gestion de l'interaction avec le pool de CO_2 dissous par des mécanismes biochimiques de concentration du CO_2 (« *CO_2-concentrating mechanisms* »).

Transition L'ensemble de ces processus d'intégration de molécules gazeuses dans des biomolécules joue un rôle-clé dans la fixation de l'azote et du carbone à une échelle écosystémique. Par ailleurs, les relations énergétiques entre les molécules organiques (composées de C, H, O et N) et les molécules gazeuses CO_2 et O_2 font que ces molécules ont aussi un rôle central dans le métabolisme énergétique des cellules.

IV. Molécules gazeuses et métabolisme énergétique

A. Molécules gazeuses et respirations cellulaires

L'oxydation totale de molécules est capable de libérer une quantité massive d'énergie, qui peut être conservée sous forme chimique. Ceci peut être réalisé par des **cascades de réactions d'oxydoréduction**, mettant en jeu un donneur d'électrons et un accepteur final d'électrons minéral, selon un processus de respiration.

L'oxygène dissous a des propriétés d'oxydoréduction remarquables avec un potentiel d'oxydoréduction standard de + 0,82 V, qui en font un accepteur final d'électrons particulièrement efficace pour la réaction globale d'oxydation d'une molécule organique où l'énergie de l'ensemble des liaisons covalentes du glucose est extraite par son oxydation complète :

$$\textbf{Glucose} + 6O_2 \rightarrow 6\,CO_2 + 6H_2O + \textbf{énergie}$$

Les chaînes respiratoires permettant ce processus sont indissociables de structures membranaires : les membranes plasmiques chez les procaryotes et les membranes mitochondriales chez les eucaryotes. Les informations et les illustrations données dans le chapitre 3.2 **Diversité fonctionnelle et intégration cellulaire des mitochondries** (Partie I) sont utilisables ici, pour décrire les étapes de déshydrogénation-décarboxylation et les étapes de transfert d'électrons. L'interaction finale avec l'oxygène dissous a lieu grâce à une chromoprotéine à hème, la cytochrome *c* oxydase.

Ce processus de respiration aérobie à partir de molécules organiques est donc lié à des échanges de molécules gazeuses au niveau subcellulaire, qui se répercutent au niveau cellulaire et au niveau de l'organisme. Il est possible d'étudier ces activités métaboliques grâce à des électrodes électrochimiques capables de mesurer le dioxygène (électrode de Clark) et le CO_2 dissous.

Dans les cellules chimiotrophes, ces processus de respiration aérobie impliquent des donneurs d'électrons minéraux, qui peuvent être aussi des molécules gazeuses dissoutes, telles que H_2 ou H_2S.

Enfin, le processus de respiration peut impliquer un accepteur final minéral qui n'est pas l'oxygène, comme par exemple le nitrate. Le processus global devient ainsi l'oxydation d'un composé organique par le nitrate, avec production finale de diazote. Ce processus de respiration anaérobie, réalisé par des bactéries dénitrifiantes, dépend de la présence d'un environnement anaérobie, et présente des régulations possibles en fonction de la perception de dioxygène dissous. Les possibilités d'échange entre le N_2 produit et l'atmosphère font que les bactéries dénitrifiantes assurant ce processus jouent un rôle essentiel dans le cycle biogéochimique de l'azote.

B. Fermentations et molécules gazeuses

Bien que la cytochrome *c* oxydase ait une très forte affinité pour le dioxygène, il existe des situations environnementales, physiologiques ou pathologiques, qui provoquent des situations d'hypoxie ou d'anoxie, où la capacité de respiration aérobie est très limitée ou nulle.

Ces situations peuvent avoir des conséquences extrêmes sur les cellules qui se trouvent en manque d'ATP, ce qui a conduit à des mécanismes complexes de perception des niveaux d'oxygène et de déclenchement de mécanismes de réponses, aussi bien chez les animaux que chez les plantes et les champignons, se résumant souvent à une **ré-orientation métabolique de la respiration vers la fermentation**. Ce changement métabolique important, qui peut être étudié par l'ensemble des méthodes de biochimie et de biologie moléculaire, dépend de contrôles aux niveaux transcriptionnel et post-transcriptionnel.

Ainsi la voie fermentaire éthanolique produit du CO_2 sous l'action de la pyruvate décarboxylase. Ce produit fermentaire peut s'accumuler dans la cellule et l'environnement cellulaire, avec toute une panoplie de conséquences environnementales et biotechnologiques, exploitées par exemple dans la fabrication de pain ou de bière.

Finalement, le *switch* entre la respiration et la fermentation dépend des capacités cellulaires de perception-transduction d'un gaz dissous, l'oxygène, et s'accompagne de l'accumulation d'un autre gaz dissous, le CO_2.

C. Oxygène et phase photochimique de la photosynthèse

Les ressources importantes en molécules gazeuses font que ces molécules ont joué un rôle primordial lié aux origines de la vie, comme source d'énergie, et comme source de carbone et d'azote, comme cela a été vu ci-dessus pour le CO_2.

Par ailleurs, la formation de composés organiques à partir de CO_2 requiert une grande quantité d'énergie et une très forte réduction du CO_2. Ces sources d'énergie et de pouvoir réducteur ont été trouvées dans l'exploitation de l'énergie lumineuse et des propriétés de H_2O comme composé réducteur.

Ainsi, le processus de photosynthèse oxygénique avec photolyse de l'eau et production de dioxygène, commun aux cyanobactéries et à la lignée verte, a joué un rôle central dans l'évolution ancienne de la biosphère et continue d'avoir une importance centrale dans les relations entre les organismes autotrophes et les organismes hétérotrophes.

Les informations et les illustrations données dans le chapitre 2 **La photosynthèse chez les eucaryotes** (Partie II) sont utilisables ici pour décrire la structure des photosystèmes dans le cas des plantes, la chaîne photosynthétique de transfert des électrons, et le site de la photolyse de l'eau au niveau du photosystème II.

Par ailleurs, il faut mentionner que certaines bactéries, telles que les bactéries pourpres sulfureuses, utilisent une photosynthèse anoxygénique, en conditions anaérobies, avec pour donneur d'électrons du H_2S dissous et une production de soufre ou d'ion sulfure.

Transition Ces processus métaboliques majeurs mettant en jeu le O_2, CO_2, et N_2 sont quantitativement très importants et impliqués dans des fonctions cellulaires essentielles (respiration, photosynthèse, fixation de l'azote). L'implication métabolique des molécules gazeuses, en particulier O_2 et CO_2, concerne aussi d'autres voies, plus spécialisées, d'anabolisme (synthèse d'éthylène, synthèse d'acide abscissique, voies anaplérotiques du cycle de Krebs), de remodelage (peroxydation des acides gras), ou de catabolisme (β-oxydation des acides gras, catabolisme de certains xénobiotiques).

Les variations environnementales de ces molécules essentielles pour le métabolisme cellulaire ont aussi conduit à la sélection de systèmes de perception-transduction impliquant ces molécules, en particulier, des systèmes de perception des niveaux d'oxygène. De manière plus générale, les cellules et les organismes possèdent des systèmes de perception, à base de récepteurs, capables de détecter des niveaux variables de molécules gazeuses, qui leur servent de signal.

V. Molécules gazeuses et signalisation cellulaire

A. Petites molécules gazeuses (NO, CO) comme médiateur de signalisation locale

En plus des molécules gazeuses à fort impact métabolique précédemment décrites, les tissus de nombreux organismes, plantes ou animaux, contiennent d'autres molécules gazeuses biologiquement actives, telles que l'oxyde nitrique (NO), le monoxyde de carbone (CO), ou le sulfure d'hydrogène (H_2S).

Curieusement, ces composés sont à la fois des molécules environnementales, pouvant être générées, par exemple, par des pollutions atmosphériques et des composés présentant une synthèse endogène au sein des tissus. Ainsi, l'oxyde nitrique est formé par l'action d'un groupe d'isoenzymes, les synthases d'oxyde nitrique (NO synthase, NOS), qui présentent une régulation complexe.

Ces molécules gazeuses ont leurs propres systèmes de signalisation, fonctionnant en interaction, et aboutissant à des effets biologiques importants sur le fonctionnement cellulaire. Ces molécules ont par exemple, chez les mammifères, des effets majeurs dans les systèmes nerveux, immunitaires et cardiovasculaires. Leur caractère de petite molécule gazeuse, non chargée et capable de traverser les phases hydrophobes, leur confère une forte capacité de diffusion, et donc une action locale, mais relativement large au niveau tissulaire. Ainsi, l'action du NO en tant que neuromédiateur à partir d'un neurone source peut toucher en parallèle plusieurs neurones avoisinants.

Le contrôle et l'équilibre de ces molécules gazeuses doivent être finement régulés. Toute dérégulation peut faire basculer l'action de ces molécules gazeuses d'un fonctionnement physiologique et bénéfique à un fonctionnement pathologique avec de graves conséquences.

B. Une petite molécule gazeuse à action hormonale : la phytohormone éthylène

L'ensemble des propriétés hormonales de l'éthylène, molécule gazeuse, chez les plantes est bien établi, depuis les voies de synthèse et leur régulation jusqu'aux mécanismes de perception et de signalisation.

Cette caractérisation a pris plusieurs dizaines d'années, lors d'une première période, entre les années 1900 et 1930, jusqu'à la découverte de la voie de biosynthèse, et lors d'une deuxième période, à la fin du XXe siècle, avec la découverte de récepteurs à l'éthylène, grâce à l'utilisation des outils de génétique moléculaire disponibles chez la plante modèle *Arabidopsis thaliana*.

La synthèse de l'éthylène, liée au cycle de Yang, impliquant la méthionine, met en jeu deux étapes, catalysées par la 1-aminocyclopropane-1-carboxylate synthase et la 1-aminocyclopropane-1-carboxylate oxydase, qui utilise comme substrat oxydatif l'oxygène dissous. Ceci relie ainsi biochimiquement la synthèse d'éthylène aux niveaux d'oxygène dissous. Cette relation biochimique est couplée à une relation physiologique, dans le sens où la synthèse d'éthylène, qui est inductible et régulable, est régulée par la perception de l'oxygène et le stress hypoxique.

L'éthylène présente toute une gamme d'effets intégrant généralement le développement et les réponses à des stress abiotiques et biotiques. C'est une hormone agissant aussi dans de nombreux processus de maturation et de sénescence, dont la maturation des fruits.

La découverte des récepteurs à l'éthylène (Figure 2.1.2) a révélé l'existence de récepteur de type « deux-composants », auparavant connus principalement chez les procaryotes (voir Figure 2.1.1), dans des organismes eucaryotes pluricellulaires supérieurs. D'autres systèmes récepteurs de type « deux composants » ont depuis été caractérisés chez les plantes.

Figure 2.1.2 Perception et transduction du signal Ethylène par la cellule végétale : implication d'un système eucaryote à deux composants, histidine-kinase / aspartate kinase. A : schéma général d'une interaction ligand / système deux-composants ; B : schéma de l'interaction éthylène / récepteur à l'éthylène chez les plantes.
[Buchanan et coll., 2001].

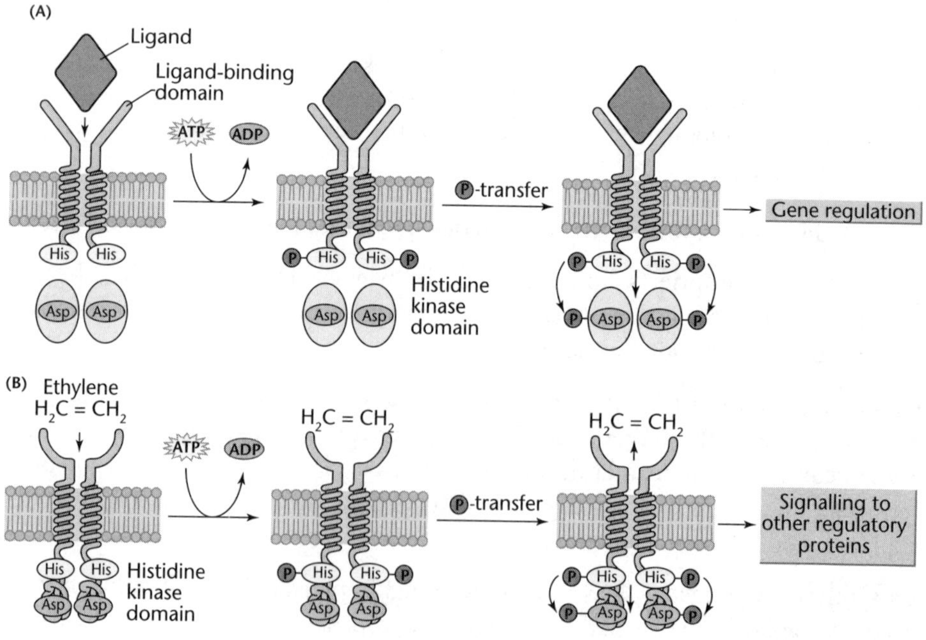

Le caractère gazeux de certains signaux les rend potentiellement mobiles, non seulement au sein d'un organisme, mais aussi entre organismes, comme cela vient d'être montré dans le cas de l'éthylène qui peut agir non seulement comme phytohormone au sein de l'organisme, mais aussi comme **signal chimique entre les individus d'une population ou d'une communauté végétale.**

D'autres signaux volatiles existent non seulement chez les plantes, mais aussi chez les animaux, mais ces signaux, essences volatiles, telles que le méthyl-jasmonate chez les plantes, phéromones ou allomones, sont constitués généralement de molécules organiques complexes, n'entrant pas dans le champ des petites molécules gazeuses. La question se pose cependant de savoir s'il y aurait des liens évolutifs entre les mécanismes de perception des petites molécules volatiles et les mécanismes de perception des signaux volatiles complexes.

Conclusion

L'imbrication des molécules gazeuses dissoutes avec les voies métaboliques ou avec les voies de signalisation dépend de l'existence de complexes protéiques capables d'interagir avec ces molécules et d'engager des processus de liaison et de catalyse. Parmi les complexes protéiques assumant ces fonctions, les plus remarquables sont les hémoglobines, les carboxylases, les oxydases et les nitrogénases.

L'intervention de molécules gazeuses dans les processus biologiques peut être la source de dysfonctionnements, liés aux propriétés physico-chimiques de ces molécules et aux conditions environnementales. Ainsi, les phénomènes de pression/dépression dans des vaisseaux conducteurs peuvent conduire à la formation de bulles gazeuses perturbant les flux, comme dans le cas des cavitations affectant la circulation de sève xylémienne ou des embolies affectant le système circulatoire sanguin.

De plus, le caractère gazeux de ces molécules, qui les place en relation d'équilibre avec l'atmosphère terrestre, fait de ces processus métaboliques des éléments essentiels des cycles géochimiques du carbone et de l'azote. Cette relation d'équilibre avec l'atmosphère terrestre est si forte que l'expansion évolutive des processus de photosynthèse oxygénique, par des cyanobactéries et la lignée verte, a profondément modifié l'atmosphère terrestre, en y introduisant des quantités massives d'oxygène. Or, la chimie du dioxygène, possédant deux électrons célibataires sur la couche périphérique, est liée à la formation permanente d'espèces réactives de l'oxygène, pouvant être responsables de dommages oxydatifs sur les molécules biologiques.

L'utilisation et l'accumulation de dioxygène dans la biosphère s'accompagnent donc de la confrontation permanente avec les espèces réactives de l'oxygène, qui a nécessité le développement de stratégies anti-oxydantes, qui mettent ainsi les cellules et les organismes dans un équilibre constant pro- et anti-oxydant, pouvant subir des déséquilibres en cas de perturbation environnementale, de pathologie ou de vieillissement. En parallèle, les processus adaptatifs ont intégré ces espèces réactives de l'oxygène dans les voies de signalisation cellulaire, et dans des mécanismes de défense, tels que les défenses contre les attaques par des pathogènes.

L'ensemble de ces interactions impliquant des petites molécules gazeuses, entre métabolismes, signalisations, réponses aux stress, et cycles géochimiques, est complexe. Il est de plus susceptible de subir une importante dynamique évolutive, au regard des changements globaux, climatiques et anthropiques, dont l'impact affecte les niveaux de CO_2 et augmente les niveaux de polluants gazeux, tels que O_3, SO_2, CO, NO, NO_2, etc ...

2.1.2 D'autres fils conducteurs et d'autres modes d'expression peuvent être suivis

Des informations mentionnées dans le plan détaillé et semi-développé peuvent servir de fils conducteurs pour présenter le sujet suivant d'autres plans qui mettent en avant certains aspects spécifiques.

2.1.3 Plan mettant l'accent sur les voies métaboliques

Introduction

Généralités sur l'état gazeux des molécules (gaz libre, gaz dissous), les gaz dans la biosphère et l'atmosphère terrestre (considérations géologiques), les gaz dans des écosystèmes particuliers (sources hydrothermales).

Importance des molécules gazeuses de l'atmosphère terrestre prébiotique dans les processus d'origine de la vie : expérience primordiale de Stanley Miller (1953), montrant que des décharges électriques dans une atmosphère contenant H_2O, NH_3, CH_4 et H_2 catalysent la formation de composés organiques biologiques, et en particulier la synthèse d'acides aminés.

Confrontation des cellules et des organismes avec des molécules à l'état gazeux : les surfaces de contact organisme / gaz, exploitation des gaz par les cellules et organismes, métabolismes, signalisation cellulaire, molécules gazeuses et dysfonctionnements.

I. Origine des petites molécules gazeuses dans les cellules et les organismes

- Origine environnementale.
- Origine endogène : voies de production et de synthèse.

II. Importance fonctionnelle des petites molécules gazeuses

- Rôles métaboliques de type catabolique et énergétique.
- Rôles métaboliques d'assimilation et de synthèse.
- Rôles signalétiques.

III. Mécanismes d'utilisation et d'action des petites molécules gazeuses

- Mécanismes de diffusion et de distribution.
- Mécanismes d'action : enzymes, récepteurs.

IV. Implication des petites molécules gazeuses dans les situations de dysfonctionnement physiologique

- Dysfonctionnements liés aux équilibres état dissous / état gazeux : cavitations, embolies.
- Stress liés aux limitations de la teneur en oxygène : stress hypoxique et anoxique.
- Stress liés à la présence d'oxygène : stress hyperoxique ; stress oxydant dans les cellules anaérobies strictes ; oxygène et formation des formes toxiques de l'oxygène dans les cellules aérobies ; stress photo-oxydatif en liaison avec la photosynthèse.

Conclusion

- Comment les organismes peuvent-ils modifier leur environnement chimique gazeux au niveau individuel (communication cellule-cellule, organe-organe), ou aux niveaux inter-individuel et populationnel (éthylène : communication plante-plante ; existence d'autres molécules gazeuses plus complexes : essences, terpènes, méthyl-jasmonate, phéromones, allomones, etc ...) ?
- Interactions avec l'environnement gazeux atmosphérique : relations entre les activités biologiques impliquant les molécules gazeuses et les grands cycles biogéochimiques (cycle de l'eau, cycle du carbone, processus méthanogènes et effets de serre).
- Impacts géochimiques et évolutifs des mécanismes biologiques d'utilisation des petites molécules gazeuses.

Le plan précédent peut être présenté de manière plus simple, tout en suivant la même logique fondamentale. D'autre part, les parties les plus délicates à construire, à savoir l'introduction et la conclusion, peuvent aussi être simplifiées.

2.1.4 Plan mettant l'accent sur les mécanismes biochimiques permettant les interactions systèmes biologiques – molécules gazeuses

Introduction

- Atmosphère pré-biotique et origine de la vie.
- Évolution des espèces dans un milieu contenant des molécules gazeuses.
- Interactions actuelles des systèmes biologiques avec les molécules gazeuses.

I. Mécanismes d'incorporation de molécules gazeuses dans la synthèse de composés biologiques

- Oxydases et oxygénases.
- Carboxylases : Ribulose 1,5-bisphosphate carboxylase-oxygénase, phosphoénolpyruvate-carboxylase.
- Nitrogénases.

II. Molécules gazeuses et phénomènes rédox

- Respiration et réduction d'un accepteur d'électrons : cas de l'oxygène (respiration aérobie).
- Photosynthèse et oxydation d'un donneur d'électrons : H_2O (photosynthèse oxygénique), H_2S (photosynthèse anoxygénique).
- Activation de l'oxygène et stress oxydatif.

III. Mécanismes de distribution et de compartimentation cellulaire des molécules gazeuses

- Molécules gazeuses et transfert à travers les cellules (membranes phospholipidiques).
- Protéines à hème : hémoglobines animales, hémocyanines, hémoglobines végétales, leghémoglobines.
- Couplages carboxylases / décarboxylases.
- Systèmes de synthèse / production de molécules gazeuses : anhydrase carbonique, 1-aminocyclopropane-1-carboxylate synthase - 1-aminocyclopropane-1-carboxylate oxydase (synthèse d'éthylène), NO synthase.

IV. Mécanismes de perception des molécules gazeuses

- Senseurs à oxygène.
- Récepteurs au NO et au CO.
- Récepteurs à l'éthylène.

Conclusion

- Comment les organismes peuvent-ils modifier leur environnement chimique gazeux au niveau individuel (communication cellule-cellule, organe-organe), ou aux niveaux inter-individuel et populationnel (éthylène : communication plante-plante ; existence d'autres molécules gazeuses plus complexes : essences, terpènes, méthyl-jasmonate, phéromones, allomones, etc.) ?
- Interactions avec l'environnement gazeux atmosphérique : relations entre les activités biologiques impliquant les molécules gazeuses et les grands cycles biogéochimiques (cycle de l'eau, cycle du carbone, processus méthanogènes et effets de serre).
- Impacts géochimiques et évolutifs des mécanismes biologiques d'utilisation des petites molécules gazeuses.

2.2 Régulations des voies métaboliques

Cette thématique a été conçue au départ comme un sujet de dissertation d'agrégation, « Régulations des voies métaboliques chez les eucaryotes : il s'agira de montrer sur quelques exemples de voies métaboliques les différents mécanismes de régulation et leur intégration au niveau de la cellule et de l'organisme », libellé de manière à suggérer **une ouverture intégrative depuis les mécanismes unitaires des voies métaboliques jusqu'aux processus d'intégration cellulaire et physiologique**. Ce travail est présenté principalement sous la forme d'un plan semi-développé et illustré, ainsi que par des pistes de plans plus simplifiés, mais qui s'appuient sur la même réflexion. Il s'agit ici d'un cas particulier de sujet de travail, où un plan peut être dérivé directement du libellé du sujet, comme cela peut se produire dans le cadre d'une agrégation blanche au cours d'une année de préparation aux concours.

2.2.1 Plan détaillé et illustré de la dissertation

Introduction

L'ensemble des réactions biochimiques ayant lieu dans un organisme vivant lui permet principalement de maintenir son équilibre bioénergétique et de synthétiser ses macromolécules. Cet ensemble dynamique, appelé **métabolisme**, comprend différents métabolismes :

- métabolisme primaire ;
- métabolisme secondaire ;
- métabolisme intermédiaire ;
- métabolisme énergétique ;
- métabolisme carboné ;
- métabolisme azoté ;
- métabolisme du soufre ;
- métabolismes de réponse aux stress ;
- métabolismes de détoxification ;
- catabolisme ;
- anabolisme.

Ces métabolismes sont associés à différents **types trophiques** : phototrophie, chimiotrophie, autotrophie, hétérotrophie, prototrophie, auxotrophie, etc.

Chaque type de métabolisme est constitué de différentes voies ou réseaux métaboliques, telles que la glycolyse, la néoglucogenèse, ou la voie oxydative des pentoses-phosphates, dans le cas du métabolisme carboné, et chaque voie métabolique, ou réseau métabolique, est constituée d'**étapes enzymatiques unitaires en interaction les unes avec les autres**. La caractérisation complète d'une voie métabolique implique donc de connaître les enzymes impliquées, les substrats et les produits de chaque réaction enzymatique, les flux métaboliques et les processus de compartimentation, en particulier dans le cas des cellules eucaryotes.

Certaines voies métaboliques présentent un fort caractère universel en termes de structures des substrats et des produits, en termes de mécanismes enzymatiques et en termes d'agencement des réactions. Ainsi, l'élucidation de la voie de la glycolyse a été une étape importante dans la compréhension de l'unité biochimique du monde vivant. Il est tentant de penser que cette **universalité de voies métaboliques** est liée aux origines communes de la vie. Cependant, il existe aussi de **nombreuses voies métaboliques spécialisées et spécifiques** de certains groupes taxonomiques qui ont été sélectionnées au cours de l'Evolution.

Tous les organismes vivants sont soumis, de manière directe ou indirecte, à des fluctuations spatio-temporelles des conditions nutritionnelles ou de l'environnement physico-chimique. La quasi-totalité des organismes vivants présentent aussi des changements d'état cellulaire au cours de processus de développement et de différenciation. Ces changements mettent en jeu des modifications de besoins énergétiques et des changements structurels de synthèse de macromolécules, ce qui implique un impact très fort sur l'**ajustement des métabolismes.**

Il est évident que l'absence d'ajustement métabolique face à une situation nouvelle pourrait conduire à un coût mettant en péril la survie des cellules et de l'organisme. Ainsi, par exemple, les situations de limitation en oxygène se traduisent chez de nombreux organismes par une transition d'un métabolisme respiratoire à un métabolisme fermentaire, avec la mise en place d'un flux métabolique très important à la fois dans la glycolyse, qui est commune aux deux métabolismes, et dans les étapes spécifiques de la fermentation.

L'efficacité de ces transitions métaboliques requiert une profonde ré-organisation du métabolisme et une optimisation des flux, à l'échelle de la voie métabolique elle-même, à l'échelle de la cellule et de ses coopérations entre les compartiments, et à l'échelle de l'organisme et de ses coopérations intercellulaires. Le présent travail cherchera à montrer que les mécanismes mis en jeu pour assurer cette efficacité de transition sont à la fois divers et intégrés.

I. Chaque étape métabolique est régulée par des mécanismes moléculaires

Une voie métabolique est constituée d'une succession ou d'un réseau d'étapes biochimiques unitaires, catalysées par des enzymes spécifiques. Chacune de ces étapes enzymatiques est l'objet de contrôles moléculaires complexes.

A. Méthodes d'étude des voies métaboliques

L'identification et la caractérisation des voies métaboliques et de leurs régulations ont été au cœur des progrès scientifiques en chimie, en biochimie et en génétique depuis le XVIIIe siècle jusqu'à nos jours. Ainsi, l'historique de la découverte et de la caractérisation de la glycolyse, du cycle de Krebs, et de la respiration démarre avec les études de chimie de Lavoisier, et se poursuit à l'heure actuelle avec les études de génomique fonctionnelle et comparative.

L'étude du métabolisme implique donc l'ensemble des méthodes générales de biologie cellulaire, de biochimie, de génétique, et de génomique. La biochimie en particulier s'est développée en interaction étroite avec les études métaboliques. Parmi ces méthodes, il faut souligner l'importance particulière des **méthodes de marquage biochimique ou métabolique**, utilisant des radioisotopes ou des isotopes lourds, qui ont permis de comprendre les relations dynamiques entre les composés cellulaires et de définir des ensembles métaboliques, sous forme de voies ou de cycles. Ce sont de telles méthodes de marquage qui ont permis par exemple de découvrir le cycle de Krebs ou le cycle de Calvin.

D'autre part, l'élucidation des métabolismes et de leurs régulations a été rendue possible par l'application des méthodes d'étude à **quelques organismes-modèles** étudiés en détail, tels qu'en particulier la levure, qui est devenue un modèle essentiel de génétique et biologie moléculaire des eucaryotes après avoir été un modèle pour les études biochimiques.

B. Régulation par des ligands

Le fonctionnement catalytique des enzymes met en jeu des ensembles d'interactions réversibles de type protéine-ligand, selon des modèles clé-serrure dynamique, avec les substrats et les produits des réactions biochimiques, et avec d'autres ligands pouvant moduler l'activité enzymatique et donc la vitesse métabolique de l'étape considérée.

La vitesse enzymatique est liée à la concentration en substrat, que ce soit pour des enzymes michaéliennes ou non-michaéliennes, par des relations plus ou moins complexes telle que la relation ci-dessous, où v, Vmax, et [S] sont respectivement la vitesse initiale, la vitesse maximale, et la concentration initiale en substrat, et où n est un indice de coopérativité (n = 1, dans le cas d'une enzyme michaélienne).

$$v = \frac{Vmax + [S]^n}{K + [S]^n}$$

Cette relation peut correspondre à un véritable contrôle du flux métabolique passant par cette enzyme par les variations de concentration en substrat.

La Figure 2.2.1 donne l'exemple des caractéristiques cinétiques de deux enzymes de phosphorylation du glucose, la glucokinase et l'hexokinase, dont les constantes de Michaelis, Km, diffèrent fortement. Ces courbes démontrent que les variations de vitesse enzymatique en fonction des variations endogènes de substrat seront très différentes selon les valeurs de Km.

Figure 2.2.1 Cinétiques comparées de la glucokinase et de l'hexokinase.
[Modifié, d'après B. Augère, 2001]

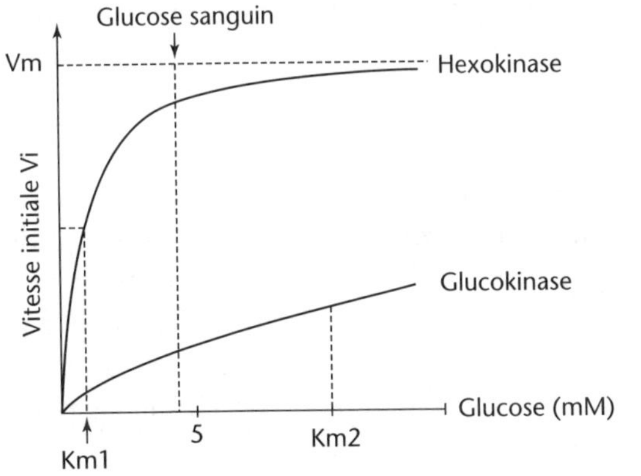

Km1 et Km2 indiquent respectivement les constantes de Michaelis de l'hexokinase et de la glucokinase. Vm indique la vitesse maximale de l'hexokinase.

Ces différences de réponse aux variations de substrat ont généralement un impact physiologique. Ainsi, la glucokinase, dont le Km est très supérieur à la glycémie normale, est hépatique. Pour cette enzyme, toute augmentation de la concentration en glucose se traduira par une variation notable de l'activité enzymatique et du flux métabolique de phosphorylation du glucose en glucose-6-phosphate utilisé pour la synthèse de glycogène. Cette isoenzyme intervient ainsi dans la mise en réserve du glycogène dans les hépatocytes. L'hexokinase en revanche possède un Km beaucoup plus faible que la glycémie. L'enzyme fonctionne donc toujours à une vitesse proche de la vitesse maximale, même si la glycémie varie, ce qui permet le ravitaillement constant des tissus en glucose-6-phosphate pour la glycolyse et la synthèse d'ATP.

En plus de cette régulation directe de la vitesse enzymatique par le substrat, le substrat peut aussi jouer des rôles régulateurs par activation ou inhibition. De même, les produits ont non seulement un impact direct sur la vitesse de réaction enzymatique, mais aussi des effets régulateurs indirects par activation ou inhibition. Certains de ces effets activateurs ou inhibiteurs mettent généralement en jeu des sites de régulation distincts des sites catalytiques de l'enzyme.

Par ailleurs, des molécules distinctes du substrat ou du produit peuvent avoir un impact sur la vitesse enzymatique. Il peut s'agir de molécules structurellement proches du substrat qui, par interaction avec le site catalytique, induisent une **inhibition compétitive.** Il peut s'agir aussi de **ligands dits allostériques,** de structure différente du substrat ou du produit, capables de se lier à des sites régulateurs spécifiques et ayant une action positive ou négative sur la vitesse enzymatique.

Enfin, certaines protéines régulatrices, telles que les complexes Calcium-Calmoduline ou les protéines 14-3-3, peuvent modifier des activités enzymatiques par interaction non-covalente avec une enzyme-cible. La Figure 5.1.14 du chapitre 5-1 de la partie I « Communication intercellulaire et transduction des signaux » mentionne l'exemple de l'implication de protéines régulatrices 14-3-3 dans la régulation d'activités protéine-kinase.

Pour chaque étape enzymatique, les relations entre la vitesse enzymatique et les variations de substrat ou de métabolite régulateur peuvent être exprimées de manière formelle en termes de **coefficient de contrôle**. L'analyse de l'ensemble des coefficients de contrôle des étapes enzymatiques d'une voie métabolique permet de déterminer les mécanismes de contrôle de la voie et de modéliser son fonctionnement. Il peut être ainsi démontré que le contrôle du flux à travers une voie métabolique est partagé par tous les enzymes du système et qu'il n'y a aucune raison de considérer l'existence d'une étape limitante dans le système, c'est-à-dire d'une étape catalysée par une enzyme dont les propriétés déterminent le comportement cinétique de l'ensemble du système.

C. Régulation par modification covalente

Les régulations décrites ci-dessus dépendent d'interactions moléculaires réversibles régies par les équations classiques des équilibres chimiques. Mais les activités enzymatiques peuvent être significativement modulées par des modifications covalentes.

La protéine enzymatique elle-même est sensible à l'action de protéases, qui peuvent avoir un effet directement lytique et inactivateur, participant ainsi au turnover de la protéine, ou un effet activateur, par exemple par protéolyse ciblée d'un précurseur inactif en une enzyme active. C'est le cas par exemple de l'activation protéolytique du chymotrypsinogène en chymotrypsine active. Cette activation est irréversible.

Les résidus amino-acides réactifs d'une protéine peuvent aussi être modifiés par diverses réactions, telles que des phosphorylations ou des glycosylations. Certaines de ces modifications, elles-mêmes catalysées par des enzymes, sont parfois réversibles. Ainsi, les actions de protéine-kinase et de protéine-phosphatase peuvent induire des processus de phosphorylation et déphosphorylation sur des sites spécifiques d'une enzyme, au niveau de résidus Sérine, Thréonine, Tyrosine, Aspartate ou Histidine, et modifier son activité.

La Figure 2.2.2 décrit l'implication de la phosphorylation dans l'activation de la glycogène-phosphorylase. Cette enzyme existe sous plusieurs formes, actives ou inactives, de faible ou haute affinité, sous l'action de régulateurs allostériques (AMP, IMP, Glucose-6-phosphate) et de processus de phosphorylation-déphosphorylation.

Figure 2.2.2 **Activation allostérique et covalente de la glycogène (GP) phosphorylase.** [modifié, d'après Yon-Kahn et Hervé, 2005]

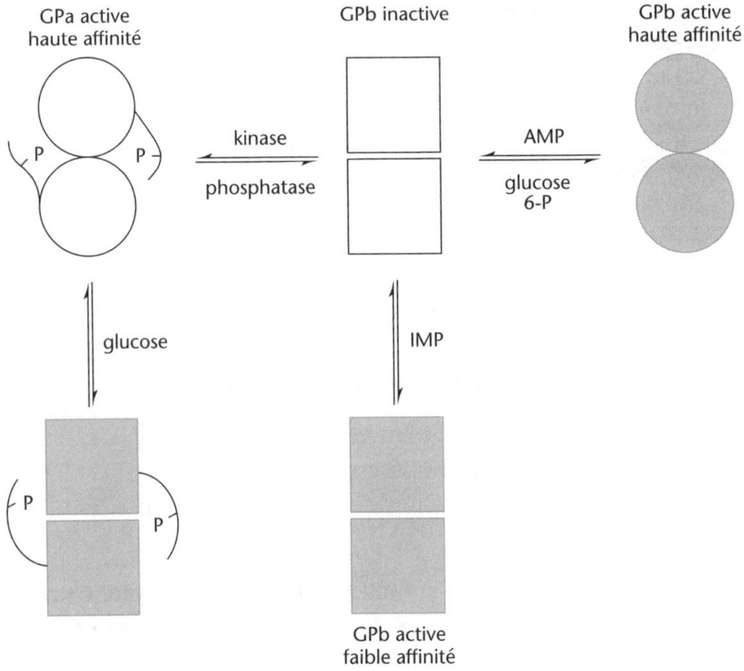

D. Régulation par le niveau d'enzyme

La relation **Vmax = kcat x [Enzyme active]** (kcat étant la constante catalytique de l'enzyme) exprime clairement le lien entre la vitesse enzymatique et le niveau d'enzyme active. Ce niveau est logiquement régulable de par la nature protéique du catalyseur enzymatique.

La question de la régulation du niveau d'une enzyme donnée est donc intrinsèquement liée aux mécanismes de régulation de l'expression génétique, tels que cela est étudié dans les sections du chapitre 4 de la partie I « Régulations génétiques » :

- régulation transcriptionnelle de l'expression génétique ;
- régulations post-transcriptionnelles (maturation des transcrits, épissages alternatifs, stabilité des ARNm) ;
- régulations traductionnelles et post-traductionnelles (contrôle de l'initiation de la traduction, turnover des protéines, assemblage des structures quaternaires, association avec des protéines régulatrices, adressage).

Transition L'étude des régulations des voies métaboliques montre clairement l'empilement de niveaux de régulation depuis le gène jusqu'au flux métabolique unitaire, ou depuis l'ensemble de gènes jusqu'au flux d'une voie métabolique. L'intégration de tous ces niveaux pour la compréhension complète d'une voie métabolique est actuellement envisageable grâce aux technologies d'approche globale telles que la transcriptomique, la protéomique et la métabolomique. Cet objectif de compréhension intégrative est un domaine de recherche en pleine expansion. Par ailleurs, ces différents niveaux de régulation, impliquant à chaque niveau un grand nombre de régulateurs, sont susceptibles de processus de plasticité, et peuvent donc permettre de nombreux ajustements, en termes de coopérations intracellulaires et intercellulaires.

II. Coordination cellulaire de la régulation des voies métaboliques

A. Microenvironnement cellulaire et régulation des voies métaboliques

Les compartimentations et les microenvironnements cellulaires et subcellulaires peuvent avoir un impact direct sur les vitesses enzymatiques. Ainsi, les conditions physico-chimiques, telles que la force ionique et le pH, peuvent avoir un impact sur les activités enzymatiques.

Pour les raisons exposées ci-dessus, le flux métabolique au travers d'une étape enzymatique dépend directement de l'apport en substrats, qui peut être limitant ou facilité par les conditions du microenvironnement.

La compartimentation de la cellule eucaryote aboutit à une répartition complexe des substrats et des co-substrats vis-à-vis de la localisation subcellulaire des systèmes enzymatiques. Ainsi, l'apport d'acétyl-Coenzyme A pour le cycle de Krebs dépend du transport de pyruvate du cytosol dans la matrice mitochondriale. Cet apport dépend lui-même d'un transporteur de la membrane interne mitochondriale et de l'activité du complexe pyruvate déshydrogénase de la matrice mitochondriale.

Certains systèmes de transport, tels que le transport des acides gras dans la mitochondrie, sont de véritables voies métaboliques, avec des réactions d'activation, de transfert, de transport des formes conjuguées, suivi de réactions de désactivation dans le compartiment-cible.

Réciproquement, l'efficacité de production d'ATP au niveau de la mitochondrie, ou du chloroplaste dans le cas des cellules chlorophylliennes, implique que l'ATP produit soit distribué aux autres compartiments cellulaires pour les réactions de biosynthèse ou d'homéostasie ionique. Cette redistribution implique des systèmes de translocase membranaire ADP / ATP.

Par conséquent, en plus de l'action directe des étapes enzymatiques et de leur association, les systèmes de transport, de translocation et de navettes entre les compartiments (qui sont aussi décrits dans la section 3.1 de la partie I « Membranes et fonctionnement de la cellule eucaryote ») jouent un rôle-clé dans la régulation des voies métaboliques.

Inversement, l'existence de complexes enzymatiques membranaires et la compartimentation permettent des associations étroites de successions enzymatiques, pouvant ainsi réaliser des processus de « *channelling* », où le micro-site de production d'un composé donné est étroitement associé au micro-site de transfert dans un deuxième système enzymatique. De telles associations étroites permettent par exemple un transfert efficace des électrons dans les chaînes membranaires de transfert d'électrons, ou un transfert efficace des substrats dans des matrices organellaires très denses en protéines, telles que les peroxysomes.

Enfin, la compartimentation est à la base de processus de coopération entre compartiments subcellulaires permettant d'optimiser le micro-environnement d'une partie de voie métabolique ou d'associer étroitement deux parties de voies métaboliques, telles que la beta-oxydation des acides gras et le cycle du glyoxylate dans les peroxysomes de plantes, ou bien le cycle de Krebs et la chaîne respiratoire dans les mitochondries.

B. Effecteurs cellulaires et régulation des voies métaboliques

Les mécanismes de régulation des étapes enzymatiques individuelles permettent de coordonner l'ensemble de la voie métabolique, ou bien des voies métaboliques différentes. Ainsi, les effecteurs allostériques, permettant qu'une enzyme soit régulée par une structure biochimique différente de la structure de ses substrats ou de ses produits, ont développé des modes de régulation par rétrocontrôle où le produit final d'une voie métabolique peut inhiber l'enzyme catalysant l'étape initiale de cette voie, ou des modes de co-régulation où une structure chimique associée à une voie A peut avoir une action inhibitrice ou activatrice sur l'étape enzymatique d'une voie B.

Ce type de régulation allostérique coordonnée est particulièrement important pour la régulation globale de la charge énergétique et du pouvoir réducteur. Ainsi, ATP, ADP, NAD(P)H, $NAD(P)^+$ sont souvent impliqués dans ces régulations.

Ces processus de régulation coordonnée de différentes voies métaboliques peuvent aussi impliquer des régulations de l'expression génétique des gènes codant les enzymes des voies métaboliques en jeu. C'est par exemple par de telles régulations que les cellules végétales ajustent et coordonnent leur métabolisme carboné et leur métabolisme azoté. Ainsi, le saccharose, qui peut être considéré comme le photosynthétat final majoritaire, a des effets régulateurs très forts sur l'expression des gènes des métabolismes producteurs et utilisateurs de carbone, tel que cela est résumé dans le tableau 2.2.1. Le saccharose exerce par exemple un rétrocontrôle d'expression génétique sur les voies productrices de sucres solubles.

Tableau 2.2.1 Synthèse des effets régulateurs du saccharose sur l'expression génétique chez les plantes supérieures
[I. Couée, à partir de diverses sources]

	Voie métabolique	Effets du saccharose sur les gènes correspondants
Métabolismes de limitation ou de carence en carbone	Cycle de Calvin	Répression
	Mobilisation de l'amidon	Répression
	Protéolyse	Répression
	Catabolisme des amino-acides	Répression
	Beta-oxydation des acides gras	Répression
Métabolismes d'abondance en carbone	Synthèse d'amidon	Induction
	Assimilation de l'azote	Induction
	Biosynthèses	Induction
	Synthèse d'anthocyanes	Induction

Le saccharose a de plus des effets parallèles sur les gènes impliqués dans le métabolisme de l'azote, tel que cela est présenté dans la Figure 4.1.6 du chapitre 4.1 « Plasticité du génome et de l'expression génétique » (Partie I). Une telle régulation permet donc à la cellule végétale d'ajuster son métabolisme d'assimilation de l'azote de NO_3^- en NH_4^+ au niveau de squelettes carbonés disponibles pour la synthèse d'amino-acides.

C. Régulation de voies métaboliques antagonistes

Les mécanismes décrits ci-dessus peuvent même permettre à une cellule de gérer conjointement la présence de voies métaboliques antagonistes.

Ainsi, la séparation de voies métaboliques dans des compartiments distincts permet de contrôler les flux métaboliques utilisant des intermédiaires métaboliques communs. C'est le cas de plusieurs systèmes de synthèse et de dégradation. Ainsi, alors que la synthèse protéique a lieu dans le cytosol et dans les organites semi-autonomes, les vacuoles et les lysosomes servent de compartiments d'accumulation des protéases qui pourront être sollicitées dans des situations physiologiques de protéolyse massive. La biosynthèse des acides gras se fait dans le cytoplasme chez les mammifères et dans les plastes chez les plantes, alors que le catabolisme des acides gras par beta-oxydation est compartimenté dans les mitochondries et dans les peroxysomes. Ceci implique que la distribution cellulaire des intermédiaires communs de ces voies métaboliques compartimentées aura des conséquences régulatrices importantes. C'est par exemple le cas de l'Acétyl-Coenzyme A, intermédiaire fondamental du catabolisme des acides gras, en tant que produit de la beta-oxydation, du métabolisme énergétique, en tant que substrat de la citrate synthase, et de la synthèse des acides gras, en tant que substrat du complexe Acide gras synthase.

Lorsque des voies métaboliques antagonistes sont présentes dans le même compartiment, des **cycles futiles**, tels que la synthèse et dégradation du saccharose dans le cytoplasme des cellules végétales, peuvent se mettre en place. La signification fonctionnelle de ces cycles futiles est souvent mal connue. Cependant, au sein d'un même compartiment, des processus de régulation temporelle ou de marquage spécifique peuvent éviter les cycles futiles.

La présence simultanée de voies métaboliques antagonistes a pu même conduire à la sélection de voies métaboliques connexes dont le rôle principal est de maîtriser les conséquences de cet antagonisme. Ainsi, la Ribulose-1,5-bisphosphate carboxylase / oxygénase des chloroplastes présente une activité oxygénase antagoniste de l'activité carboxylase nécessaire au cycle de Calvin. Cette situation peut être atténuée par des phénomènes de compartimentation ou de régulation du micro-environnement en CO_2 pour faciliter l'activité carboxylase. Cependant, chez la grande majorité des plantes, au métabolisme photosynthétique en C3, la formation importante de glycolate par l'activité oxygénase est gérée par les voies métaboliques de la photorespiration, qui sont décrites dans la Figure 3.2.7 du chapitre 3.2 « Diversité fonctionnelle et intégration cellulaire des mitochondries » (Partie I).

Transition Les régulations moléculaires et cellulaires décrites jusqu'ici ne prennent pas en compte les relations de la cellule et de son environnement, physico-chimique ou cellulaire.

III. Intégration de la régulation des voies métaboliques à l'échelle de l'organisme

La coordination cellulaire du métabolisme peut être confrontée à des fluctuations environnementales pouvant aller jusqu'à des situations de stress cellulaire. Ceci est tout aussi vrai pour les organismes phototrophes, qui dépendent de ressources photoniques, chimioautotrophes, qui dépendent de ressources minérales, ou chimiohétérotrophes, qui dépendent de ressources organiques. Pour des raisons de survie et de compétition, il est nécessaire que cet ajustement aux fluctuations environnementales soit régulé.

A. Régulations par des facteurs environnementaux exogènes et endogènes

Des facteurs environnementaux exogènes peuvent avoir des effets directs ou indirects sur certaines voies métaboliques.

Ainsi, l'activité des photosystèmes des organismes photosynthétiques est strictement dépendante de la lumière incidente. De plus, le pouvoir réducteur généré par l'activité photosynthétique peut être transféré à des thiorédoxines, qui elles-mêmes réduisent certaines enzymes du stroma, inactives à l'état oxydé et activables par réduction. Ces enzymes, telles que la fructose-1,6-bisphosphatase plastidiale, sont donc indirectement activées par la lumière.

Chez l'ensemble des organismes, les nutriments jouent un rôle important dans l'ajustement du métabolisme aux ressources disponibles. Ainsi, les levures peuvent utiliser une grande variété de sucres présents dans leur environnement (galactose, lactose, saccharose et glucose), mais en présence de glucose, les métabolismes alternatifs sont réprimés. Comme dans le cas des bactéries, pour accomplir ce changement de métabolisme, des mécanismes de régulation agissent à différents niveaux sur la quantité et l'activité de certaines enzymes, par répression et induction de la transcription de gènes, par action sur la stabilité des ARNm, et par action sur la stabilité et la traduction de protéines.

Cependant avant de pouvoir agir sur l'expression des gènes et modifier le métabolisme, une information liée à la présence du glucose doit d'abord être perçue. Plusieurs systèmes de détection spécifique du glucose, appelés aussi « senseurs », ont été mis en évidence. Les mécanismes potentiels de perception cellulaire du glucose sont décrits dans la Figure 2.2.3. Les senseurs situés dans la membrane plasmique apportent des informations sur le niveau de glucose extracellulaire. Le signal peut aussi avoir une origine intracellulaire : il peut en effet être produit par le glucose cytosolique ou l'un de ses métabolites et dépendre d'un senseur intracellulaire. Les senseurs intracellulaires hexokinases jouent un rôle pivot, en activant plusieurs voies de transduction. Ces voies de transduction du signal liées à l'hexokinase peuvent entraîner l'induction de l'expression de certains gènes, tels que ceux intervenant dans la glycolyse ou codant des protéines de transport de glucose, ou la répression de gènes codant en particulier des protéines intervenant dans la respiration, la néoglucogenèse et le cycle du glyoxylate ou dans les métabolismes alternatifs au glucose. Ce sont aussi de tels senseurs qui peuvent être impliqués dans des processus de coordination de métabolisme au sein de la cellule, tel que cela a été abordé ci-dessus dans le paragraphe II.

Figure 2.2.3 Mécanismes potentiels de perception cellulaire des niveaux de glucose chez les eucaryotes.
[Rolland et coll., 2006]

Le glucose peut être perçu par des récepteurs spécifiques localisés sur la membrane plasmique (a, c), par son transport (b) ou par son métabolisme intracellulaire. Les mécanismes de perception du glucose liés à son métabolisme peuvent impliquer des transporteurs de glucose ou des signaux dérivés du métabolisme, tels que le glucose-6-phosphate ou l'ATP. Les signaux métaboliques dérivés agissent par la suite par l'activation de voies de transduction de signal pouvant converger sur des facteurs de transcription. Abréviations : fructose1,6-bisP, fructose1,6-bis phosphate ; fructose-6-P, fructose-6-phosphate ; glucose-6-P, glucose-6-phosphate.

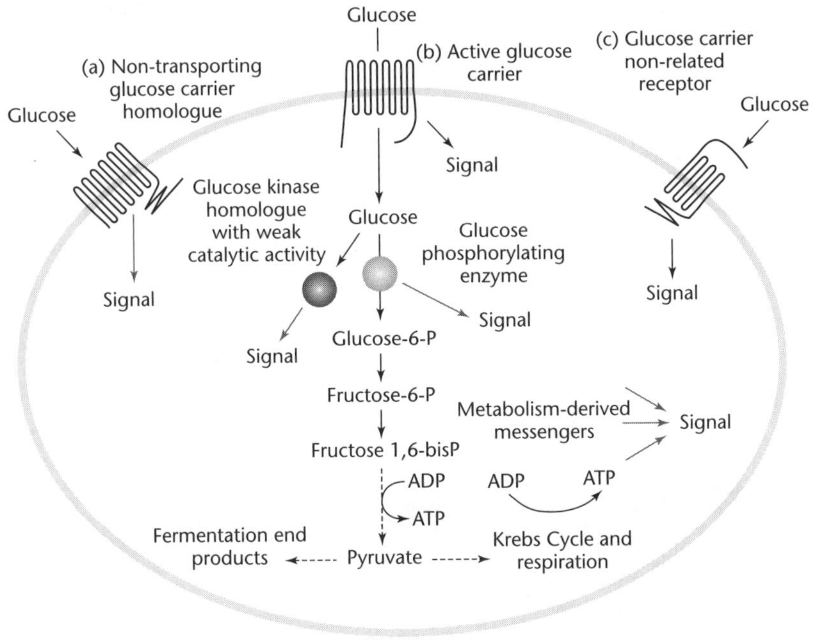

Enfin, ces systèmes de perception des niveaux de substrat carboné peuvent être intégrés à la perception de facteurs environnementaux et développementaux plus globaux. Ainsi, chez les plantes, l'expression des gènes codant les protéines et les enzymes impliquées dans la photosynthèse et le métabolisme du carbone est contrôlée par des interactions entre la perception des sucres solubles, les mécanismes d'horloge interne, les photorécepteurs et les fluctuations lumineuses. Ces interactions complexes permettent aux plantes de réguler leur fonctionnement en fonction du cycle nycthéméral, du cycle saisonnier et des fluctuations climatiques.

Dans le cas des organismes pluricellulaires, le problème de la fluctuation des ressources alimentaires est lié à des spécialisations cellulaires et à des processus de développement et de comportement très complexes, tels que le comportement alimentaire chez les animaux. Ainsi, en situation de jeûne, l'organisme des mammifères est confronté à une limitation d'apport en carbone, à une gestion optimale de ses réserves carbonées et au maintien de l'apport en carbone pour la survie des tissus.

La Figure 2.2.4 illustre l'impact global d'un jeûne sur différents types cellulaires (foie, tissu adipeux, cerveau) et sur les flux métaboliques. Dans cette situation, les différents tissus peuvent jouer le rôle d'organe-source ou d'organe-puits, avec une utilisation différentielle des ressources en carbone, sous forme de glucose ou de corps cétoniques, et plusieurs métabolismes (mobilisation des acides gras, protéolyse, glycogénolyse, beta-oxydation des acides gras, cétogenèse, et néoglucogenèse) impliquant plusieurs types cellulaires sont sollicités.

Figure 2.2.4 Ajustements métaboliques en situation de jeûne [Moussard, 2006]

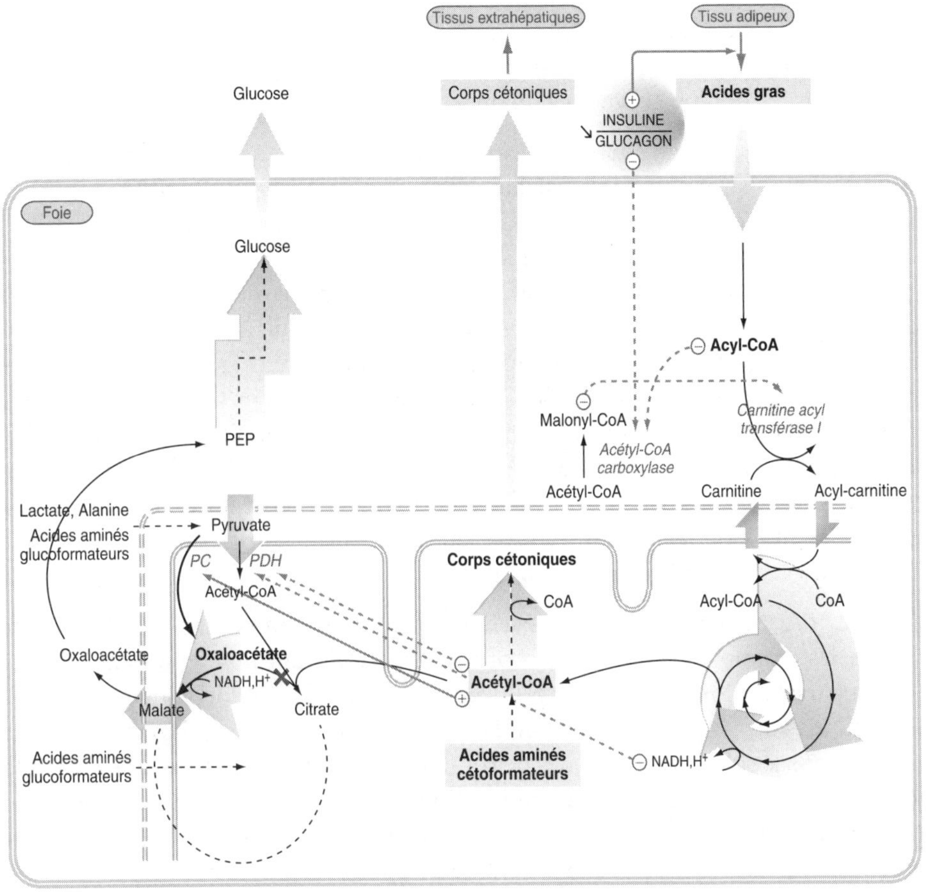

Il est difficile de concevoir qu'une coordination, telle que celle qui est décrite dans la Figure 2.2.4, ne dépende que de la réponse directe de chaque type cellulaire aux fluctuations environnementales ou nutritionnelles. Cette coordination requiert en effet un système de régulation supra-cellulaire pouvant impliquer des hormones, des régulateurs de croissance et des régulations nerveuses.

B. Régulations hormonales

Chez les organismes pluricellulaires, de simples réponses aux niveaux de nutriments ou aux fluctuations des facteurs environnementaux ne peuvent suffire à coordonner les différents types cellulaires. Ces variations de nutriments ou ces fluctuations de facteurs environnementaux sont intégrés sous forme de variations hormonales qui agissent sur les différents types cellulaires.

Ainsi, les modifications coordonnées décrites dans la Figure 2.2.4 dépendent en partie des régulations induites par l'insuline et le glucagon. La synthèse et la sécrétion de ces hormones sont sous le contrôle de la perception du glucose. Leurs effets dépendent de l'action sur des récepteurs spécifiques et de l'activation de voies de transduction de signal spécifiques. Le cas de l'insuline est décrit en détail dans le chapitre 5.1 de la partie I « Communication intercellulaire et transduction des signaux », avec la structure de son récepteur membranaire (Figure 5.1.6) et la cascade de signalisation induite par la liaison insuline-récepteur (Figure 5.1.14). Les effets coordonnateurs de l'insuline entre les types cellulaires et les organes dépendent largement de la présence de récepteurs membranaires à la surface des cellules. Ainsi, des récepteurs à l'insuline sont présents dans les hépatocytes, les adipocytes, les cellules musculaires, et dans le cerveau, contribuant ainsi à donner des effets coordonnés entre les différents organes.

Chez les organismes à très fort développement post-embryonnaire, tels que les plantes, les réponses métaboliques coordonnées par les hormones peuvent toucher non seulement le fonctionnement cellulaire, mais aussi le développement. Ainsi, les interactions entre la perception du niveau de saccharose, la perception du niveau de nitrates dans le sol, et les hormones de l'organogenèse (auxine, éthylène) régulent le développement du système racinaire impliqué dans l'absorption des nitrates. Une telle coordination à l'échelle développementale permet d'ajuster le développement aérien et le métabolisme photosynthétique avec le développement racinaire et l'activité de nutrition minérale.

C. Régulations nerveuses et neuro-hormonales

♦ L'axe hypothalamo-hypophysaire-surrénalien

Cet axe du système nerveux central (Figure 2.2.5) dirige les réponses hormonales à différents stimuli dont les origines sont variables : les centres nerveux de l'encéphale, le milieu intérieur.

Figure 2.2.5 Fonctionnement de l'axe hypothalamo-hypophysaire
[L. Fontaine-Poitou, d'après diverses sources]

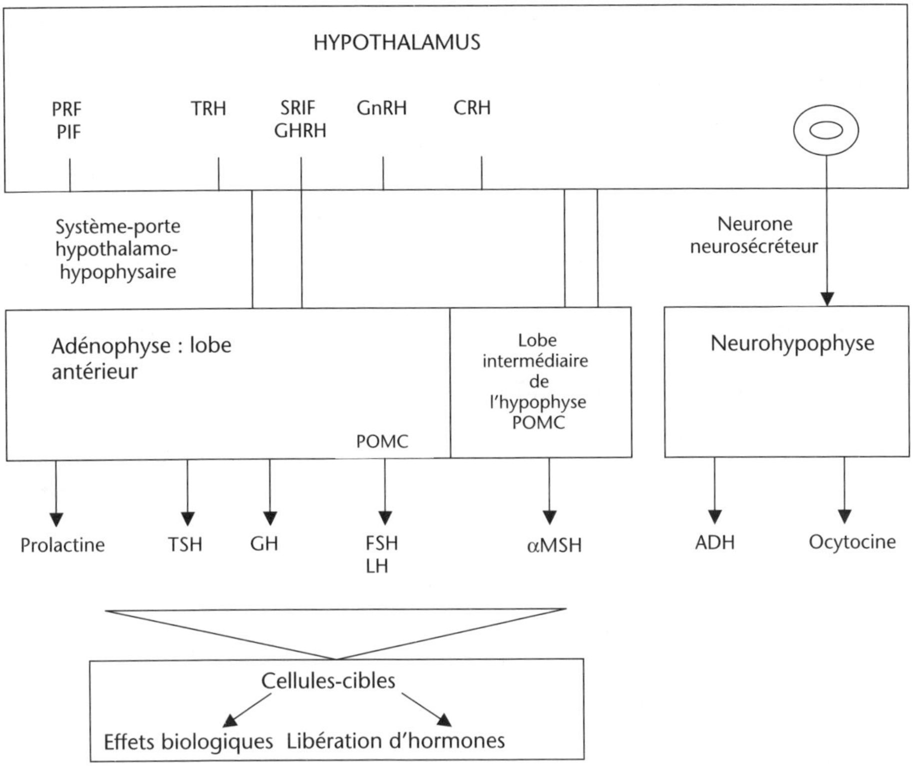

Hormones		Cibles principales
PRF	*Prolactin Releasing factor*	Cellules mammotropes de l'antéhypophyse
PIF	*Prolactin Inhibiting Factor*	
TRH	*Thyrotropin Releasing Hormone*	Cellules thyréotropes de l'antéhypophyse
SRIF	*Somatotropin releasing Inhibiting Factor*	Cellules somatotropes de l'antéhypophyse
GHRH	*Growth Hormone Releasing Hormone*	
GnRH	*Gonadotrophin Releasing Hormone*	Cellules gonadotropes de l'antéhypophyse
CRH	*Corticotrophin Releasing Hormone*	Cellules corticotropes de l'antéhypophyse
POMC	*Pro-Opio-Melano-Cortine*	Précurseur d'autres hormones hypophysaires
Prolactine		Glande mammaire
TSH	*Thyroid Stimulating Hormone*	Thyroïde

Hormones		Cibles principales
GH	*Growth Hormone*	Tous les tissus
FSH	*Folliculo-Stimulating Hormone*	Gonades
LH	*Luteinizing Hormone*	
ACTH	*AdrenoCortico Trophin Hormone*	Corticosurrénales
α-**MSH**	*a-Melanocyte Stimulating Hormone*	Mélanocytes, neurones du système nerveux central (voir Figure 2.2.8)
ADH	Hormone Anti-Diurétique ou vasopressine	Reins
Ocytocine		Utérus et glandes mammaires

♦ Les minéralocorticoïdes et le métabolisme hydrosodé (Figure 2.2.6)

Figure 2.2.6 Régulation et action de l'aldostérone sur le rein [modifié, d'après Moussard, 2006]

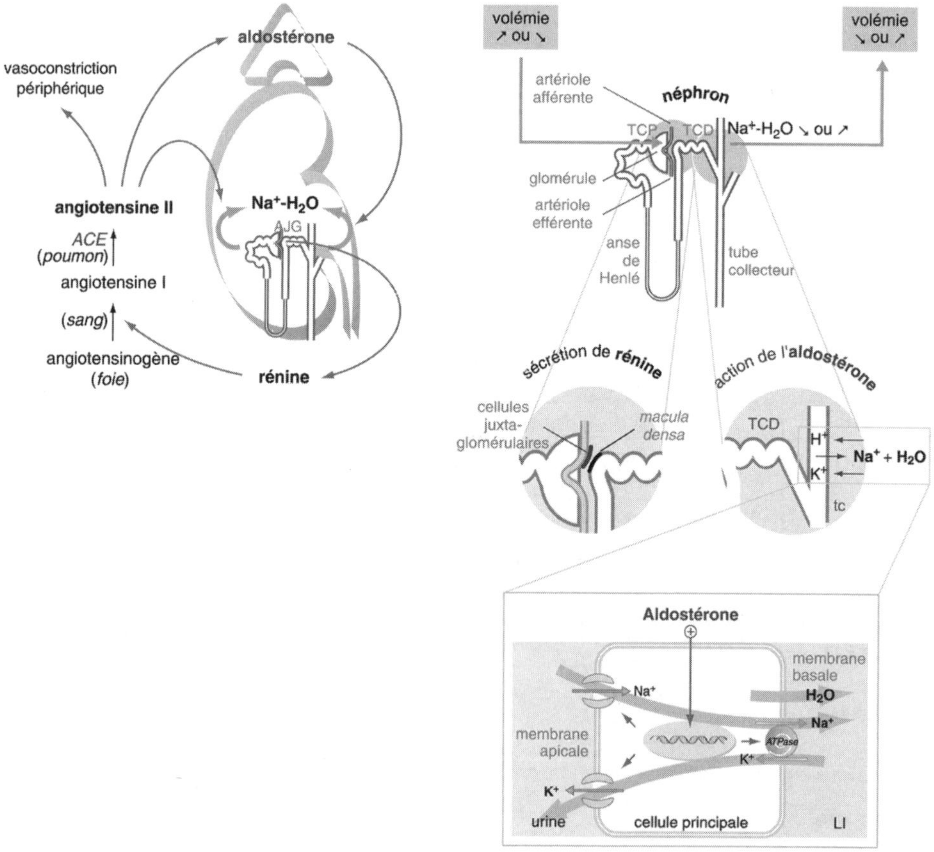

♦ Les glucocorticoïdes et le métabolisme carboné (Figure 2.2.7)

Ces hormones sont synthétisées dans les glandes surrénales, au niveau de la zone fasciculée du cortex. Une coopération fonctionnelle entre les mitochondries et le réticulum endoplasmique aboutit à la synthèse de cortisol à partir du cholestérol.

La synthèse de cortisol est sous le contrôle de l'axe hypothalamo-hypophysaire (Figure 2.2.5), et en particulier sous le contrôle de la CRH (corticolibérine) hypothalamique et de l'ACTH (corticotrophine) hypophysaire.

Figure 2.2.7 **Le cortisol et ses rôles**
[L. Fontaine-Poitou, d'après diverses sources]

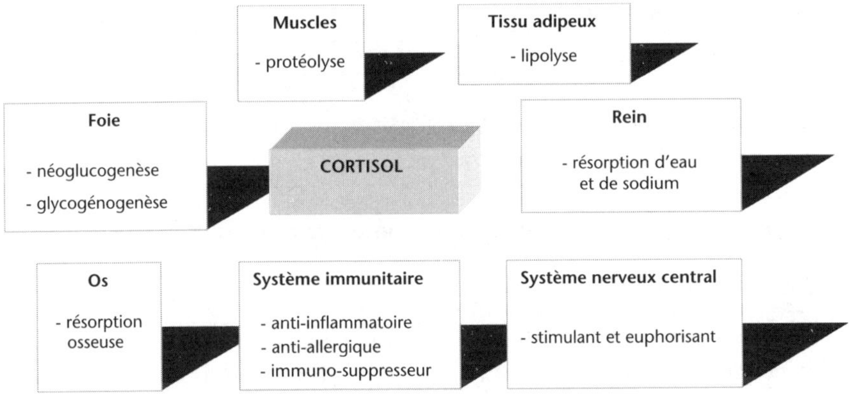

Les glucocorticoïdes se fixent sur des récepteurs nucléaires (GR), comme cela est développé dans le chapitre 5.1 de la partie I.

♦ Un exemple : le comportement alimentaire et ses dysfonctionnements

Étude clinique de l'obésité

L'obésité est définie comme un excès de poids dû à une inflation des réserves énergétiques (masse grasse) résultant d'un déséquilibre entre la prise de calories alimentaires et leur utilisation.

La définition de l'obésité suppose que l'on soit en mesure d'évaluer la masse grasse, ce qui nécessite des méthodes non disponibles en routine (mesure de densité corporelle, d'absorptiométrie, de tomodensitométrie, de résonance magnétique). En pratique clinique comme en épidémiologie, elle est définie à partir d'un IMC (Indice de masse corporelle) prenant en compte des éléments simples : le rapport du poids (exprimé en kg) au carré de la hauteur (en m) ($kg.m^{-2}$). L'obésité correspond alors à un IMC égal ou supérieur à 30 $kg.\ m^{-2}$; au-delà de 40 $kg.\ m^{-2}$, il s'agit d'obésité massive ou morbide (Tableau 2.2.2).

Tableau 2.2.2 Typologie des indices de masse corporelle
[L. Fontaine-Poitou, d'après diverses sources]

Classification	IMC ($kg.m^{-2}$)
Insuffisance pondérale	< 18.5
Valeurs normales	18.5 à 24.9
Excès de poids	25.0 à 29.9
Obésité I (modérée)	30.0 à 34.9
Obésité II (sévère)	35.0 à 39.9
Obésité III (très sévère)	> 40.0

L'obésité s'accompagne de nombreuses physiopathologies : diabète, problèmes cardiovasculaires, problèmes respiratoires …

Facteurs intervenant dans l'homéostasie pondérale (Figure 2.2.8)

- *Rôles du neuropeptide Y (NPY) :*

Le NPY est un peptide de 36 acides aminés synthétisé dans le noyau arqué dont les axones se projettent dans le noyau paraventriculaire de l'hypothalamus. Les récepteurs de NPY, numérotés NPY-1 à NPY-5, sont situés dans l'hypothalamus.

Il constitue un puissant stimulateur de la prise alimentaire et entraîne des modifications hormono-métaboliques qui favorisent le stockage des réserves :

- augmentation des concentrations plasmatiques de l'insuline et stimulation de la lipogenèse dans le tissu adipeux, contrôlé par l'activation du nerf vague ;
- augmentation des concentrations plasmatiques d'ACTH et de cortisol ;
- diminution de la consommation du glucose par les cellules musculaires ;
- surexpression du gène ob dans le tissu adipeux et augmentation de la leptinémie ;
- diminution de l'expression de protéines découplantes.

- *Contrôle endocrine par la leptine*

La caractérisation de la leptine (grec *leptos*, mince) a été obtenue à partir de souris mutées dans le gène ob (obèse). Ces souris sont obèses, diabétiques et présentent un métabolisme et une température corporelle faibles. La leptine est synthétisée par la muqueuse de l'estomac et les adipocytes. Elle agit sur un récepteur ob-R appartenant à la superfamille des récepteurs de cytokines. Agissant au niveau hypothalamique (prise alimentaire et thermogenèse) en inhibant la synthèse et la libération du NPY, elle a également une action sur les tissus périphériques (diminution de l'insulinémie et de l'utilisation du glucose dans les tissus adipeux, Figure 2.2.8).

- *Intervention d'autres médiateurs du système nerveux central*

La ghreline est produite par l'estomac, l'intestin et des neurones hypothalamiques, et ses récepteurs sont exprimés dans différentes régions du cerveau. Ce peptide est impliqué également dans l'homéostasie énergétique en stimulant la prise alimentaire via les neurones producteurs du NPY et l'AGRP (*Agouti Related Protein*). La protéine Agouti est exprimée et sécrétée par le tissu adipeux et le pancréas. Elle induit l'accumulation de triglycérides dans les adipocytes et stimule la sécrétion d'insuline. Elle a une action antagoniste de l' -MSH en se fixant sur les récepteurs MCR-4. L'α-MSH se lie à des récepteurs hypothalamiques (MCR-3 et MCR-4) et entraînent une diminution de la prise alimentaire, et une inhibition du NPY.

- *Rôles des protéines découplantes (UCP)*

L'UCP2 est exprimée dans les mitochondries de différents tissus, tels que le tissu adipeux blanc et les muscles, où elle modifie le fonctionnement de la chaîne respiratoire mitochondriale en favorisant la thermogenèse, notamment en période de jeûne, afin de maintenir la température corporelle.

Recherche des causes du dysfonctionnement de l'homéostasie pondérale : des origines physiologiques :

- au niveau du système nerveux central :

  par mutation du gène de la leptine : développement d'une obésité morbide, diminution de la sécrétion d'hormones de croissance et d'hormones thyroïdiennes, troubles de la puberté.
  Par mutation du gène de la Pro-opio-mélanocortine (POMC) : défaut de synthèse de l'ACTH et d' α -MSH qui conduit à une obésité précoce et sévère et à une insuffisance surrénalienne.
  Par mutation du récepteur MCR-4 de l'α –MSH ;
- au niveau des adipocytes : par mutation du gène de la leptine.

Recherche des causes du dysfonctionnement de l'homéostasie pondérale, des origines comportementales et environnementales :

Les glucocorticoïdes peuvent avoir un rôle permissif dans le développement de certaines obésités. La surrénalectomie, et donc l'absence de glucocorticoïdes, empêche tous les effets de l'injection de NPY chronique chez un rat non obèse : il n'y a pas d'augmentation de la prise alimentaire et du poids corporel consécutifs à l'administration de NPY. Les glucocorticoïdes jouent donc un rôle modulateur dans la boucle reliant le système nerveux central et les organes périphériques en favorisant les effets du NPY et en limitant ceux de la leptine.

Figure 2.2.8 Régulation de la prise alimentaire
[L. Fontaine-Poitou d'après diverses sources]

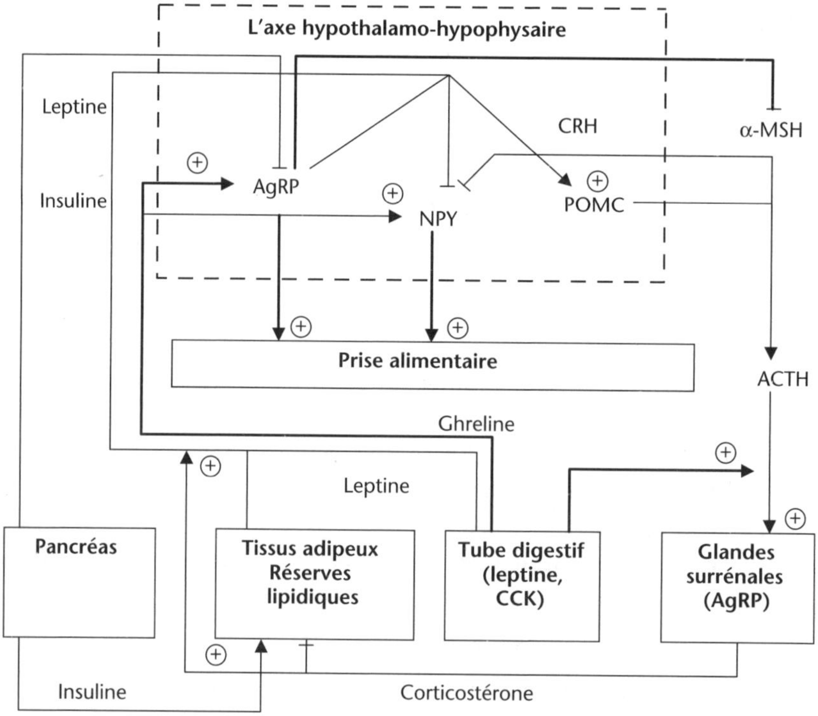

Régulation de la prise alimentaire

(synthetise)
AgRP = Agouti Related P
NPY = Neuro-Peptide-Y
POMC = Pro-opio-Melano-Cortine
α-MSH = OG-Melanocyte stimularin Hormone

CCK : cholocystokinine
CRH : Corticotrophin Releasing Hormone
ACTH : Corticostimuline
— voie anorexigène
voie orexigène —
activation ⊕
inhibition —|

Conclusion

Le présent travail a décrit les mécanismes de régulation métabolique et leur intégration principalement dans le cadre d'un fonctionnement optimal de la cellule et de l'organisme. Il faut souligner cependant que la compréhension de ces mécanismes est aussi essentielle pour l'analyse de situations pathologiques. Ainsi, historiquement, la première relation entre une mutation et un dérèglement métabolique a été établie au début du xxe siècle par Archibald Garrod à partir de l'analyse de l'alcaptonurie (Rosenberg, 2008), et les études ultérieures ont démontré les mécanismes reliant le gène impliqué, les mutations, le désordre métabolique, et les symptômes. Certaines maladies métaboliques ont aussi été associées à des mutations affectant des sites de régulation allostérique, démontrant ainsi l'importance fonctionnelle de ces mécanismes de régulation.

La compréhension des mécanismes de régulation est aussi essentielle pour l'analyse des relations entre l'organisme et l'environnement, comme cela a été vu dans le contexte de fluctuations nutritionnelles. De telles régulations pourraient être étudiées dans le contexte particulier des situations de stress abiotiques et biotiques, qui impliquent presque systématiquement l'induction et la mise en place de métabolismes spécifiques de stress, tels que l'induction de la synthèse de solutés compatibles en réponse au stress hydrique ou l'activation des voies fermentaires en réponse au stress hypoxique.

L'étude des régulations métaboliques dans les contextes pathologiques est la source de nombreuses applications dans le domaine médical. Ainsi, une grande partie de la pharmacologie est basée sur l'identification et la caractérisation d'étapes-clés de voies métaboliques, et la synthèse d'effecteurs pharmacologiques permettant de moduler ces étapes. Cette approche centrée sur des étapes-clés de régulation peut être aussi la base d'approches de thérapie génique.

Dans le domaine de l'agronomie et des biotechnologies agricoles, les connaissances sur la régulation des métabolismes sont aussi la source de nombreuses applications. Ainsi, les approches de pharmacologie en biologie humaine ont leur équivalent agrochimique pour le développement de produits phytosanitaires. La mise au point de produits phytosanitaires est souvent basée sur l'identification et la caractérisation d'étapes-clés de voies métaboliques. Ainsi, l'herbicide glyphosate a pour action centrale l'inhibition d'une enzyme impliquée dans la synthèse d'acides aminés. De plus, dans ces domaines d'application, le matériel biologique eucaryote, plantes ou animaux, peut être soumis à des approches d'amélioration génétique, par croisement-sélection ou par transgénèse. Ainsi, les gènes liés à des étapes métaboliques et à leur contrôle peuvent être utilisés en amélioration génétique assistée par marqueurs pour créer de nouvelles variétés de plantes cultivées, ou peuvent être utilisés comme transgènes pour obtenir des organismes génétiquement modifiés (plantes, animaux) présentant des caractéristiques métaboliques nouvelles.

Au-delà de ces applications liées aux activités humaines, la connaissance de la régulation des voies métaboliques est aussi importante à une échelle planétaire pour la compréhension des cycles biogéochimiques (cycle du C, cycle de l'N, cycle du S), ou de la dynamique des contaminants dans l'environnement. Ces cycles ou ces dynamiques à grande échelle sont en effet l'intégration d'une myriade de métabolismes réalisés par les compartiments microbiens (non seulement procaryotes, mais aussi eucaryotes) et par les organismes eucaryotes supérieurs. Le contexte des changements globaux, avec la modification des paramètres physico-climatiques, interagit fortement avec les voies métaboliques et leurs régulations. Une connaissance précise des métabolismes et de leurs régulations est donc un paramètre important des travaux de modélisation du fonctionnement des écosystèmes.

2.2.2 D'autres fils conducteurs et d'autres modes d'expression peuvent être suivis

Les informations mentionnées dans le plan détaillé et semi-développé peuvent être présentées suivant d'autres plans qui mettent en avant d'autres aspects ou certains aspects spécifiques. Les plans alternatifs présentés ci-dessous restent assez proches du plan développé précédemment et peuvent en utiliser l'introduction et la conclusion.

2.2.3 Plan explicitant les régulations en interaction avec des signaux environnementaux ou des signaux de stress

Il faut cependant signaler que ce type de plan, à cause de l'investissement dans le traitement des interactions avec les stress, ne permet pas de traiter correctement les questions de coordination cellulaire.

I. Régulations des voies métaboliques au sein des cellules

- Régulations enzymatiques : interactions avec des effecteurs, modifications covalentes.
- Effets de la compartimentation subcellulaire : contrôle par des canaux, des transporteurs et des navettes.
- Régulation génétique des niveaux d'enzymes : contrôles transcriptionnels et post-transcriptionnels.
- Maintien du métabolisme et mécanismes de défense contre les stress d'origine métabolique : en particulier, contrôle du stress oxydant dans les mitochondries et les chloroplastes.

II. Régulations du métabolisme et interactions cellulaires avec les paramètres physico-chimiques de l'environnement

- Perception et transduction de la disponibilité en nutriments : régulations à différents niveaux, en particulier par la régulation de l'expression génétique.
- Perception et transduction de signaux de stress : régulations à différents niveaux, en particulier par la régulation de l'expression génétique.
- Impact des niveaux de gaz dissous, en particulier O_2 et CO_2 : régulations à différents niveaux, à la fois métabolique et génétique.

III. Intégration des métabolismes cellulaires au niveau de l'organisme

Contrôle hormonal des métabolismes : homéostasie, intégration des métabolismes (exemple : intégration des métabolismes carboné et azoté chez les plantes).

Contrôle neuronal des métabolismes.

Régulations du métabolisme et plasticité développementale et comportementale : exemple des plantes (perception de la lumière comme signal de développement induisant la mise en place de la photomorphogenèse et de la photosynthèse) ; exemple de l'alimentation chez les animaux (perception du glucose, faim, comportement alimentaire).

2.2.4 Plan mettant l'accent sur la distinction entre les régulations enzymatiques post-traductionnelles et les régulations génétiques

En utilisant beaucoup des sous-parties du plan précédent, il est possible d'envisager un plan et une logique différents mettant l'accent sur les différents niveaux de régulation et leur intégration. Cette distinction très classique de niveaux de régulation fait probablement de ce plan le plus simple, voire le plus simpliste. Il ne permet pas de développer correctement les systèmes de coordination des régulations.

I. Contrôle des voies métaboliques par les régulations enzymatiques post-traductionnelles

- Régulations par interaction avec des effecteurs.
- Modifications covalentes.
- Effets de la compartimentation subcellulaire: contrôle par des canaux, des transporteurs et des navettes.

II. Régulation génétique des niveaux d'enzymes : contrôles transcriptionnels et post-transcriptionnels

- Contrôle des niveaux d'ARNm et de protéines pour des enzymes-clefs du métabolisme primaire.
- Activation de voies métaboliques par induction d'expression génétique : réponses aux nutriments (exemple : transitions métaboliques de l'utilisation des sucres chez la levure) ; réponses aux situations de stress (exemple : métabolisation de xénobiotiques) ; réponses développementales.

III. Intégration des métabolismes cellulaires au niveau de l'organisme

- Contrôle hormonal des métabolismes : homéostasie; intégration des métabolismes (exemple : intégration des métabolismes carboné et azoté chez les plantes).
- Contrôle neuronal des métabolismes.
- Régulations du métabolisme et plasticité développementale et comportementale: exemple des plantes (perception de la lumière comme signal de développement induisant la mise en place de la photomorphogenèse et de la photosynthèse) ; exemple de l'alimentation chez les animaux (perception du glucose, faim, comportement alimentaire).

Chapitre 3

Biogenèse et compartimentation cellulaire

3.1 Membranes et fonctionnement de la cellule eucaryote

Cette thématique a été conçue au départ comme un sujet de dissertation d'agrégation, qui présente de nombreux points de connexion avec d'autres sections de ce chapitre, en particulier avec le chapitre 3.2 « Diversité fonctionnelle et intégration cellulaire des mitochondries » et avec le chapitre 5.1 « Communication intercellulaire et transduction des signaux ». Le travail est présenté sous la forme d'un texte développé, ou semi-développé, et abondamment illustré.

Introduction

Les mécanismes physico-chimiques à l'origine de la vie ont impliqué des processus de **compartimentation et de constitution de membranes** ; qui ont de plus joué un rôle particulièrement important dans la transition procaryote/eucaryote.

Les différentes membranes retrouvées chez les eucaryotes sont : la membrane plasmique, les membranes du réticulum endoplasmique, les membranes externes des mitochondries et des plastes, les membranes internes des mitochondries et des plastes, l'enveloppe nucléaire, le tonoplaste des vacuoles, les membranes des peroxysomes et les membranes des lysosomes.

Les membranes biologiques sont des **interfaces protéo-lipidiques** délimitant les cellules et les organites cellulaires. La cellule étant un système thermodynamique ouvert, en équilibre dynamique avec son milieu, les membranes doivent assurer les flux de matière, d'énergie et d'information. Le fonctionnement cellulaire est ainsi intimement lié à des **échanges constants** (substances, énergie, matériaux, informations) entre les milieux intracellulaires et extracellulaires et au sein du milieu intracellulaire, au travers de ces membranes.

La problématique centrale d'un tel sujet est de comprendre des relations structure-fonction dans le cas d'un système supramoléculaire diversifié et complexe présentant une topologie très originale. Cette problématique peut se décliner en une série de questions :

- Quelles sont la localisation et l'organisation structurale des membranes cellulaires ?
- Quels sont les structures membranaires et les processus impliqués dans la perméabilité et les transferts ?
- Comment faire le lien entre la fonction de transfert et l'architecture moléculaire des membranes ?

- En quoi les membranes participent-elles au métabolisme énergétique de la cellule ?
- Comment interviennent-elles dans les échanges d'informations avec le milieu environnant ?

I. Les membranes : architecture moléculaire ; le lien structure-fonction

A. Les méthodes d'étude

♦ Méthodes de visualisation des membranes

Leur faible épaisseur (inférieure à 10 nm) exige l'utilisation de la **microscopie électronique** :

- observation en microscopie électronique à transmission de coupes ultraminces de cellules ;
- observation de réplique de la membrane par cryofracture (microscopie électronique à balayage) (Figure 3.1.1) ;
- observation en cryomicroscopie de la membrane elle-même (microscopie électronique à balayage).

La topographie de la surface membranaire peut également être étudiée grâce à l'**imagerie par microscopie à force atomique** à haute résolution.

Figure 3.1.1 **Cryofracture et cryodécapage de la membrane plasmique**
[modifié, d'après Voet et Voet, 1998]

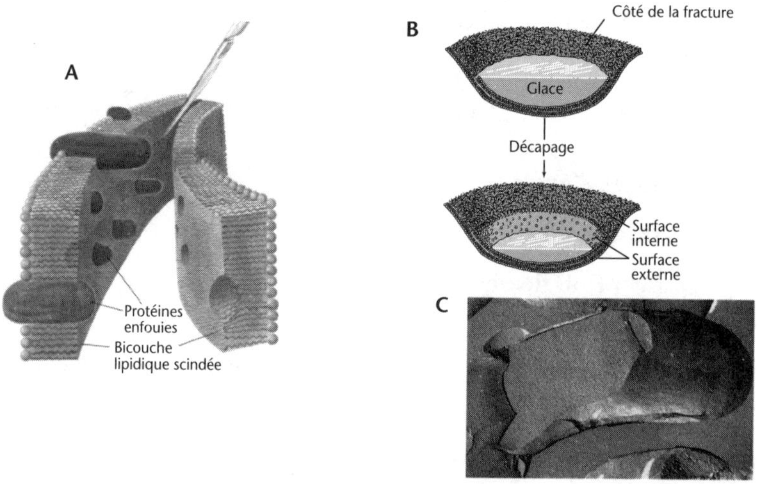

A : La technique de cryo-fracture. Représentation schématique de la coupure d'une membrane par cryo-fracture, montrant l'intérieur de la bicouche lipidique et les protéines qui y sont enchâssées.

B : La technique de cryo-décapage. La glace qui recouvre une membrane après cryo-fracture (*en haut*) est enlevée partiellement par sublimation afin d'exposer la surface externe de la membrane (*en bas*) pour la microscopie électronique.

C : Micrographie électronique après cryo-décapage d'une membrane plasmique d'érythrocyte humain. Le côté interne de la membrane est constellé de particules globulaires qui sont des protéines intrinsèques. Le côté externe de la membrane apparaît plus lisse que le côté interne, car les protéines ne se projettent pas tellement au-delà de la surface de la membrane externe.

♦ **Analyses biochimiques**

– Méthodes de séparation des membranes (centrifugation sur gradient).

– Solubilisation des membranes par des détergents ; extraction et purification des lipides membranaires avec caractérisation des chaînes hydrocarbonées par chromatographie en phase gazeuse.

– Solubilisation des membranes par des détergents, purification et analyse des protéines membranaires (Figure 3.1.2), études structurales (cristallisation et résolution atomique par diffraction des rayons X, études prédictives par analyse de profils d'hydrophobicité selon l'échelle de Kyte et Doolittle) (Figure 3.1.3) et fonctionnelles (reconstitution éventuelle de la protéine étudiée en protéoliposome).

– Études par immunocytochimie.

Figure 3.1.2 **Électrophorégramme en gel de polyacrylamide-SDS des protéines de la membrane d'érythrocytes humains, colorées au bleu de Coomassie brillant.**
[Voet et Voet, 1998]

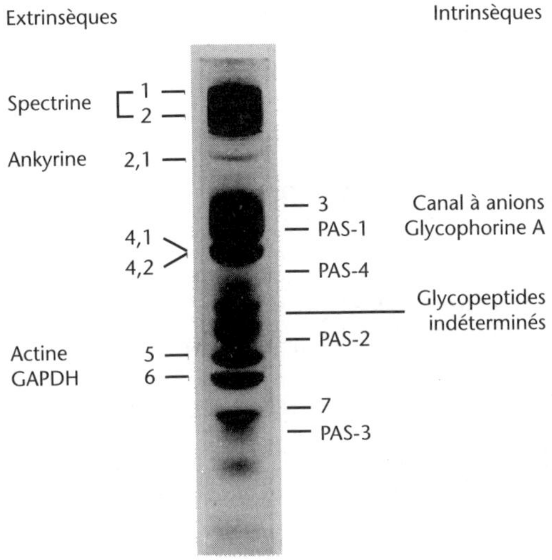

Seules les bandes majeures sont visualisées et numérotées de 1 à 7. Les bandes désignées par 4,1 et 4,2 ne se séparent pas à la concentration en SDS utilisée (1 %).

Les positions des quatre sialoglycoprotéines qui seraient révélées par coloration au PAS (acide périodique-réactif de Schiff) sont indiquées.

Les protéines extrinsèques sont extraites de la membrane par simple modification de la force ionique et les protéines intrinsèques sont extraites par traitement avec des détergents.

Figure 3.1.3 **Variation de l'indice d'hydropathie du chymotrypsinogène bovin.**
[modifié, d'après Voet et Voet, 2005]

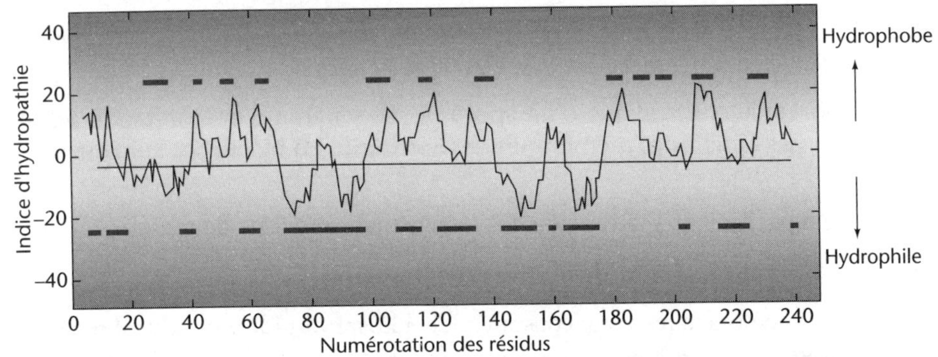

La somme des hydropathies de neuf résidus consécutifs est portée en ordonnées en fonction de la position du résidu dans la séquence. Un indice d'hydropathie largement positif correspond à une région hydrophobe de la chaîne polypeptidique, tandis qu'une valeur largement négative correspond à une région hydrophile. Les barres au-dessus de la ligne centrale indiquent les régions transmembranaires de la protéine, selon les résultats de l'analyse par rayons X, et les barres en dessous de cette ligne indiquent les régions à la surface de la membrane.

♦ **Les liposomes et protéoliposomes : des systèmes modèles**

Ce paragraphe peut aussi être inséré dans les méthodes d'études fonctionnelles (paragraphe II).

Les liposomes sont des vésicules limitées par plusieurs bicouches de phospholipides et de taille variable (liposomes multilamellaires ou MLV : *Multi Lamellar Vesicle*) ou par une seule bicouche lipidique et de taille homogène, à faible diamètre (SUV pour *Small Unilamellar Vesicle*) (Figure 3.1.4).

Les protéoliposomes sont des liposomes dans lesquels une protéine membranaire, préalablement purifiée, a été insérée. Ils permettent d'étudier une protéine membranaire purifiée dans son contexte lipidique.

Figure 3.1.4 Structure des bicouches lipidiques : les liposomes
[modifié, d'après Voet et Voet, 1998, et Murray et coll., 2008]

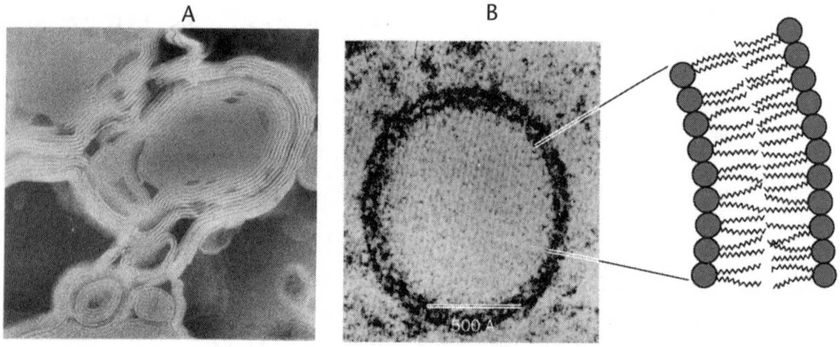

A : Micrographie électronique d'une vésicule phospholipidique multilamellaire dans laquelle chaque lamelle est une bicouche lipidique.

B : Micrographie électronique d'un liposome. Le schéma d'interprétation associé montre l'organisation des membranes des liposomes en bicouches lipidiques.

B. Composition et architecture des membranes : modèles de représentation

♦ **Les différentes classes de lipides membranaires**

Les lipides membranaires sont constitués de **phospholipides**, de **glycolipides**, de **sphingolipides**, de **stérols et de leurs dérivés** (Tableau 3.1.1). Les stérols sont trouvés dans les membranes des cellules eucaryotes. Le cholestérol est en proportions variables suivant les différents types de membrane ; le stigmastérol et le sitostérol se trouvent chez les plantes alors que l'ergostérol est un constituant des membranes de champignons.

Ces lipides se répartissent différemment dans les deux feuillets des membranes, on parle d'organisation transversale (ou vectorielle) créant une **asymétrique membranaire.**

Tableau 3.1.1 Composition lipidique (% des lipides totaux) de différentes membranes
[D'après Schechter, 1997]

	Escherichia coli	**Chloroplaste**	**Mitochondrie**	**Erythrocyte**
Proportion lipides/ protéines en masse	1/3	1/1	1/3	1/3
Phospholipides	**100**	**12**	**95**	**56**
phosphatidylcholine			48	23
phosphatidyléthanolamine	80		28	20
phosphatidylinositol			8	2
phosphatidylsérine				11
phosphatidylglycérol	15	12		
diphosphatidylglycérol (cardiolipine)	5		11	
Glycolipides		**80**		
monogalactosyl		41		
digalactosyl diacylglycérol		23		
sulfolipide		16		
Sphingolipides				**18**
Stérols			**5**	**25**

♦ Les différentes classes de protéines membranaires

On distingue deux grands types de protéines associées aux membranes :

– les protéines membranaires **extrinsèques** (ou hydrosolubles ou périphériques), entièrement en contact avec un milieu polaire. Elles peuvent être liées par des liaisons covalentes aux lipides de la membrane (protéines ancrées) ou par des interactions faibles avec des protéines intrinsèques voire avec certains lipides ;

– les protéines membranaires **intrinsèques** (ou intégrales ou intégrées), traversant partiellement ou de part en part la membrane. Les interactions entre les régions polaires de la chaîne protéique et la partie hydrophobe des lipides de la bicouche sont limitées. Les zones transmembranaires des protéines sont en **interaction hydrophobe avec les lipides** et s'organisent selon des **structures secondaires de type hélice** α **ou feuillet** β (Figure 3.1.6).

Figure 3.1.6 **Organisation structurale des différentes classes de protéines membranaires**
[D'après Alberts et coll., 2004]

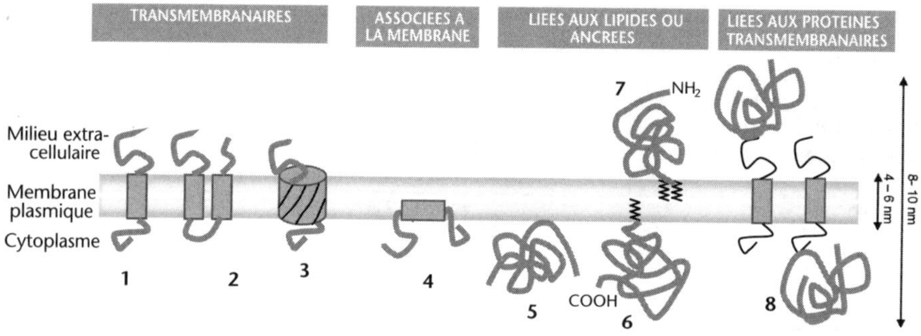

Protéines intrinsèques		
Type de protéine		Exemple
1	à 1 hélice α transmembranaire	Glycophorine de la membrane des hématies
2	À plusieurs hélices α trans-membranaires	Cytochrome oxydase
3	En tonneau β	Porine des mi-tochondries
4	Insérée dans un feuillet de la membrane	Cyclo-oxygénase

Protéines extrinsèques		
Type de protéine		Exemple
5	En interaction électrostatique avec la phospha-tidyl-sérine	Myosine I
6	Isoprénylée ou myristoylée	Ras Tyrosine kinase Src
7	A ancre GPI (glycosylphos-phatidyl-inositol)	Acétylcholine estérase
8	Liée à une pro-téine membra-naire intégrée	Caténines liées aux cadhérines

♦ Les glucides membranaires

Les glucides associés aux membranes sont liés par des liaisons covalentes à des protéines (par **O-glucosylation ou N-glycosylation**) ou à des lipides (**glycosphingolipides** surtout chez les animaux et **glycoglycérolipides** chez les plantes). Les chaînes glucidiques sont exposées à la surface externe de la membrane plasmique, dans la lumière du réticulum endoplasmique, de l'appareil de Golgi et des vésicules de la voie endosomale. Les glycoglycérolipides sont abondants dans la membrane des thylacoïdes.

♦ Évolution des modèles de représentation des membranes cellulaires

Singer et Nicolson (1972) ont conçu un modèle de **mosaïque fluide** dans lequel les membranes sont des bicouches lipidiques auxquelles sont associées des protéines extrinsèques et intrinsèques évoluant de façon dynamique au sein de cette membrane.

Si ce modèle est accepté par tous aujourd'hui, les progrès techniques ont permis d'en proposer une version plus complexe où la bicouche lipidique est d'épaisseur variable, l'alignement des têtes polaires des phospholipides est imparfait, les chaînes hydrocarbonées des lipides sont très irrégulières et souvent en configuration cis (pour les chaînes insaturées), les protéines membranaires ont une structure précise et enfin où des plateformes mobiles appelées **radeaux lipidiques** (ou *rafts*), riches en sphingomyéline, glycosphingolipides, cholestérol et protéines ancrées, correspondent à des régions dynamiques et fonctionnelles de la membrane plasmique (Figure 3.1.7).

Figure 3.1.7 Modèle de représentation d'un radeau lipidique
[Murray et coll., 2008]

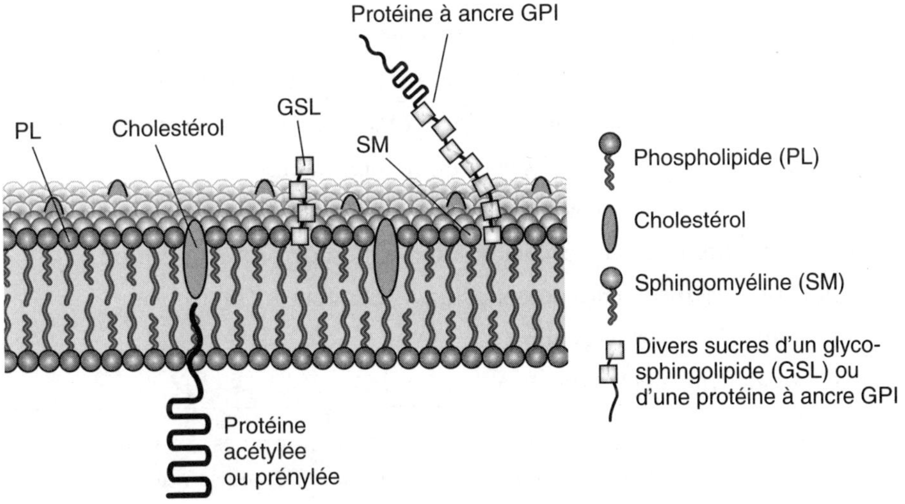

C. Propriétés des membranes phospholipidiques

La composition des biomembranes fait d'elles des **structures protéo-lipidiques insolubles et hydrophobes qui séparent deux environnements cellulaires aqueux** aux caractéristiques propres. Leur agencement moléculaire leur confère des propriétés de cohésion, de résistance et d'élasticité qui permettent de séparer le contenu d'un organite du contenu cellulaire et le contenu cellulaire du milieu extra-cellulaire (fonction de compartimentation).

Les propriétés physiques des membranes phospholipidiques sont résumées dans l'encadré ci-après. La dynamique des fonctions membranaires et en particulier les fonctions d'échange, de signalisation et de régulation, repose sur ces caractéristiques physico-chimiques des biomembranes.

Figure 3.1.8 Diffusion des phospholipides dans une bicouche lipidique
[modifié, d'après Voet et Voet, 1998]

(*a*) La diffusion transversale (flip-flop ou basculement) correspond au transfert d'une molécule de phospholipide d'un feuillet de la bicouche à l'autre. (*b*) La diffusion latérale est un échange, à l'intérieur d'une paire, entre deux molécules voisines appartenant au même feuillet de la bicouche.

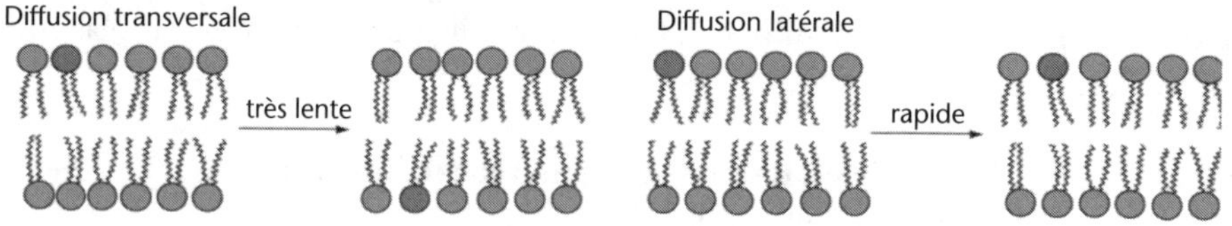

Propriétés fondamentales d'une membrane protéo-lipidique :

- Fluidité membranaire
- Mouvements spontanés des lipides : diffusion et rotation dans le plan
- Diffusion latérale libre ou contrôlée des protéines membranaires
- Agrégation ou dissociation de protéines membranaires
- Polarité des membranes et polarité de fonction : polarité cellulaire des transports
- Fusion de membranes par contact et intervention de protéines-fusion
- Échange inter-membranaire de constituants par contact moléculaire
- Mouvements actifs : translocation
- Faible conductivité électrique

De manière générale, les protéines associées aux membranes, de manière extrinsèque ou intrinsèque, sont soumises à la dynamique de la phase phospholipidique.

D. Biodiversité et plasticité des structures membranaires

Il existe une **variété de structures membranaires en fonction de l'espèce, du type cellulaire et de l'environnement cellulaire.**

- La comparaison de cellules d'espèces différentes révèle des différences de structure et de composition dans le cadre général du modèle décrit précédemment. Ainsi, les cellules animales, les cellules végétales et les cellules fongiques diffèrent dans leur composition en stérols.
- Les types cellulaires au sein d'un même organisme peuvent différer dans leur distribution et leur composition membranaires. Des exemples extrêmes de telles différences sont les hématies ou les cellules phloémiennes, dépourvues de noyau et d'organites.

- La composition membranaire d'un type cellulaire donné peut aussi varier en fonction des conditions environnementales. Ainsi, la sensibilité d'une bicouche lipidique aux variations de température (Figure 3.1.9) influe sur la longueur des chaînes hydrocarbonées des acides gras, leur degré d'insaturation et la configuration (cis ou trans) des chaînes d'acides gras insaturés. Chez de nombreuses espèces, en particulier chez les plantes, l'exposition au froid peut induire une réponse adaptative de synthèse d'acides gras insaturés et d'incorporation dans les phospholipides membranaires : on parle d'**adaptation homéovisqueuse.**

Figure 3.1.9 Structure d'une bicouche lipidique lorsque la température est abaissée en dessous de la température de transition de cette bicouche. [modifié, d'après Voet et Voet, 2005]

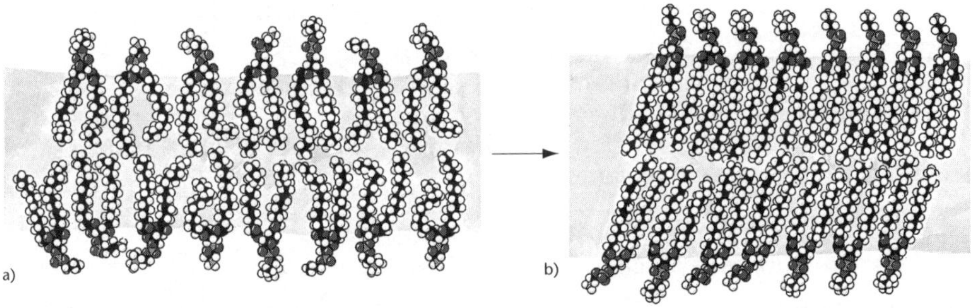

(*a*) Au-dessus de la température de transition, les doubles liaisons en configuration cis induisent des courbures dans les chaînes carbonées des acides gras insaturés. Les interactions entre chaînes sont réduites. L'état de la bicouche est relativement désordonné : on parle d'une fluidité de type cristal-liquide.

(*b*) En dessous de la température de transition, la présence d'acides gras saturés, aux chaînes carbonées rectilignes interagissant étroitement sur toute leur longueur, fait que les lipides sont beaucoup mieux ordonnés : l'état de la bicouche est un solide de type gel.

E. Biogenèse des membranes et fonctionnement cellulaire

La biogenèse des membranes et son contrôle sont particulièrement importants lors de la division cellulaire et de l'expansion cellulaire. Il y a ainsi une forte activité de biogenèse de membranes lors de la cytodiérèse.

Le réticulum endoplasmique (RE) joue un rôle majeur dans la synthèse et la distribution des lipides dans un grand nombre de membranes (Tableau 3.1.2). Il génère un réseau endomembranaire complexe et interconnecté, comprenant le réticulum lui-même, le réseau de Golgi, la membrane plasmique, le tonoplaste et de nombreuses vésicules de sécrétion. Il forme ainsi la structure organellaire eucaryote la plus développée et la plus polyvalente.

Il existe aussi d'autres systèmes de circulation directe des acides gras et des phospholipides mettant en jeu des ***Lipid-Transfer-Proteins*** **(LTP) et des** ***Phospholipid-Exchange-Proteins*** **(PLEP).**

Tableau 3.1.2 Synthèse des lipides membranaires
[V. Guillaume, d'après diverses sources]

Lipides	Précurseurs et voie de synthèse	Localisation de la synthèse
Acides gras	Synthétisés à partir d'acétyl-CoA	Cytoplasme des cellules Plastes des cellules végétales Élongation et désaturation dans le RE
Phospholipides	Synthèse du phosphatidate à partir du glycérol-3 phosphate et de deux acides gras. Puis réaction avec l'inositol, l'éthanolamine, la sérine…	RE Membrane externe des mitochondries des cellules animales Plastes des cellules végétales
Sphingolipides	Formés le plus souvent à partir de la sphingosine, liée par une fonction amide à un acide gras. Les gangliosides sont des céramides avec des chaînes polyosidiques.	RE et appareil de Golgi
Cholestérol	Synthétisé à partir d'acétyl-CoA	Cytosol et RE

La synthèse des protéines est majoritairement localisée dans le cytoplasme à partir de l'expression de gènes nucléaires, en mettant en jeu le cytosol, des systèmes d'adressage, et/ou le réticulum endoplasmique. **Le réticulum endoplasmique associé aux ribosomes joue un rôle essentiel dans la biogenèse des protéines du réseau endomembranaire** (réticulum lui-même, réseau de Golgi, membrane plasmique, tonoplaste, vésicules de sécrétion) (Figure 3.1.10). Les protéines membranaires sont d'abord synthétisées par des ribosomes liés au réticulum endoplasmique. Après translocation, certaines protéines se retrouvent en solution dans la lumière du réticulum (elles seront sécrétées), alors que d'autres restent ancrées dans la membrane *via* leur domaine transmembranaire. Ces **protéines traversent successivement les différents saccules de l'appareil de Golgi** avant d'atteindre la surface cellulaire.

Dans chacun des compartiments traversés, elles subissent un certain nombre de **modifications post-traductionnelles**, en particulier des **glycosylations** (fixation puis modification de groupements glucidiques). La compartimentation précise de l'appareil sécrétoire permet une maturation progressive des protéines nouvellement synthétisées au fur et à mesure qu'elles traversent les divers compartiments (cis, médial et trans) de l'appareil de Golgi.

Cette maturation s'accompagne d'un contrôle de qualité qui permet la rétention sélective, dans l'appareil de sécrétion, des protéines dont la conformation ou la maturation est incorrecte ou inachevée. L'existence d'une voie de transport à contre-courant, dite voie rétrograde, assure le transport depuis l'appareil de Golgi jusqu'au réticulum.

La synthèse de certains complexes protéiques membranaires, tels que l'ATP synthase mitochondriale ou l'ATP synthase plastidiale, met aussi en jeu la **synthèse de certaines sous-unités protéiques dans les organelles** à partir de l'expression de gènes mitochondriaux ou plastidiaux.

Figure 3.1.10 Synthèse ribosomale, insertion membranaire et début de la glycosylation d'une protéine membranaire intrinsèque, par la voie sécrétoire [modifié, d'après Voet et Voet, 2005]

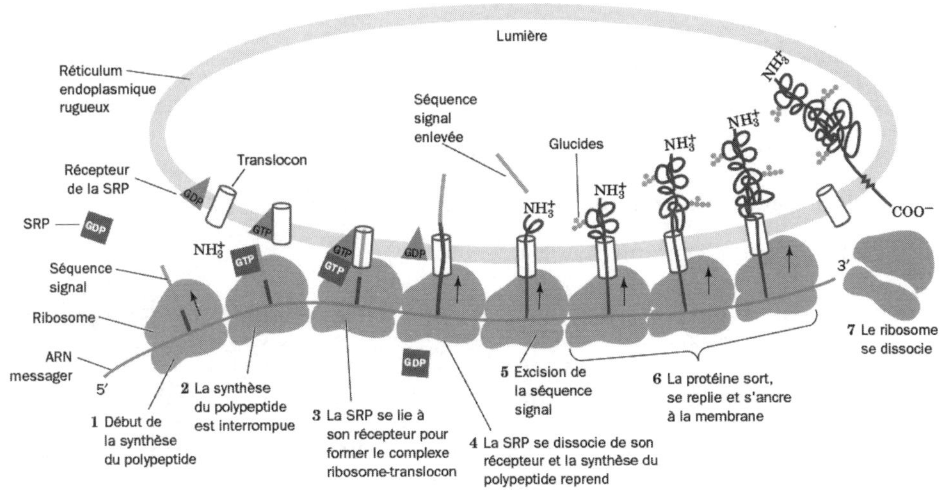

(1) La synthèse protéique commence à l'extrémité N-terminale du polypeptide, par l'élaboration d'une séquence signal de 13 à 36 résidus. **(2)** Une particule de reconnaissance du signal (SRP) se lie au ribosome et à la séquence signal qui en émerge, ce qui provoque l'arrêt momentané de la synthèse du polypeptide. **(3)** La SRP se lie au récepteur transmembranaire de la SRP (SR) associé au translocon, ce qui réunit le ribosome et le translocon. **(4)** La SRP et le SR hydrolysent le GTP qui leur est lié, ce qui entraîne leur dissociation du complexe ribosome-translocon. Le ribosome reprend alors la synthèse du polypeptide, qui passe à travers le translocon dans la lumière du RE. **(5)** Peu après son entrée dans la lumière du RE, la séquence signal est excisée par protéolyse. **(6)** Tout en pénétrant dans la lumière du RE, la chaîne polypeptidique commence à se replier pour prendre sa conformation native, processus facilité par son interaction avec le chaperon Hsp70 (non montré). Simultanément, des enzymes débutent la glycosylation spécifique du polypeptide. Une fois la protéine repliée, elle ne peut pas sortir de la membrane. En des endroits déterminés par sa séquence, la protéine s'ancre dans la membrane (les protéines destinées à être sécrétées passent entièrement dans la lumière du RE). (**7**) Une fois la synthèse du polypeptide achevée, le ribosome se dissocie en ses deux sous-unités.

Ainsi, certaines membranes spécialisées sont les sites de synthèse des constituants membranaires. Toutes les membranes sont capables d'incorporation de leurs constituants, phospholipides et protéines, et d'autoorganisation supramoléculaire, dont les mécanismes restent encore mal connus.

II. Les membranes cellulaires : surfaces d'échange et de passage de molécules et de particules

A. Méthodes d'étude

- Purification de membranes et d'organelles.
- Étude des capacités de liaison avec des ligands (ligands radiomarqués).
- Étude de transport (substrats radiomarqués).
- Utilisation de protéoliposomes (voir paragraphe I).
- Déformation de volume (oocyte de xénope).

B. Transport de protéines, de particules ou de solutés par les systèmes membranaires

♦ Les voies d'exocytose et d'endocytose

Les transports cytotiques par vésicules closes (**endocytose, exocytose et transcytose**) permettent des échanges de matière entre la cellule et le milieu extérieur. Les voies d'exocytose et d'endocytose sont aussi des voies de transport intracellulaire de protéines et de solutés.

L'**exocytose** est définie comme une sécrétion, une exportation ou une expulsion hors de la cellule du contenu d'une vésicule ou d'un granule. Il s'agit d'un mécanisme habituel de sécrétion par les cellules eucaryotes. Ainsi, les protéines sécrétées par les cellules sont synthétisées au niveau du réticulum endoplasmique, transitent par l'appareil de Golgi avant d'être libérées dans le milieu extra-cellulaire par fusion d'une vésicule avec la membrane plasmique.

L'**endocytose** est un processus d'intériorisation par lequel une cellule ingère du matériel extracellulaire par invagination de sa membrane plasmique et formation de vésicules. Selon le contexte, le terme désigne la **pinocytose** (petites vésicules de 150 nm de diamètre), l'endocytose médiée par récepteur, ou la **phagocytose** (vésicules de diamètre > 150 nm).

Cette voie permet que des molécules présentes en solution dans le milieu extracellulaire soient reconnues par la cellule, y pénètrent, et passent ensuite dans les différents compartiments : endosomes précoces, puis tardifs, et enfin lysosomes. C'est dans les lysosomes qu'a lieu la dégradation des molécules endocytées.

Ce mécanisme d'endocytose médiée par un récepteur joue ainsi un rôle majeur dans l'alimentation des cellules en cholestérol, par reconnaissance puis endocytose des LDL (*low density lipoprotein*) circulants.

Les mécanismes d'exocytose et d'endocytose sont aussi abordés dans le chapitre 4 de la partie III.

♦ Adressage et triage intracellulaires lors des transports cytotiques

Les voies d'exocytose et d'endocytose utilisent toutes les deux des **vésicules comme intermédiaire de transport.** Ces vésicules sont formées par bourgeonnement de la membrane au niveau d'un compartiment dit « donneur » comme le réticulum, puis fusionnent avec un autre compartiment dit accepteur (*cis*-Golgi). Au cours de ce processus, les vésicules emportent avec elles un certain volume de fluide ainsi que des composants de la membrane du compartiment donneur. Afin de maintenir leur composition spécifique, les compartiments membranaires de la voie d'endocytose et d'exocytose doivent donc assurer un triage efficace des molécules transportées. C'est lors de la formation des vésicules de transport que doit s'effectuer le triage membranaire. Les composants destinés à être exportés doivent être incorporés dans la vésicule de transport.

Dans le cas des protéines, chaque protéine n'est pas reconnue dans la cellule dans sa totalité, mais grâce à des séquences spécifiques servant d'**adresses moléculaires.** Ces signaux sont composés d'une séquence linéaire de quelques acides aminés, et peuvent être totalement distincts des domaines protéiques qui assurent la fonction protéique. Il suffit de changer les signaux de triage d'une protéine pour modifier son transport intracellulaire, et donc sa destination finale.

Ces signaux peuvent être localisés dans le domaine extracellulaire, transmembranaire ou cytoplasmique. Par exemple, le **motif de triage KDEL** localisé dans les domaines luminaux est responsable de la rétention des protéines dans le réticulum, alors que le **signal Lys-Lys-X-X** (X désignant un acide aminé quelconque) est retrouvé dans les protéines de la membrane du réticulum.

Les adresses localisées dans le domaine cytoplasmique des protéines de la membrane plasmique sont parmi les signaux de triage les mieux caractérisés. Ainsi, de nombreux récepteurs membranaires assurent l'endocytose de leur protéine porteuse grâce à des signaux tels que **dileucine LL, tyrosine YXXϕ ou NPXY** (Y tyrosine, N asparagine, P proline, ϕ résidu à chaîne latérale hydrophobe) :

- le récepteur de la transferrine présente un signal tyrosine essentiel à son endocytose ;
- un signal dileucine est nécessaire à l'endocytose du marqueur membranaire CD4 exprimé chez les lymphocytes.

Le triage s'effectue lors de l'étape de formation des vésicules de transport. Cette sélection est assurée par l'interaction entre les signaux d'adressage et **le manteau de protéines cytoplasmiques** qui polymérisent autour des vésicules en formation.

Tableau 3.1.3 Les trois grandes familles de protéines de manteau
[V. Guillaume, d'après diverses sources]

Famille de protéines du manteau	Vésicules associées	Signal d'adressage reconnu et rôle
complexes adaptateur-clathrine	Celles participant au transport de la membrane plasmique aux endosomes et du trans-Golgi vers les compartiments pré-lysosomiaux	Interagissent avec les domaines cytoplasmiques (ex : YXXΦ) de protéines membranaires, ce qui permet leur concentration dans la vésicule en formation
complexes COP I (*coat protein 1*)	Celles impliquées dans le transport rétrograde entre l'appareil de Golgi et le réticulum endoplasmique (RE), mais aussi dans le transport entre les différents saccules du Golgi, voire entre le RE et l'appareil de Golgi	Interagissent directement avec les signaux KDEL, avec les motifs dilysine de localisation dans le réticulum
complexes COP II (*coat protein 2*)	Celles participant au transport du RE vers l'appareil de Golgi	Peuvent se lier à des signaux cytoplasmiques di-acidiques (ex : Asp-X-Glu)

La structure ainsi que le mécanisme moléculaire de polymérisation du manteau de clathrine sont connus aujourd'hui. L'analyse des vésicules tapissées de clathrine révèle que cette dernière est assemblée en une **structure polyédrique en forme de cage et associée à des complexes adaptateurs (AP)** qui servent d'agents de liaison entre les protéines triées et la clathrine (Figure 4.1.7 de la partie III). Quatre complexes AP ont pu être identifiés :

- AP1 et AP3 interviennent dans le transport à partir de l'appareil de Golgi vers les compartiments endocytiques et les lysosomes ;
- AP2 est impliqué dans l'endocytose au niveau de la membrane plasmique et présente quatre sous-unités : α et $\beta 2$ (interaction avec la clathrine), $\mu 2$ (reconnaissance des signaux tyrosine) et $\sigma 2$;
- AP4 a une fonction encore inconnue.

La polymérisation du manteau de clathrine est contrôlée par des petites protéines G et conduit à la déformation locale de la membrane qui permet la formation d'une vésicule de transport (Figure 3.1.11). Des protéines vésiculaires **v-SNARE** adressent les vésicules vers leur membrane cible. La liaison des v-SNARE aux **t-SNARE** correspondantes sur la membrane cible précède la fusion membranaire.

Figure 3.1.11 Formation des vésicules tapissées de clathrine.
[Modifié, d'après Voet et Voet, 2005]

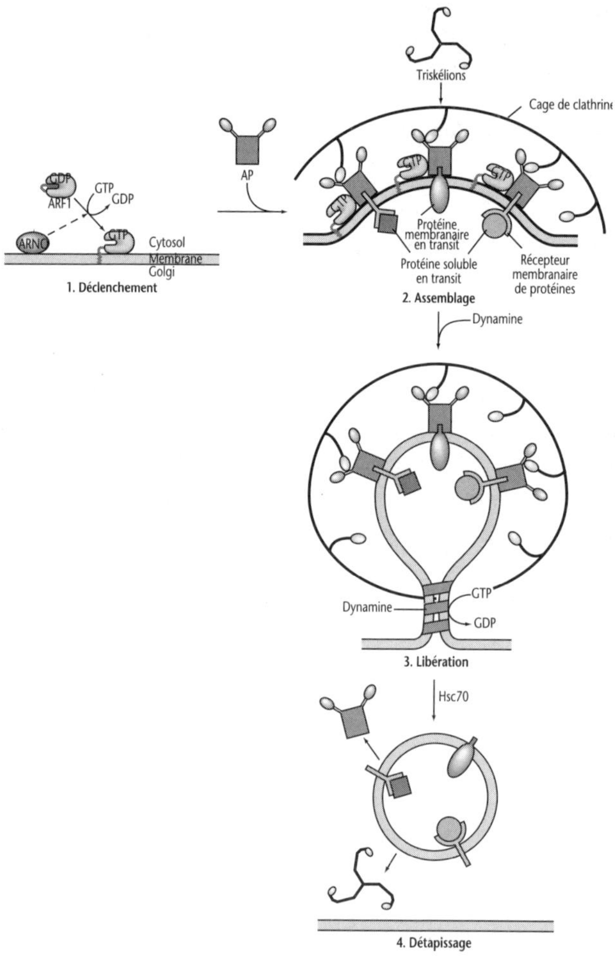

(1) L'échange, stimulé par ARNO (facteur d'échange des nucléotides guanyliques), du GDP lié à ARF1 (GTPase) pour du GTP libère le groupement myristoyl N-terminal qui était enfoui dans la protéine au sein du complexe ARF1 · GDP, et permet l'insertion de ce groupement dans la membrane.

(2) Une fois associé à la membrane, ARF1 · GTP lie des protéines adaptatrices (AP). Celles-ci, à leur tour, lient les chaînes lourdes de clathrine, ce qui conduit à la formation du manteau de clathrine et entraîne le bourgeonnement de la vésicule à partir de la membrane. De plus, les AP lient les récepteurs transmembranaires de protéines à transporter ainsi que des protéines transmembranaires en transit.

(3) La vésicule est libérée de la membrane sous l'action de la dynamine, une GTPase.

(4) Peu de temps après, le manteau de clathrine et les AP se dissocient de la vésicule.

C. Transfert de macromolécules au travers de la membrane : protéines et ARN

Des transferts de macromolécules peuvent avoir lieu au sein de la cellule sans implication de la dynamique membranaire qui vient d'être décrite. Ainsi, des **systèmes de pore** au niveau de l'enveloppe nucléaire permettent les transferts d'ARNm et de protéines entre le noyau et le cytosol. Des processus d'adressage permettent aussi l'import de protéines depuis le cytosol vers des organelles-cibles, telles que les mitochondries ou les chloroplastes.

Les mécanismes d'import de protéines spécifiques dans les mitochondries requièrent la présence de signaux peptidiques, généralement N-terminaux, permettant l'interaction avec l'organelle-cible, l'ancrage et l'import complet. Le peptide-signal est finalement clivé à l'issue du processus (Figure 3.1.12).

Ces transferts font l'objet de régulations complexes, ce qui implique que **les membranes ne sont pas seulement des lieux de passage, mais aussi des structures de régulation.**

Figure 3.1.12 Schéma des mécanismes d'importation des protéines dans la mitochondrie
[modifié, d'après Voet et Voet, 2005]

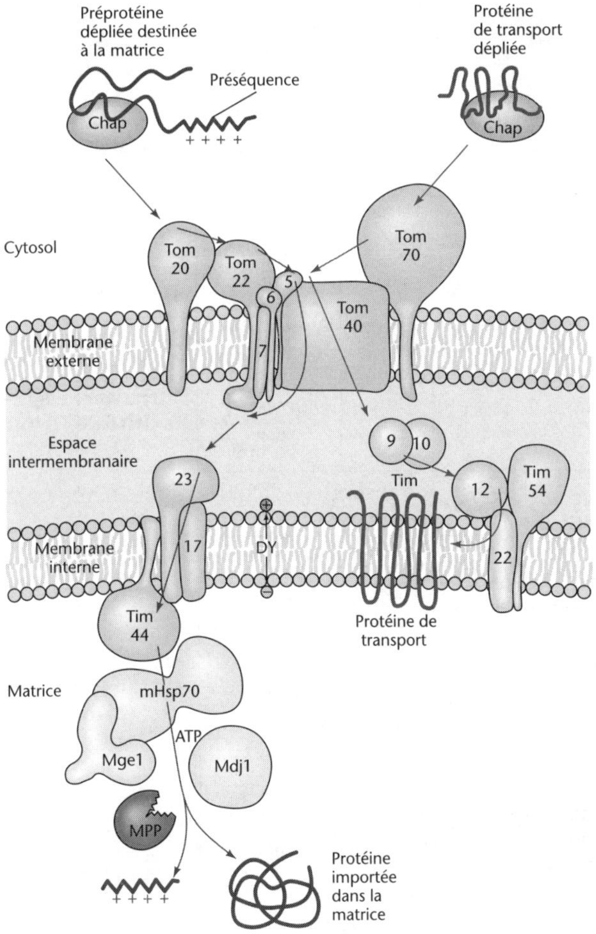

Hsp: *heat shock protein*

Mge: *mitochondrial GRPE homolog*

MPP: *mitochondrial processing protease*

TOM: *translocon of the outer membrane*

TIM: *translocon of the inner membrane*

D. Perméabilité membranaire et transport de solutés

Les membranes présentent une capacité de perméabilité aux solutés au travers de la bicouche phospholipidique ou au travers de structures protéiques spécialisées. Des expériences simples avec des tissus végétaux en turgescence et en plasmolyse montrent par exemple les échanges d'eau à travers les membranes.

Le tableau 3.1.4 décrit la diversité des solutés, des gradients thermodynamiques et des acteurs structurels impliqués dans les processus de perméabilité.

Tableau 3.1.4 Différents processus de transport de solutés au travers des membranes [L. Fontaine-Poitou, d'après diverses sources]

Aspect énergétique	Biomolécules impliquées dans le transport			Exemples		Type de transport	
$\Delta G_0' < 0$ Selon le gradient de concentration	Empruntant la bicouche lipidique selon la loi de Fick			O_2, CO_2, N_2, acides gras et substances lipophiles, éthanol, benzène, urée, eau		**Diffusion simple**	**Transport passif**
	Empruntant une protéine membranaire	Protéine **CANAL** non saturable		Canal à eau : aquaporine		**Diffusion facilitée**	
				Tunnel ionique : conductine	De fuite		
					A ouverture contrôlée : voltage-, ligand- ou mécano-dépendant		
		Protéine **PORTEUSE** ou **TRANSPORTEUR** saturable : perméase	uniport	Transporteur du glucose GLUT1			
			Symport ou antiport	Antiport HCO^{3-}/Cl^-			
$\Delta G_0' > 0$ contre le gradient de concentration	Empruntant une protéine membranaire	Utilisant l'hydrolyse de l'ATP : transport couplé chimio-osmotique	**POMPE**	Na^+/K^+ ATPase		**Transport actif primaire**	
		Utilisant la diffusion facilitée d'un ion : transport couplé osmo-osmotique	Symport ou antiport	Antiport HCO^{3-}/Cl^-		**Transport actif secondaire**	

♦ Transports spontanés empruntant la bicouche lipidique ou des protéines membranaires

Échanges facilités par des canaux protéiques

- Les transferts d'eau se font à travers la bicouche lipidique et surtout par des canaux protéiques de type aquaporine. La membrane intervient ainsi dans le contrôle du volume de la cellule et dans son adaptation à l'osmolarité du milieu extérieur.
- Les ions peuvent diffuser par des canaux non saturables en conditions physiologiques, obéissant au potentiel électrique transmembranaire et à l'équilibre de Donnan (Fig. 3.1.13). Les canaux impliqués peuvent être des canaux « de fuite », ou des canaux « à ouverture contrôlée » (Tableau 3.1.4).
- Sur la membrane externe des mitochondries, les porines appelées **VDAC** (*voltage dependent anion channel*) permettent le passage de molécules hydrosolubles de petite taille.

Figure 3.1.13 Modes de transport des ions par les ionophores
[modifié, d'après Voet et Voet, 2005]

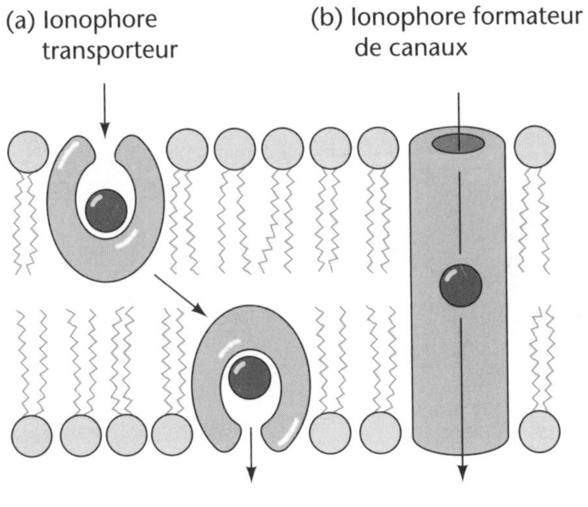

(a) Les ionophores transporteurs transportent les ions par diffusion à travers la bicouche lipidique.

(b) Les ionophores formateurs de canaux forment un canal transmembranaire par lequel les ions peuvent diffuser.

Transport facilité par des protéines porteuses saturables

Ces transporteurs interagissent avec le ligand transporté suivant un modèle cinétique de type michaélien (saturabilité, constante de Michaelis, compétition, tel que cela est décrit dans le chapitre 2.2 « Régulations des voies métaboliques » de la partie I). Les transporteurs HCO_3^-/Cl^- des hématies, et les transporteurs de sucres solubles ou d'acides aminés des entérocytes, en sont des exemples.

♦ Transports contre le gradient de concentration par des protéines membranaires

Transport actif primaire

Ce transport fait intervenir des protéines membranaires appelées **pompes** qui utilisent l'énergie de l'hydrolyse de l'ATP ou la lumière pour assurer le transport de solutés contre leur gradient de concentration. On distingue ainsi trois catégories d'**ATPases** classées selon leur mécanisme de fonctionnement :

- *P-ATPases impliquées dans le transport de solutés inorganiques.*

C'est le cas de la **Na^+/K^+ ATPase** qui participe au maintien du gradient de concentration de Na^+ et de K^+ de part et d'autre des membranes plasmiques (Figure 3.1.14). C'est le cas également des Ca^{2+}-ATPases de la membrane plasmique, et de la membrane du réticulum endoplasmique. Il s'agit aussi des H^+-ATPases, et des H^+/K^+-ATPases, telles que celle de la membrane plasmique des cellules de l'épithélium gastrique, qui permet le maintien d'un pH proche de la neutralité malgré le pH extracellulaire très acide (1 à 2).

Figure 3.1.14 Structure dimérique présumée de la (Na^+ – K^+) ATPase montrant son orientation dans la membrane plasmique
[modifié, d'après Voet et Voet, 2005]

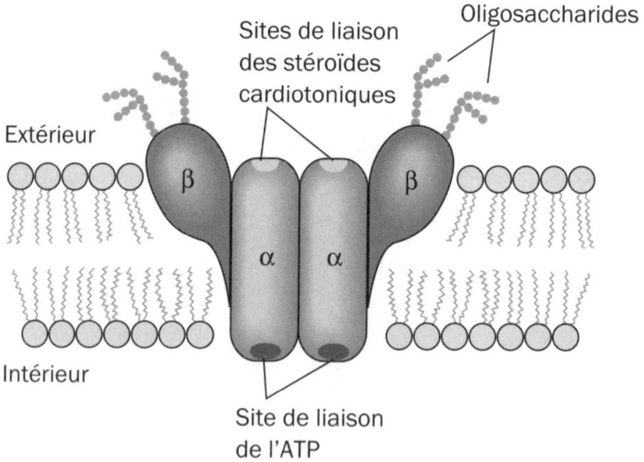

- *V-ATPases impliquées dans le transport de solutés inorganiques.*

Ces ATPases couplent l'hydrolyse de l'ATP au transport de H^+ dans les membranes d'organites intracellulaires comme les vacuoles, les lysosomes, les endosomes, ou l'appareil de Golgi et sont impliquées dans l'acidification du lumen des organites.

- *ATPases impliquées dans le transport actif de solutés organiques.*

Il s'agit d'ATPases de type **transporteurs ABC** (*ATP Binding Cassette*) (Figure 3.1.15), avec des spécificités de substrat allant des ions inorganiques aux polysaccharides et aux protéines. Les transporteurs ABC vacuolaires des plantes sont impliqués dans les processus de détoxification par accumulation de conjugués dans le compartiment vacuolaire.

Figure 3.1.15 Insertion du transporteur MRP2 à ATP-Binding cassette (ABC) dans la membrane vacuolaire chez *Arabidopsis thaliana*. NBF : *Nucleotide-Binding Fold*, site de liaison des nucléotides
[modifié, d'après Buchanan et coll., 2001]

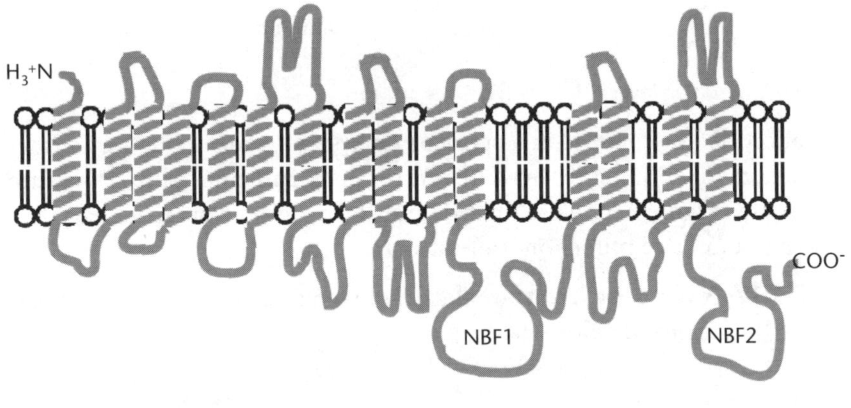

Transport actif secondaire

Les transports actifs secondaires, de type uniport, symport ou antiport (Figure 3.1.15), s'effectuent grâce à au couplage entre un transport spontané et un transport non spontané. Ainsi, de nombreux transports actifs secondaires sont couplés à la force proton-motrice développée par la formation de potentiel de protons transmembranaire.

Figure 3.1.16 Systèmes de translocation uniport, symport et antiport [modifié, d'après Voet et Voet, 2005]

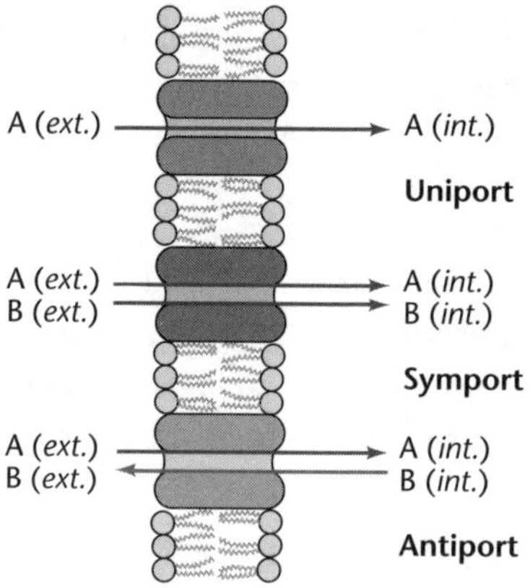

- *Systèmes de navette*

L'association de systèmes de transport et de systèmes métaboliques permet à la cellule de faire fonctionner des navettes entre compartiments. Ainsi, la navette malate-aspartate (Figure 3.1.17) permet de transférer du pouvoir réducteur depuis le cytosol vers la matrice mitochondriale.

Figure 3.1.17 Navette aspartate-malate au niveau de la membrane interne mitochondriale
[modifié, d'après Voet et Voet, 2005]

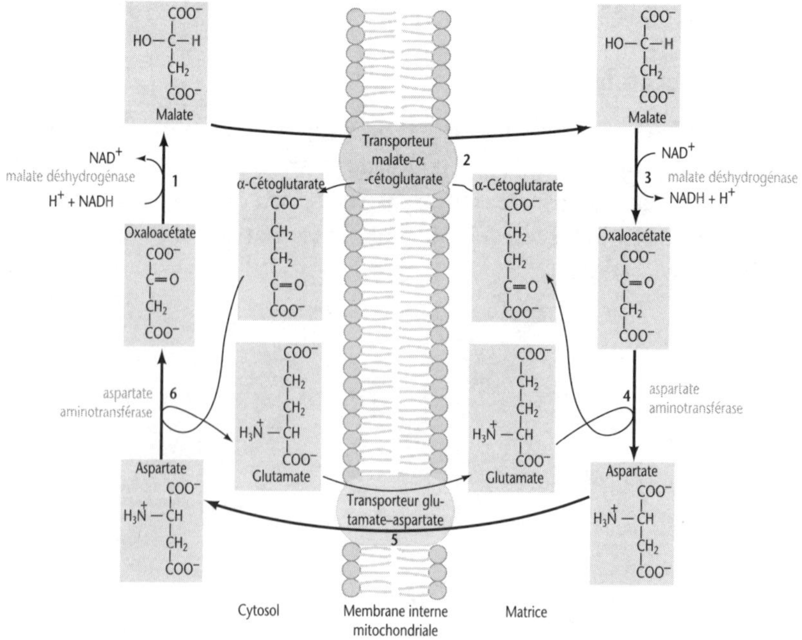

Les électrons du NADH cytosolique sont transférés au NADH mitochondrial au cours des réactions **1** à **3**. Les réactions **4** à **6** assurent la régénération de l'oxaloacétate cytosolique.

E. Importance fonctionnelle des transports transmembranaires de solutés

- **Importance nutritionnelle des transports**
- – Nutrition hétérotrophe : exemple de l'import du glucose dans les cellules animales.
- – Nutrition minérale des plantes : exemple de l'import des nitrates et des phosphates dans les racines.
- – Nutrition des cellules des organes-puits dans les plantes : exemple de l'import du saccharose et des acides aminés.
- **Contrôle des homéostasies ioniques**
- – Contrôle de la composition ionique intracellulaire (Na^+, K^+).
- – Contrôle du pH cytosolique.
- – Formation du potentiel électrique transmembranaire.
- – Régulation de l'excrétion rénale par des processus de perméabilité différentielle au niveau de l'épithélium du néphron.
- – Spatialisation des perméabilités membranaires : exemple de la variabilité de perméabilité due aux jonctions serrées entre la membrane apicale et la membrane latéro-basale.
- **Implication des perméabilités et des transports dans la transduction et l'action de signaux exogènes (hormones, régulateurs, neurotransmetteurs)**
- – Effets de l'acide abscissique sur la perméabilité de la membrane des cellules de garde des stomates.
- – Effets de l'aldostérone sur la perméabilité au sodium des tubes distaux du rein.
- – Effets de l'ADH (hormone anti-diurétique) sur la perméabilité à l'eau des tubes collecteurs du rein.
- – Effets de l'action des récepteurs métabotropiques (récepteurs muscariniques, adrénergiques).
- – Effets de l'action des récepteurs ionotropiques (récepteur nicotinique, récepteur au glutamate).

- **Implication dans l'élaboration du message électrique nerveux**

– Genèse et conduction de potentiel d'action en relation avec les variations de perméabilité membranaire en réponse à des neurotransmetteurs.

– Induction de potentiel d'action sous l'effet de variations spontanées de la perméabilité : autoexcitabilité du tissu nodal.

– Contrôle de la perméabilité membranaire des différentes parties d'un neurone : corps cellulaire (absence de potentiel d'action), segment initial et axone.

F. Passages transmembranaires par les jonctions communicantes et les plasmodesmes

- **Les jonctions communicantes des cellules animales**

Les analyses de courant ionique et les analyses de transferts de colorants de faible masse moléculaire ont mis en évidence l'existence de jonctions communicantes (*gap junctions*) (Figure 3.1.18). Elles permettent le passage des ions et des métabolites de faible masse moléculaire (inférieure à 1000-1500 Da) : ions inorganiques, acides aminés, AMPc, nucléotides (ATP), vitamines, sucres-phosphates, coenzymes... Ce sont des canaux non sélectifs, contrairement aux canaux ioniques.

Figure 3.1.18 Modèle d'une jonction communicante
[modifié, d'après Voet et Voet, 2005]

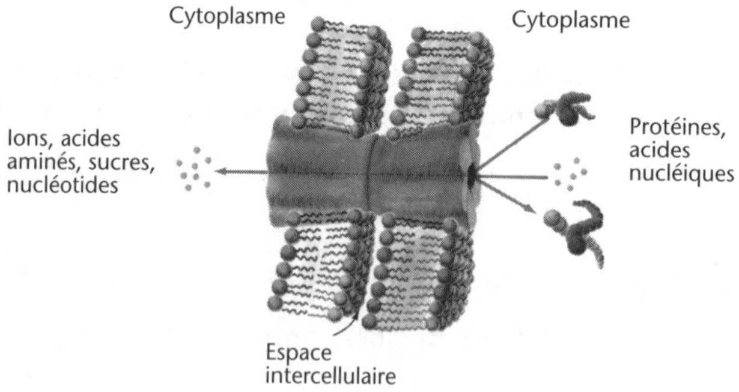

Les jonctions communicantes entre cellules adjacentes sont formées de deux cylindres hexagonaux insérés dans les membranes plasmiques des deux cellules, formant ainsi un canal intercellulaire. Les petites molécules et les ions peuvent ainsi passer entre les cellules par l'intermédiaire du canal central de ces jonctions.

Ces jonctions apparaissent en microscopie électronique à transmission comme des régions où les membranes de deux cellules adjacentes sont séparées par une étroite ouverture large de 2 à 4 nm de diamètre. Elles sont constituées de protéines transmembranaires qui forment des structures appelées **connexons.** Chaque connexon est composé d'un ensemble de 6 sous-unités protéiques appelées **connexines**, chacune étant formée de 4 hélices α transmembranaires. Les 6 sous-unités s'assemblent pour former un canal aqueux central. Les connexines sont Ca^{2+} dépendantes. L'ouverture dépend de la concentration cytosolique de Ca^{++} libre et du pH. Il est possible de diminuer de façon rapide et réversible la perméabilité des jonctions communicantes en abaissant le pH cytosolique ou en augmentant la concentration cytosolique du Ca^{2+}.

Les jonctions communicantes sont impliquées :

- dans le **développement embryonnaire** (couplage des cellules avant la mise en place de la circulation) ;
- dans le **fonctionnement des synapses électriques** (passage direct des ions sans interruption du potentiel d'action) ;
- dans la **formation d'ondes péristaltiques** dans les muscles lisses de la paroi de l'œsophage et de l'intestin ;
- dans la **synchronisation des contractions** dans le muscle cardiaque ;
- dans la **prévention de l'extension de lésions cellulaires** : en cas de lésion cellulaire, avec perte d'étanchéité de la membrane plasmique, des ions comme le Na^{+} et le Ca^{++} pénètrent dans la cellule et des métabolites précieux s'en échappent. L'influx de Ca^{++} dans la cellule atteinte ferme les jonctions gap, et empêche ainsi la propagation de la lésion en isolant la cellule.

Les plasmodesmes des cellules végétales

Les plasmodesmes, qui constituent la seule classe de jonction intercellulaire des cellules végétales, connectent directement les cytoplasmes des cellules adjacentes. La plupart des cellules végétales en possèdent, à l'exception de certaines cellules spécialisées.

Au niveau de chaque plasmodesme, la membrane plasmique est continue avec celle de la cellule voisine et les cytoplasmes des deux cellules sont connectés par un canal cylindrique d'un diamètre de 20 à 40 nm. Dans la plupart des plasmodesmes, on observe au centre du canal une structure cylindrique plus étroite, le **desmotubule,** qui est en continuité avec le réticulum endoplasmique lisse de chaque cellule connectée.

Les plasmodesmes peuvent permettre le passage d'une large gamme de molécules : des métabolites de faible masse moléculaire, des polysaccharides de 10 à 20 kDa, certaines protéines, et même des ARNm. Le réseau des cellules connectées par les plasmodesmes constitue un domaine tissulaire de fonctionnement intégré, appelé **symplasme.**

Certains virus des cellules végétales, comme le virus de la mosaïque du tabac, peuvent modifier le diamètre des plasmodesmes. Ces virus produisent des protéines spécifiques qui se lient aux composants des plasmodesmes et augmentent le diamètre du pore du canal. Les particules virales et leurs acides nucléiques peuvent alors utiliser la voie symplastique pour passer d'une cellule à une autre et propager ainsi l'infection.

Ainsi, les différents types de jonctions cellulaires permettent des échanges métaboliques et informationnels entre deux cellules interconnectées ou au sein d'un réseau de cellules interconnectées, dans un contexte physiologique ou physiopathologique.

III. Membranes et transduction d'énergie chimique et lumineuse

A. Chaînes de transfert d'électrons dans les membranes

Les structures membranaires sont le lieu d'intégration de protéines et de molécules, telles que des déshydrogénases, des oxydases, des cytochromes et des quinones, qui peuvent former des **chaînes de transfert d'électrons**. De telles chaînes de transfert d'électrons existent dans la membrane plasmique, dans les membranes microsomales, dans la membrane interne des mitochondries, et dans la membrane des thylakoïdes. Les propriétés d'oxydo-réduction de ces chaînes de transfert d'électron en font des éléments essentiels de la transduction d'énergie chimique.

B. Transfert d'électrons et transduction d'énergie chimioosmotique au niveau de la membrane interne mitochondriale

La chaîne mitochondriale de transfert des électrons est une **chaîne respiratoire**, utilisant les cofacteurs réduits produits par le cycle de Krebs, et transférant les électrons à l'accepteur minéral final qu'est l'oxygène, au niveau de la cytochrome c oxydase.

Ce transfert intramembranaire d'électrons est couplé à des **transferts transmembranaires de protons** (Figure 3.1.18), qui génèrent des gradients électrochimiques directement liés aux propriétés de perméabilité de cette membrane. Ces gradients développent une **énergie chimioosmotique appelée force proton-motrice, Δp,** exprimée en volt, composée de la différence de potentiel électrique (ΔΨ) et de la différence transmembranaire de pH (**ΔpH**), convertie en volts par la constante Z (= 2,3RT / F).

$$\Delta p = \Delta\Psi - Z \,.\, \Delta pH$$

Figure 3.1.19 **La chaîne mitochondriale de transport des électrons** [modifié, d'après Voet et Voet, 2005]

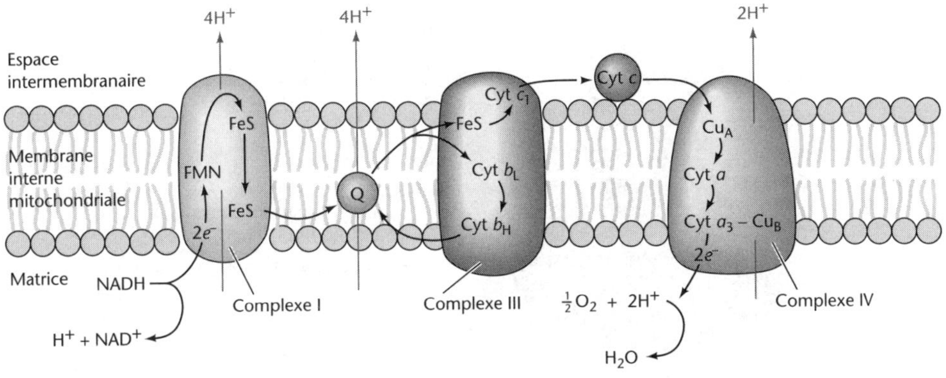

Le trajet suivi par les électrons et le pompage des protons sont indiqués. Les électrons sont transférés des Complexes I à III par le Coenzyme Q (Q) soluble dans les membranes et entre les Complexes III et IV par le cytochrome *c* (Cyt *c*), protéine membranaire périphérique. Le Complexe II (non montré) transfère des électrons du succinate au CoQ.

C. Transduction d'énergie lumineuse et transfert d'électrons au niveau de la membrane des thylakoïdes

Les structures membranaires peuvent être le lieu d'intégration de pigments hydrophobes, tels que les chlorophylles, les caroténoïdes, ou les rhodopsines, associés à des complexes protéiques.

Ainsi, **les antennes photosynthétiques des membranes des thylakoïdes** (Figure 3.1.19) permettent la captation d'énergie lumineuse et le transfert de cette énergie sur les chlorophylles spécifiques des centres réactionnels. Ces chlorophylles spécifiques, P680 et P700, correspondent respectivement aux **photosystèmes I et II, PSI et PSII.**

Figure 3.1.20 Flux d'énergie à travers un complexe d'antennes photosynthétiques [modifié, d'après Voet et Voet, 2005]

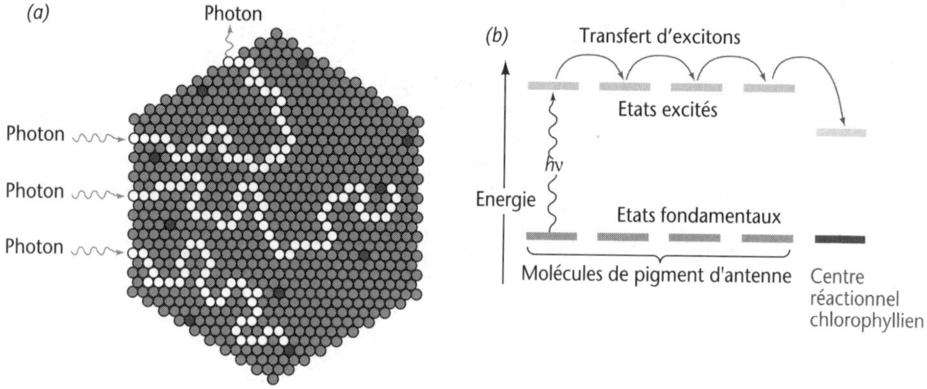

(*a*) L'excitation provoquée par l'absorption d'un photon se déplace au hasard par transfert d'exciton parmi les molécules du complexe d'antennes (*cercles pâles*) jusqu'à ce qu'elle soit « piégée » par la chlorophylle d'un centre réactionnel (*cercles foncés*) ou, moins fréquemment, réémise sous forme de fluorescence. (*b*) L'excitation est « piégée » par la chlorophylle du centre réactionnel, car son état excité le plus faible a une énergie inférieure à celle des molécules de pigments antennaires.

L'excitation des molécules de chlorophylle des centres réactionnels permet une séparation de charge, un transfert d'électrons dans le sens inverse du gradient de potentiel réducteur, et la transduction d'énergie lumineuse en énergie rédox, qui peut ensuite transiter par des chaînes de transport d'électrons jusqu'à la formation de pouvoir biochimique réducteur, sous forme de NADPH (Figure 3.1.21).

Figure 3.1.21 Schéma en Z du cheminement des électrons lors de la photosynthèse chez les plantes [modifié, d'après Stryer et coll., 2008]

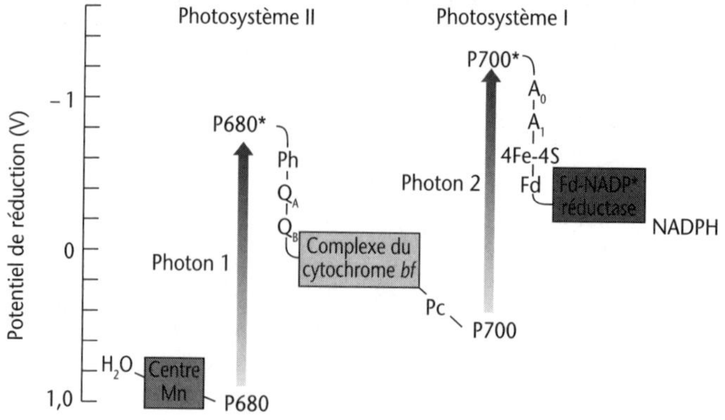

Deux photosystèmes, PSI (P700) et PSII (P680) absorbent les photons et assurent le transfert d'électrons depuis H_2O jusqu'au NADPH. Ph : phéophytine, Q_A et Q_B : protéines se fixant à la plastoquinone, Pc : plastocyanine. Fd : ferredoxine, Mn centre manganèse.

D. Couplage entre l'énergie chimiosmotique et l'énergie chimique de synthèse d'ATP

Les transferts d'électrons indiqués dans la Figure 3.1.21, comme les transferts d'électrons au niveau de la membrane mitochondriale (Figure 3.1.19), sont couplés à des transferts transmembranaires de protons (Figure 3.1.22*)* générant une **force proton-motrice.** Cette dernière est **couplée à la synthèse d'ATP** grâce à des complexes membranaires appelés **ATP synthases** présents dans la membrane des thylakoïdes ou dans la membrane interne mitochondriale.

Figure 3.1.22 **Représentation schématique du fonctionnement de la membrane du thylakoïde**
[modifié, d'après Voet et Voet, 2005]

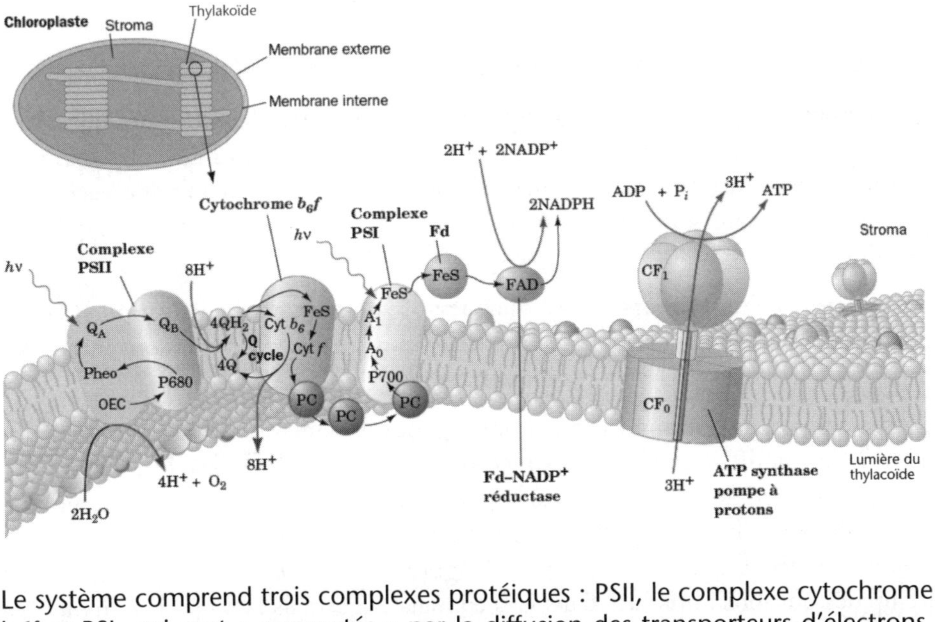

Le système comprend trois complexes protéiques : PSII, le complexe cytochrome b6f et PSI, qui sont « connectés » par la diffusion des transporteurs d'électrons, le plastoquinol (Q) et la plastocyanine (PC). Le transfert d'électrons induit par la lumière depuis H_2O jusqu'à $NADP^+$ pour former du NADPH provoque la translocation de protons dans la lumière des thylakoïdes (Fd est la ferrédoxine). D'autres protons proviennent de H_2O par le complexe de production d'oxygène (OEC) qui forme de l'O_2. Le gradient de protons ainsi formé permet la synthèse d'ATP par l'ATP synthase / pompe à protons CF1CF0. CF1 et CF0 (C pour chloroplaste) sont les équivalents de F1 et F0 des mitochondries. La membrane contient aussi des complexes photocollecteurs dont les constituants, les chlorophylles et d'autres chromatophores, transmettent leurs excitations aux PSI et PSII.

Transition Les membranes, de par leurs propriétés de compartimentation et d'intégration de systèmes complexes, sont des lieux privilégiés de couplage énergétique, entre l'énergie lumineuse, l'énergie rédox, l'énergie chimiosmotique, et l'énergie chimique sous forme d'ATP. Ces couplages mettent en jeu des processus intramembranaires et transmembranaires.

La participation des membranes cellulaires au métabolisme ne se limite cependant pas au métabolisme énergétique. En effet, les membranes sont le siège de régulations de l'activité de certaines enzymes impliquées dans diverses voies cataboliques ou anaboliques. Par exemple, la glutamate déshydrogénase possède des sites de liaison à la cardiolipine de la membrane interne mitochondriale, liaison qui entraîne une inhibition de l'enzyme.

IV. Membranes et communication intercellulaire et environnementale

A. Les membranes comme barrière, site de défense et de reconnaissance

Les membranes constituent intrinsèquement **une barrière physico-chimique.** Ainsi, la membrane plasmique peut servir de défense contre des molécules toxiques, contre la pénétration de pathogènes tels que les virus. La membrane vacuolaire permet de délimiter un compartiment où peuvent s'accumuler des composés cytotoxiques.

Les processus d'**invagination** et de **phagocytose** permettent l'inactivation et la dégradation d'éléments potentiellement pathogènes. Ces mécanismes sont initiés par des reconnaissances moléculaires membranaires.

Le remodelage de la composition et de l'organisation membranaire conduit également à des **modifications dans les reconnaissances entre cellules**. Il a été montré par exemple que l'externalisation de la phosphatidylsérine au sein de la membrane plasmique de cellules apoptotiques est un signal de reconnaissance et d'élimination de ces cellules par les phagocytes (Figure 3.1.22). Dans cet exemple, ce sont les lipides qui sont impliqués dans la reconnaissance, mais la plupart du temps les **marqueurs de surface cellulaire**, reconnus en particulier par les cellules du système immunitaire, sont des protéines ou des glycoprotéines.

Figure 3.1.23 Externalisation de la phosphatidylsérine de la membrane plasmique d'une cellule apoptotique et induction de la phagocytose [modifié, d'après Freyssinet et coll., 2004]

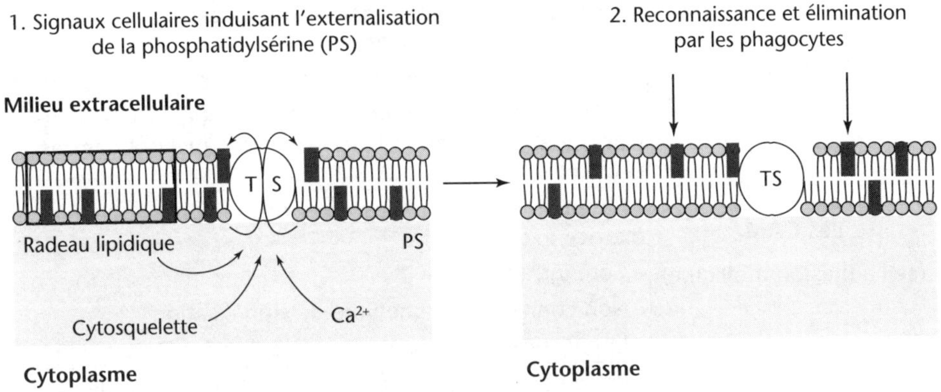

B. Les membranes comme site de contact

Les membranes plasmiques portent un ensemble complexe de **protéines d'adhérence** (Figure 3.1.23) **qui structurent les contacts et les adhésions avec d'autres cellules ou avec la matrice extracellulaire.**

Ces interactions constituent des **éléments importants de régulation des réponses cellulaires** des organismes pluricellulaires au cours du développement :

- chez la drosophile, les interactions entre les protéines membranaires Delta et Notch de cellules neurectodermiques voisines conduisent à l'activation de Notch chez certaines cellules, ce qui induit leur différenciation en cil sensitif tandis que le reste des cellules se différencie en cellules épidermiques ;
- l'action des cellules myoïdes sur les cellules de Sertoli s'exerce au travers de la production de protéines constitutives de la matrice extracellulaire ;
- de nombreux facteurs de croissance s'associent à la matrice extracellulaire avant de pouvoir exercer leur action.
- dans les cellules végétales, les complexes terminaux à la surface de la membrane ancrent les fibres de cellulose de la paroi pectocellulosique des végétaux.

Tableau 3.1.5 Protéines membranaires d'adhésion cellulaire
[L. Fontaine-Poitou, d'après diverses sources]

Molécules d'adhésion	Rôles
Les **cadhérines**	– Protéines transmembranaires impliquées dans les interactions directes entre cellules – Interactions homophiles entre cadhérines du même type – Connexions du côté intracellulaire aux microfilaments d'actine et aux intermédiaires du cytosquelette par des caténines
Les **CAM** (cell adhesion molecule)	– Interactions homophiles, avec des intégrines, ou avec la matrice extracellulaire – Côté intracellulaire – Non connectées à une voie de signalisation – Implication dans la nature et la solidité des associations
Les **sélectines**	– Protéines d'adhésion, trouvées seulement dans le système circulatoire des vertébrés (endothélium vasculaire et cellules sanguines) – Rôle dans l'adhésion des leucocytes à l'endothélium, puis coopération avec les intégrines et les immunoglobulines pour un ciblage plus précis de l'action du leucocyte au cours de l'inflammation
Les **intégrines**	– Connexions physiques et fonctionnelles du cytosquelette des cellules avec les protéines extracellulaires d'adhésion de la matrice extracellulaire – Interactions avec des protéines membranaires des cellules voisines – Influences mutuelles des cytosquelettes des cellules voisines via les connexions des intégrines – Interactions intracellulaires avec de nombreuses protéines, dont des protéine-kinases, et indirectement avec le cytosquelette

Les différentes interactions du côté de la matrice extracellulaire et du côté intracellulaire forment un **continuum matrice extracellulaire/membrane plasmique/cytosquelette,** qui permet à la cellule, grâce à des mécanorécepteurs, de percevoir ses modifications de forme et de volume, et de déclencher des réponses d'ajustement.

C. Les membranes comme site de perception et de transduction intracellulaire de signal

Les membranes, en particulier les membranes plasmiques, sont caractérisées par la présence de nombreuses **protéines réceptrices de ligands.** Ainsi, les protéines réceptrices de la membrane plasmique, monomériques ou multimériques, sont caractérisées par la présence de domaines extracellulaires, impliqués dans la liaison avec un ligand extracellulaire, et de domaines intracellulaires de régulation (Figure 3.1.24), dont la connexion permet la transmission transmembranaire de signaux. De tels mécanismes peuvent aussi mettre en jeu un ligand membranaire et un récepteur membranaire, et permettre des interactions intercellulaires, comme dans le cas des processus immunitaires cellulaires.

Figure 3.1.24 Structure générale et mode d'activation d'un récepteur couplé à une protéine G (RCPG)
[modifié, d'après Murray et coll., 2008]

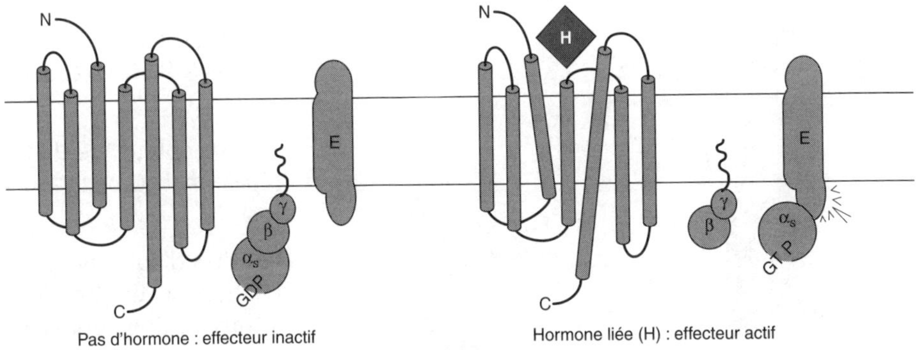

Le RCPG à sept hélices transmembranaires est activé lors de la fixation d'une hormone (H). Le changement de conformation engendré par cette reconnaissance entraîne l'activation du complexe de la protéine G cytoplasmique. L'échange du GDP par du GTP au niveau de la sous unité α_S de cette dernière conduit à la dissociation des sous-unités $\beta\gamma$ et α_S, puis à l'activation de l'effecteur (E). Cet effecteur peut être selon le cas un canal ionique ou une enzyme (adénylate cyclase, phospholipase Cβ...).

Les domaines intracellulaires des récepteurs peuvent être en interaction avec des protéines intracellulaires de régulation ou de transduction de signal (Figure 3.1.25).

Les différentes classes de récepteurs membranaires et les couplages entre les récepteurs membranaires et les systèmes de transduction de signal sont décrits de manière détaillée dans le chapitre 5.1 de la partie I « Communication intercellulaire et transduction des signaux chez les eucaryotes ».

Les membranes participent aux processus de signalisation non seulement par la présence de récepteurs, mais aussi en tant que **site de synthèse de régulateurs et de messagers secondaires**. Ainsi, l'activation de lipases et phospholipases membranaires génère des messagers secondaires intracellulaires, tels que le **phosphatidate ou l'inositol 3-phosphate (IP3)**, ou des précurseurs de régulateurs, tels que l'**arachidonate** précurseur des prostaglandines chez les animaux ou le **linolénate** précurseur des jasmonates chez les plantes. Enfin, les membranes peuvent même être le **site de pools métaboliques de précurseurs d'hormones**, tels que le cholestérol précurseur d'hormones stéroïdes chez les animaux, ou les caroténoïdes précurseurs d'acide abscissique chez les plantes.

Figure 3.1.25 Structure générale d'un récepteur de type récepteur-Tyrosine-kinase
[modifié, d'après Voet et Voet, 2005]

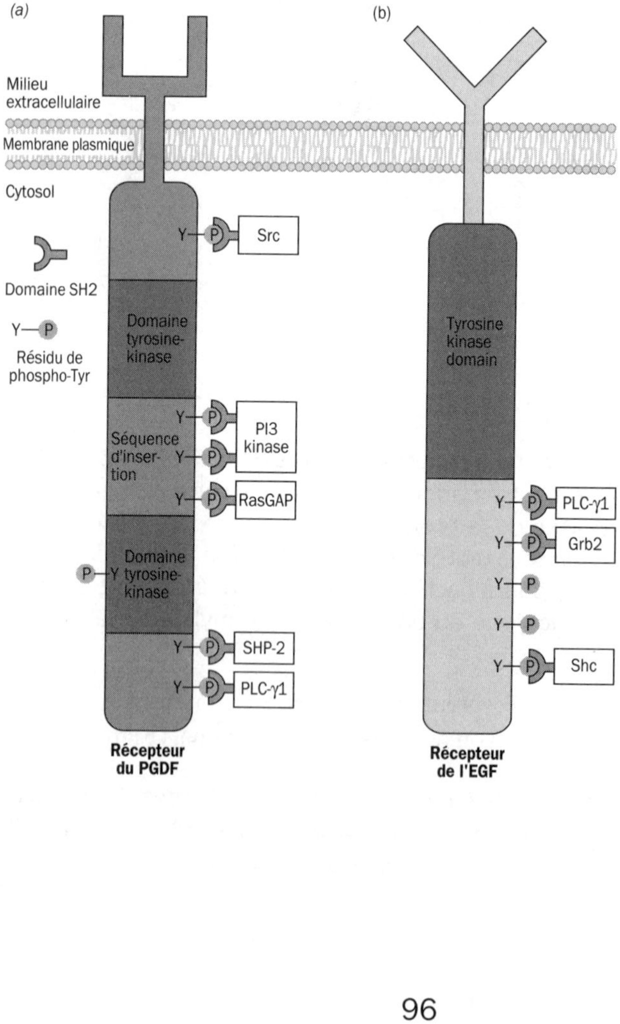

(*a*) Récepteur du PGDF (*Platelet Derived Growth Factor*)

(*b*) Récepteur de l'EGF (*Epidermal Growth Factor)*

Les sites d'autophosphorylation et les protéines intracellulaires qui sont activées en se fixant sur ces sites sont indiqués.

Src : oncogène codant pour une tyrosine kinase à l'origine du sarcome de Rous

SH2 : domaine Src homologue

D. Les membranes comme site de transmission intercellulaire de signal

Les membranes plasmiques des cellules excitables, telles que les cellules sensorielles, les neurones, et les myocytes, sont le site de production et de propagation de signalisation électrique sous la forme de **potentiel d'action** (Figure 3.1.26). Le potentiel d'action permet une transmission d'information tout le long de la structure cellulaire, et l'action de ce potentiel au niveau de synapses chimiques ou de synapses électriques permet la propagation du signal d'une cellule-source à une cellule-cible.

Figure 3.1.26 Propagation d'un potentiel d'action le long d'un axone
[modifié, d'après Voet et Voet, 2005]

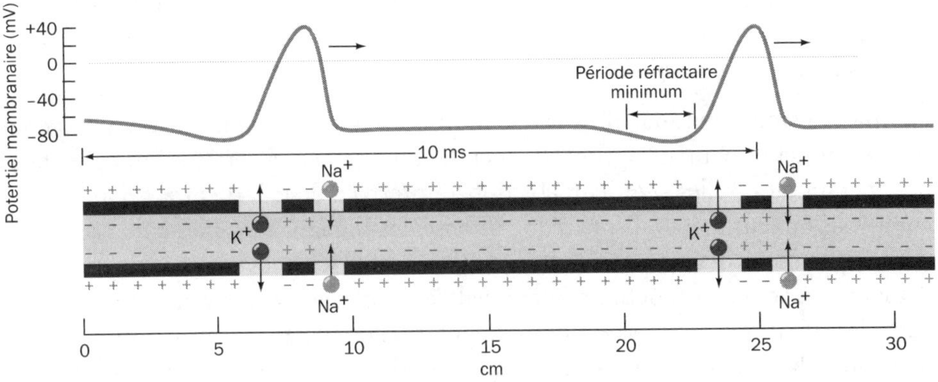

La dépolarisation membranaire initiale déclenche un potentiel d'action au niveau de la zone de la membrane axonique immédiatement en aval, en induisant l'ouverture des canaux sodiques voltage-dépendants. Au fur et à mesure du déplacement de la dépolarisation vers l'aval, les canaux sodiques se referment et les canaux potassiques s'ouvrent pour hyperpolariser la membrane. Après une courte période réfractaire, pendant laquelle les canaux potassiques se ferment et la membrane hyperpolarisée revient à son potentiel de repos, un second influx peut se déclencher. La vitesse de propagation de l'influx qui est indiquée est celle qui est mesurée dans l'axone géant du calmar qui, du fait de son épaisseur exceptionnelle (~1 mm), est un modèle expérimental favori en neurophysiologie.

Conclusion

L'équilibre dynamique de la cellule avec son milieu et la compartimentation membranaire complexe des cellules eucaryotes font des membranes des éléments essentiels du fonctionnement cellulaire. Les mécanismes membranaires permettant et contrôlant les échanges et les communications semblent avoir un caractère universel pour l'ensemble des eucaryotes. Les codes de communication membranaire des cellules et les modes de transduction présentent aussi un caractère universel. Ainsi, dans ces domaines, les progrès scientifiques sur quelques organismes-modèles ont permis de comprendre des mécanismes et des codes cellulaires d'ampleur universelle, même si des particularités liées à l'espèce ou au type cellulaire ont aussi été mises en évidence.

La caractérisation de ces mécanismes est particulièrement importante dans de nombreux domaines de la médecine pour comprendre des perturbations pathologiques, depuis des maladies nutritionnelles jusqu'à des maladies nerveuses. Par ailleurs, la manipulation de ces mécanismes permet de nombreuses applications biotechnologiques. Ainsi, par exemple, les liposomes peuvent servir de vecteur de médicaments qui y sont insérés. Le principe actif peut alors être véhiculé dans l'organisme par simple injection. Au cours de la circulation, les liposomes fusionnent avec des membranes cellulaires ou sont endocytés par les cellules. Cette utilisation comme vecteur peut être étendue aux domaines de la thérapie génique, des vaccinations et de la cosmétologie.

Les mécanismes membranaires présentés ont été analysés dans le contexte général d'un fonctionnement optimal. Cependant, certaines propriétés fondamentales des membranes, telles que leur position d'interface, leur structure lipoprotéique complexe, ou leur métabolisme rédox intense, les rendent sensibles à de nombreux dommages moléculaires potentiels. De tels dommages peuvent avoir lieu en permanence au cours du fonctionnement cellulaire normal, ou peuvent être exacerbés dans des situations de stress environnemental ou de maladie. Les membranes sont donc aussi la cible de nombreux mécanismes de renouvellement et de protection de leurs composants. Ainsi, les membranes des chaînes de transport d'électrons, dans les mitochondries et dans les chloroplastes, subissent une forte pression de stress oxydant lié à la production d'espèces réactives de l'oxygène au cours de leur fonctionnement, et toutes les cellules eucaryotes comportent des mécanismes de contrôle de ces dommages oxydants. Les relations entre les membranes et le fonctionnement des cellules eucaryotes pourraient donc faire l'objet d'une dissertation complète spécifiquement dans le contexte des situations de pathologie, de stress, de sénescence et de vieillissement.

3.2 Diversité fonctionnelle et intégration cellulaire des mitochondries

Cette thématique a été conçue au départ comme un sujet de dissertation d'agrégation, « Les mitochondries : diversité fonctionnelle et intégration cellulaire », libellé sous la forme d'un antagonisme apparent diversité / intégration qu'il faut tenter de résoudre dans le travail de dissertation. Ce travail est présenté principalement sous la forme d'un plan développé et illustré, ainsi que par des pistes de plans plus simplifiés, mais qui s'appuient sur la même réflexion. Au-delà de l'exercice lié à un concours, l'étude des mitochondries, la « mitochondriologie », est un domaine en pleine expansion, riche de nouvelles découvertes, liées tout autant à la compréhension de l'évolution des cellules qu'à l'analyse de mécanismes pathologiques.

3.2.1 Plan détaillé et illustré de la dissertation

Introduction

Les organismes eucaryotes, caractérisés par une compartimentation membranaire complexe du cytoplasme, incluant la compartimentation des chromosomes au sein d'un noyau, peuvent être unicellulaires (amibe, levure) ou pluricellulaires (animaux, plantes, champignons). Cette compartimentation est issue d'une histoire évolutive primordiale et complexe, et n'est pas un simple ensemble de subdivisions spatiales. Différents types de compartiments subcellulaires existent, et ces compartiments intracytoplasmiques, délimités par des membranes, ou **organites**, ont des origines évolutives différentes, des structures biochimiques bien différenciées, et un ensemble de **fonctions biochimiques spécialisées et précises**, intégrées dans l'équilibre dynamique cellulaire.

Parmi ces organites, les mitochondries, quasiment ubiquitaires chez les cellules eucaryotes, présentent un ensemble de caractéristiques, comme les plastes dans le cas des cellules végétales, indiquant leur origine **endosymbiotique.** La structure générale des mitochondries (Figure 3.2.1), avec une membrane externe, un espace intermembranaire, une membrane interne formant des crêtes, et une matrice est remarquablement bien conservée dans les différents phyla eucaryotes. Leur structure à double membrane, ne faisant pas partie du système endomembranaire général, la présence d'acides nucléiques, et la présence de systèmes de transcription et de traduction, sont vraisemblablement des caractéristiques d'origine endosymbiotique.

De nombreuses propriétés structurales et fonctionnelles des mitochondries ont été découvertes par des études *in vitro* de suspensions obtenues après isolement à partir d'un tissu. Les méthodes de biologie cellulaire *in situ* permettent aussi maintenant de travailler sur le fonctionnement des mitochondries au sein de la cellule.

La mitochondrie n'est donc pas considérée comme un organite ayant des fonctions propres mais comme un **compartiment cellulaire dynamique répondant aux signaux cellulaires**.

Objectifs :

Ce travail présentera les différentes fonctions mitochondriales, en relation avec leur structure, et montrera que les mitochondries coopèrent avec d'autres compartiments cellulaires pour réaliser ces fonctions. Il sera aussi montré en quoi cette coopération dépend d'une coordination de signaux cellulaires et de réponses mitochondriales. L'étude de l'intégration des processus sera faite au niveau de la cellule, mais sera parfois étendue au niveau de l'organisme.

Figure 3.2.1 **Électronographie (a) et représentation schématique d'une mitochondrie**
Le cytosquelette n'est pas représenté
[modifié, d'après Lodish et coll., 2005 et Cau et Seïte, 2007]

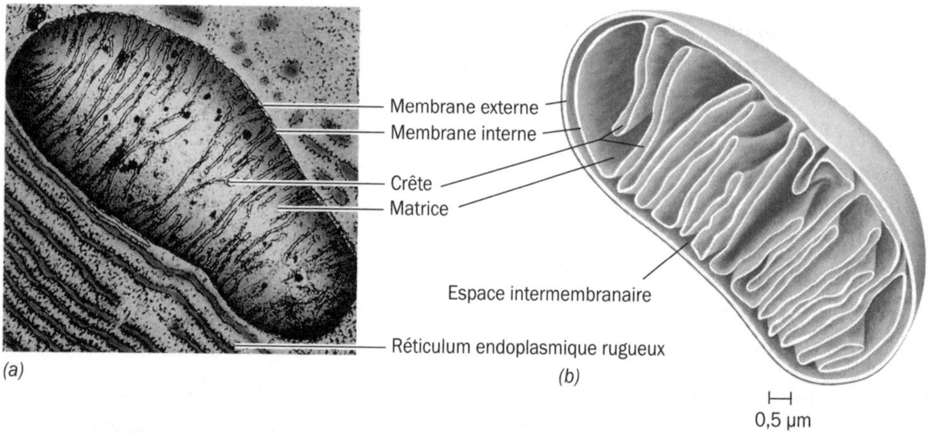

I. Dynamique cellulaire des mitochondries : biogenèse et renouvellement

A. Des organites à double membrane localisés dans le cytoplasme (Figure 3.2.2)

♦ **Techniques de visualisation et d'analyse des structures mitochondriales**

Les techniques d'analyse structurale des mitochondries sont des techniques d'histologie, de biochimie et de biologie moléculaire : microscopie (microscopie optique à fluorescence, microscopie électronique à transmission, microscopie électronique à balayage), fractionnement subcellulaire, séparation des membranes mitochondriales (action de milieux hyper- ou hypotoniques), analyse des biomolécules mitochondriales, génomique (séquençage de génome mitochondrial, analyse du transcriptome mitochondrial, analyse du protéome mitochondrial).

Figure 3.2.2 **Electronographies de mitochondries obtenues au microscope électronique à transmission**
[modifié, d'après Picheral et Richard, 1987]

A : Vue de la portion basale des cellules de l'épithélium d'un tube rénal. Les bases des cellules reposent sur une lame basale très épaisse (1) et de nombreuses mitochondries (2) sont disposées parallèlement aux membranes plasmiques.

B : Mitochondrie avec ses crêtes transversales se projetant dans la matrice mitochondriale.

C : Mitochondrie avec ses crêtes de forme tubulaire, morphologie fréquente dans les tissus stéroïdogènes, tels que les glandes surrénales de triton.

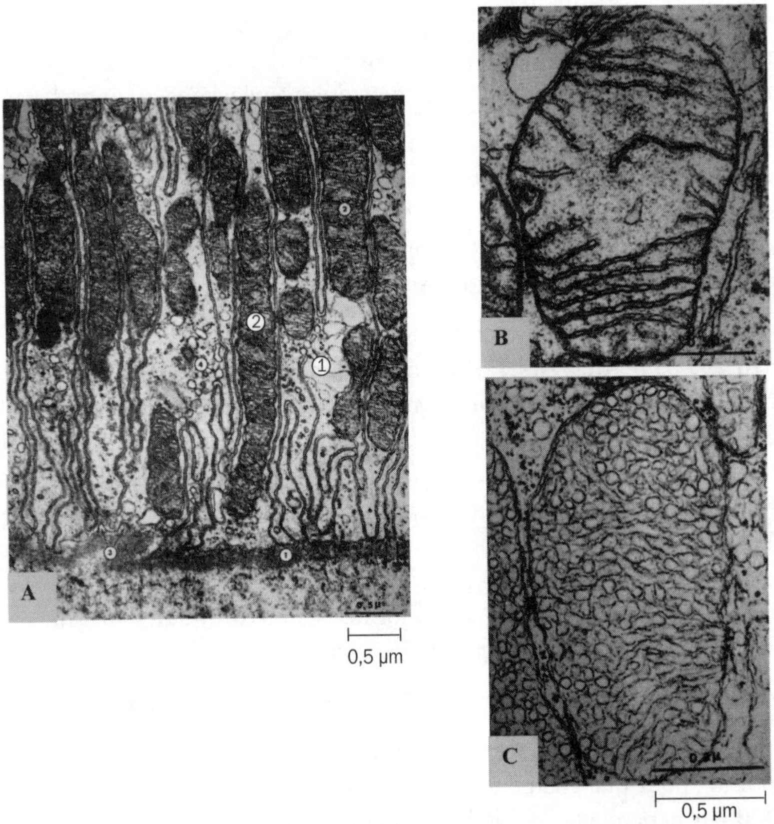

♦ Caractéristiques des membranes et des compartiments mitochondriaux

La **membrane externe** est une bicouche lipidique permettant le transport de molécules de taille inférieure à 10 000 Da du cytosol vers l'espace intermembranaire grâce à des **porines** appellées **VDAC** (*voltage dependent anion channel*), mais ne laissant pas passer les protons.

L'**espace intermembranaire** est un lieu de passage des molécules entre la membrane externe et la membrane interne. Ce compartiment mitochondrial est **riche en protons (H^+)** et contient des protéines telles que le **cytochrome c ou des procaspases.**

La **membrane interne** est une bicouche lipidique présentant de **nombreux replis,** caractérisée par la présence de perméases et de canaux ioniques contribuant à l'existence d'un **potentiel de membrane**. Des systèmes protéiques plus ou moins complexes permettent le **transport des protons** de part et d'autre de la membrane (chaîne respiratoire, ATP synthase, *uncoupling proteins*...). Sont localisées également dans cette membrane des **enzymes** (monooxygénases à cytochrome P 450, protéases...), ou des **petites protéines G**. Des **zones d'accolement transitoires** entre membranes externe et interne participent à des mécanismes d'importation (impliquant des complexes de translocation TIM *translocase inner membrane* - TOM *translocase outer membrane*) et d'exportation (mégacanaux) entre le cytosol et la matrice mitochondriale.

La **matrice mitochondriale** contient des cations divalents **tels que Ca^{2+} et Mg^{2+}**, des **ribosomes mitochondriaux** (proches structurellement et fonctionnellement de ceux des procaryotes), et de nombreuses **enzymes** spécifiques. Plusieurs copies circulaires (5 à 10) de l'**ADN mitochondrial** sont présentes.

Le **génome mitochondrial** est, chez l'homme, constitué d'**ADN circulaire double brin** de 16 569 paires de bases. Il comporte **2 gènes d'ARN_r** (12S et 16S), **22 gènes d'ARN_t** et **13 gènes codant pour des protéines** appartenant aux complexes du système de phosphorylation oxydative (Cytochrome *c* oxydase, NADH-deshydrogénase, ubiquinone-cytochrome c-réductase, ATP synthase, etc.). Expérimentalement, les brins d'ADN peuvent être séparés en brin H (*heavy*) et brin L (*light*) du fait de leur teneur en guanine et cytosine différente. Les gènes se répartissent sur ces deux brins et sont transcrits à partir de **deux promoteurs** (HSP : *heavy strand promoter* et LSP : *light strand promoter*) localisés à proximité de l'**origine de réplication** dans une région régulatrice appelée boucle D.

♦ **Nombre et localisation des mitochondries au sein des cellules**

Le nombre des mitochondries et le volume total de l'ensemble des mitochondries (chondriome), pour une cellule donnée, varient en fonction du type cellulaire (environ 1700 par hépatocyte) ou de l'état physiologique cellulaire. Les déplacements des mitochondries dans le cytosol se font grâce au **cytosquelette**. Dans certains types cellulaires, les mitochondries sont localisées dans des **zones bien définies du cytosol** (cas du spermatozoïde, des neurones avec les mitochondries dans la zone synaptique, des cellules acineuses pancréatiques avec des mitochondries au centre de la cellule...) et elles sont souvent **à proximité du réticulum endoplasmique** (RE).

B. Des organites capables de se diviser et de fusionner

♦ Aspect expérimental

La dynamique de fusion-fragmentation des mitochondries peut être mise en évidence par suivi cinétique de réseaux de mitochondries visualisés en microscopie à fluorescence.

Les caractéristiques cellulaires de souris mutantes et l'identification génétique des mutations ont permis de trouver des gènes impliqués dans les mécanismes de fusion-fragmentation des mitochondries.

Des pathologies (maladie de Charcot-Marie-Tooth type 2A) sont liées à des mutations dans ces gènes.

♦ Mécanisme de fusion des mitochondries (Figure 3.2.3)

La fusion des membranes externes fait intervenir deux protéines G monomériques insérées dans la membrane externe : les **mitofusines Mfn 1 et Mfn 2.** La mitofusine (Mfn2) est une protéine membranaire mitochondriale, impliquée dans la fusion des mitochondries et régulant les complexes I, II, III et IV de la chaîne respiratoire mitochondriale.

La fusion des membranes internes fait suite à celle des membranes externes et implique une autre protéine G, **Opa 1** (*optic atrophy 1*), dont le site actif est localisé dans l'espace intermembranaire.

♦ Mécanisme de fragmentation des mitochondries (Figure 3.2.3)

La protéine G monomérique cytosolique **Drp 1** (*dynamin related protein 1*) de la famille de la dynamine est recrutée dans le cytosol, entre en interaction avec la membrane externe et conduit à la constriction de la mitochondrie.

Les mitochondries peuvent, par ailleurs, être détruites par autophagie par les lysosomes (dans les cellules animales) ou par des vacuoles (dans les cellules végétales) selon des mécanismes soumis à régulation.

Figure 3.2.3 Protéines impliquées dans la fusion et la fragmentation des mitochondries chez l'Homme
[Cau et Seite, 2007]

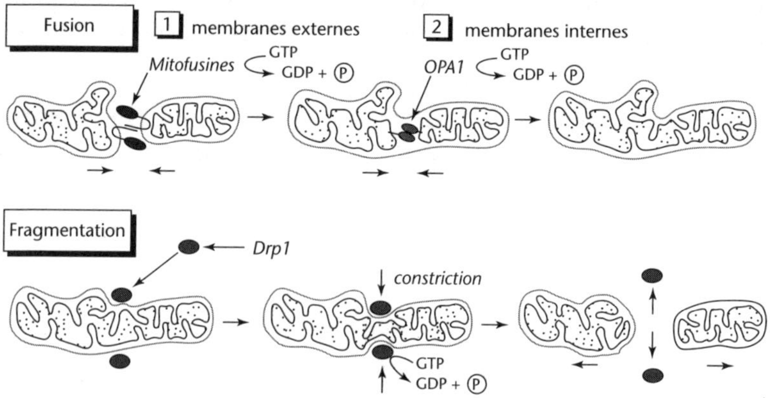

C. Des organites qui renouvellent leurs biomolécules

Les mitochondries, comme les plastes dans le cas des cellules végétales, ont un caractère de **semi-autonomie** leur permettant la synthèse *in situ* d'acides nucléiques (réplication, transcription) et de protéines (traduction).

♦ **Expression du génome mitochondrial**

L'ADN mitochondrial possède des cadres de lecture ouverte permettant la transcription d'un petit nombre de gènes, et ces transcrits, présents dans la matrice mitochondriale, peuvent être traduits par un système de traduction mitochondriale comprenant des ribosomes et des ARNt mitochondriaux.

Le système de traduction intramitochondrial présente des particularités, comme la présence de seulement 22 types d'ARNt, d'un code génétique différent du code génétique nucléaire (ainsi UGA correspond à un codon stop dans le génome nucléaire et dans le génome mitochondrial des plantes, mais correspond au tryptophane dans les mitochondries des animaux et champignons) et d'un système de modification post-transcriptionnel des transcrits (*RNA editing*).

♦ **Renouvellement du protéome mitochondrial**

- Origine mixte des protéines : le protéome mitochondrial est constitué de protéines codées par des gènes nucléaires et de protéines codées par des gènes mitochondriaux.
- Insertion des protéines d'origine mitochondriale dans la membrane interne : elle se fait au cours de la biosynthèse et fait intervenir la **translocase**.

- Importation dans la mitochondrie des protéines d'origine nucléaire : l'import se fait par liaison dans le cytosol avec des protéines de choc thermique de la **famille des Hsp 70** (*heat shock protein*), dépend de la présence de séquences d'adressage mitochondrial, et met en jeu les complexes **TOM** (translocase de la membrane externe) et **TIM** (translocase de la membrane interne). L'adressage peut se faire dans l'espace intermembranaire, dans la membrane interne ou dans la matrice. Un exemple typique est celui du cytochrome c, développé dans l'ouvrage d'E. Schechter (2002).

Remarque :

Il existe une expression tissu-spécifique des protéines mitochondriales, qui sous-tend une diversité fonctionnelle des mitochondries suivant le tissu : expression des enzymes du cycle de l'urée dans les mitochondries des hépatocytes ; expression de protéines découplantes dans les mitochondries du tissu adipeux brun ; expression des enzymes de la photorespiration dans les mitochondries de tissus photosynthétiques.

- ♦ **Renouvellement des phospholipides**

Les phospholipides mitochondriaux sont synthétisés au niveau du réticulum endoplasmique et sont importés par des transporteurs cytosoliques vers la mitochondrie. La membrane interne des mitochondries est caractérisée par la présence de **cardiolipines.**

D. Des organites transmis de génération en génération

- ♦ **Notion d'hérédité cytoplasmique**

Cette hérédité est non-mendélienne. Ainsi, chez l'homme, les mitochondries sont transmises par la mère. Les mitochondries des spermatozoïdes sont détruites par les lysosomes dans l'œuf juste après la fécondation.

- ♦ **Anomalies congénitales ou acquises liées à l'hérédité cytoplasmique.**

II. Les mitochondries et la production d'ATP par phosphorylation oxydative

A. Mise en évidence et méthodes d'étude du couplage entre la chaîne respiratoire et la synthèse d'ATP

Les études d'échanges gazeux sur des mitochondries isolées mettent en évidence la respiration mitochondriale et son couplage avec la synthèse d'ATP à partir d'ADP. Différentes étapes-clés peuvent être identifiées par l'utilisation d'effecteurs pharmacologiques (le cyanure, le *salicyl hydroxamic acid* ou SHAM, la roténone qui inhibe la NADH-coenzyme Q oxydo-réductase ou complexe I, …). Des marquages métaboliques permettent de mesurer les flux métaboliques.

B. Navettes de la membrane interne impliquées dans la respiration cellulaire

- **Transport des substrats énergétiques**

Le pyruvate cytosolique est transporté par un symport pyruvate / H^+ ; les acyl-CoA sont transportés par la navette carnitine.

- **Navettes transportant les électrons du NADH cytosolique dans la mitochondrie**

Le transfert du pouvoir réducteur du cytosol vers la respiration mitochondriale se fait par des navettes : navette malate-aspartate qui transfère les électrons au NAD^+ matriciel, navette glycérol-phosphate qui transfère les électrons au FAD matriciel.

C. Étapes mitochondriales de la respiration cellulaire

Il faut présenter le **cycle de Krebs**, les étapes de synthèse de pouvoir réducteur (NADH, $FADH_2$), la **chaîne respiratoire**, et la synthèse d'ATP par l'**ATP synthase**. Il y a différents modes d'alimentation du cycle de Krebs en Acétyl-CoA : oxydation du pyruvate en acétyl-CoA par la **pyruvate déshydrogénase** ; **β-oxydation** mitochondriale des acyl-CoA en acétyl-CoA ; catabolisme de certains acides aminés, et **réactions anaplérotiques** du cycle de Krebs.

L'apport énergétique peut être montré sous forme de bilan énergétique de l'oxydation d'une molécule de glucose par respiration mitochondriale. Ce bilan peut être comparé à la production d'ATP par fermentation (cas des hématies).

Remarque :

Les mitochondries des plantes peuvent présenter des propriétés particulières relativement au schéma général : présence d'une voie respiratoire alternative (complexe alternative-oxydase), faible flux métabolique de β-oxydation mitochondriale.

D. Fonctions mitochondriales associées à la respiration

- **Mitochondries et thermogenèse sans frisson**

La thermogenèse peut être démontrée expérimentalement par l'utilisation d'agents découplants comme le dinitrophénol.

Chez les animaux, les protéines de découplage UCP (*Uncoupling Proteins*) du tissu adipeux brun dissipent une partie du gradient de H^+ pour la production de chaleur.

Chez les plantes de la famille des Aracées, comme *Arum maculatum*, les inflorescences produisent de la chaleur lors de la pollinisation, par activation de la voie alternative, qui joue alors un rôle de shunt du couplage.

♦ Mitochondries et production d'espèces réactives de l'oxygène (ERO)

En cas de respiration en « état 4 » » (c'est-à-dire à niveau faible d'ADP, ce qui arrive en situation de diminution des biosynthèses et de faible régénération de l'ADP), il y a production d'anion superoxyde et de peroxyde d'hydrogène au niveau des mitochondries.

Les mitochondries sont également impliquées dans la mise en place de défenses anti-oxydantes : superoxyde-dismutases mitochondriales, cycle ascorbate-glutathion dans les mitochondries de plantes.

III. Intégration et coopération des fonctions mitochondriales avec différents compartiments cellulaires

A. Mitochondries et anabolisme cellulaire

♦ Synthèse de constituants cellulaires

Les mitochondries sont impliquées dans plusieurs processus de synthèse : synthèse des phospholipides (en coopération avec le réticulum endoplasmique), synthèse des acides aminés (en coopération avec le cytoplasme) (y compris la production d'acides aminés à action de neurotransmetteur, tels que le glutamate), synthèse de l'hème (en coopération avec le cytoplasme), réactions anaplérotiques du cycle de Krebs, production d'acétyl-CoA pour la synthèse des acides gras.

♦ Synthèse de substrats énergétiques

Les mitochondries sont impliquées dans la synthèse de substrats énergétiques, en particulier dans les cellules hépatiques : néoglucogénèse (premières réactions catalysées par des enzymes mitochondriales ; importance de la pyruvate carboxylase), synthèse des corps cétoniques en période de jeûne.

♦ Synthèse d'hormones stéroïdes (Figure 3.2.4)

Des étapes de cette synthèse sont catalysées par les monooxygénases à cytochrome P450 de la matrice mitochondriale et de la membrane du réticulum endoplasmique lisse. Dans la mitochondrie, la prégnénolone est synthétisée à partir du cholestérol, puis exportée dans le cytoplasme où elle est utilisée par les enzymes du réticulum endoplasmique lisse pour la synthèse des androgènes et des oestrogènes, aldostérone et progestérone. La progestérone est à nouveau transportée dans la matrice mitochondriale pour la synthèse de cortisol.

Figure 3.2.4 **Coopération entre le réticulum endoplasmique lisse et la mitochondrie pour la synthèse des hormones stéroïdes**
[modifié, d'après Cau et Seïte, 2007]

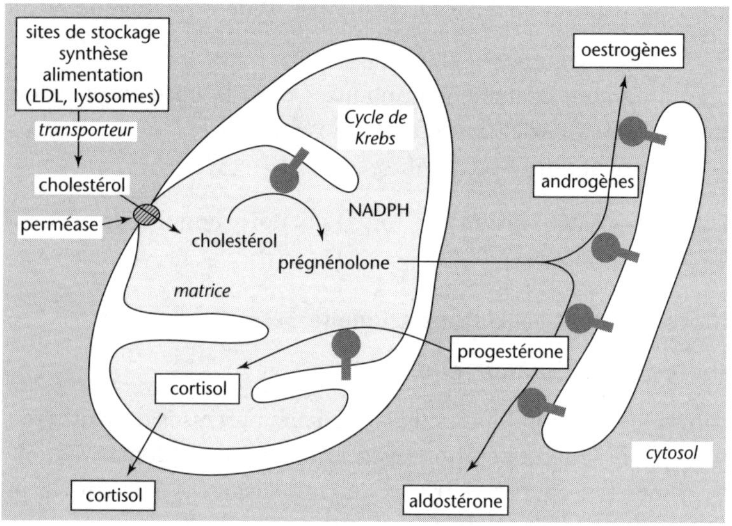

B. Mitochondries et photorespiration

La photorespiration des plantes C3, respiration liée au fonctionnement de la photosynthèse, met en jeu une interaction métabolique entre les chloroplastes, les peroxysomes et les mitochondries (Figure 3.2.5). L'implication des mitochondries se fait par l'étape-clef du complexe mitochondrial Glycine Décarboxylase.

La photorespiration permet le recyclage du glycolate pour réalimenter le cycle de Calvin, en limitant ainsi le risque d'un déficit en $NADP^+$ régénéré par le cycle de Calvin, déficit qui peut aboutir à un stress oxydant grave par déséquilibre entre le niveau de $NADP^+$ et le flux d'électrons dans les photosystèmes.

La complexité de la photorespiration, impliquant trois types d'organites, a été maintenue pour des raisons adaptatives qui restent mal connues. Ce type de coopération métabolique complexe peut permettre d'introduire la question du maintien de certains métabolismes compartimentés au cours de l'évolution.

Figure 3.2.5 **Voies métaboliques et coopération organellaire lors de la photorespiration.** L'oxygénation du Ribulose bisphosphate (RuBP) donne 2 molécules de glycérate-3-phosphate et 2 molécules de glycolate-2-phosphate, qui est éventuellement transformé en glycérate-3-phosphate au cours de la photorespiration. L'étape mitochondriale de la photorespiration est catalysée par le complexe Glycine Décarboxylase
[Wingler et al., 2000]

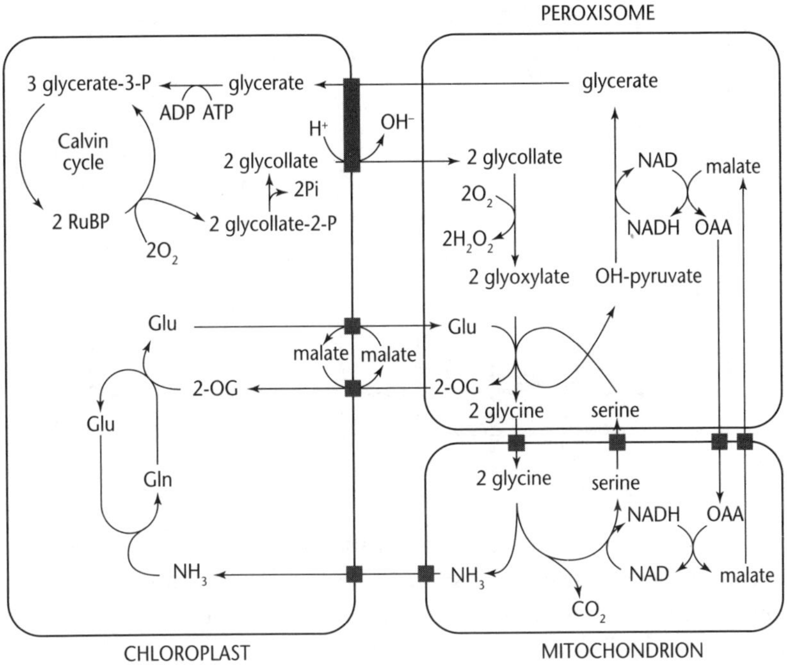

C. Mitochondries et homéostasie calcique cellulaire

Les **mitochondries et le réticulum endoplasmique coopèrent dans le contrôle de la concentration cytosolique en Ca^{2+}.** En effet, la libération de Ca^{2+} par le réticulum endoplasmique entraîne une augmentation de la concentration calcique dans la matrice mitochondriale. Par ailleurs, la libération de Ca^{2+} par les mitochondries est corrélée aux oscillations de la concentration calcique cytosolique.

L'entrée de Ca^{2+} dans la mitochondrie se fait par des porines **VDAC** (*voltage-dependent anion channel*) au niveau de la membrane externe, et par un uniport au niveau de la membrane interne, avec l'implication d'un gradient électrochimique d'entrée du Ca^{2+} (Figure 3.2.6).

Figure 3.2.6 **Systèmes de transport du calcium dans les mitochondries.** La dynamique du calcium mitochondrial implique un système uniport (U), des systèmes d'échange H^+ / Ca^{2+} et Na^+ / Ca^{2+} (E), et le pore de transition de perméabilité PTP
[V. Guillaume, d'après diverses sources]

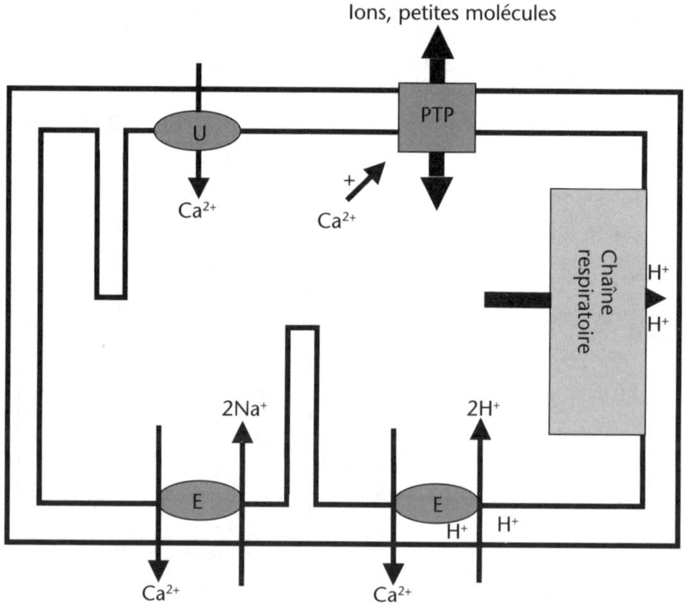

La mitochondrie participe ainsi aux **variations spatio-temporelles des concentrations de calcium cytosolique**. Ainsi, dans les cellules acineuses pancréatiques, les mitochondries localisées au centre des cellules réalisent une sorte de barrage/piège à Ca^{2+} en limitant la diffusion des ions du pôle apical au pôle basal, et contribuent ainsi au maintien d'une concentration calcique élevée au pôle apical (concentration nécessaire aux processus d'exocytose des vésicules de sécrétion) et d'une concentration plus faible au pôle basal (limitant ainsi d'éventuels effets sur l'expression des gènes). De même, dans les neurones, les mitochondries sont responsables du maintien d'une concentration élevée en Ca^{2+} dans la zone pré-synaptique. Le taux de Ca^{2+} mitochondrial contribue également à une régulation des fonctions mitochondriales (voir paragraphe IV).

D. Mitochondries et signalisation

La dynamique de contrôle des variations spatio-temporelles de Ca^{2+} cytosolique a un rôle clé dans la transduction de signal du Ca^{2+} messager secondaire, dans les cellules animales et dans les cellules végétales (réponse au stress hydrique, réponse à la phytohormone ABA).

Les mitochondries sont impliquées dans le métabolisme (synthèse ou dégradation) de neurotransmetteurs, tels que le glutamate, par la glutamate déshydrogénase, ou les monoamines (dopamine, tyramine, sérotonine, etc.) par les monoamine-oxydases associées à la membrane externe.

Les espèces réactives de l'oxygène produites en relation avec l'activité respiratoire peuvent avoir un rôle signalétique, en particulier dans le déclenchement de l'apoptose.

E. Mitochondries et apoptose (Figures 3.2.7 et 3.2.8)

Les mitochondries sont capables de déclencher l'apoptose de leur cellule-hôte. Dans l'espace intermembranaire, plusieurs facteurs déclenchant l'apoptose sont stockés. Ainsi, en réponse à une grande variété d'agressions toxiques, la protéine **Bid,** qui est un membre de la famille Bcl-2, est activée dans le cytoplasme, ce qui entraîne la fixation des protéines **Bax ou Bak** à la membrane externe mitochondriale. Il s'ensuit une **modification de la perméabilité membranaire mitochondriale** avec ouverture d'un **mégacanal**.

Figure 3.2.7 Les mitochondries et le déclenchement de l'apoptose
[modifié d'après Pollard et Earnshaw, 2004]

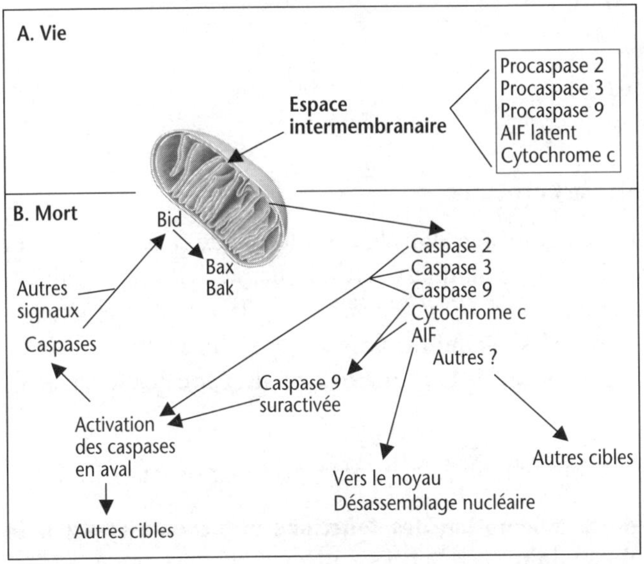

A. Stockage dans l'espace inter-membranaire de facteurs favorisant l'apoptose

B. Des signaux apoptotiques induisent la libération de ces facteurs dans le cytoplasme : des voies apoptogènes sont activées.

AIF : *apoptosis inducing factor.*

Les molécules apoptogènes de l'espace intermembranaire sont déversées dans le cytoplasme et **activent la voie des caspases** responsables de l'apoptose. Parmi ces molécules mitochondriales apoptogènes, on peut citer le **cytochrome c** qui, lié à **Apaf-1**, entraîne l'auto-activation de la caspase 9 (Figure 3.2.7). On peut aussi citer

Smac/DIABLO qui active indirectement les caspases en abolissant leur inhibition par les IAP (*Inhibitors of apoptosis proteins*).

Figure 3.2.8 Conséquences de la modification de la perméabilité membranaire mitochondriale (PMM)
[Haouzi et Kroemer, 2001]

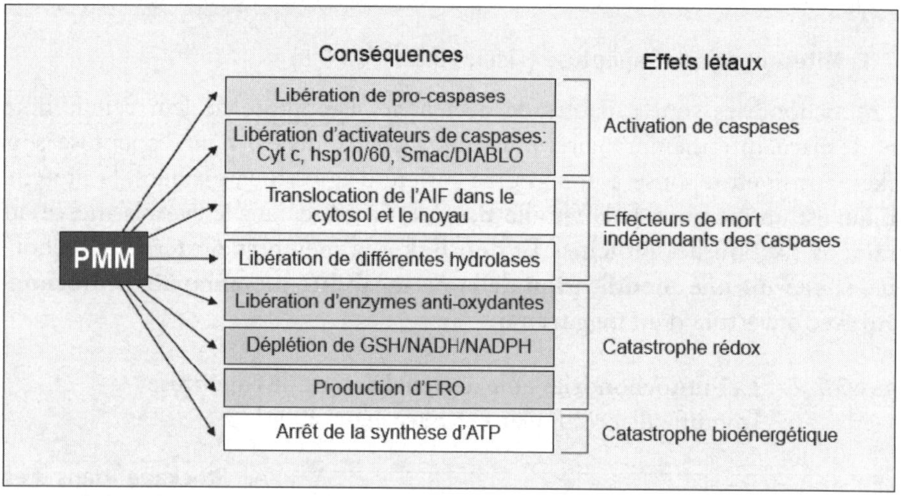

AIF : *apoptosis inducing factor*

ERO : espèces réactives de l'oxygène

GSH : glutathion

F. Mitochondries et défense anti-virale

Les **dsRNA** (*double-stranded RNA)* formés dans le cytoplasme de cellules infectées par des virus en cours de réplication se lient aux ARN hélicases RIG-1 et activent la **protéine MAVS** (*Mitochondria Anti-Viral Signaling*) de la membrane externe mitochondriale. Cette protéine **MAVS** induit alors la phosphorylation d'IRF-3 (*Interferon regulatory factor*) ce qui **stimule la transcription du gène de l'interféron de type 1 IFN**-β.

IV. Régulation des fonctions mitochondriales : intégration au niveau cellulaire

A. Mise en évidence de la modulation des fonctions mitochondriales par le microenvironnement cellulaire

Les situations de stress cellulaire ont des conséquences majeures sur les fonctions mitochondriales (Figure 3.2.9). Ainsi, des médiateurs du stress cellulaire tels que les glucocorticoïdes déclenchent des modifications des fonctions mitochondriales, telles que l'ajustement des voies bioénergétiques, la modification de la thermogenèse, ou des réponses oxydantes ou apoptotiques.

Figure 3.2.9 Réponses des mitochondries à un stress cellulaire aigu ou chronique
[Manoli et coll., 2007]

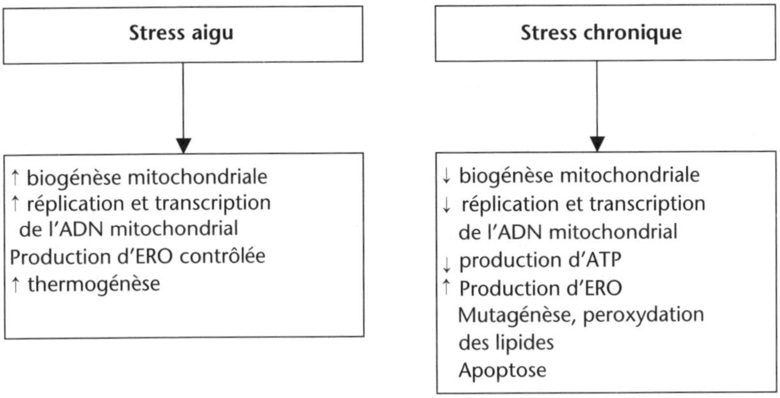

Un stress aigu tel qu'une courte exposition à des glucocorticoïdes ou à des médiateurs de stress cellulaire est associé à des modifications des fonctions mitochondriales engendrant une **augmentation de la production d'ATP** (en réponse à une augmentation de la demande énergétique cellulaire), mais également l'**activation de mécanismes de protection contre les infections ou les dommages cellulaires** (par la production contrôlée d'ERO, par une thermogénèse et un contrôle de l'apoptose).

Un stress prolongé conduit, quant à lui, à des altérations ou des dysfonctionnements des fonctions mitochondriales : altération de la biogénèse mitochondriale, du fonctionnement de la chaîne respiratoire, de la production d'ATP, de l'ADN mitochondrial, peroxydation des lipides, activation de l'apoptose…

Les mitochondries subissent donc les conséquences de situation de stress cellulaire, et par leurs modifications, participent aux réponses, parfois adaptatives, des cellules au stress.

B. Ajustement de la morphologie, de la localisation et du nombre des mitochondries

♦ Ajustement du nombre de crêtes

Le nombre de crêtes par mitochondrie est corrélé à la demande en ATP des cellules. Ainsi, on observe que les crêtes sont trois fois plus nombreuses dans les mitochondries des cellules cardiaques que dans les hépatocytes. Par l'étude de mutants, on a pu montrer chez les levures que **certaines sous-unités dites "non-essentielles" de l'ATP synthase** et des protéines de fusion telles que Opa1 participent au développement et au maintien des crêtes.

♦ Modification de la localisation cellulaire des mitochondries

Une injection de NGF (*nerve growth factor*) dans des axones de cellules en culture conduit à une modification de la localisation des mitochondries. Les voies de signalisation conduisant à ces modifications dans l'organisation du cytosquelette et dans le réseau de mitochondries ne sont pas connues à l'heure actuelle.

♦ Régulation de la fusion et de la fragmentation des mitochondries

Des publications récentes suggèrent que les signaux de régulation de la dynamique mitochondriale sont multiples. Des régulateurs de la fusion et de la fragmentation des mitochondries ont été identifiés (Bcl-2, ubiquitine…) et des mécanismes de régulation tels que la phosphorylation, la protéolyse, le remodelage des lipides semblent également impliqués. Pour l'instant, on ne sait pas comment ces différents signaux sont interconnectés ou coordonnés.

C. Modification de la perméabilité mitochondriale

Il existe de nombreux récepteurs mitochondriaux capables d'induire des variations de la perméabilité membranaire mitochondriale suite à la fixation d'agents protéiques ou non protéiques (Figure 3.2.10).

Par ailleurs, la libération massive du calcium de la lumière du réticulum endoplasmique vers le cytosol à proximité des mitochondries peut être déclenchée par de nombreux facteurs tels que la protéine Bcl-2, des phospholipides de la famille des céramides, ou des espèces réactives de l'oxygène. Il y a un seuil de concentration en calcium cytosolique qui peut induire la transition de perméabilité de la mitochondrie à l'origine de l'apoptose.

Figure 3.2.10 Voies pro-apoptotiques de modification de la perméabilité membranaire mitochondriale
[Haouzi et Kroemer, 2001]

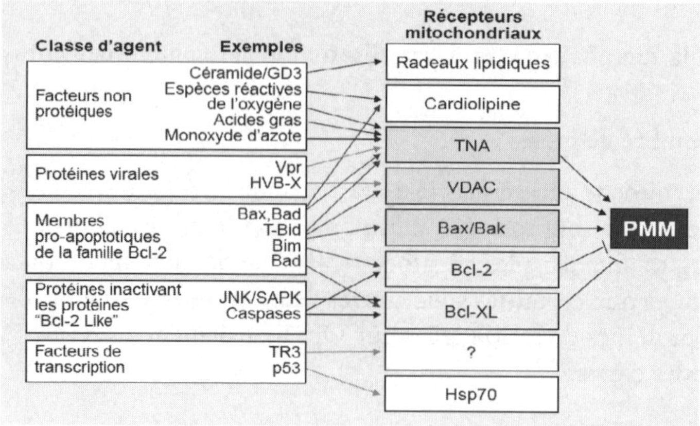

→ : activation

⊣ : inhibition

PMM : perméabilité membranaire mitochondriale

TNA : translocateur de nucléotides à adénine

D. Régulation de l'expression des protéines mitochondriales

♦ **Régulation de la transcription des gènes nucléaires codant pour les protéines mitochondriales**

Une des voies connue dans les cellules animales fait intervenir le **PGC-1α** (*peroxisome proliferator activated receptor* γ *coactivator 1* α). Il est activé par la voie des MAP kinases (*Mitogen-activated protein kinases*) ou par la voie de l'AMPc/PKA (*Protein kinase A*) en réponse à la stimulation de récepteurs aux cytokines ou des récepteurs β-adrénergiques. Le PCG-1 α activé induit l'expression de **NRF1 et NRF2** (*nuclear respiratory factors*) qui modulent alors l'expression de nombreux gènes nucléaires codant pour des enzymes mitochondriales.

♦ **Régulation de la transcription des gènes mitochondriaux**

Les protéines Tfam A et Tfam B, codées par le génome nucléaire, peuvent se lier aux promoteurs du génome mitochondrial. L'expression de ces Tfam est aussi sous le contrôle de la protéine PGC-1 α, décrite ci-dessus. On a aussi identifié des récepteurs aux glucocorticoïdes, à l'insuline, aux œstrogènes et aux hormones thyroïdiennes dans la matrice mitochondriale ainsi que des éléments de réponse à ces récepteurs dans le génome mitochondrial.

E. Régulation de l'activité des enzymes mitochondriales

♦ **Régulation par phosphorylation-déphosphorylation d'enzymes**

En cas de jeûne prolongé, on observe une transactivation des gènes des Pyruvate-dehydrogenase-kinases 1-4, qui catalysent la phosphorylation de la Pyruvate déshydrogénase, ce qui provoque son inhibition.

Par ailleurs l'insuline déclenche une cascade d'activations cellulaires modulant différentes kinases (PI3-kinase, Akt-kinase, glycogène-synthase 3β kinase cytoplasmique et mitochondriale) et conduisant à la déphosphorylation de la Pyruvate déshydrogénase et à son activation. Il s'ensuit une augmentation du métabolisme énergétique (Figure 3.2.11).

Figure 3.2.11 Régulation du métabolisme mitochondrial
[McBride et coll., 2006]

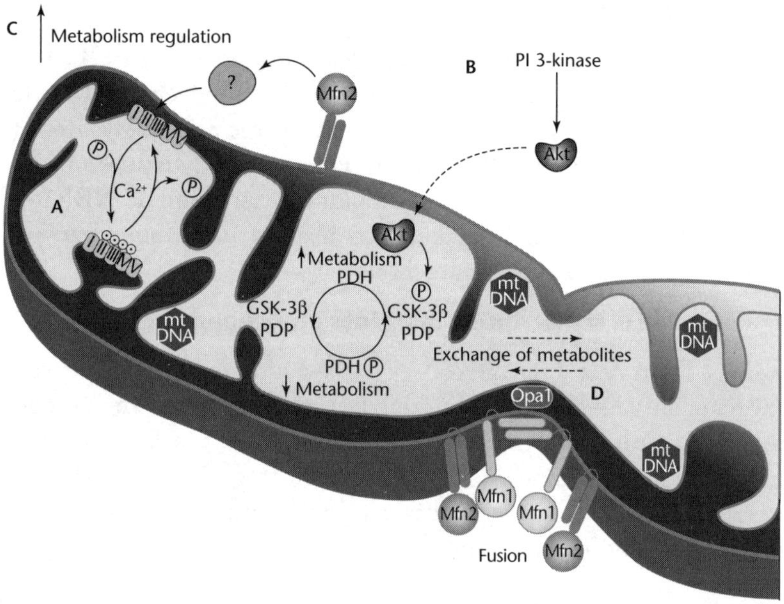

A. Mécanismes de phosphorylation/déphosphorylation de protéines (en particulier des sous-unités du complexe IV de la chaîne respiratoire) induits par des variations de la concentration en Ca^{2+}.

B. Phosphorylation et déphosphorylation de la Pyruvate deshydrogénase (PDH) respectivement catalysées par la PDH kinase (PDK) et la PDH phosphatase (PDP). Le signal cellulaire modulant ces activités enzymatiques passe par une activation de la glycogène-synthase 3β kinase mitochondriale (GSK-3 β).

C. Mfn2 participe à la régulation du métabolisme, mais aussi à l'expression des complexes de la chaîne respiratoire.

D. La fusion membranaire entraîne une répartition des métabolites, des ERO (espèces réactives de l'oxygène) et de l'ADN mitochondrial (mt DNA).

♦ Régulation par des signaux calciques

De nombreuses enzymes du cycle de Krebs ou des transporteurs de la chaîne respiratoire sont régulés par phosphorylation en réponse à des signaux calciques intra-mitochondriaux (Figure 3.2.12).

Figure 3.2.12 Effets du calcium intramitochondrial sur les systèmes enzymatiques respiratoires
[V. Guillaume, d'après diverses sources]

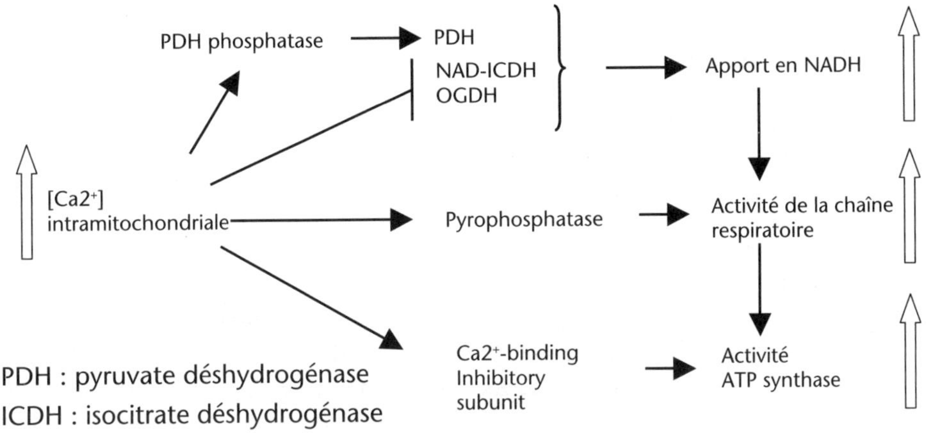

PDH : pyruvate déshydrogénase
ICDH : isocitrate déshydrogénase
OGDH : 2-oxoglutatarate déshydrogénase

Conclusion

L'acquisition de mitochondries a été un événement essentiel de l'évolution des cellules eucaryotes.

Il est possible de revenir sur les fonctions mitochondriales en relation avec l'origine et le maintien des mitochondries dans les cellules eucaryotes et poser ainsi **la question des avantages biochimiques apportés par l'endosymbiose mitochondriale et son maintien sous forme d'organite compartimenté.**

Les différents points abordés dans la dissertation permettent de dégager un certain nombre de ces avantages :

- augmentation de la surface active de phosphorylation oxydative, par la présence de plusieurs mitochondries par cellule, et par la surface des crêtes, par rapport à la simple surface de la membrane plasmique chez les procaryotes aérobies ;
- concentration des niveaux de métabolites, d'enzymes et d'activités métaboliques par compartimentation, permettant des processus de « *channeling* » métabolique, par passage direct de métabolites d'un système enzymatique à un autre ;
- meilleure capacité de régulation de l'alimentation en ATP de l'ensemble de la cellule ;
- présence de structures productrices d'ATP dans tout le volume de la cellule plutôt qu'uniquement en surface.

L'acquisition de mitochondries et la compartimentation en général peuvent expliquer par exemple la grande taille des cellules eucaryotes relativement aux cellules procaryotes.

La diversité et l'importance des fonctions mitochondriales expliquent aussi leur implication dans un certain nombre de pathologies. Ainsi, chez l'homme, les mitochondries et leur dysfonctionnement sont impliquées dans des maladies dites « mitochondriales » (certains cancers, obésité...), dans diverses maladies neurodégénératives telles que les maladies de type Alzheimer, Parkinson, ou Huntington, et dans la sclérose latérale amyotrophique (maladie de Charcot).

Chez tous les organismes aérobies, les mitochondries ont un rôle central dans les relations cellulaires avec l'oxygène, et leur protection face à la présence d'oxygène (génération constante d'espèces réactives et toxiques de l'oxygène) et face aux fluctuations de l'apport en oxygène (phénomènes d'hypoxie ou d'anoxie, lors de l'ischémie chez les mammifères, ou lors d'un ennoiement dans le cas des systèmes racinaires des plantes) est un enjeu essentiel de la survie de la cellule et de l'organisme.

Ce rôle central dans les relations avec l'oxygène et les mécanismes protecteurs qui y sont liés sont des paramètres majeurs dans les processus de vieillissement cellulaire.

3.2.2 D'autres fils conducteurs et d'autres modes d'expression peuvent être suivis

L'ensemble des informations qui sont données dans le plan détaillé peut être organisé suivant d'autres plans, en utilisant d'autres fils conducteurs ou en mettant l'accent sur une idée particulière, ou bien, dans le cadre d'un même plan, peut être exprimé de différentes manières.

3.2.3 Plan de type structure-fonction-intégration-développement

Introduction

Mots-clés de l'introduction : cellule eucaryote, développement endomembranaire, théorie endosymbiotique, organite semi-autonome.

Objectifs :

Comprendre l'intégration fonctionnelle d'un tel organite semi-autonome, poser la question de l'intérêt du maintien de ces fonctions sous forme compartimentée.

I. Caractérisation structurale et fonctionnelle : rôle central des mitochondries dans la dynamique énergétique de la cellule

De l'activité mitochondriale de maintien de la charge énergétique dépendent la quasi-totalité des fonctions métaboliques et énergétiques cellulaires : métabolisme, transport, transcription, traduction, homéostasie, mouvement.

II. La position centrale des mitochondries dans le métabolisme en fait un carrefour de coopération et d'intégration avec les autres compartiments subcellulaires

Catabolismes, anabolismes, réactions anaplérotiques, photorespiration, cycle de l'urée.

Cette forte intégration fonctionnelle est associée à une forte intégration développementale.

III. La biogenèse et le fonctionnement des mitochondries sont étroitement intégrés aux processus développementaux cellulaires

Biogenèse et expression coordonnée des génomes cellulaires ; fission-fusion ; transmission ; apoptose, signalisation cellulaire (espèces réactives de l'oxygène, calcium)

Conclusion

- Les particularités structurales et fonctionnelles (intégration métabolique, intégration biogénétique) peuvent être reliées à l'origine phylogénétique spéciale des mitochondries, impliquant une autonomie initiale et une intégration cellulaire au cours de l'évolution.
- Le développement de la cellule eucaryote, qui implique donc l'intégration des mitochondries, a été une étape-clef dans la construction d'organismes pluricellulaires complexes.
- **Idée plus spéculative : est-ce que les interactions symbiotiques intracellulaires (noyau-mitochondrie) ont permis la sélection de mécanismes interactifs qui ont été ensuite utilisés dans les interactions cellule-cellule nécessaires à la construction des organismes pluricellulaires ?**

Le plan ci-dessus peut être présenté de manière plus simple, tout en suivant la même logique fondamentale. D'autre part, les parties les plus délicates à construire, à savoir l'introduction et la conclusion, peuvent aussi être simplifiées.

3.2.4 Plan de type structure-énergétique-intégration-développement

Plan simplifié mettant l'accent sur les titres

Introduction

Définitions des termes clés du sujet (mitochondries, eucaryotes)

Exposé de la problématique qui sera aussi exprimée dans les titres.

I. Les mitochondries sont des organites à structure originale et fortement compartimentée

1. Caractéristiques structurales
2. Un compartiment clos à forte régulation des imports et des exports
3. Une structure originale liée à l'origine endosymbiotique

II. Les mitochondries sont les centrales énergétiques des cellules en aérobiose

1. Chaîne respiratoire et phosphorylation oxydative
2. Production d'ATP au niveau de l'ATP synthase
3. L'ATP comme valeur d'énergie chimique de la cellule

III. Les mitochondries sont un carrefour métabolique fonctionnant en coopération avec les autres compartiments cellulaires

1. Interactions métaboliques cytosol-mitochondries : glycolyse et cycle de Krebs
2. Interactions peroxysomes-mitochondries : β-oxydation des acides gras
3. Interactions chloroplastes-peroxysomes-mitochondries : photorespiration
4. Interactions mitochondries-cytosol-reticulum ou mitochondries-glyoxysomes-cytosol-reticulum : néoglucogénèse animale et néoglucogénèse végétale

IV. Les mitochondries sont étroitement liées au développement cellulaire

1. Implication de l'ADN nucléaire et de l'ADN mitochondrial dans la biogenèse des mitochondries
2. Dynamique de fission des mitochondries lors de la division cellulaire
3. Implication des mitochondries dans le contrôle de l'apoptose

Conclusion

- Les particularités structurales et fonctionnelles (intégration métabolique, intégration biogénétique) peuvent être reliées à l'origine phylogénétique spéciale des mitochondries, impliquant une autonomie initiale et une intégration cellulaire au cours de l'évolution.
- Le développement de la cellule eucaryote, qui implique donc l'intégration des mitochondries, a été une étape-clef dans la construction d'organismes pluricellulaires complexes.
- **Idée plus spéculative : est-ce que les interactions symbiotiques intracellulaires (noyau-mitochondrie) ont permis la sélection de mécanismes interactifs qui ont été ensuite utilisés dans les interactions cellule-cellule nécessaires à la construction des organismes pluricellulaires ?**

Plan de type structure-énergétique-intégration-développement

Plan simplifié mettant l'accent sur les transitions

Introduction

Définitions des termes clés du sujet (mitochondries, eucaryotes)

Exposé de la problématique qui sera aussi exprimée dans les titres et les transitions.

I. Les mitochondries : une structure et une origine expliquant leur place particulière dans la cellule

1. Une structure d'organite autonome ?
2. La théorie endosymbiotique explique les particularités des mitochondries.
3. La mitochondrie : un organite semi-autonome.

Transition La mitochondrie n'est que partiellement autonome, ce qui indique qu'il existe des échanges entre la mitochondrie et l'ensemble de la cellule. Ces échanges seront particulièrement importants pour la bioénergétique de la cellule.

II. Les mitochondries comme centrale énergétique de la cellule

1. Localisation des mitochondries
2. La chaîne respiratoire comme mécanisme général producteur d'énergie pour la cellule
3. Un exemple de spécialisation de la production d'énergie : la production de chaleur

Transition Les mitochondries possèdent un ensemble d'autres rôles fondamentaux, liés directement ou indirectement à leur rôle énergétique central.

III. Rôles des mitochondries dans des mécanismes intégratifs complexes

1. Fonctionnement métabolique coopératif des mitochondries : exemple de la photorespiration

2. Les mitochondries : des acteurs fondamentaux du développement par leur implication dans le mécanisme d'apoptose

Conclusion

Résumé des points importants.

Perspectives sur les maladies liées à des dysfonctionnements mitochondriaux.

3.2.5 Erreurs et oublis à éviter

Quelques sources d'erreurs

Les classifications binaires peuvent être la source d'inversion de sens. Ceci peut concerner des concepts très courants, tels que Procaryote / Eucaryote. De telles erreurs sont facilement évitables par quelques connaissances de base sur les **étymologies** des termes scientifiques.

L'utilisation correcte d'un nom ou d'un adjectif pouvant s'appliquer à des objets différents est aussi la source d'erreurs potentielles. Ainsi, l'adjectif « mitochondrial », appliqué aux protéines et aux transcrits, peut être une source de confusion, si l'on ne garde pas bien à l'esprit les propriétés semi-autonomes des mitochondries. Ainsi, l'expression « protéines mitochondriales » recouvre à la fois des protéines codées par le génome nucléaire et des protéines codées par le génome mitochondrial, formant parfois entre elles des complexes supramoléculaires. Il est délicat d'appliquer automatiquement cet adjectif « mitochondrial » au cas des transcrits. Si on utilise l'expression de « transcrits mitochondriaux », on pensera logiquement aux transcrits de la mitochondrie, et donc aux transcrits présents dans la mitochondrie par transcription des gènes du génome mitochondrial, et il ne faudra donc pas utiliser ce terme dans le sens général de transcrits codant l'ensemble des protéines mitochondriales, d'origine nucléaire ou d'origine mitochondriale.

Quelques oublis possibles

L'accent qui est mis dans les livres sur les fonctions bioénergétiques peut provoquer des biais dans la vision générale que l'on a des mitochondries. Il est donc essentiel de ne pas oublier les autres fonctions, dont certaines, mais pas toutes, sont dépendantes de la fonction bioénergétique, en particulier, les diverses fonctions métaboliques (réactions anaplérotiques du cycle de Krebs, métabolisme des phospholipides, métabolisme des acides aminés, cycle de l'urée), les fonctions d'homéostasie du calcium cytosolique et de transduction du signal, les fonctions de biosynthèse, et les fonctions spécialisées de synthèse d'hormones.

La focalisation sur la respiration fait souvent oublier les effets délétères de la situation d'aérobiose, avec l'équilibre constant entre la production chimiquement incontournable d'espèces réactives de l'oxygène (ERO) et les défenses anti-oxydantes. Cet oubli potentiel est d'autant plus gênant que cette thématique du stress oxydant est une thématique centrale de biologie cellulaire et de physiologie.

Le caractère quasi-ubiquitaire des mitochondries dans les cellules eucaryotes et de leurs fonctions peut faire oublier des caractéristiques liées à des phyla particuliers. Ainsi, la voie alterne de la respiration, dépendant d'une alternative-oxydase, est présente dans les mitochondries de plantes, de certains champignons, et de certains protozoaires (*Trypanosoma brucei*). Les fonctions de cette voie alterne ne sont que très partiellement élucidées.

Chapitre 4

Régulations génétiques

4.1. Plasticité du génome et de l'expression génétique

Cette thématique a été conçue au départ comme un sujet de dissertation d'agrégation, « Plasticité du génome et de l'expression génétique chez les eucaryotes. À l'aide d'exemples précis, à l'échelle de l'individu et de l'espèce, vous en présenterez les méthodes d'étude, les mécanismes ainsi que les conséquences à l'échelle individuelle et des populations », libellé de manière à développer une réflexion sur les relations et les contrastes entre plasticité de structure et plasticité de fonction.

Ce travail est présenté principalement sous la forme d'un plan semi-développé et illustré. Les ancrages avec le sujet suivant sur les ARN sont mentionnés au fur et à mesure. La structure du plan en deux parties est un contre-exemple du conseil donné dans le chapitre 1 sur le nombre de parties dans une dissertation.

Introduction

Le polymorphisme biologique au sein d'une espèce donnée est perceptible aux échelles macroscopique, cellulaire et moléculaire. Le génome, en interaction avec de multiples facteurs développementaux, nutritionnels, et environnementaux, contribue à la réalisation de la diversité des phénotypes, entre espèces, et au sein d'une même espèce. Or, le génome n'est pas une structure absolument figée, non seulement à l'échelle de l'évolution des espèces, mais aussi à l'échelle des variations intra-spécifiques inter-individuelles et même au cours du cycle biologique de l'organisme.

La plasticité et les variations de structure affectant l'ADN des cellules germinales, et donc transmissibles à la génération suivante, sont à la base des polymorphismes inter-individuels et des processus micro-évolutifs ou macro-évolutifs de sélection et d'évolution des populations et des espèces. Cependant, la plasticité structurale de l'ADN peut aussi se réaliser au cours de la vie de l'organisme, en affectant les cellules somatiques, non transmises à la génération suivante.

À cette plasticité structurale somatique se superpose **une dynamique fonctionnelle du génome**, qui aboutit au fait que la panoplie de gènes exprimés, sous forme de produits (ARNt, ARNr, microARN, ARNm, protéines), à un temps donné et pour un type cellulaire donné n'est qu'un sous-ensemble de la totalité des gènes. Les régulations de cette dynamique sont telles que l'expression génétique est extrêmement plastique.

Objectifs :

Le présent travail analysera la variété des processus pouvant affecter la structure de l'ADN et de l'expression génétique à l'échelle individuelle dans l'objectif de comprendre en quoi cette variété de processus de plasticité intègre le fonctionnement génomique et les conditions environnementales.

I. Plasticité structurale du génome eucaryote

A. L'ADN, support de l'information génétique

Le cheminement allant de la génétique formelle mise en oeuvre par Gregor Mendel jusqu'à la démonstration du rôle de support d'information génétique de l'ADN, par Avery, MacLeod et McCarthy (Avery et coll., 1944) et l'élucidation de la structure en double hélice de l'ADN par Crick, Franklin, Watson, et Wilkins (Watson et Crick, 1953) représente presque un siècle de travaux scientifiques. **Cette première compréhension fondamentale des relations entre génotype et phénotype s'est depuis révélée n'être qu'une étape dans la découverte de processus de plus en plus complexes à l'échelle des génomes entiers et dans les interactions entre génome et environnement**.

B. Méthodes d'étude des génomes

Les méthodes d'étude des génomes sont fondamentalement les méthodes de la génétique, depuis ses bases formelles, assises au XIXe siècle, jusqu'à ses expansions moléculaires, rendues possibles par le développement de la biologie moléculaire au XXe siècle. Des méthodes de biologie moléculaire classique (clonage, séquençage, PCR, Southern blot, northern blot, etc.) peuvent être présentées dans ce cadre. Des évolutions technologiques récentes ont permis de passer de l'échelle de l'étude gène à gène à l'échelle du génome entier aussi bien en termes d'analyse structurale (séquençage de génomes entiers procaryotes et eucaryotes, avec plusieurs milliers de génomes complets actuellement disponibles) et fonctionnelle (puces à ADN, pyroséquençage).

C. Le polymorphisme de l'ADN, témoin de l'histoire génétique et évolutive des populations et des espèces

Au sein d'une espèce donnée, l'organisation globale du génome et la séquence globale des gènes est constante et bien conservée. Au sein d'un groupe d'espèces, l'organisation globale du génome peut être conservée (synténie), avec des variations plus importantes des séquences de gène. Mais des variations de séquences détectables et quantifiables différencient aussi les génomes d'individus contemporains.

Lorsque dans une population, un gène présente au moins deux formes alléliques de fréquence supérieure ou égale à 1 %, il est qualifié de **polymorphe**. Lorsque l'importance des différences est plus importante, on parle plutôt d'anomalie génétique.

De plus, les mécanismes générateurs de polymorphisme peuvent aussi être à l'œuvre au cours du développement de l'individu et générer un **polymorphisme somatique** pouvant jouer un rôle important dans les différenciations cellulaires et moléculaires.

D. Origine du polymorphisme de l'ADN

L'ADN est la cible de **mutations** de nature variée.

La mise en évidence de polymorphisme inter-individuel peut être faite sur un très grand nombre de gènes, y compris des gènes jouant un rôle central et essentiel dans la physiologie de l'espèce considérée.

C'est le cas par exemple des gènes de l'hémoglobine humaine, pour lesquels plus de 450 mutations ont été caractérisées, en particulier, des substitutions, additions, délétions de nucléotides. Certaines de ces mutations peuvent avoir pour conséquence des adaptations ou bien différentes physiopathologies (anémie, thalassémie, drépanocytose).

- **Translocations, inversions, délétions, fusions et insertions chromosomiques**

Les mutations peuvent impliquer des **remaniements chromosomiques** très importants, dépassant le locus d'un gène et affectant de larges portions du génome. De tels remaniements ont été révélés par des études cytogénétiques de cas pathologiques humains ou animaux.

Dans certaines populations naturelles, certains remaniements chromosomiques se maintiennent à des fréquences élevées et par conséquent peuvent être considérés comme des polymorphismes.

Plusieurs exemples peuvent être donnés :

- **inversions paracentriques** chez *Drosophila melanogaster*, chez les passereaux et chez les pigeons ;
- **inversion péricentrique** dans la région q13 du chromosome 2 humain ;
- **délétions et insertions** comme sources de variation de taille du chromosome Y chez l'homme, les bovins ou le cheval ;
- **fusion de gènes** souvent associée à des délétions allant de quelques nucléotides à une centaine de bases ;
- cas de la leucémie myéloïde chronique, où une **translocation** entre les chromosomes 9 et 22 entraîne la fusion d'un gène bcr (breakpoint cluster region) et du proto-oncogène c-abl avec perte d'une partie de la région 5'de c-abl.

♦ Translocations, inversions, délétions, fusions et insertions génétiques

L'analyse moléculaire a mis en évidence l'existence d'événements de délétions, fusions, inversions et insertions à une échelle allant de quelques bases à quelques kilobases, ce qui peut correspondre à l'échelle d'un locus. Ceci peut entraîner une **modification du cadre de lecture**, avec apparition en aval d'un codon non-sens prématuré conduisant à la formation d'une protéine tronquée. Des variations d'un nombre de bases multiple de trois maintiennent le cadre de lecture, mais entraînent la perte ou l'addition d'acides aminés, comme dans le cas de la délétion 508 de la mucoviscidose.

♦ Mutations ponctuelles

Elles n'intéressent qu'une région très limitée du génome, à l'échelle d'un gène (quelques nucléotides). Les estimations réalisées chez l'homme suggèrent qu'un individu non consanguin présente une base à l'état hétérozygote tous les 200 à 1000 nucléotides.

La modification la plus fréquente est le remplacement d'une base par une autre :

- **transition** : remplacement d'une base purique par une base purique et d'une base pyrimidique par une base pyrimidique ;
- **transversion** : remplacement d'une base purique par une base pyrimidique ou réciproquement.

Des bases peuvent également être délétées ou ajoutées.

♦ Répétition de séquences en tandem

Les séquences répétées en tandem (VNTR : *variable number of tandem repeats*) sont de taille variable, constituées de la répétition en tandem d'un motif unitaire de taille également variable.

Selon la taille du motif et de la répétition, on distingue :

- **les satellites**, qui sont généralement non transcrits ;
- **les minisatellites** : leur rôle biologique n'est pas élucidé sauf dans le cas de l'ADN télomérique qui protège l'extrémité des chromosomes de la dégradation ;
- **les microsatellites**.

Les microsatellites sont des séries de répétitions d'un motif de base court, 1 à 4 pb, répartis sur l'ensemble du génome. Des anomalies de microsatellites, de type (CAG) n et (CCG)n, ont été associés à certaines maladies humaines. En effet, au-dessus d'une certaine longueur critique, les répétitions sont instables au cours de la mitose et de la méiose et ne sont pratiquement jamais transmises sans modifications à la descendance : des extensions ou des délétions peuvent apparaître. Chez les patients atteints de l'X fragile, le motif CGG normalement répété de 6 à 54 fois est présent de 200 à plus de 1000 fois. Ces extensions affectent la méthylation de l'ADN et la structure chromatidienne, conduisant à l'inactivation de gènes adjacents.

- **Dynamique des éléments transposables**

Les éléments transposables, ou mobiles, sont des séquences d'ADN répétées, de taille variable (de 100 pb à plusieurs kb), caractérisées par leur capacité à se multiplier au sein d'un génome hôte par des processus moléculaires plus ou moins identifiés, rassemblés sous le terme de transposition. Cette transposition est définie par le mouvement de matériel génétique d'une position chromosomique à une autre (Figure 4.1.1). La plupart des génomes eucaryotes séquencés présentent des éléments transposables. Cependant, leur représentation dans les génomes est variable.

De nombreuses classes d'éléments transposables ont été définies en fonction de leur structure, de la présence ou non de gènes codants, et de leur mécanisme de transposition. Quelle que soit la classe considérée, tout évènement de transposition modifie potentiellement le fonctionnement du site d'origine et celui du site d'insertion. Cette dynamique des éléments transposables est un facteur-clé de mutagenèse insertionnelle, à impact somatique ou à impact germinal avec transmission à la descendance.

Figure 4.1.1 Mécanismes généraux de l'amplification des éléments transposables autonomes
[modifié, d'après Tempel et coll., 2008]

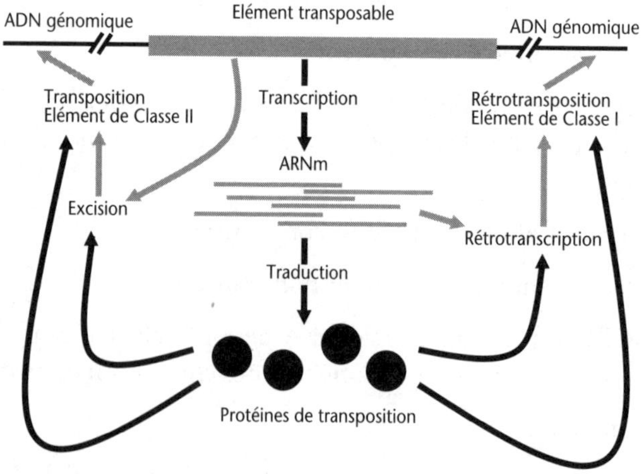

Les éléments transposables autonomes comportent des gènes codant des protéines impliquées dans les mécanismes de transposition. Les protéines codées par les éléments transposables de classe I sont impliquées dans la transcription inverse et l'insertion de l'ADN synthétisé dans le génome-hôte. Les protéines codées par les éléments transposables de classe II sont impliquées dans l'excision des éléments transposables et leur insertion dans un autre site du génome-hôte.

E. Mécanismes impliqués dans la génération de polymorphismes

Plusieurs mécanismes peuvent aboutir à des modifications de structure de la séquence de l'ADN dans les cellules somatiques et les cellules germinales. Il peut s'agir de mécanismes cellulaires intrinsèques à la dynamique de l'ADN. Il peut s'agir aussi de mécanismes d'interaction entre l'ADN et des éléments spécifiques, endogènes ou exogènes.

Ainsi, des erreurs des systèmes de réparation peuvent provoquer des mutations ponctuelles. Des délétions et des duplications peuvent résulter de **recombinaisons "illégitimes"** entre des séquences très semblables, mais non homologues. Ces séquences favorisent l'apparition d'erreurs d'alignement (mésappariement), conduisant à des **crossing-over inégaux**. Ce mécanisme aboutit à l'élimination d'une région sur l'un des chromosomes et à une duplication sur l'autre chromosome. Ces recombinaisons sont favorisées par l'existence de séquences semblables contiguës, codantes ou non. Les séquences répétées dispersées comme les séquences Alu chez l'homme, compte tenu de leur homologie et de leur fréquence, sont susceptibles de jouer un rôle important dans ce phénomène. De même, des erreurs d'appariement sont fréquentes dans les régions de répétition en tandem, compte tenu de la forte homologie de séquences entre les répétitions. Tout crossing-over intervenant lors de ces mésappariements produit une augmentation du nombre de répétitions sur l'une des chromatides et une délétion d'un nombre équivalent de répétitions sur l'autre.

L'**excision de boucles chromatiniennes** peut être responsable de délétions. Ce mécanisme a été mis en évidence dans le cas des gènes α et β de la globine. Lors de la réplication, il peut y avoir excision des boucles formées entre deux points d'ancrage de la matrice chromatidienne distants de 30 à 130 kb. Enfin, des phénomènes de **glissements intra-chromatidiens** (*slippage*) modifient le nombre de répétitions de satellites.

La présence d'**éléments génétiques mobiles** au sein des génomes a été mentionnée précédemment. L'origine ancestrale de ces éléments mobiles reste à élucider. La question se pose de savoir s'il y a une relation entre ces éléments mobiles endogènes, et des éléments mobiles exogènes, capables d'intégration dans un génome-hôte, tels que des séquences virales ou les séquences T-DNA des bactéries *Agrobacterium*, capables d'intégration dans le génome des cellules végétales infectées.

Ces différents éléments génétiques mobiles, endogènes ou exogènes, ont leur propre dynamique d'excision-insertion fondée sur l'utilisation de mécanismes intrinsèques, dans le cas des transposons autonomes (Figure 4.1.1), et/ou de mécanismes cellulaires de la cellule-hôte. Les facteurs régulateurs induisant la mobilisation des transposons ou leur stase au sein du génome sont complexes et encore mal compris.

F. Impact fonctionnel de la plasticité structurale

Les différents mécanismes cités peuvent avoir lieu au cours du développement de l'individu. Ainsi, par exemple, des transpositions d'éléments mobiles peuvent avoir lieu au cours du développement embryonnaire ou post-embryonnaire. Une telle transposition, par exemple, par insertion dans le promoteur d'un gène, pourra avoir un impact sur la régulation de ce gène. Ainsi, des processus de transposition au cours du développement peuvent avoir une incidence ou une implication dans des processus de différenciation.

Le cas de la **recombinaison VDJ** lors de la différenciation des lymphocytes T est emblématique. Dans ce processus, des modules d'ADN sont recombinés au cours de la différenciation. Cette recombinaison au niveau de l'ADN aboutit à la formation d'un ADN réarrangé codant pour une chaîne polypeptidique de récepteur spécifique de la lignée cellulaire différenciée (Figure 4.1.2).

Figure 4.1.2 Réarrangements et transcription des gènes TCR-Vß chez la souris [modifié, d'après Abbey et O'Neill, 2008]

Le réarrangement (VDJ recombination) aboutit à une modification irréversible du génome au locus du gène TCR-Vß au cours du développement des lymphocytes T à partir de la lignée souche (*Germline*) dont le génome est non-réarrangé (*unrearranged*). Après ce réarrangement, la transcription et l'épissage donnent un ARNm de type L1V1D1JC1. Inversement, la transcription et l'épissage du locus non-réarrangé dans la lignée souche donnent un ARNm de type L1V1.

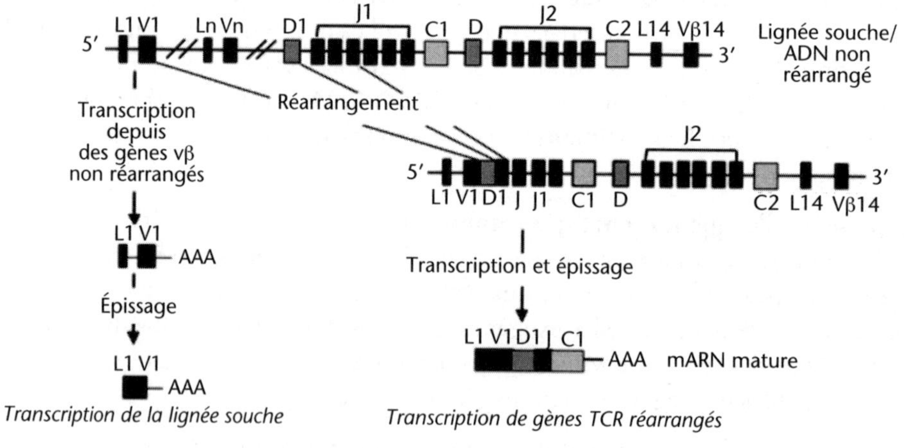

Il a déjà été mentionné ci-dessus que des mécanismes d'insertion et de recombinaison peuvent même avoir lieu à travers les barrières d'espèce. Ainsi, les transferts de T-DNA de la bactérie *Agrobacterium tumefaciens* ou de Ri-DNA de la bactérie *Agrobacterium rhizogenes* à des cellules végétales aboutissent à l'intégration structurale de fragment de génome procaryote dans un génome eucaryote.

Transition Les mécanismes générateurs de polymorphismes peuvent avoir un impact individuel fonctionnel important, mais sont aussi la base des processus de biodiversité, à l'échelle des populations et à l'échelle macro-évolutive de la spéciation. La compréhension des bases moléculaires des polymorphismes a permis de développer des méthodes moléculaires de plus en plus fines en génétique des populations : marqueurs satellites, marqueurs d'insertion-délétion, SNP (*single nucleotide polymorphism*). La mise en évidence d'une plasticité structurale d'une telle ampleur a été relativement inattendue.

Les cas des insertions de séquences virales ou du T-DNA de la bactérie *Agrobacterium* ont même démontré la possibilité de transferts horizontaux entre espèces. Ces mécanismes de transferts horizontaux ont été essentiels pour la mise au point des biotechnologies qui ont abouti aux modifications génétiques d'organismes supérieurs.

Par ailleurs, l'élucidation des mécanismes d'expression génétique révèle qu'à séquence d'ADN constante les possibilités de plasticité fonctionnelle sont encore plus larges que les possibilités de plasticité structurale.

II. Plasticité fonctionnelle de l'expression des gènes eucaryotes

A. Mécanismes épigénétiques

La structure chimique de l'ADN peut être modifiée par des processus biochimiques de **méthylation-déméthylation**. En effet, les résidus cytosine peuvent être méthylés en position 5' d'une cytidine sous l'action d'ADN-méthyltransférases. Il s'agit donc de modifications biochimiques structurelles qui ne changent pas l'information génétique potentielle portée par la succession des bases azotées.

Cependant, beaucoup de gènes eucaryotes ou d'éléments transposables eucaryotes présentent une corrélation inverse entre le niveau de méthylation et l'activité transcriptionnelle ou de transposition. Ainsi, des gènes peuvent être rendus actifs ou inactifs en fonction de leur niveau de méthylation. Chez la souris, une ADN-méthyltransférase spécifique est nécessaire au développement embryonnaire normal, car le contrôle des états de méthylation met sous silence de manière spécifique certains gènes. L'inactivation de l'expression de certains gènes par méthylation joue donc un rôle régulateur avec des conséquences sur le développement. De plus, par exemple chez les plantes, les états de méthylation dépendent aussi de facteurs de l'environnement physico-chimique, tels que la température.

Enfin, ces états de méthylation, qui sont inductibles par des facteurs environnementaux, présentent une certaine héritabilité. Ainsi, les processus de méthylation sont impliqués dans le phénomène d'**empreinte génétique**, où certains gènes, selon qu'ils viennent du père ou de la mère, sont plus ou moins exprimés, voire parfois totalement silencieux. Certaines perturbations métaboliques, en liaison avec la nutrition et l'environnement, semblent aussi présenter une héritabilité sur quelques générations.

Tout ceci met donc en évidence un **niveau épigénétique** pouvant se superposer aux mécanismes classiques de la génétique et de la sélection darwinienne, et pouvant relancer dans des cas limités des débats polémiques où il est question d'héritabilité de type lamarckien.

B. Plasticité transcriptionnelle

Les mécanismes de la transcription à partir de matrices ADN (ADN nucléaire, ADN mitochondrial ou ADN plastidial) sont décrits dans le chapitre suivant (4-2, « Les ARN », paragraphe II).

L'activation transcriptionnelle peut être inductible, en particulier par des régulations impliquant des facteurs protéiques de transcription. Ces facteurs protéiques sont des points d'intégration de cascades de transduction activables par des signaux développementaux, hormonaux, ou environnementaux. Ainsi, chez l'homme, les gènes codant les hémoglobines sont transcrits de manière différentielle au cours du cycle biologique. Chez les plantes, la très grande plasticité d'expression génétique en fonction des conditions environnementales permet un ajustement permanent aux fluctuations du milieu, en relation avec la vie sessile (Figure 4.1.3). Cette **plasticité d'expression génétique** dépend de manière significative de régulations au niveau transcriptionnel.

Figure 4.1.3 Interactions entre les contraintes environnementales, l'expression génétique et l'ajustement au stress
[schéma d'Irène Hummel, aimablement communiqué]

Les produits des gènes sont sommairement répartis en deux groupes : les protéines fonctionnelles entrant en jeu dans la tolérance et dans l'adaptation cellulaire, et les protéines régulatrices qui permettent l'expression des gènes et la transduction du signal.

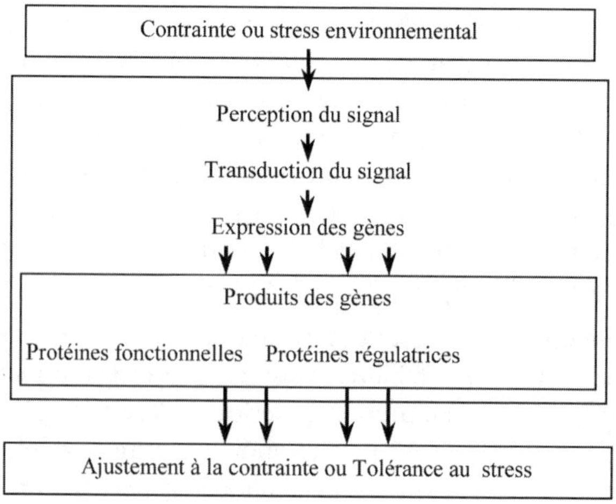

Ainsi, l'expression des gènes liés au développement à l'obscurité (scotomorphogenèse) et à la lumière (photomorphogenèse) est modulable par les signaux lumineux captés par des photorécepteurs. Une des voies de transduction des signaux photoniques (Figure 4.1.4) met en jeu l'activation du phytochrome B, sa translocation vers le noyau, et l'interaction avec un facteur de transcription PIF (*Phytochrome-Interacting Factor*) de la classe basic Helix-Loop-Helix pouvant se lier à des boîtes G-box impliquées dans la régulation de certains gènes-cible.

Figure 4.1.4 **Interactions entre la forme active du phytochrome B (Pfr) et le facteur de transcription PIF3** ***(Phytochrome-Interacting-Factor 3)*** **dans une cellule végétale.**
[modifié, d'après Yuling Jiao et coll., 2007]

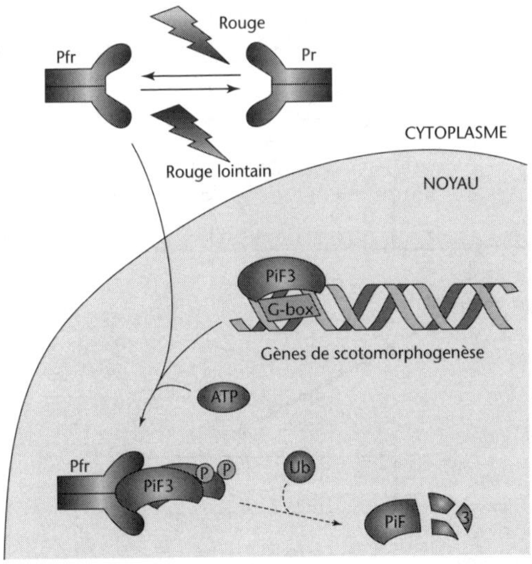

Le photorécepteur passe de sa forme inactive (Pr) à sa forme active (Pfr) sous l'action d'un signal physique d'origine environnementale (photons rouge).

Pfr est transféré dans le noyau, et interagit avec le facteur de transcription PIF3, qui active la transcription des gènes de scotomorphogenèse à l'obscurité au niveau des éléments de régulation G-Box du promoteur.

L'interaction avec PIF3 provoque sa phosphorylation, son ubiquitination par des molécules d'ubiquitine (Ub) et sa dégradation protéolytique, ce qui bloque la transcription des gènes de scotomorphogenèse

Cet exemple illustre clairement que l'interaction entre des signaux environnementaux et l'expression génétique à un niveau transcriptionnel (Figure 4.1.3) peut être très étroite (Figure 4.1.4). De manière plus générale, de nombreux processus de transduction de signal, tels que ceux qui sont décrits dans le chapitre 5.1 (« Communication intercellulaire et transduction des signaux), aboutissent à des modifications d'expression génétique.

C. Régulations post-transcriptionnelles par maturation et turnover des transcrits

Les mécanismes de la maturation d'ARNm à partir de transcrits primaires sont décrits dans le chapitre suivant (4.2, « Les ARN », tableau 4.2.4). Chacune des étapes de maturation des ARNm est une cible potentielle de régulation et une source potentielle de plasticité en termes d'expression ou de non-expression. Parmi les régulations de maturation, il faut signaler l'implication de petits ARN régulateurs, dont il est question dans le chapitre suivant (4.2, « Les ARN », paragraphe II).

De plus, certaines des étapes de maturation, en particulier l'épissage (splicing), peuvent être la cause d'une plasticité qualitative. Ainsi, **l'épissage dit alternatif** d'un transcrit primaire peut aboutir à la formation de deux ou plusieurs ARNm distincts codant pour des protéines différentes (Figure 4.1.5). C'est le cas par exemple lors de l'épissage différentiel des transcrits primaires des gènes codant les chaînes lourdes des immunoglobulines.

Figure 4.1.5 Formation de deux transcrits distincts par épissage alternatif
[I. Couée, d'après diverses sources]

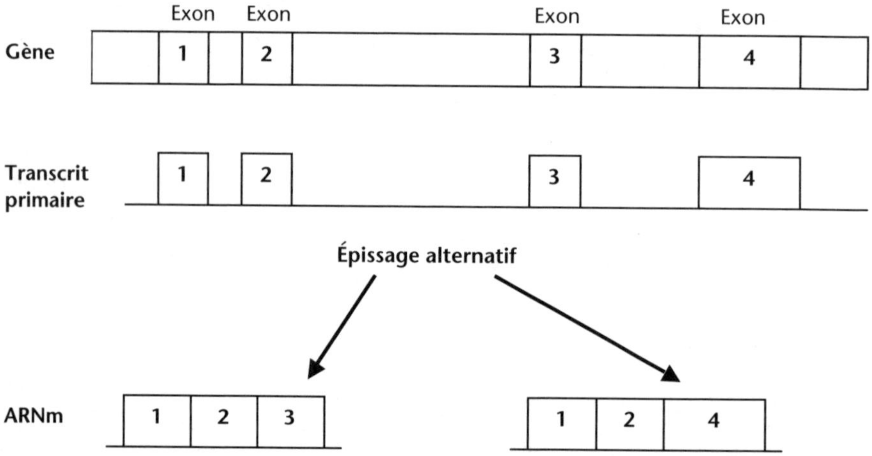

De plus, le niveau d'un ARNm donné au sein de la cellule dépend non seulement de la vitesse contrôlant sa production, mais aussi des processus de dégradation, généralisée ou spécifique, des ARNm par des ribonucléases.

D. Régulations traductionnelles

Les mécanismes de traduction protéique à partir d'une matrice ARNm sont décrits dans le chapitre suivant (4.2, « Les ARN », paragraphe III).

Ces mécanismes, impliquant des nombreux acteurs biologiques (ARNm, ARNt, ribosomes, facteurs protéiques de traduction), sont régulables en termes de stabilité des ARNm, d'initiation, d'élongation et de terminaison. Les régulations impliquant des ARN régulateurs (ARN d'interférence, microARN), dont il est question dans le chapitre suivant (4.2, « Les ARN », paragraphe III), sont particulièrement importantes.

Ainsi, le pool complet des transcrits présents à un moment donné dans la cellule peut être traduit de manière différentielle.

E. Régulations post-traductionnelles

Les protéines cellulaires sont accumulées par les processus de traduction, mais leur niveau à un temps donné dépend aussi de leur ciblage vers des processus protéolytiques, en particulier sous l'action des complexes d'ubiquitination et du protéasome. Ce turnover protéolytique des protéines peut être extrêmement précis en termes de reconnaissance de la protéine à dégrader. Ainsi, ces protéolyses spécifiques peuvent faire partie intégrante de processus de régulation et de transduction de signal. Le chapitre 5.1 « Communication intercellulaire et transduction des signaux chez les eucaryotes » en donne plusieurs exemples, chez les plantes et chez les animaux.

Par ailleurs, la protéine présente dans la cellule peut subir toute une gamme de **modifications covalentes**, réversibles ou irréversibles, pouvant moduler sa fonction et son activité. Ainsi, les processus de phosphorylation-déphosphorylation peuvent affecter un très grand nombre de protéines dans leur activité de transduction de signal, ou dans leur activité enzymatique.

L'expression génétique depuis le gène jusqu'à la protéine fonctionnelle passe donc par un grand nombre d'étapes, dont certaines sont inductibles en relation avec des signaux physiologiques ou environnementaux, et qui sont toutes modulables. La Figure 4.1.6 donne un exemple de telles étapes inductibles et modulables dans l'expression des gènes impliqués dans l'assimilation du nitrate chez les plantes. Ainsi, dans ce cas, en fonction des conditions environnementales (lumière, nitrates), hormonales (cytokinines, acides abscissique) et nutritionnelles (photosynthèse, saccharose), les activités enzymatiques d'assimilation du nitrate seront extrêmement variables.

La plasticité fonctionnelle d'expression génétique est donc un élément central de l'intégration des capacités génétiques (le génotype) aux conditions non-génétiques sous la forme de plasticité phénotypique.

Figure 4.1.6 Régulations transcriptionnelles, post-transcriptionnelles, traductionnelles et post-traductionnelles de l'expression de la nitrate réductase (NR) et de la nitrite réductase (NiR) chez les plantes supérieures
[Faure et coll., 1997]

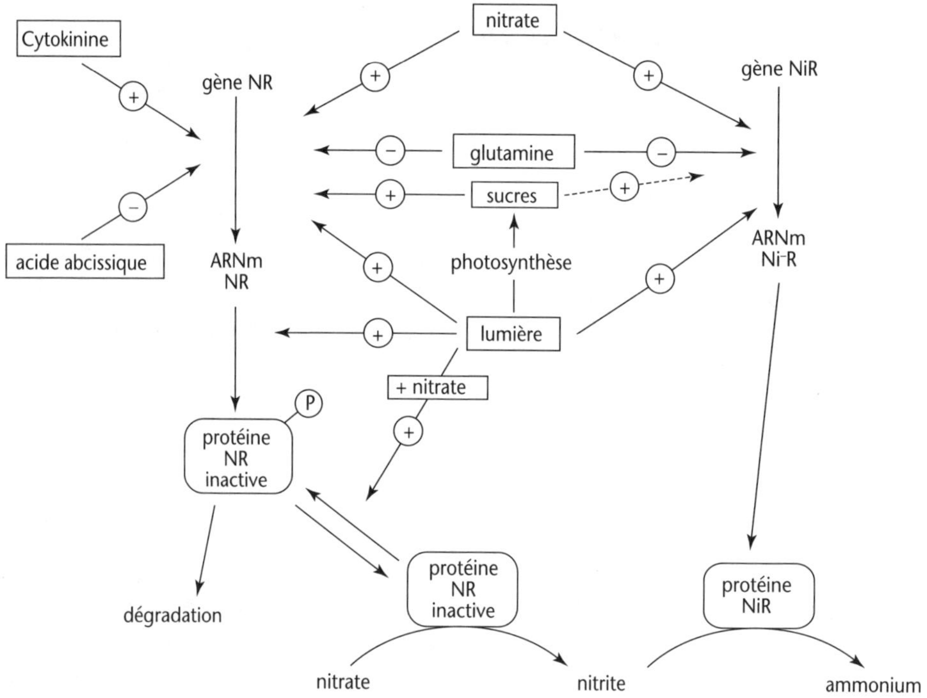

Conclusion

La plasticité structurale est une source de remodelage du génome et d'innovation de nouvelles capacités génétiques qui peuvent être ensuite triées et sélectionnées par les processus de sélection naturelle. Ces nouvelles capacités génétiques peuvent même consister en la génération de nouvelles copies de gènes, formant des familles multi-géniques au sein desquelles de nouvelles familles géniques ou de nouvelles fonctions spécialisées peuvent émerger. C'est ainsi le cas pour la famille multi-génique des gènes de l'hémoglobine humaine, où les différentes copies de gènes d'hémoglobine sont différentiellement exprimées en fonction du stade de développement, embryonnaire, fœtal et adulte.

Cette plasticité structurale est une forme d'interaction du génome avec l'environnement dans le sens où les pressions de sélection fixent la variabilité génétique constamment générée et, *in fine*, les traits phénotypiques. Cette interaction avec l'environnement implique même des transferts de gènes entre espèces. Ainsi, les processus de transferts horizontaux, tels que le transfert actuel, synchronique, d'ADN-T de la bactérie *Agrobacterium tumefaciens* vers des cellules végétales infectées, sont aussi détectables en termes macro-évolutifs, avec l'identification de gènes d'origine procaryote au sein des génomes eucaryotes, ou avec la caractérisation de l'origine procaryotique des mitochondries et des plastes et la mise en évidence de transferts massifs de gènes depuis l'endosymbionte ancestral vers le génome nucléaire eucaryote.

L'analyse des mécanismes de fonctionnement du génome montre que les capacités de contrôle et de modulation sont très larges et que l'interaction avec l'environnement est étroite. Les mécanismes de plasticité de l'expression génétique font que les programmes génétiques peuvent être modifiés, adaptés et modelés en réponse aux changements de l'environnement. Chez certains organismes, tels que les plantes, ces modulations sont continuelles au cours du cycle biologique. La relation organisme - environnement n'est donc pas une simple confrontation, mais une interaction. Le phénotype n'est donc pas un agrégat de caractères morphologiques et physiologiques programmés par des gènes unitaires spécifiques, mais il résulte de la réaction d'un programme de développement particulier, le génotype, à un environnement particulier. La **plasticité phénotypique** peut alors se définir comme le changement observable au niveau du phénotype, exprimé par le génotype en fonction de l'environnement. Elle est obtenue par la modulation du développement par l'environnement : les facteurs environnementaux empiètent alors sur le programme de développement déterminé génétiquement.

Ainsi, le système génétique unilinéaire, **gène → ARN → protéine → phénotype**, n'est réellement applicable qu'à un nombre limité de caractères phénotypiques considérés comme spécifiés par un seul gène.

Par contre, les systèmes épigénétiques mettent en jeu des gènes en interaction (effets épistatiques, polygéniques et pléiotropiques). De plus, le fonctionnement du génome et les produits des gènes sont intégrés dans le réseau de transduction d'une multitude de signaux internes et externes. Il en résulte un réseau régulateur flexible et dynamique qui s'interpose entre l'élément génétique unitaire et le phénotype.

Cependant, **la complexité de cette plasticité de fonctionnement pose la question de sa valeur adaptative**. La plasticité permet une adaptabilité qui conduit généralement à la réalisation d'une gamme de phénotypes en relation avec la diversité et les fluctuations du milieu local. Cependant, une distinction doit être faite entre un trait phénotypique « adaptatif », c'est-à-dire conférant un bénéfice à l'organisme dans l'environnement actuel, et un trait phénotypique « adapté », qui correspond au produit de la sélection naturelle au travers des générations. Pour montrer le caractère adaptatif de la plasticité, il est nécessaire de démontrer que le phénotype induit dans chaque environnement confère une valeur adaptative élevée dans cet environnement par rapport aux autres phénotypes possibles.

Enfin, dans la mesure où le fonctionnement cellulaire et son ajustement à des contraintes dépendent de ces mécanismes de plasticité et d'expression, tout dysfonctionnement, d'origine génétique ou d'origine exogène, peut aboutir à des pertes de vigueur et de productivité, lorsqu'il s'agit par exemple de productions végétales, ou, dans le cas de l'homme, à des pathologies graves.

4.2 Les ARN

Cette thématique a été conçue au départ comme un sujet de dissertation d'agrégation extrêmement concis, et libellé tel quel, « Les ARN », sans aucune indication d'ébauche de plan ou de mise sur la voie d'un plan particulier. Dans une telle situation, toute la problématique est à inventer et à construire. Ce travail est présenté principalement sous la forme d'un plan développé et illustré, complété par une piste de plan alternatif.

4.2.1 Plan détaillé et illustré de la dissertation

Introduction

Les acides nucléiques sont des polymères de nucléotides dont les principales fonctions sont le stockage et la transmission de l'information génétique. Les expériences historiques d'O. Avery, C. MacLeod et M. MacCarty chez *Streptococcus pneumoniae* ont permis de caractériser l'ADN (acide désoxyribonucléique) comme support de l'information génétique. Ce polymère de quatre nucléotides (adénine, thymine, cytosine et guanine), dont la structure en double hélice a été révélée par J. Watson, F. Crick et M. Wilkins en 1953, comporte dans sa séquence le message permettant la synthèse des protéines qui par leurs propriétés fonctionnelles sont responsables du phénotype de la cellule et de l'organisme.

La colinéarité entre les séquences d'ADN et de protéines est garantie par un système vectoriel d'expression du génome, de l'ADN aux protéines en passant par une copie presque identique de l'ADN : l'acide ribonucléique de type messager ou ARNm. Ce "dogme central" des mécanismes d'expression génétique proposé en 1961 par F. Jacob et J. Monod place l'ARN comme un **intermédiaire dans le flux d'information génétique** d'une cellule. La **transcription** ou synthèse d'ARNm utilisant l'ADN comme matrice est catalysée par une ARN polymérase nucléaire chez les eucaryotes et cytoplasmique chez les procaryotes. La **traduction** correspond quant à elle à la synthèse de polypeptides ou de protéines par lecture de l'information génétique codée contenue dans l'ARNm grâce notamment à des ARN de transfert (ARNt), des ARN ribosomiques (ARNr) et des protéines.

Figure 4.2.1 Dogme central des mécanismes d'expression génétique
[V. Guillaume, d'après diverses sources]

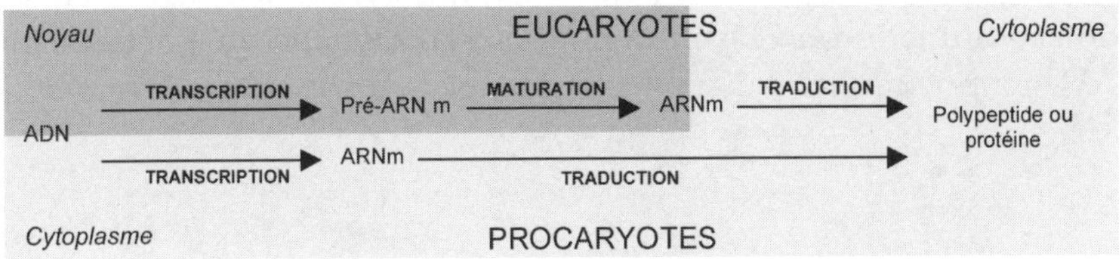

La caractérisation de différentes classes d'ARN aux fonctions régulatrices majeures, l'identification d'ARN possédant une activité catalytique, ainsi que la caractérisation de structures tri-dimensionnelles d'ARN comparables à celles de protéines, ont contribué à la **complexification croissante du dogme central**. L'idée d'un **« monde à ARN »**, l'ARN étant le matériel génétique cellulaire et catalysant les réactions biologiques, a été à l'origine d'un regain d'intérêt dans l'analyse de la diversité et des fonctions associées aux ARN. En 1998, Andrew Z. Fire et Craig C. Mello caractérisent l'ARN interférent, une nouvelle classe d'ARN régulateur, ce qui leur vaut d'obtenir le prix Nobel de médecine en 2006. Récemment, l'implication d'ARN dans la signalisation cellulaire et les processus développementaux des organismes a été montrée, suggérant ainsi le rôle intégrateur de ces macromolécules.

Objectifs :

Ce travail cherchera à analyser les relations entre la structure et la fonction des ARN dans le cadre de leur diversité fonctionnelle et moléculaire. Leur rôle d'intermédiaire d'expression ainsi que leur importance dans les points de régulation de l'expression génétique seront développés en détails. L'accent sera en particulier mis sur les capacités d'interactions moléculaires entre les ARN et les autres macromolécules : ADN, ARN et protéines.

I. Unité et diversité de la structure des ARN cellulaires

A. Mise en évidence et méthodes d'étude

La **visualisation microscopique** des ARN dans les cellules est réalisée par des techniques de **coloration ou de marquage**.

L'**isolement** de l'**ARN** peut être mis en œuvre à partir d'extraits cellulaires déprotéinisés (par traitement avec des détergents, des concentrations en sels élevées ou des enzymes protéolytiques) après précipitation des acides nucléiques à l'éthanol et traitement à la DNAse. Les ARN peuvent servir de matrice pour une synthèse expérimentale d'ADN double brin de même séquence pouvant être utilisée dans diverses techniques de biologie moléculaire. La détermination de la séquence des ARN permet d'en déterminer la structure primaire. Des **approches prédictives** par comparaison de séquences homologues ou par analyse de covariance donnent de bons renseignements sur les motifs secondaires présents dans les molécules d'ARN ou sur leur séquence tridimensionnelle. Récemment l'étude par **cristallisation et diffraction aux rayons X** ainsi que la **résonance magnétique nucléaire** (RMN) ont permis de déterminer précisément la structure tertiaire de certains ARN.

B. Une composition chimique proche de celle de l'ADN et une organisation structurale comparable à celle des protéines

Les ARN sont des polymères de **ribonucléotides**. Ceux-ci sont constitués d'un **D-ribose** lié au niveau du carbone 1 par une liaison N-β-glycosidique à une **base azotée** et estérifié par un **groupement phosphate** sur le carbone 5. Les bases azotées constitutives de l'ARN sont des hétérocycles plans de type **purine (cytosine et uracile) ou pyrimidine (adénine et guanine)** (Figure 4.2.2). Dans certains types d'ARN, les adénines et les guanines peuvent être méthylées. L'**origine des bases** puriques et pyrimidiques est soit exogène (provenant de la digestion d'acides nucléiques) soit endogène (synthèse à partir d'intermédiaires du métabolisme).

La structure primaire de l'ARN correspond à une séquence de ribonucléotides liés entre eux par des **liaisons 3'-5'phosphodiesters** : l'ARN est une molécule **monocaténaire, polarisée** (présence d'une extrémité 3' et d'une extrémité 5') dont la longueur varie de 70 à plus de 80 000 nucléotides.

Figure 4.2.2 **Structure des ribonucléosides** [d'après Harper, 2008]

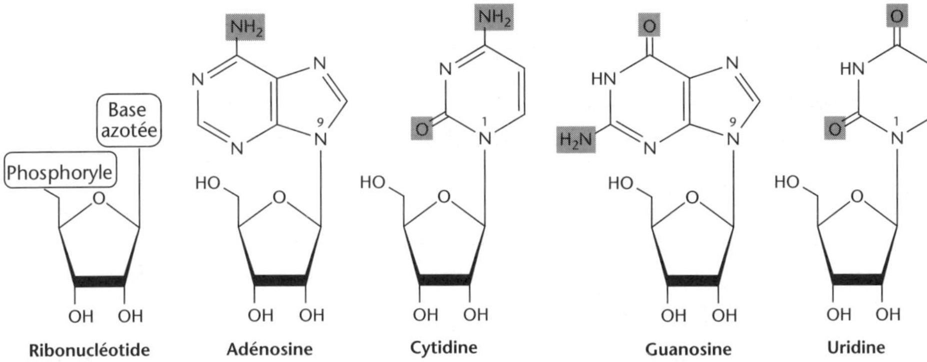

Des **repliements intramoléculaires** de cette molécule forment des structures secondaires présentant des **segments bicaténaires hélicoïdaux,** aussi appelés tiges, stabilisés par des liaisons hydrogènes entre bases azotées complémentaires (U s'appariant avec A et C avec G), ainsi que des boucles et des renflements de simples brins non appariés (Figure 4.2.3).

Des interactions faibles entre nucléotides ainsi que des appariements de bases particuliers contribuent également à conférer aux ARN une **structure tridimensionnelle dont la complexité s'apparente à celle des protéines**.

Figure 4.2.3 Structure secondaire de l'ARNt^{Ala} de levure
[V. Guillaume, d'après diverses sources]

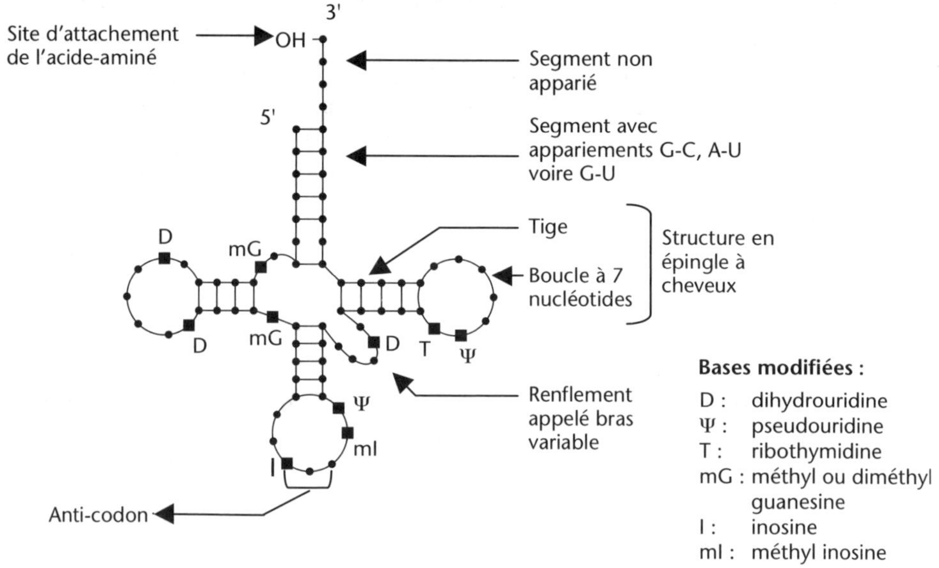

C. Les ARN : des molécules liant les protéines

Dans les cellules, certains ARN sont associés à des protéines dites **RBP** (*RNA binding protein*) pour former des **complexes ribonucléoprotéiques** (RNP).

L'étude de ces complexes porte sur :

- l'identification des partenaires moléculaires par des techniques de purification (en particulier la technique CLIP *cross-linking immunoprecipitation*), de protéomique et de génétique ;
- l'identification des cibles moléculaires et des domaines de fixation par des techniques de séquençage, par des études prédictives associées à des analyses phylogénétiques ou par des expériences de mutagénèse dirigée ;
- l'analyse de l'interaction ARN/protéine par détermination des constantes d'association et de dissociation en particulier grâce à des techniques de retard sur gel.

Généralement, le **domaine de liaison de protéines** sur l'ARN se trouve sur des régions simple brin de l'ARN ou sur des structures particulières telles que celles en G-quartet. Sur les RBP, de nombreux **motifs de fixation à l'ARN** ont pu être identifiés et caractérisés, les plus connus étant les motifs RRM (*RNA recognition motif*), RBD (*RNA binding domain*), KH (*hnRNP K-homologue*) ou RGG (*Arginine* *and glycine rich domain*) (Tableau 4.2.1). Des études prédictives chez la levure permettent d'évaluer que 5 % des protéines présentent ces motifs et on estime à 200 les protéines pouvant se lier à l'ARN chez *Arabidopsis thaliana*.

Tableau 4.2.1 Principaux domaines d'interaction des RBP avec les ARN [Bouvet et Hugo, 2003]

Domaine	Aspects structuraux	Exemples de protéines	ARN cibles
RRM (*RNA recognition motif*) **RBD** (*RNA binding domain*)	10 à 90 acides aminés organisés en 4 feuillets β et 2 hélices α, 2 motifs très conservés	Protéines du complexe d'épissage PABP *(poly(A) binding protein)* impliquée dans la poly-adénylation des ARNm Dicer, protéine impliquée dans la maturation des ARNmi	Simple brin, structures tiges-boucles et boucles internes
KH (*hnRNP K-homologue*)	60 à 70 aminés organisés en 3 feuillets β et 3 hélices α 1 motif très conservé	hnRNP K Protéines ribosomiques Facteurs d'épissages	Simple brin
RGG (*Arginine Glycine Glycine*)	Domaines de taille variable riches en Arg, Gly et acides aminés aromatiques, répétitions de motifs RGGF/Y	Protéines nucléolaires (nucléoline) hn RNP K, hn RNP U	Structures en G-quartet

Il a été montré sur quelques exemples que la liaison de l'ARN à des protéines engendrait un **changement conformationnel de cet ARN**. Ainsi les ARNm du virus de l'immunodéficience humaine possèdent à leur extrémité 5' une séquence appelée TAR *(transactivation responsive RNA)* qui subit un changement de conformation lors de l'interaction avec la protéine régulatrice virale Tat. Il a été montré qu'en l'absence de cette interaction la transcription devenait inefficace.

Chez les bactéries, des domaines ARN, appelés **riboswitch**, sont capables d'adopter, en fonction de la liaison avec un ligand tel qu'un métabolite, différentes configurations réprimant ou activant la transcription ou la traduction de l'ARNm où ces domaines sont présents.

Bref, ces changements conformationnels et fonctionnels des ARN **font étrangement penser à l'allostérie des protéines.**

D. Les différentes classes d'ARN

Les ARN d'un extrait cellulaire peuvent être séparés en fonction de leur taille par **électrophorèse sur gel d'agarose** ou encore par **ultracentrifugation en gradient de densité de saccharose** (Figure 4.2.4). Les ARN se distinguent par leur taille, leur structure, leur stabilité, leur localisation et leur fonction. Les trois principaux types d'ARN sont les ARNm, les ARNt et les ARNr.

Figure 4.2.4 Séparation d'ARNr eucaryotes par ultra-centrifugation en gradient de saccharose
[V. Guillaume, d'après diverses sources]

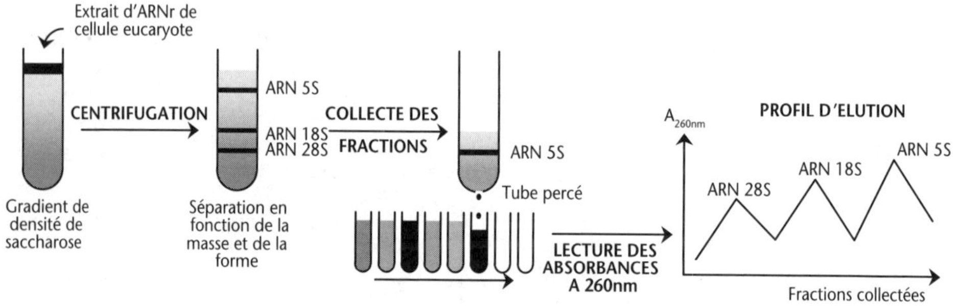

♦ Les ARN messagers ARNm

Ils sont formés par transcription d'une portion d'ADN dont ils sont la copie et vont servir d'**intermédiaire fonctionnel pour la traduction** en protéines. De longueur variable, ils possèdent chez les eucaryotes une **coiffe de 7-méthylguanosine triphosphate** à l'extrémité 5' et une **queue poly(A)** à l'extrémité 3' (Figure 4.2.5). Ces modifications à l'extrémité des ARNm ont pour fonctions de protéger l'ARNm de sa dégradation, de participer à son export cytoplasmique et d'intervenir dans la reconnaissance par la machinerie de traduction.

Figure 4.2.5 Structure d'un ARNm eucaryote
[V. Guillaume, d'après diverses sources]

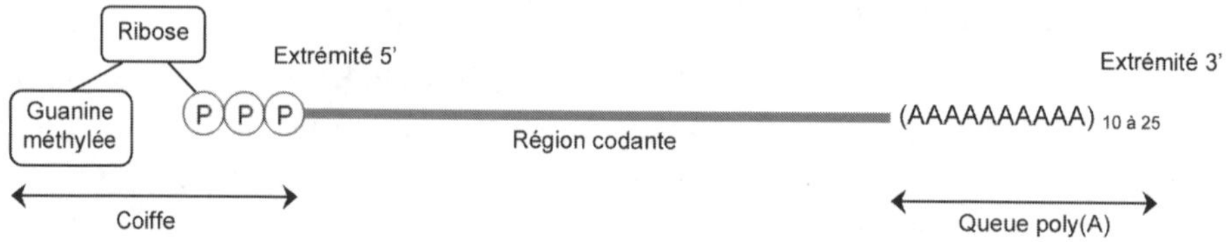

Chez les mammifères, le noyau contient des **ARNhn, ARN nucléaires hétérogènes,** leur taille pouvant être de 2 à 20 fois plus importante que celle des ARNm. Les ARNhn sont les précurseurs des ARNm (**pré-ARNm**), et sont rapidement hydrolysés dans le noyau, leur demi-durée de vie étant de quelques minutes.

♦ Les ARN ribosomiques ARNr

Ces ARN sont les plus abondants des ARN. Ils s'associent à des protéines ribosomales pour former des **ribosomes**, complexes ribonucléoprotéiques interagissant avec l'ARNm et les ARNt pour permettre la traduction (Figure 4.2.6). Chaque ribosome est constitué d'une **petite sous-unité** (30S chez les procaryotes et 40S chez les eucaryotes) et d'une **grande sous-unité** (50S chez les procaryotes et 60S chez les eucaryotes). Trois sites de fixation des ARNt sont identifiés au sein des ribosomes : le site E, le site P et le site A.

Figure 4.2.6 Composition et organisation des ribosomes
[V. Guillaume, d'après diverses sources]

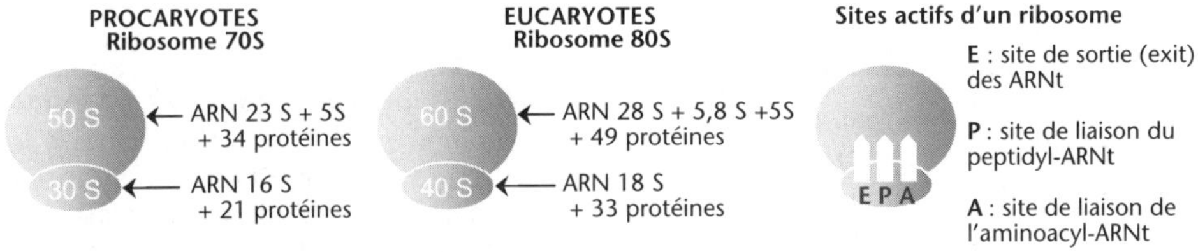

♦ Les ARN de transfert ARNt

Ces ARN transportent les acides aminés jusqu'au ribosome où se forme la séquence peptidique codée par le message de l'ARNm. Les ARNt possèdent sur une de leurs boucles un **anti-codon** capable de s'apparier par complémentarité des bases azotées à un codon (triplet de nucléotides) sur l'ARNm. Ils peuvent fixer à leur **extrémité 3'-OH un acide aminé** qui sera transféré au cours de la traduction au peptide en cours de formation (Figure 4.2.3). Il existe 61 variétés d'ARNt, une pour chaque codon codeur d'acide aminé.

♦ Les petits ARNnc (non codants)

Il s'agit de molécules **d'ARN stables de taille inférieure à 300 nucléotides qui entrent en interaction avec l'ARN ou avec des protéines** pour former des complexes ribonucléoprotéiques. On les retrouve dans le noyau comme dans le cytoplasme où ils interviennent dans de nombreuses fonctions de régulation. Parmi eux on distingue les ***small RNA*** (< 200 nucléotides) et les ***long RNA*** (> 200 nucléotides).

Tableau 4.2.2 Principaux ARNnc de petite taille eucaryotes et leurs caractéristiques
[Bouvet et Hugo, 2003]

Petits ARN	Association	Localisation	Taille (nucléotides, nt)	Principaux rôles	Exemples
ARN sn *(small nuclear)* ou petits ARN nucléaires	S'associent à des protéines pour former les **snRNP** *(small nuclear ribonucleoprotein)* ou "snurps"	Noyau : spliceosome	90 à 300 nt	Epissage	U1, U2, U4, U5, et U6
ARNsno *(small nucleolar)* ou petits ARN nucléolaires	S'associent à des protéines pour former les **snoRNP** *(small nucleolar ribonucleoprotein)*	Noyau : Nucléole	Environ 200 nt	Remodelage des ARN	U3
ARNmi ou micro-ARN	Peuvent s'apparier à des ARNm cibles	Cytoplasme	20 à 25 nt, simple brin, structure en épingle à cheveux	Inhibition de la traduction ou dégradation des ARNm cibles	ARNmi ciblant les facteurs de transcription
ARNsi *(small interfering)*	Peuvent s'apparier à des ARNm cibles	Cytoplasme	20 à 25 nt, double brin	Régulation par interférence au niveau d'ARNm	ARNsi issus de formes virales d'ARN double brin
ARNnc longs	Peuvent s'apparier à d'autres ARN	Noyau	> 200 nt	Régulation épigénétique par extinction de gènes	ARNnc Hotair, ARNnc Xist

II. Synthèse et dynamique de localisation subcellulaire des ARN

A. Une copie du génome suivie d'une maturation des ARN

- **Techniques de mise en évidence et méthodes d'étude**

La complémentarité entre les nucléotides de l'ADN et des ARN peut être montrée par incorporation de nucléotides marqués, par utilisation de techniques d'hydridation, et par séquençage. Des techniques d'empreinte ou de retard sur gel sont utilisées pour identifier des protéines se liant à l'ADN (polymérases, facteurs de transcription…).

♦ Synthèse d'ARN par réplication d'un génome à ARN

Au cours du cycle de multiplication des virus à ARN, le génome viral sert de matrice pour la synthèse de nouveaux ARN viraux. Cette réplication fait intervenir des **ARN-polymérases ARN-dépendantes** virales. Ainsi le virus de la grippe *Influenza A* possède un complexe ARN polymérase constitué de trois protéines : PB1, PB2 (respectivement protéine basique 1 et 2) et PA (protéine acide). La synthèse de nouveaux génomes viraux se fait suite à un mécanisme de capture d'une amorce d'ARN cellulaire.

Chez certains virus à ARN de la famille des *Rétoviridae,* la réplication du génome viral conduite par la transcriptase inverse passe par la synthèse d'un intermédiaire ADN simple puis double brin. Cet ADN proviral est ensuite transcrit en ARN viraux par les enzymes de la cellule-hôte.

♦ Synthèse d'ARN par transcription d'un génome à ADN

La transcription consiste en la synthèse d'ARN à partir de séquences codantes de l'ADN, ce dernier pouvant chez les eucaryotes être d'origine nucléaire, mitochondrial ou plastidial. Cette synthèse se fait par complémentarité des bases entre l'un des brins de l'ADN, le brin matrice, et la chaîne d'ARN synthétisée dans le sens 5' vers 3'. L'ARN est alors une copie du brin sens ou codant de l'ADN (les thymines présentes dans l'ADN étant toutefois remplacées par des uraciles dans l'ARN).

Cette synthèse est catalysée par des **ARN polymérases ADN-dépendantes ou ARN pol** qui sont au nombre de trois chez les eucaryotes et d'une chez les procaryotes (Tableau 4.2.3).

Tableau 4.2.3 ARN polymérases ADN-dépendantes des eucaryotes
[V. Guillaume, d'après diverses sources]

ARN polymérase	I	II	III
ARN transcrits correspondants	ARNr 18S, 28S et 5,8S	ARNm, ARNmi, ARNsn U1, U2, U4 et U5	ARNr 5S, ARNt, ARNsn U6, ARNsno de la RNAse P

L'**initiation** de la transcription est réalisée par reconnaissance spécifique d'un **promoteur** (séquence de l'ADN en amont des régions transcrites), par l'ARN pol, soit directement (cas des procaryotes), soit indirectement *via* des facteurs de transcription (cas des eucaryotes). Les promoteurs comportent des séquences nucléotidiques conservées participant à la reconnaissance des sites de démarrage de la transcription (Figure 4.2.7).

Figure 4.2.7 Organisation du promoteur bactérien d'*Escherichia coli* [Murray et coll., 2008]

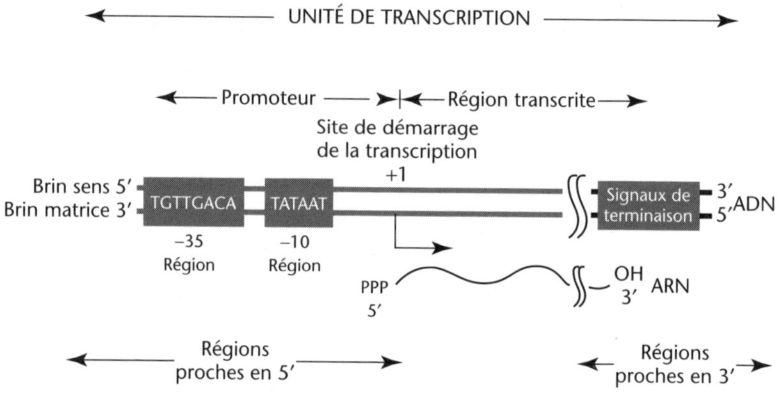

Le processus de transcription se poursuit par l'ouverture de la double hélice d'ADN et la polymérisation de ribonucléotides de façon complémentaire au brin matrice : il s'agit de l'**élongation** de la chaîne d'ARN naissante (Figure 4.2.8). La cinétique d'élongation est variable et soumise à régulation. En moyenne 20 à 30 nucléotides peuvent être introduits dans la chaîne d'ARN par seconde. La dernière étape de la transcription est la **terminaison.** Des séquences du brin matrice de l'ADN constituent des signaux de pause déclenchant la dissociation du complexe ADN/ARN/ARNpol. Chez les procaryotes, un mécanisme de terminaison dit rho-indépendant fait intervenir une structure secondaire de type tige-boucle de l'ARN néosynthétisé.

Figure 4.2.8 Élongation de la transcription [Karp, 2004]

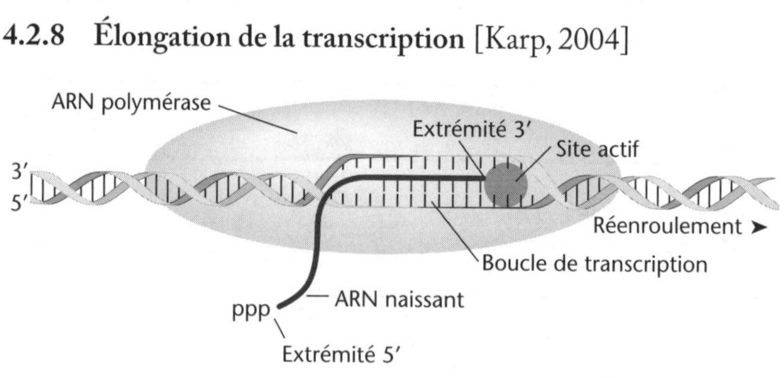

En fonction des conditions de l'environnement cellulaire, la cinétique et le taux de synthèse des ARN évoluent considérablement et sont étroitement régulés comme l'illustre l'exemple de la synthèse des ARNr et ARNm au cours de l'ovogénèse chez le Xénope (Figure 4.2.9).

Figure 4.2.9 Synthèse des ARN pendant l'ovogénèse chez le Xénope [Le Moigne et Foucrier, 2004]

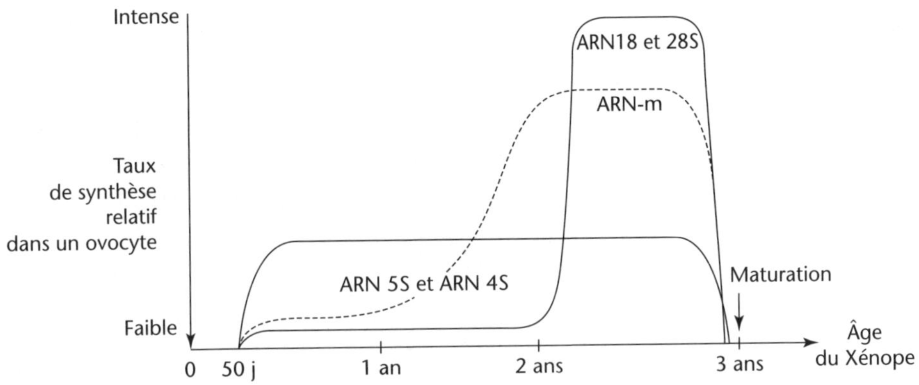

♦ **Maturation des ARN** (Tableau 4.2.4)

Chez les procaryotes, la transcription et la traduction sont couplées : les modifications post- ou co-transcriptionnelles sont rares et se résument souvent à des clivages. Par contre, chez les eucaryotes, les ARN, en particulier les ARNm, sont remodelés de façon intense.

Tableau 4.2.4 Maturation des ARN chez les eucaryotes [V. Guillaume, d'après diverses sources]

Type de maturation	ARN concernés	Mécanisme de maturation	Enzymes et facteurs impliqués
Clivage	Précurseur des ARNr, ARN 5S en 3', ARNt	Hydrolyse d'ARN en différents fragments, élimination de fragments à l'extrémité 3' ou 5' d'un ARN	Endonucléases dont la RNAse P (une snoRNP à activité enzymatique), exonucléases
Édition	ARNm, ARNr et ARNt, ARN des mitochondries et des plastes	Modifications post-transcritionnelles de la séquence de l'ARN par insertion, suppression ou modification de nucléotides	Désaminases, pseudo-uridine transférases, méthylases, ligases

Type de maturation	ARN concernés	Mécanisme de maturation	Enzymes et facteurs impliqués
Polyadénylation	Pré-ARNm	Ajout d'une queue poly(A) à l'extrémité 3'.	Au moins 6 facteurs dont la **PABP** (poly(A) binding protein), l'ARNpol II, des facteurs de clivage et de polyadénylation
Capping ou ajout d'une coiffe	Pré-ARNm ARNsn de type U (coiffe particulière)	Ajout d'une coiffe de 7-méthylguanosine triphosphate à l'extrémité 5'.	ARN triphosphatase ARN guanylyltransférase et ARN guanine-7 méthyltransférase
Epissage	Pré-ARNm et certains ARNt	Elimination de séquences non codantes ou codantes pour des ARNsno (**introns**) au sein de séquences codantes (**exons**) par des mécanismes d'excision/ligation et par des réactions de trans-estérification.	Complexe du **spliceosome** contenant : – des snRNP (U1, U2, U4, U5 et U6) – des protéines accessoires telles que SF1, U2AF et des protéines de la famille SR (riches en Ser et Arg).

B. Chez les eucaryotes, une localisation subcellulaire complexe et contrôlée des différents types d'ARN

♦ Répartition sub-nucléaire des différents types d'ARN

Les différents types d'ARN **se répartissent dans les sous-compartiments nucléaires** où ils participent aux fonctions de transcription, maturation, dégradation des ARN, et aussi à la régulation de ces fonctions (Figure 4.2.10). **Les ARN transitent d'un sous-compartiment à un autre**, leurs mouvements étant précis, et coordonnés avec les différentes étapes de leur maturation. Ainsi, les ARNsn de type Sm sont synthétisés dans les Corps de Cajal avant d'être exportés dans le cytoplasme où ils subissent une première étape de maturation. Ils sont ensuite importés dans le noyau et migrent dans les corps de Cajal pour subir une seconde étape de maturation et s'associer à des protéines spécifiques. Les snRNP (ou snurps) formés migrent pour finir dans les speckles où ils s'associent au spliceosome et participent à l'épissage.

Figure 4.2.10 Localisation des différents types d'ARN chez les eucaryotes
[V. Guillaume, d'après Collins et Penny, 2008]

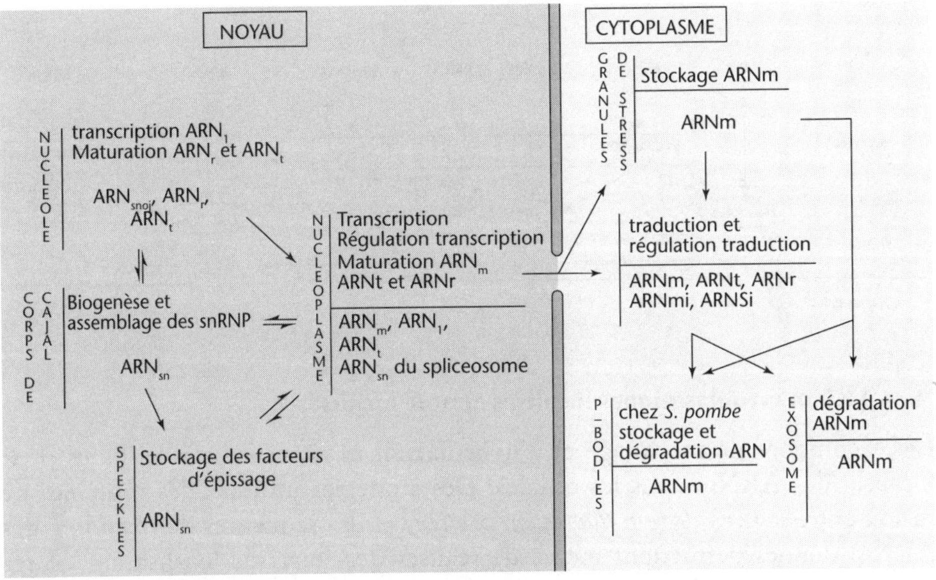

♦ Mécanismes d'exportation et de rétention nucléaire des ARN

Chez les eucaryotes, l'export des ARN dans le cytoplasme se fait au niveau des **complexes des pores nucléaires** (*Nuclear Pore Complex*, NPC) de l'enveloppe nucléaire. Les ARN y sont transportés grâce à des **récepteurs d'export** dépendants ou indépendants de Ran-GTP qui interagissent avec les répétitions FG (Phe-Gly) des **nucléoporines** constitutives du NPC. L'interaction entre les ARN et les récepteurs d'export implique souvent des **adaptateurs protéiques** plus ou moins variés et ayant une faible affinité pour les ARN non matures (Figure 4.2.11).

La machinerie d'export des ARNm comprend de nombreuses protéines se liant à l'ARNm, des ARN hélicases ainsi que des protéines de liaison aux nucléoporines : l'ARNm est transporté sous forme d'une **particule de mRNP** (*messenger ribonucleoprotein*). Il a été montré récemment que les étapes de transcription, épissage et maturation sont couplées à la biogenèse de cette particule de mRNP ainsi qu'à son export nucléaire. Le complexe THREX (complexe de transcription et d'export) ajouté de façon co-transcriptionnelle sur les ARNm semble essentiel à un export efficace. Les protéines fixées à l'extrémité 3' poly (A), telles que Yra 1 (chez la levure *Saccharomyces cerevisiae*), ainsi que le complexe de jonction d'exon EJC déposé lors de l'épissage y participent, conjointement à la machinerie d'export.

Figure 4.2.11 Voies d'exportation nucléaire des différents ARN eucaryotes chez les mammifères
[V. Guillaume, d'après Rodriguez, 2004]

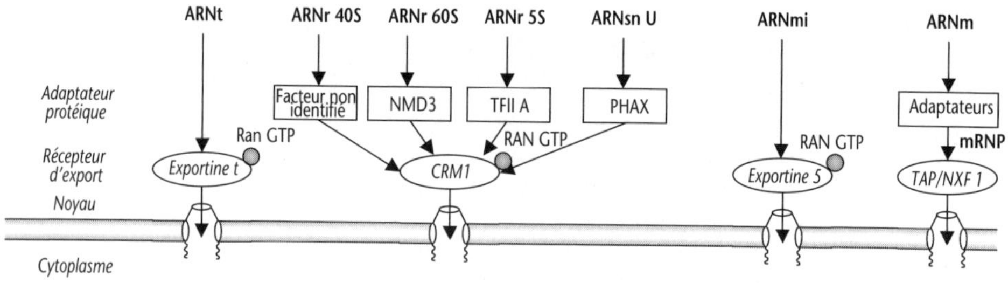

♦ ARNm cytoplasmiques localisés et non-localisés

Les techniques de **marquage et d'hybridation *in situ*** sont très utilisées pour localiser des ARNm dans les cellules. Des stratégies utilisant des protéines de fusion entre la GFP (*green fluorescent protein)* et des séquences de fixation à des ARNm donnés permettent même de réaliser des suivis de localisation de ces ARNm dans des cellules vivantes. On a ainsi pu montrer que, si la grande majorité des ARNm ne présente pas une localisation cellulaire précise, d'autres en revanche sont retrouvés dans des régions bien définies du cytoplasme.

Ces **ARNm localisés** ont été notamment beaucoup étudiés dans les ovocytes de *Drosophila melanogaster* où on a pu montrer leur importance dans les phénomènes de développement de l'axe antéro-postérieur. Ainsi, l'ARNm transcrit à partir du gène *bicoïde* (impliqué dans le développement de la tête et du thorax) se trouve localisé au pôle antérieur de l'ovocyte, tandis que l'ARNm transcrit à partir du gène *oskar* (participant au développement de l'abdomen et des cellules germinales) se trouve concentré au pôle postérieur.

♦ Mécanismes moléculaires de localisation des ARN

Les mécanismes moléculaires responsables du trafic intra-nucléaire des ARN sont assez peu caractérisés. Seules quelques protéines de transport ont été identifiées à l'heure actuelle.

Certains ARNm localisés possèdent des séquences en *cis,* souvent situées dans la région transcrite non traduite en 3', reconnues par des complexes de RNP et de protéines impliqués dans leur transport. Certains ARNm migrent dans le cytoplasme le long des microtubules et des microfilaments d'actine du cytosquelette. D'autres diffusent dans le cytoplasme, puis sont ancrés sur un constituant cellulaire, ce qui les fige dans une zone précise de la cellule. Ainsi, on pense que les ARNm *bicoïde* et *oskar* retrouvés dans les ovocytes de *Drosophila melanogaster* sont ancrés au cytosquelette par une même protéine appelée Staufen. Les régulations de la dégradation des ARNm peuvent également conduire au maintien de transcrits dans certaines régions de la cellule et à leur dégradation dans d'autres régions.

C. Une dégradation contrôlée des ARNm

La dégradation des ARNm, dont la demi-durée de vie peut varier chez les mammifères de 15 minutes à 24 heures, a été l'objet ces dernières années de nombreuses études en particulier chez *Saccharomyces cerevisiae.* Cette dégradation est initiée soit par une **désadénylation en 3'** de la queue poly(A) des ARNm cytoplasmiques, soit par une hydrolyse endonucléasique de ces derniers. La dégradation des ARNm peut se faire ensuite par hydrolyse progressive à partir de l'extrémité 5' (**voie dite 5'→ 3'** impliquant l'exonucléase **Xrn 1** et le complexe **Dcp1/Dcp2** d'hydrolyse de la coiffe) ou à partir de l'extrémité 3' (**voie dite 3'→ 5'** impliquant un complexe à activité exonucléasique nommé **exosome** et l'enzyme **DcpS** d'hydrolyse de la coiffe) (Tableau 4.2.5).

Ces voies de dégradation concernent tous les ARNm en fin de vie. Elles sont **régulées par des protéines régulatrices** capables de recruter des facteurs stabilisants ou déstabilisants de l'ARNm, mais aussi **par des ARN régulateurs** (ARNmi et ARNsi).

La dégradation des ARNm peut aussi être activée de façon précoce, pour éliminer ceux qui sont aberrants, ou en réponse à des signaux extracellulaires.

Tableau 4.2.5 Mécanismes moléculaires de dégradation des ARNm aberrants [V. Guillaume, d'après diverses sources]

Localisation	ARNm aberrants concernés	Mécanisme moléculaire d'activation de la dégradation	Voie de dégradation
Nucléaire	ARNm ou pré-ARNm ayant un défaut de maturation	Chez la levure identification d'un **complexe TRAMP**	Intervention d'un exosome nucléaire
Cytoplasmique	ARNm possédant un codon stop précoce	**Voie NMD** (*non-sense mediated decay*) impliquant chez les mammifères un complexe de jonction d'exon EJC	Voie 5' → 3' ou 3'→ 5'
	ARNm ne possédant pas de codon stop	**Voie NSD** (*non-stop decay*) faisant intervenir les protéines ski qui recrutent en 3' l'exosome	Voie 3'→ 5' de l'exosome cytoplasmique
	ARNm sur lesquels les ribosomes en cours de traduction sont bloqués	**Voie NGD** (*no-go decay*) caractérisée par un clivage endonucléotidique	Voie 5' → 3' ou 3'→ 5'

Bien qu'elles soient présentées de façon séparées, **les machineries de synthèse, de maturation, d'export et de dégradation des ARN sont en réalité étroitement liées *in vivo*.** Ainsi, le domaine carboxy-terminal de l'ARNpol II participe plus ou moins directement aux fonctions de transcription, capping, épissage et polyadénylation des ARNm. De plus, le complexe de jonction d'exon ou EJC, un ensemble de protéines restant associé à l'extrémité 5' des exons après épissage, intervient également dans l'export nucléaire et dans le contrôle de la dégradation des ARNm. Une surveillance, en partie réalisée par l'exosome nucléaire, élimine les ARNm incorrects. Le couplage de toutes ces fonctions contribue à maintenir un contrôle de la qualité des ARNm se retrouvant dans le cytoplasme.

III. Rôle central des différentes classes d'ARN dans l'expression génétique cellulaire

A. Les ARN, support d'une information génétique

L'expérience historique de Schramm et Fraenkel-Contat avec le virus de la mosaïque du tabac (VMT) a permis de mettre en évidence le rôle du génome d'un virus à ARN dans l'infectivité (Figure 4.2.12*)*. Chez ces virus, **l'information génétique est portée par l'ARN** et est exprimée par traduction grâce à l'intervention de protéines et d'ARN d'origine cellulaire. Chez les rétrovirus, le génome étant rétrotranscrit en ADN, l'expression génétique se fait par transcription puis traduction.

Figure 4.2.12 Expérience de Schramm et Fraenkel-Contat (1957) [Terzian, 1998]

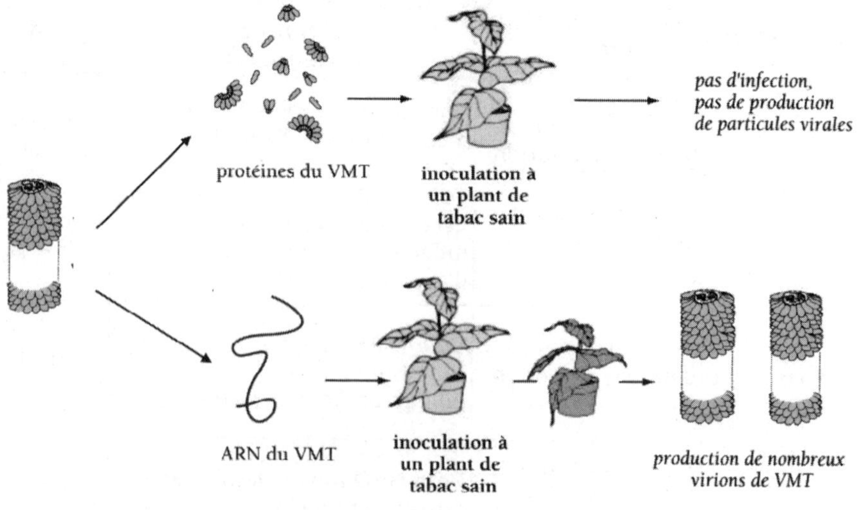

B. Les ARN, intermédiaires dans les mécanismes d'expression des gènes

Dans le cadre du dogme central initial, l'ARNm est formé par transcription à partir de l'ADN, puis traduit en polypeptide ou protéine.

♦ Le code de traduction de l'information portée par l'ARNm

Le code génétique permet de traduire une information écrite avec les quatre bases de l'ARNm en une information écrite avec les vingt acides aminés cellulaires.

Des expériences de mutagénèse chimique ponctuelle, l'utilisation d'agents intercalants et la synthèse chimique de polymères nucléotidiques ont permis d'identifier le code génétique. A un **triplet de nucléotides appelé codon** correspond de façon **non équivoque** un acide aminé ou un signal de terminaison. En tout, 64 codons peuvent être retrouvés sur l'ARNm, plusieurs d'entre eux pouvant coder pour le même acide aminé. Cette **dégénérescence du code** repose essentiellement sur le fait que ce sont surtout les deux premiers nucléotides du codon qui déterminent la nature de l'acide aminé codé, le troisième nucléotide du codon ayant moins d'importance. Ce code génétique est **pratiquement universel**, certaines variantes ayant été identifiées dans les mitochondries.

♦ La traduction : un mécanisme impliquant divers ARN et diverses protéines

Les mécanismes de traduction mettent en jeu l'ARNm comme intermédiaire dans le flux de l'information génétique, et aussi des ARNt, des ribosomes ainsi que de nombreux facteurs protéiques.

Les ARNt vont fournir les acides aminés à la machinerie de traduction selon un ordre défini par le code génétique contenu dans l'ARNm. Il existe un à quatre ARNt différents pouvant fixer un même type d'acide aminé, ce dernier étant lié par une liaison ester au groupement hydroxyle du bras accepteur en 3' de l'ARNt (Figure 4.2.3). Un **anticodon** localisé dans une boucle de l'ARNt peut **s'apparier de façon anti-parallèle aux codons** de l'ARNm.

L'**initiation de la traduction** consiste en la formation d'un complexe comprenant dans un premier temps la petite sous-unité ribosomale, un ARNm, un ARNt chargé chez les procaryotes de la formyl-méthionine et des facteurs protéiques d'initiation. La grosse sous-unité ribosomale se fixe ensuite sur la petite sous-unité ribosomale. La traduction démarre sur un codon AUG s'appariant à l'anti-codon de l'ARNt formylméthionine (fMet-ARNt) (Figure 4.2.13).

Pendant l'**élongation**, les ARNt se fixent sur l'ARNm par appariement entre les codons et les anticodons au sein des différents sites de liaison des ribosomes. Le déplacement du ribosome le long de l'ARNm dans le sens 5' vers 3' conduit à la fixation successive des ARNt chargés des acides aminés sur les codons. Ces acides aminés sont progressivement libérés par les ARNt et ajoutés sur une chaîne polypeptidique qui s'allonge à son extrémité carboxy-terminale. La **terminaison** de la traduction est réalisée lorsqu'un codon stop entre dans le ribosome, ce signal contribuant à dissocier la machinerie de traduction.

Figure 4.2.13 Étapes de la traduction chez les bactéries
[Gillet et Felden, 2007]

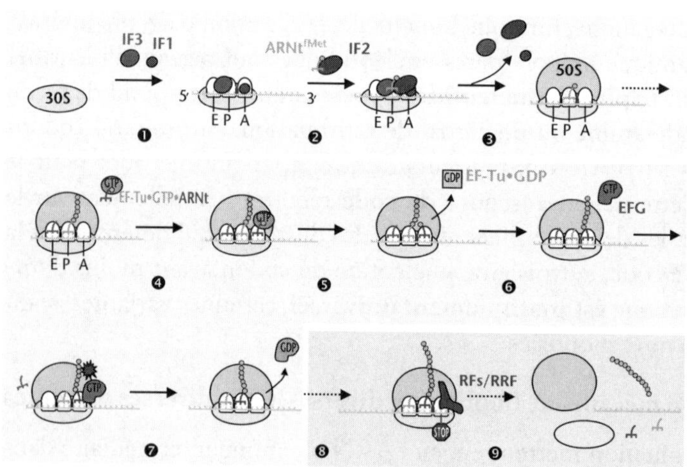

INITIATION
❶ Positionnement de la sous-unité 30S ribosomale sur l'ARNm. Intervention de facteurs d'initiation IF.
❷ l'ARNt-formylméthionine lié à IF2 se fixe au site P
❸ Les facteurs d'initiation se retirent et la sous-unité 50S ribosomale se fixe : le complexe d'initiation est actif.

ELONGATION
❹ Les ARNt aminoacylés sont amenés au site A sous forme d'un complexe ternaire EF-Tu/GTP/ARNt.
❺ La reconnaissance codon-anticodon conduit à libération de EF-Tu après hydrolyse du GTP
❻ L'ARN 23S du ribosome catalyse la transpeptidation.
❼Le facteur d'élongation EF-G entraîne le décalage de l'ARNt aminoacylé du site A vers le site P et l'ARNt libre du site P vers le site E. L'ARNt libre se dissocie du ribosome.
Le processus se reproduit de manière cyclique.

TERMINAISON
❽ L'arrivée d'un codon stop dans le site A du ribosome met fin au cycle d'élongation.
❾ Les facteurs de terminaison RF induisent la libération du peptide et la dissociation du ribosome. Un facteur permet le recyclage du ribosome (RRF).

♦ Les interactions ARN/ARN dans la traduction

Lors de la phase d'initiation, chez les procaryotes, une séquence sur l'ARNm (**séquence Shine et Dalgarno**) de 3 à 10 nucléotides riche en purines, et localisée environ 10 nucléotides en amont du codon initiateur, se lie à une séquence complémentaire de l'ARN 16S de la petite sous-unité ribosomale. Cette première interaction contribue à positionner exactement le site A du ribosome au niveau du codon initiateur.

Par ailleurs, la reconnaissance entre les codons et anti-codons se fait par un appariement entre l'ARNm et l'ARNt. Pour les deux premier nucléotides du codon, **l'appariement de type Watson-Crick** est favorisé par la mise en place de liaisons hydrogènes entre les bases appariées et 3 bases de l'ARNr 16S du ribosome (Figure 4.2.14). Au niveau du troisième nucléotide du codon, l'interaction avec des bases de l'ARNr ne se fait pas, et les appariements entre ARNm et ARNt peuvent être alors différents de ceux du type Watson-Crick. Ce flottement dans les appariements permet de comprendre l'origine moléculaire de la dégénérescence du code génétique.

Figure 4.2.14 Vérification de l'appariement des bases entre codon et anticodon par l'ARN 16 S
[Stryer, 2008]

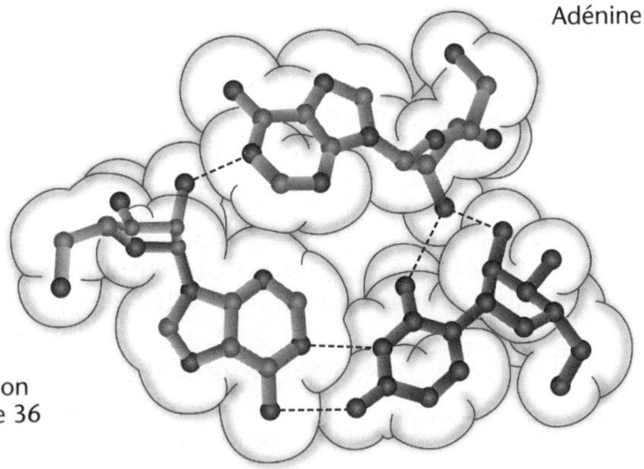

♦ Des interactions ARN/protéines à chaque étape de la traduction

La fidélité de la traduction repose en grande partie sur la concordance entre l'acide aminé fixé sur un ARNt et l'anti-codon de ce dernier. La réaction de fixation d'un acide aminé sur un ARNt est catalysée par une **aminoacyl-ARNt synthétase spécifique à la fois de l'acide aminé et de l'ARNt**. Ces enzymes peuvent fixer un ARNt avec beaucoup de précision et de spécificité, la reconnaissance moléculaire pouvant se faire au niveau de l'anti-codon et/ou d'autres structures de l'ARNt. L'interaction hautement spécifique entre les aminoacyl-ARNt synthétases et les ARNt permet de garantir une traduction correspondant au code génétique.

De nombreuses autres protéines participent à la traduction en interagissant avec les ARNm, ARNr et les ARNt, aussi bien chez les procaryotes que chez les eucaryotes (Tableau 4.2.6).

Tableau 4.2.6 Facteurs protéiques en interaction avec les ARN dans la traduction chez les procaryotes
[V. Guillaume, d'après Bouvet et Hugo, 2003]

Facteurs protéiques		ARN inter-agissant	Fonction dans la traduction
Facteur d'initiation	IF2	Formyl-methionyl-ARNt et ARNm	Petite protéine G se fixant à l'ARNt initiateur et favorisant la fixation sur le codon initiateur de l'ARNm
Facteurs d'élonga-tion	EF-Tu	Aminoa-cyl-ARNt et ribosome	Petite protéine G dont la fixation va garantir l'appariement correct du complexe ARNt-ribosome-ARNm
	EF-G ou translo-case	ARNm	Petite protéine G qui facilite lors de l'hydrolyse du GTP le déplacement de l'ARNm de 3 nucléotides par rapport au ribosome.
Facteurs de termi-naison (*release factors*)	RF1, RF2 et RF 3	ARNm et ribosome	Petite protéine dont la structure tridimensionnelle ressemble à celle d'un ARNt. L'interaction au sein du ribosome induirait l'attaque nucléophile de la liaison ester de l'ARNt chargé du poly-peptide par une molécule d'eau ce qui conduirait à la libération du polypeptide.

C. Les ARN, régulateurs de l'expression des gènes (notion de riborégulation)

La régulation de l'expression des gènes permet aux cellules de se différencier et de s'adapter en fonction des conditions de leur microenvironnement. Cette régulation qui est à la base de la morphogénèse, de l'adaptation et du développement des organismes est conduite en partie par des protéines interagissant avec l'ADN ou l'ARN.

Les **RPB (*RNA binding protein*) participent ainsi à la régulation transcriptionnelle et post-transcriptionnelle de l'expression des gènes**. Tous les mécanismes évoqués dans les parties précédentes sont concernés : la transcription, la localisation des ARN, l'épissage qui peut être alternatif, la maturation des ARN, leur transport cytoplasmique, la traduction et la dégradation des ARN.

Plus récemment des mécanismes de régulation de l'expression des gènes par l'ARN ont été caractérisés. Cette **riborégulation** met en jeu des interactions directes d'ARN régulateurs sur des ARN, avec ou sans intervention de RBP. Les ARN régulateurs, souvent de petite taille, sont de type **ARNnc (non codants pour des protéines).** Leur intervention dans la régulation de l'expression des gènes se fait à différents niveaux, tous les mécanismes n'ayant certainement pas à ce jour été identifiés.

♦ Riborégulation au niveau de la transcription

Le mécanisme d'**atténuation de la transcription par des structures secondaires de l'ARNm** est un exemple de riborégulation chez les procaryotes où transcription et traduction sont concomitantes. Le premier modèle d'atténuation a été proposé par Charles Yanofsky et concernait l'opéron tryptophane. En absence de tryptophane dans le milieu de culture de bactéries, l'ARNm codant les enzymes pour la synthèse du tryptophane est environ 10 fois plus synthétisé qu'en présence de tryptophane. La régulation repose sur des structures tiges-boucles de l'ARNm en cours de transcription. Quatre régions d'appariement, localisées dans une séquence de 160 pb en 5' permettent, en fonction de l'absence ou de la présence de tryptophane, de faire apparaître des structures tiges-boucles de terminaison ou d'anti-terminaison de la transcription.

♦ Riborégulation au niveau de la traduction

Plusieurs mécanismes ont été identifiés à ce jour : certains conduisent à la dégradation de l'ARNm, et d'autres bloquent le processus de traduction, en particulier au niveau de l'initiation.

Chez les procaryotes, des domaines de l'ARNm appelés **riboswitch,** capables d'adopter différentes configurations en fonction de la liaison avec un ligand (par exemple un métabolite), répriment ou activent la transcription ou la traduction de l'ARNm contenant ces domaines. Ce mécanisme de régulation ne fait intervenir aucune protéine ni aucun autre ARN que l'ARNm régulateur (Figure 4.2.15).

Figure 4.2.15 Activation de l'initiation de la traduction par un riboswitch bactérien [modifié, d'après Nudler et coll., 2004]

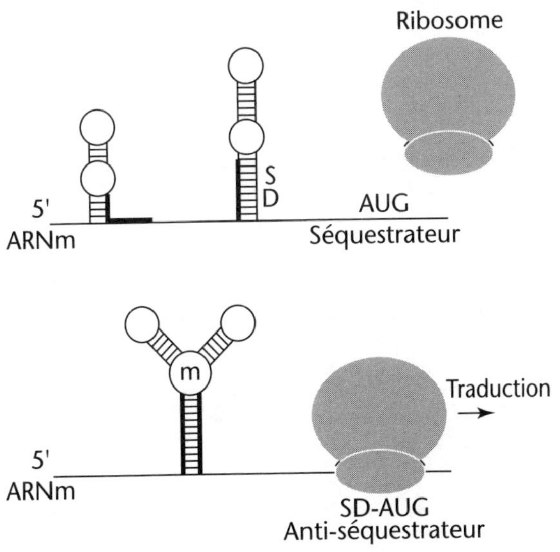

Des structures secondaires en 5' de l'ARNm empêchent l'initiation de la traduction et la fixation du ribosome sur la séquence de Shine et Dalgarno (SD).

En présence de métabolite m (par exemple S-adénosylméthionine), l'interaction directe du métabolite et de l'ARNm donne une nouvelle structure secondaire libérant les sites nécessaires pour l'initiation de la traduction et la fixation du ribosome.

Ces dernières années, deux types d'ARNnc, les ARNsi double brin et les ARNmi simple brin, ont été caractérisés chez les métazoaires et les plantes.

Les **ARNmi ou microARN** sont codés par le génome et maturés en un très petit ARN de 20 à 25 pb replié en une structure tige-boucle en « épingle à cheveux ». L'interaction de cet ARNmi avec le complexe RISCmi (*RNA-induced silencing complex*) entraîne l'appariement avec l'extrémité 3' d'un ou de plusieurs ARNm cibles. Cet appariement induit soit une inhibition de la traduction, soit un clivage et une dégradation de l'ARNm. Des approches expérimentales et des approches *in silico* ont permis de postuler la très grande diversité des ARNmi dans les cellules de métazoaires et de plantes. De plus, les gènes codants pour ces microARN ont été retrouvés dans tout le génome, y compris dans des régions intergéniques et des introns. Des arguments expérimentaux ont par ailleurs montré l'implication de ce mode de riborégulation dans le développement cellulaire, la différenciation ou l'apoptose.

Les **ARN interférents** dérivent quant à eux d'ARN double brin provenant par exemple de formes réplicatives de virus à ARN ou de transposons endogènes. Ces ARN double brin sont hydrolysés en molécules d'une vingtaine de nucléotides qui sont ensuite incorporées sous forme de simple brin au sein de complexes RISCsi homologues aux complexes RISCmi. L'appariement par complémentarité de ces ARNsi avec une région spécifique d'ARNm cibles provoque l'hydrolyse et la dégradation de ces derniers (Figure 4.2.16). Ce mode de régulation permet en particulier aux cellules de lutter contre certains envahisseurs tels que les virus à ARN.

Figure 4.2.16 Modèle de synthèse et d'action des ARNmi et ARNsi chez les métazoaires
[d'après De Franco, 2009]

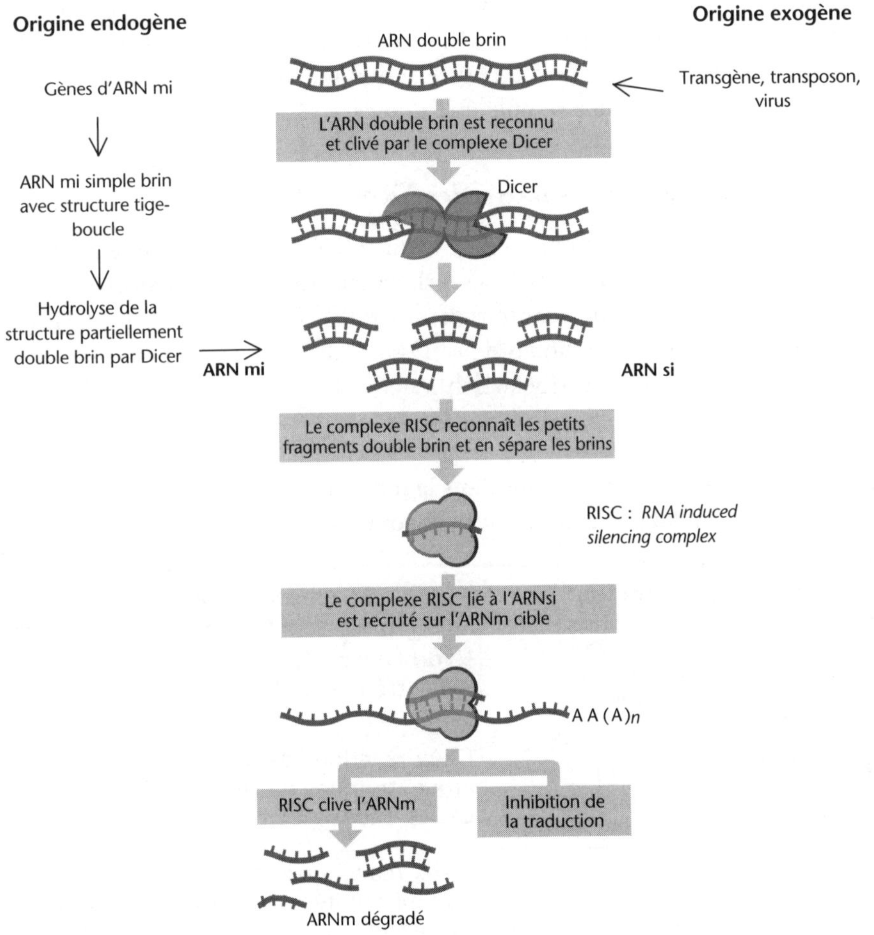

Chez les bactéries, un mécanisme particulier de contrôle de la qualité de la traduction, appelé **trans-traduction,** permet de recycler les ribosomes bloqués à l'extrémité 3' d'ARNm défectueux par absence de codon stop et d'induire la destruction des protéines anormales engendrées. Un ARN particulier, l'**ARNtm (transfert-messager)**, aminoacylé en 3', prend la place de l'ARNm dans le ribosome bloqué et sert de matrice pour la poursuite de la traduction. Un codon stop présent dans l'ARNtm provoque la terminaison de la traduction. La protéine néosynthétisée est alors reconnue et hydrolysée par les protéases cellulaires grâce aux signaux de dégradation présents à son extrémité carboxy-terminale (codés par l'ARNtm).

D. Les ARN, macromolécules à activité catalytique (notion de ribozyme)

L'activité catalytique des ARN a été découverte au début des années 1980. Récemment, grâce à l'analyse à l'échelle atomique de cristaux d'ARN catalytiques, les sites actifs et les mécanismes catalytiques de la majorité des ribozymes connus ont pu être caractérisés. La plupart des ARN catalytiques se révèlent être des **métallo-enzymes**, liées à du Mg^{2+} ou à un autre cation métallique divalent, et le **mécanisme catalytique acide-base** semble être une caractéristique universelle de ces ribozymes.

♦ **Des ribozymes ayant pour substrat des ARN**

La majorité des ribozymes ont pour substrat un ARN et catalysent une réaction d'hydrolyse ou de transestérification. Les principaux ribozymes identifiés interviennent dans des réactions de maturation des ARN (Tableau 4.2.7). D'autres, récemment découverts, sont impliqués dans des mécanismes de régulation de l'expression des gènes (exemple du riboswitch à activité ribozyme identifié chez les bactéries Gram positives) ou sont d'origine virale.

Tableau 4.2.7 **Ribozymes intervenant dans la maturation des ARN**
[V. Guillaume, d'après diverses sources]

Ribozyme	Fonction	Réactions catalysées
Ribonucléase P ou RNAse P	Intervient dans la maturation des ARNt et d'autres ARN	Hydrolyse d'une liaison phosphodiester à l'extrémité 5' des pré-ARNt
ARNsn U2 et U6	Constituent le centre catalytique du spliceosome agissant dans l'épissage des ARNm	Deux réactions de trans-estérification aux extrémités de l'intron à épisser et des exons
Introns du groupe I et du groupe II	Introns présents dans des transcrits primaires d'ARNm et capables de s'auto-épisser	Deux réactions de trans-estérification aux extrémités de l'intron à épisser et des exons. Les introns du groupe I ont un cofacteur (guanosine ou GMP ou GDP ou GTP), alors que les introns du groupe II font intervenir un adénylate en 3' de l'intron dans le mécanisme catalytique.

♦ **Des ribozymes ayant pour substrat des protéines**

Au cours de l'élongation de la traduction, une **activité ribozyme catalyse la transpeptidation.** La formation de la liaison peptidique entre un acide aminé au site A d'un ribosome et une chaîne polypeptidique en cours de synthèse dans le site P est catalysée par l'**ARNr 23S** de la grande sous-unité du ribosome procaryote. Le site catalytique de ce ribozyme, très conservé, comprend une adénine intervenant directement dans l'activité peptidyltransférase.

Transition Les ARN sont donc des macromolécules incontournables dans l'expression génétique. Ils en sont non seulement le support et les vecteurs, mais également, au même titre que les protéines, les régulateurs, voire les acteurs, par leur activité ribozyme.

IV. Rôle intégrateur des ARN dans les interactions cellulaires à l'échelle des organismes et des populations

A. ARN et interactions virus-cellules

Lors d'une infection virale, la réponse immunitaire innée des vertébrés se traduit par la libération de nombreuses molécules de défense. Les **interférons de type I** (IFN-α et IFN-β) sont ainsi sécrétés par les cellules infectées par un virus. Ils agissent de manière paracrine et endocrine afin de limiter le développement et la dissémination virale. La transactivation des gènes des IFN de type I résulte de la reconnaissance de composants viraux dans le cytoplasme ou dans des endosomes par des capteurs moléculaires et de l'activation de voies de signalisation cellulaire.

L'une des voies les mieux connues de signalisation débute par la reconnaissance spécifique d'**ARN double brin**, intermédiaires de transcription ou de réplication virale. Dans le cytoplasme, ces ARN sont reconnus soit par la **protéine kinase R** (PKR) responsable de l'activation transcriptionnelle par le facteur NFκB, soit par le complexe **RIG-1/MDA-5** à l'origine d'une voie de signalisation localisée au sein de la membrane externe mitochondriale et conduisant à l'activation du transactivateur IRF-3. La reconnaissance des ARN double brin extra-cellulaires se fait au niveau des endosomes sur le récepteur **TLR-3** (*Toll-like receptor*), la voie de signalisation induite rejoignant celle de IRF-3 (Figure 4.2.17).

Dans les cellules dendritiques plasmacytoïdes, la synthèse d'IFN-α est stimulée par la reconnaissance d'**ARN simple brin d'origine virale** localisés dans des endosomes, au niveau de récepteurs Toll TLR-7 et TLR-8.

Figure 4.2.17 Détecteurs cellulaires d'ARN et production d'interféron [De Franco et coll., 2009]

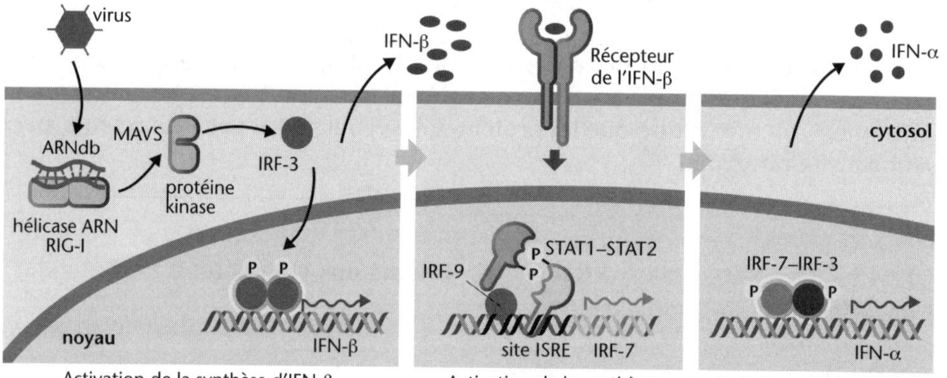

Activation de la synthèse d'IFN-β — Activation de la synthèse d'IRF-7 — Activation de la synthèse d'IFN-α

Les interférons produits sont libérés et agissent sur leurs cibles cellulaires afin d'activer la synthèse de RNAse L hydrolysant les ARN double brin viraux. Par ailleurs, dans les cellules infectées, la PKR phosphoryle le facteur d'initiation de la traduction eIF2, ce qui induirait l'apoptose. Ces interférons activent également la cytotoxicité des NK (*natural killers*) et des macrophages.

B. Mobilité des ARN : transfert de cellule à cellule et conséquences à l'échelle de l'organisme

Plusieurs cas de transfert intercellulaire d'ARNm ont été caractérisés chez les métazoaires et chez les plantes. Ces transferts de cellule à cellule ont des conséquences développementales importantes.

Ainsi, le fonctionnement du méristème apical caulinaire des plantes dépend de la circulation (*trafficking*) intercellulaire de protéines à homéodomaine KNOX par les plasmodesmes. Cette circulation intercellulaire se fait non seulement sous forme de protéine KNOX, mais aussi sous forme d'ARNm KNOX. Chez la drosophile, l'ARNm Bicoid, qui a par la suite un rôle-clé pour constituer des gradients morphogénétiques au cours de l'embryogenèse, est produit par les cellules nourricières et exportés par des ponts cytoplasmiques dans l'ovocyte.

Il a aussi été suggéré que les ARN pourraient faire l'objet de transport longue distance entre un site de synthèse et un site cible, en particulier chez les plantes, ce qui impliquerait un transport par le phloème. Ainsi, certains mécanismes de défense anti-virale systémique des plantes semblent dépendre du transport d'**ARN-si.** Cependant, l'implication d'ARN comme signaux à distance transportés par le phloème n'a pas été pleinement caractérisée.

C. Transfert générationnel des ARN

Chez les Eucaryotes, les **mécanismes épigénétiques** de régulation des gènes regroupent l'ensemble des changements héritables dans le fonctionnement d'un gène qui n'altèrent pas la séquence de nucléotides et qui font qu'un génome peut exprimer des phénotypes alternatifs. Plusieurs mécanismes moléculaires tels que la méthylation de l'ADN, les modifications des histones ou les changements dans la conformation de la chromatine peuvent engendrer des inactivations transcriptionnelles de gènes ou TGS (*transcriptional gene silencing*).

Depuis quelques années, une accumulation de données suggère le rôle majeur des ARNnc dans ces mécanismes de régulation épigénétique de l'expression de gènes. Non seulement ces ARNnc participent à l'inactivation post-transcriptionnelle de gènes ou PTGS (*post-transcriptional gene silencing)* par dégradation spécifique d'ARNm (par des ARNmi et des ARNsi), mais ils interviennent également dans des mécanismes d'inactivation transcriptionnelle (Figure 4.2.18).

Figure 4.2.18 Place des ARN dans les mécanismes épigénétiques moléculaires [modifié, d'après Costa, 2008]

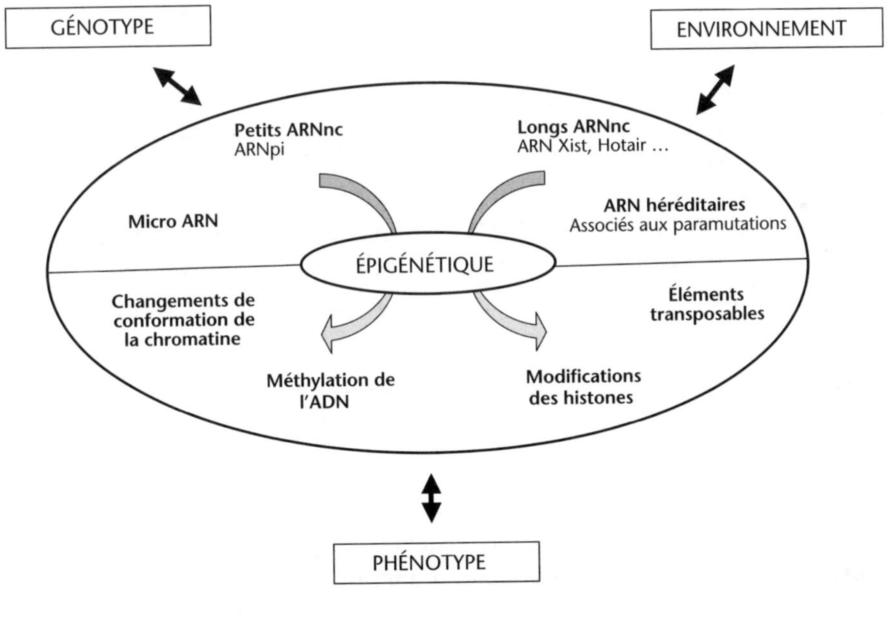

♦ Les ARNnc : des acteurs essentiels dans les mécanismes épigénétiques

L'**inactivation du chromosome X** est, chez les Mammifères, un mécanisme important de compensation dans les génomes des femelles. Ainsi, dans chaque cellule femelle, l'un des deux chromosomes X est inactivé très tôt dans le développement embryonnaire, le choix du chromosome X inactivé se faisant au hasard. Le mode d'inactivation est ensuite transmis à toute la descendance. Ce mécanisme épigénétique de régulation repose sur une **méthylation de l'ADN** orchestrée par l'**ARNnc Xist**, un ARN long de 17 kb, qui se lie physiquement avec la chromatine au niveau du chromosome X inactivé. Cet ARN est synthétisé à partir du chromosome X et agit en cis. Un autre ARN, l'**ARNnc Tsix**, contenant la séquence **antisens de l'ARNXist,** participe à la régulation du taux de ce dernier.

Les ARNnc participent par ailleurs au **maintien de la structure de la chromatine**. En effet, une nouvelle classe d'ARNnc, les **ARNpiwi** ou ARNpi (*piwi interacting*), de 29 nucléotides, et similaires aux micro-ARN, a été identifiée et associée aux régulations épigénétiques par **extinction génique de transposons** *(transposon silencing)*. Chez la souris, ces ARN interagissent avec les séquences répétées du génome, en particulier avec les LINE (*long interspersed elements*), les SINE (*short interspersed elements*) et les rétrotransposons LTR (*long terminal repeat*), participant ainsi au maintien de la stabilité du génome.

La régulation épigénétique de l'expression des gènes Hox, impliqués dans le développement et la différenciation cellulaires, met également en jeu de nombreux ARNnc, plus ou moins exprimés dans les cellules en fonction de leur position le long de l'axe de développement embryonnaire. Une étude récente montre même que l'un de ces ARNnc, un long **ARN antisens de Hox nommé Hotair** (*Hox intergenic antisens RNA*), est capable d'**agir *en trans*** sur des domaines spécifiques de la chromatine, induisant ainsi l'extinction génique sur un autre chromosome que celui qui le code.

♦ Des ARN servant de matrice pour la synthèse d'ADN !

Il devient clair aujourd'hui que les modifications épigénétiques ne sont pas toutes reprogrammées pendant la gamétogénèse et l'embryogénèse, et certaines sont transmises à la génération suivante. La plupart de ces mécanismes de **mémoire épigénétique** à transmission non mendélienne sont des événements de type **paramutation**. On entend par paramutation une interaction entre deux allèles d'un même locus engendrant des modifications épigénétiques héréditaires de l'un des allèles. Les ARN semblent être des médiateurs de ce type d'hérédité, en tant que porteurs d'informations génétiques.

Ainsi, chez *Arabidopsis thaliana*, il a été montré qu'une séquence d'ADN absente chez les parents, mais présente chez les grands-parents, réapparaissait avec une fréquence élevée dans la descendance. Il a été suggéré qu'un ARN porteur de cette séquence était capable, en servant de matrice, de restaurer la séquence informationnelle dans le génome. Chez la Souris, un processus similaire a été identifié pour le gène kit. Par ailleurs, chez la levure, un mécanisme de réparation de l'ADN utilisant une matrice ARN a été identifié en 2007. Ces faits suggèrent que **les molécules d'ARN ont la capacité de transférer de l'information génétique dans le génome à ADN des cellules**, contribuant ainsi à l'intégrité mais aussi à l'évolution du génome.

Conclusion

Les ARN montrent donc une importante diversité fonctionnelle en tant que matrice informationnelle, matrice réplicative, support d'activités catalytiques, ou support d'activités régulatrices.

La découverte que l'ARN peut être un catalyseur en plus d'être un intermédiaire dans le flux de l'information génétique a tout de suite **modifié la conception de l'évolution moléculaire et des origines de la vie**. L'identification de l'activité ribozyme associée aux ribosomes et nécessaire pour la synthèse de protéines, ainsi que les mécanismes de riborégulation indépendants de protéines, tels que le contrôle par des riboswitch, ont suggéré l'**antériorité des ribozymes sur les enzymes**.

L'existence d'un « **monde à ARN** » comme étape initiale de l'évolution pré-biotique est aujourd'hui l'une des principales théories de l'évolution moléculaire.

Enfin, la complexification des connaissances sur les ARN et sur leurs fonctions est la source de nouveaux moyens biotechnologiques et thérapeutiques.

4.2.2 D'autres fils conducteurs et d'autres modes d'expression peuvent être suivis

Les informations mentionnées dans le plan détaillé et développé peuvent être présentées de manière à mettre en relief l'extraordinaire plasticité d'interaction entre les ARN et les macromolécules biologiques et à ancrer sur cette plasticité l'analyse de leur diversité fonctionnelle.

Introduction

Les ARN, un système de molécules intermédiaires entre le génome et le protéome, caractérisées par une incroyable capacité d'interactions moléculaires.

L'objectif est de montrer les relations entre les capacités d'interaction moléculaire et les fonctions cellulaires des ARN.

I. Unité et diversité de la structure des ARN cellulaires

- Mise en évidence et méthodes d'étude : isolement, séquençage.
- Les différentes classes d'ARN.
- Diversité au sein des différentes classes.
- Structure primaire, secondaire et tertiaire.

II. Dynamique et fonction des interactions ADN / ARN

- Mise en évidence et méthodes d'étude.
- Synthèse dirigée par la matrice.
- Transcription.
- Synthèse des différentes classes d'ARN : ARNm, ARNt, ARNr, petits ARN.

III. Dynamique et fonction des interactions ARN / protéines

- Mise en évidence et méthodes d'étude.
- Modification des ARN : capping, polyadénylation, RNA editing.
- Charge des aminoacides sur les ARNt : aminoacyl ARNt synthétases.
- Transferts intracellulaires (transferts noyau-cytosol).
- Biogenèse des ribosomes.
- Encapsidation (virus).
- Interactions avec des Rnases : demi-vie des ARNm.

IV. Dynamique et fonction des interactions ARN / ARN

- Mise en évidence et méthodes d'étude.
- Action des ribozymes.
- Reconnaissance ribosome / ARNm / ARNt.
- Reconnaissance micro ARN / ARNm.

Conclusion

La plasticité du transcriptome et de l'expression génétique est un mécanisme majeur de l'accommodation des organismes aux fluctuations de l'environnement.

Théorie du monde ARN comme étape importante de l'évolution prébiotique (cas des riboswitches : capacité de liaison d'un ligand, et des ribozymes : capacité de catalyse enzymatique).

biologie

Chapitre 5

Interactions cellule-environnement

5.1 Communication intercellulaire et transduction des signaux chez les eucaryotes

Cette thématique a été conçue au départ comme un sujet de dissertation d'agrégation. Le travail est présenté sous la forme d'un texte développé et abondamment illustré.

Le développement extraordinaire de la génomique sur un très grand nombre d'espèces permet des analyses de génomique évolutive et comparative. Il est donc maintenant possible d'aborder des questions de biodiversité dans le domaine des mécanismes cellulaires et moléculaires, en montrant les homologies, les convergences, et les divergences des mécanismes entre les grands modèles biologiques. De tels aspects comparatifs sont importants pour l'étude des mécanismes de transduction de signal.

Introduction

La communication intercellulaire dépend d'échanges d'informations de cellule-source à cellule-cible, au sein d'un organisme, ou même entre cellules d'organismes différents, de la même espèce ou d'espèces différentes. Ces échanges d'informations peuvent être réalisés grâce à des supports physico-chimiques divers, parmi lesquels les molécules-signal jouent un rôle particulièrement important.

Des échanges d'informations relativement directs sont possibles. Les structures de type jonction gap peuvent permettre une transmission d'influx nerveux entre deux neurones, de nature électrique, réalisant ainsi une communication intercellulaire dite de synapse électrique. Les cellules des plantes peuvent aussi par les plasmodesmes échanger des métabolites, des petites molécules-signal, des protéines ou des ARN messagers. Le fait que les échanges par les plasmodesmes soient contrôlés et modulables reflète clairement l'importance physiologique de ces échanges.

Par contre, les échanges d'information concernent dans un grand nombre de cas des partenaires cellulaires biochimiquement et physiquement indépendants, autrement dit des entités quasiment autonomes l'une vis-à-vis de l'autre, en particulier de par l'existence de structures et de barrières de surface. Ainsi, la membrane plasmique, dans son rôle de limite de la structure cellulaire, constitue une barrière à de nombreuses molécules extracellulaires et sert de système de sélection de ce qui peut pénétrer, ou non, dans le cytoplasme. Cependant, la capacité d'entrée de molécules extracellulaires dans une cellule-cible dépend des propriétés physico-chimiques des molécules et de leur interaction avec la structure protéophospholipidique de la membrane. Ainsi, des molécules lipophiles, telles que les hormones stéroïdiennes, ou des petites molécules gazeuses, telles que le dioxygène, peuvent diffuser à travers la bicouche phospholipidique de la membrane plasmique.

Dans de tels cas d'échange d'information entre entités cellulaires distinctes, l'information d'origine extracellulaire doit être perçue, évaluée, et traduite en de l'information intracellulaire interprétable et active au sein de la cellule-cible. C'est l'ensemble de ces processus qui est décrit sous le terme de **transduction de signal**. Ces processus de transduction ont lieu grâce à des protéines spécialisées réalisant des cascades d'interaction depuis le signal initial jusqu'à la réponse cellulaire. Ces interactions, en particulier l'interaction initiale, ou perception, ont généralement lieu grâce à des mécanismes de reconnaissance de type récepteur-ligand.

La notion de **récepteur** a été établie pour la première fois par Paul Ehrlich (1854-1915) dans ses travaux sur l'interaction des toxines et des antitoxines : « Pour agir, un corps doit se fixer ». L'analyse biochimique et moléculaires des capacités de fixation a permis de caractériser et définir les récepteurs comme des molécules existant en nombre limité dans des cellules-cibles, et capables de reconnaître spécifiquement un seul type de molécule-signal naturelle (ligand), ou un seul type de stimulant, et d'induire à la suite de cette interaction un effet biologique particulier. Les acteurs de la transduction de signal seront donc généralement des récepteurs qui perçoivent le signal, des adaptateurs qui distribuent l'information de l'interaction initiale, et des effecteurs qui induisent la réponse cellulaire.

Les mécanismes de cette cascade de transduction de signal d'origine extracellulaire seront traités de manière à montrer leur diversité fonctionnelle, leur biodiversité, et leur impact physiologique et développemental. Les systèmes de transduction transmembranaire seront particulièrement développés dans le but de montrer la complexité des réseaux de signalisation.

I - la reconnaissance du signal

A. Mise en évidence des récepteurs par un ligand marqué ; mesure de la constante d'affinité

L'équation de Scatchard permet de calculer l'affinité d'un ligand pour une protéine. Cette équation met en relation la concentration d'un ligand et le degré de saturation des sites de fixation d'une protéine multimérique pour ce ligand. Si Rt est la concentration totale de sites de fixation de même affinité, sans interaction coopérative et de constante de dissociation Kd, on peut démontrer que :

$$B/F = Rt/Kd - B/Kd$$

où

B : concentration de ligand lié

Rt : concentration totale des sites de liaison sur les récepteurs

F : concentration de ligand libre non lié

Pour une classe de site de liaison, le graphe B/F en fonction de B donne une droite dont la pente est égale à -1/Kd et où l'intersection avec l'axe des abscisses donne le nombre de sites de liaison par protéine récepteur N (Figure 5.1.1).

Figure 5.1.1 Détermination d'une constante dissociation Kd dans une interaction protéine-ligand : cas de la scopolamine, un antagoniste du récepteur M3 muscarinique de l'acétylcholine
[modifié, d'après Schechter, 2002]

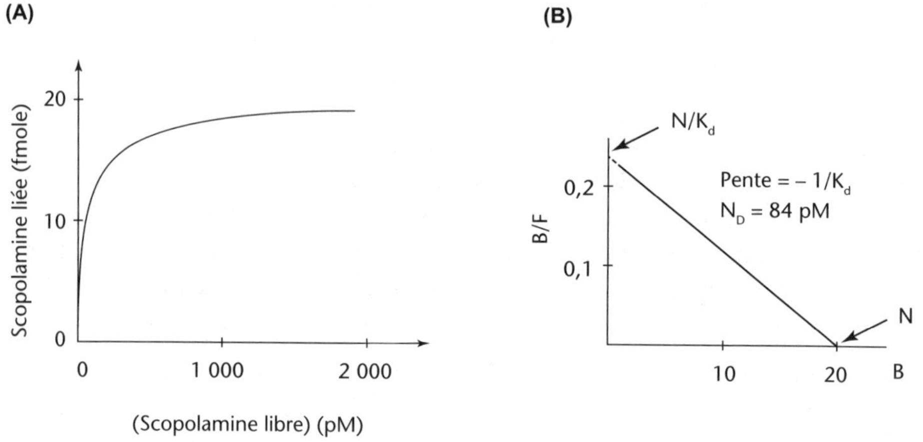

Si un seul site ligand est présent sur le récepteur, la courbe de saturation **(A)** est de type michaélien et la représentation de Scatchard **(B)** linéaire.

On en tire la constante de dissociation Kd et le nombre maximum de ligand lié B max.

B. Agonistes et antagonistes

La plupart des messages moléculaires naturels entre cellules sont des agonistes de récepteurs.

Un **agoniste** est une molécule qui se fixe sur un récepteur, l'active, entraînant des effets biologiques qui dépendent de la concentration de l'agoniste. Un ligand qui se fixe sur un récepteur et qui conduit à un effet maximal inférieur à celui résultant de la fixation d'un agoniste donnant l'effet maximal le plus élevé (agoniste plein) est dit agoniste partiel.

Un **antagoniste** est une molécule qui se fixe sur le récepteur, mais qui ne l'active pas et n'induit aucune activité biologique.

Prenons l'exemple de différents ligands du récepteur muscarinique à l'acétylcholine, dont les effets biologiques peuvent être estimés par la production d'inositol phosphate dans des cellules de glandes lacrymales (Figure 5.1.2). Le carbachol et la pilocarpine présentent une même affinité pour le récepteur. Cependant, le carbachol est un agoniste plein, et la pilocarpine est un agoniste partiel. L'atropine qui n'induit aucun effet est un antagoniste.

Figure 5.1.2 Courbes dose-réponse résultant de la fixation de carbachol, de pilocarpine et d'atropine sur un récepteur muscarinique
[modifié, d'après Schechter, 2006]

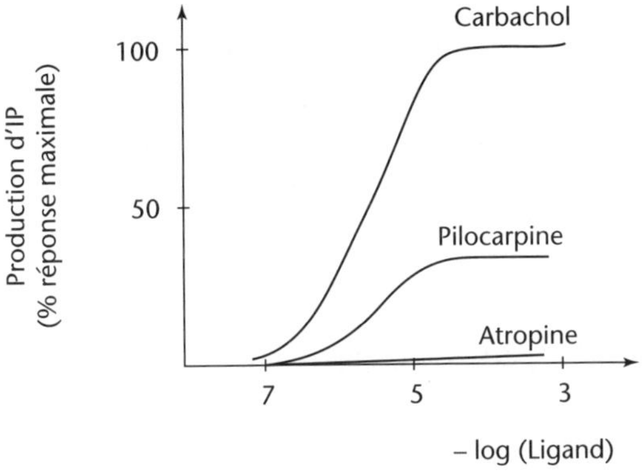

L'effet biologique est déterminé par la production d'inositol phosphate (IP) dans des cellules de glandes lacrymales.

La concentration en ligand est exprimée en $mol \cdot L^{-1}$.

C. Plusieurs récepteurs peuvent exister pour un même agoniste

◆ **Cas des récepteurs α-adrénergiques et des récepteurs β-adrénergiques**

Noradrénaline et adrénaline sont les ligands des récepteurs adrénergiques, appartenant à la famille des récepteurs couplés aux protéines G :

- les récepteurs α-adrénergiques sont subdivisés en α_1 (comprenant α_{1A}, α_{1B}, α_{1D}) et α_2 (comprenant α_{2A}, α_{2B}, α_{2C}) ;
- les récepteurs β-adrénergiques sont subdivisés en β_1, β_2 et β_3.

La noradrénaline stimule préférentiellement les récepteurs α et induit généralement un effet excitateur sur l'organe-cible, alors que l'adrénaline stimule les récepteurs α et β, avec un effet généralement inhibiteur excepté sur le cœur (Tableau 5.1.1).

Tableau 5.1.1 **Localisation et principales fonctions des récepteurs adrénergiques** [L. Fontaine-Poitou, d'après diverses sources]

Récepteur adrénergique	Localisation dans l'organisme	Conséquences physiologiques de l'activation des récepteurs
Récepteur α_1	Système nerveux central, Myocytes lisses des vaisseaux sanguins, des tractus uro-génital, gastro-intestinal et bronchique	Innervation sympathique d'organes cibles conduisant principalement à une contraction des myocytes lisses
Récepteur α_2	Muscles lisses du tube digestif	Innervation sympathique conduisant à une relaxation
	Muscles lisses des vaisseaux cutanés et splanchniques	Innervation sympathique conduisant à une vaso-constriction
Récepteur β_1	Cœur	Innervation sympathique conduisant à l'augmentation de la force et de la fréquence des contractions cardiaques
Récepteur β_2	Muscles lisses du tractus respiratoire	Bronchodilatation
	Muscles lisses de la paroi des vaisseaux sanguins irriguant l'encéphale et les muscles	Vasodilatation
Récepteur β_3	Adipocytes du tissu adipeux	Lipolyse

♦ Cas des récepteurs à l'acétylcholine

Il existe deux sous-types de récepteurs cholinergiques qui se distinguent par leurs propriétés pharmacologiques différentes. Les **récepteurs nicotiniques** cholinergiques (NnAchR) ont pour agoniste la nicotine et sont retrouvés dans le système nerveux (synapses cholinergiques du système nerveux central et ganglions du système nerveux autonome) et au niveau de la jonction neuromusculaire (Figure 5.1.3).

Figure 5.1.3 Structure du récepteur nicotinique (NnAchR) de l'acétylcholine (Ach) de la jonction neuromusculaire
[modifié, d'après Purves 2005]

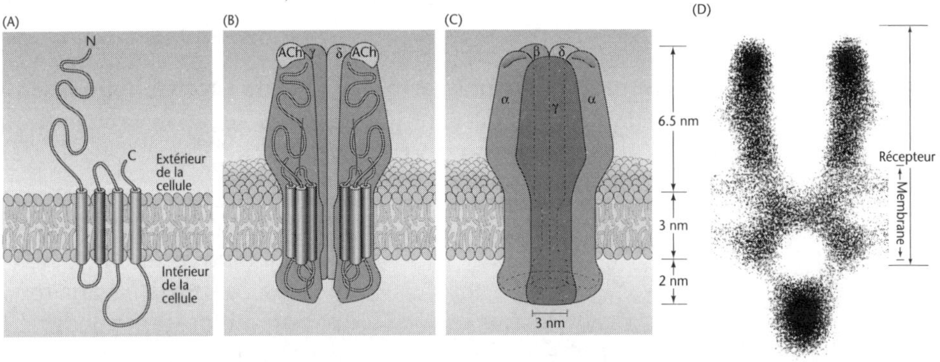

A : Le complexe récepteur-canal est formé de plusieurs sous-unités de formule $\alpha_2\beta\gamma\delta$. Chaque sous-unité traverse la membrane quatre fois.

B : Quand deux molécules d'Ach se lient aux sous-unités α, le récepteur change de conformation et forme un pore ; un flux d'ions Na^+ est alors créé dans le sens de leur gradient électrochimique.

C : Dimensions des différentes parties du récepteur-canal.

D : Micrographie du récepteur au sein de la membrane.

Les **récepteurs muscariniques** cholinergiques ont pour agoniste la muscarine (un alcaloïde extrait de champignons) et sont au nombre de 5, nommés de M1 à M5 ; M1, M2 et M3 étant les principaux (Figure 5.1.4) :

- les récepteurs **M1** (couplés à une protéine Gq, et activant une phospholipase C_β et l'ouverture de canaux Ca^{2+}) sont localisés dans le système nerveux central, dans les neurones post-ganglionnaires du système nerveux autonome et les glandes stomacales ;
- les récepteurs **M2** (couplés à une adénylate cyclase (AC) via une protéine Gi (G inhibitrice)) sont présents dans le système nerveux central, les ganglions parasympathiques des muscles lisses des bronches, du tube digestif et du cœur ;
- les récepteurs **M3** (couplés à une phospholipase C_β via une protéine Gq) sont présents dans le système nerveux central, le système parasympathique des muscles lisses et des glandes nasales, salivaires et lacrymales.

La kinase GRK (*G-protein-coupled Receptor Kinase*) joue un rôle dans la désensibilisation homologue du récepteur et la régulation de son activité. Dans le cas où il existe une exposition du récepteur à son ligand pendant une longue durée, un découplage fonctionnel entre le récepteur et la protéine G se met en place. Celui-ci est le résultat de la phosphorylation du récepteur par une GRK. Cette phosphorylation se fait sur des résidus de la 3e boucle cytoplasmique et l'extrémité C-terminale. Le récepteur phosphorylé est alors inactivé par des β-arrestines (voir paragraphe V).

Figure 5.1.4 Structure du récepteur muscarinique (M) de l'acétylcholine, sensible à l'alcaloïde fongique extrait d'*Amanita muscaria*
[modifié, d'après Schechter, 2006]

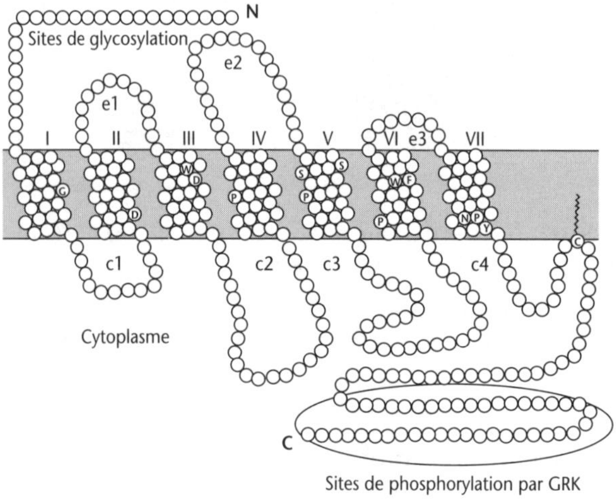

Il s'agit d'un récepteur à sept hélices transmembranaires, et non d'un récepteur canal. Il est couplé à un canal K^+ par une protéine Gi (inhibitrice de l'adénylate cyclase). La boucle intracellulaire C3 entre les hélices 5 et 6 joue un rôle dans l'interaction avec la protéine Gi.

GRK (*G-protein-coupled Receptor Kinase*)

L'interaction ligand-récepteur peut donc se décliner en un grand nombre de combinaisons résultant de la variété des récepteurs et de la variété des ligands.

II. Structure et conformation des récepteurs de signaux intercellulaires

A. Identification et caractérisation des récepteurs

Les relations récepteur-ligand peuvent être étudiées par des approches biochimiques (purification, caractérisation), par des approches cytologiques (immunolocalisation) et par des approches moléculaires et génétiques (isolement et caractérisation des gènes, mutants, complémentation). La démonstration directe des relations de liaison nécessite l'utilisation de ligands radiomarqués ou d'antagonistes irréversibles. Par exemple, l'α–bungarotoxine du venin de certains serpents se fixe avec une très haute affinité ($Ka= 10^9 M^{-1}$) et une très grande spécificité au récepteur de l'acétylcholine et peut être utilisée pour le purifier par chromatographie d'affinité. Des α-bungarotoxines fluorescentes ou radiomarquées peuvent également être utilisées pour localiser et compter les récepteurs à l'acétylcholine.

Ces approches ont révélé dans des organismes très variés, en particulier les organismes-modèles (levure, *Arabidopsis thaliana*, drosophile, *Caenorhabditis elegans*, souris, homme), un très grand nombre de molécules réceptrices de signaux moléculaires extracellulaires. De tels récepteurs peuvent être des protéines intrinsèques membranaires, en particulier des protéines de la membrane plasmique, telles que les exemples de récepteurs donnés ci-dessus, mais aussi des protéines non-membranaires intracellulaires, capables de reconnaître des signaux extracellulaires traversant la membrane plasmique.

Cependant, il est possible de dégager une typologie biochimique et fonctionnelle des récepteurs en quelques grandes classes.

B. Récepteurs comportant une seule hélice transmembranaire ou dont les monomères comportent une seule hélice transmembranaire

◆ Les récepteurs associés à une activité tyrosine-kinase (Figure 5.1.5)

Les récepteurs à activité tyrosine-kinase font partie d'une famille ayant des caractéristiques structurales communes. Chaque chaîne possède un segment transmembranaire en hélice α. L'extrémité N-terminale de ces récepteurs, glycosylée, est localisée dans le domaine extracellulaire. Dans le cytoplasme, un domaine juxtamembranaire précède un domaine catalytique portant une **activité enzymatique tyrosine kinase**. On y trouve des sites consensus de fixation de l'ATP et un site de liaison au substrat (Figure 5.1.5). La liaison d'un signal moléculaire sur le récepteur entraîne l'activation des tyrosine-kinases qui catalysent l'autophosphorylation de résidus tyrosine du domaine intracellulaire du récepteur. Ces tyrosines phosphorylées sont alors reconnues par de nombreuses protéines de signalisation intra-cytoplasmiques.

Figure 5.1.5 Les récepteurs tyrosine-kinase
[modifié, d'après Combarnous, 2004]

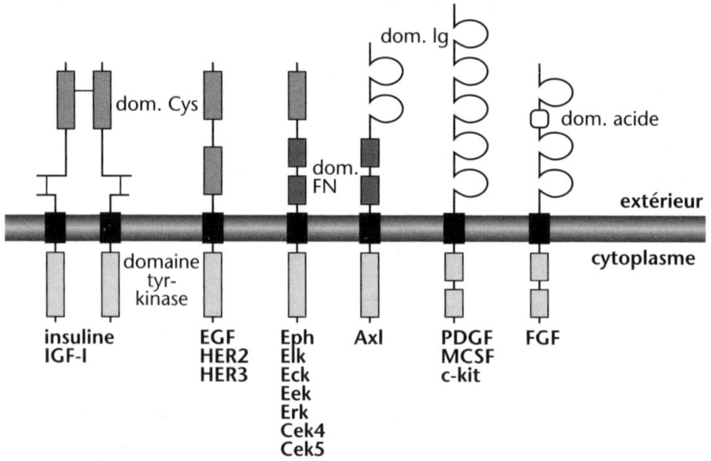

IGF-1: *insulin-like Growth Factor-1*
EGF: *Epidermal Growth Factor*
FGF: *fibroblast growth factor*
PDGF: *platelet derivated Growth factor*
HER= Erb B : facteur de croissance épidermique
Eph : Ephrine (développement du système nerveux, angiogenèse)
Elk, Eck, Eek, Erk : famille des Eph
Axl : facteur de croissance
MCSF: *macrophage colony stimulating Factor*
C-kit: facteur de croissance
Vg : vitellogénine

Le **récepteur de l'EGF** (Facteur de croissance épidermique) fut le premier récepteur de ce type à être caractérisé. L'EGF est un polypeptide de 53 acides aminés, dont le récepteur est une protéine de 1200 acides aminés possédant un seul domaine transmembranaire et une partie extracellulaire glycosylée qui fixe l'EGF. Le domaine intracellulaire possède une activité tyrosine kinase. Il appartient à une famille comprenant 4 récepteurs de type *Human Epidermal growth factor Receptor* (HER1, HER2, HER3, HER4).

Le récepteur de l'EGF est exprimé notamment dans les épithéliums des tractus respiratoires, urinaires et utérin, dans la peau, dans le foie et les glandes sébacées. La liaison de l'EGF sur son récepteur entraîne une dimérisation de celui-ci, rendant les deux domaines intracellulaires capables de s'auto-phosphoryler sur de nombreux résidus tyrosine.

Le **récepteur à l'insuline** (Figure 5.1.6), quant à lui, a une structure tétramérique composée de deux chaînes polypeptidiques α et de deux chaînes β. Les chaînes α sont externes et contiennent les sites de fixation de l'insuline. Ce domaine comprend également des sites de glycosylation. La séquence des chaînes α fait apparaître des régions riches en cystéine, comme pour le récepteur de l'EGF. Certaines de ces cystéines sont impliquées dans des ponts disulfures intramoléculaires qui confèrent à l'ensemble une certaine rigidité.

Le domaine transmembranaire est constitué d'un segment de 23 résidus d'acides aminés sur chacune des chaînes β. Le domaine cytoplasmique est constitué de 403 résidus, comprenant de nombreuses tyrosines nécessaires à l'activation du récepteur, une région portant l'activité tyrosine-kinase et une séquence consensus de fixation de l'ATP.

Figure 5.1.6 **Structure du récepteur de l'insuline, un récepteur à activité tyrosine-kinase (TK)**
[modifié, d'après Moussard, 2006]

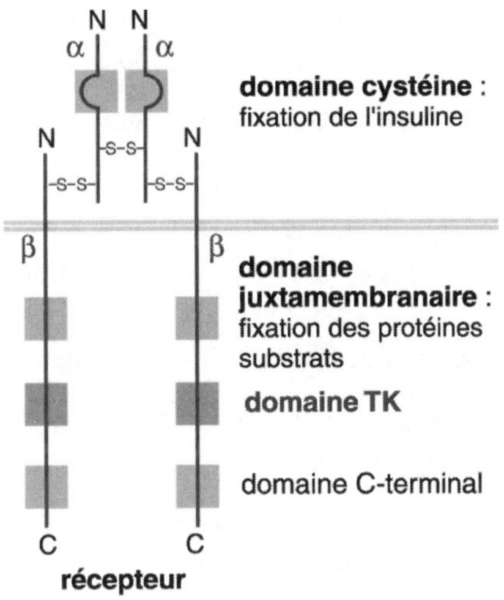

♦ Les récepteurs associés à une activité Sérine, Thréonine-Kinase

Il existe plusieurs types de récepteurs Sérine, Thréonine Kinases possédant un seul domaine transmembranaire, une partie extracellulaire composée de motifs de fixation, tels que des domaines LRR (Leucine-Rich-Repeats), et un domaine intracellulaire caractérisé par des sites d'autophosphorylation sérine et thréonine. La liaison du ligand sur le récepteur entraîne une dimérisation du récepteur, rendant les deux domaines intracellulaires capables de se phosphoryler mutuellement sur de nombreux résidus sérine et thréonine.

Les récepteurs Sérine-Thréonine-Kinases sont impliqués chez les plantes, chez les invertébrés et chez les vertébrés dans des processus de développement et dans les processus d'immunité innée :

– récepteur au TGF-β (*Transforming Growth Factor*) ;

- récepteurs à l'activine, à l'inhibine, à l'hormone anti-müllérienne et à des BMP (*Bone Morphogenic Proteins*) ;
- récepteurs CLAVATA de la maintenance proliférative chez *Arabidopsis thaliana* ;
- récepteurs de brassinostéroïdes chez *Arabidopsis thaliana* (Les brassinostéroïdes sont une nouvelle classe de phytohormones, découverte initialement chez *Brassica napus*, puis dans d'autres espèces. Les brassinostéroïdes sont impliqués dans des processus de développement, tels que la division et l'élongation cellulaires des tiges et des racines, et dans des processus de réponses aux stress abiotiques, tels que les réponses aux stress mécaniques) ;
- récepteurs LRR-RLK de l'immunité innée des plantes, tels que le récepteur FLS2 de la flagelline bactérienne chez *Arabidopsis thaliana*, impliqués dans la fixation d'éliciteurs ou de PAMPs (*Pathogen-associated molecular patterns*)

♦ **Les systèmes « deux-composants » eucaryotes**

Les plantes possèdent des récepteurs membranaires de type deux-composants, comparables aux systèmes procaryotes, caractérisés par un domaine extracellulaire (ou extérieur, dans le cas de récepteurs intracellulaires), un domaine transmembranaire ou plusieurs domaines transmembranaires, et des domaines intracellulaires (ou intérieurs, dans le cas de récepteurs intracellulaires) His-kinase et Asp-kinase.

Des récepteurs de ce type sont en particulier impliqués dans la perception des phytohormones éthylène et cytokinines.

La perception du signal résulte en une autophosphorylation du site Histidine, puis en un phosphotransfert vers le domaine Asp-Kinase, porté par le récepteur lui-même ou bien porté par une protéine-kinase régulatrice associée, le régulateur de réponse.

C. Récepteurs comportant 7 hélices transmembranaires (Figure 5.1.7)

Les récepteurs à 7 hélices transmembranaires se retrouvent chez de nombreux eucaryotes, tels que les mammifères, les insectes, les levures ou les plantes (Tableau 5.1.2). Chez les plantes, leur caractérisation a été relativement difficile pour des raisons de divergences phylogénétiques et structurales importantes. Ainsi, une protéine de type *Regulator of G signalling* (RGS) avec 7 hélices transmembranaires vient d'être caractérisée chez *Arabidopsis thaliana*. Cette protéine semble être impliquée dans la perception du glucose extracellulaire et de l'acide abscissique.

Figure 5.1.7 Schéma général de la structure des récepteurs à 7 domaines transmembranaires (R7 TM)
[modifié, d'après Combarnous, 2004]

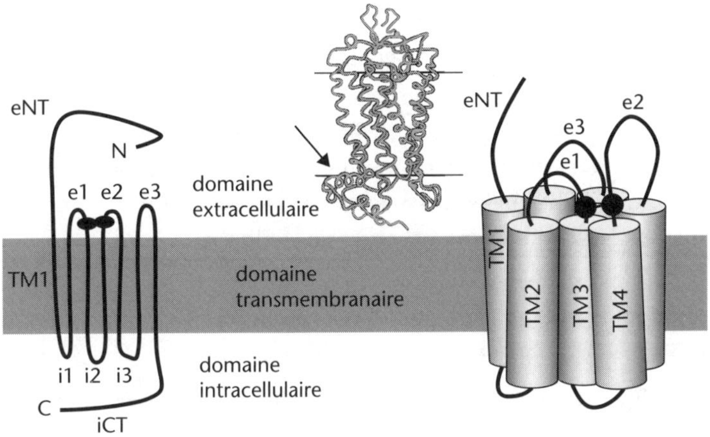

Les R7TM sont caractérisés par leurs 7 domaines transmembranaires TM1 à TM7 en hélice-α connectés par trois boucles intracellulaires (i3 à i7) et trois boucles extracellulaires (e1 à e3).

L'extrémité N-terminale est extracellulaire (eNT) et l'extrémité C-terminale est intracellulaire (iCT).

Tableau 5.1.2 Les différents récepteurs à sept hélices transmembranaires chez les eucaryotes
[modifié d'après Combarnous, 2004]

Famille et nom des récepteurs		Principaux exemples de récepteurs
Famille A	A1	Récepteurs adrénergique, sérotoninergique, muscarinique, histaminique
	A2	Récepteurs de la rhodopsine, de la cholécystokinine, du neuropeptide Y, de la bombésine, de la GnRH
	A3	Récepteurs des opsines d'invertébrés, de la bradykinine
	A4	Récepteurs de l'adénosine, de la MSH, des molécules odorantes
	A5	Récepteurs des opiacés, des chémokines, de la GnRH, des prostaglandines et leucotriènes, de l'ocytocine, de la vasopressine, de la somatostatine, des gonadotropines LH et FSH, de la TSH, de la thrombine
	A6	Récepteurs de la mélatonine

Famille et nom des récepteurs		Principaux exemples de récepteurs
Famille B	B1	Récepteurs de la calcitonine, du CRF, du CGRP
	B2	Récepteur de la PTH
	B3	Récepteurs de la sécrétine, glucagon, VIP
Famille C		Récepteurs métabotropiques du glutamate, GABA, des phéromones, senseurs calcium
Famille D		Récepteurs de phéromones couplés à Gi dans l'organe vomeronasal (vertébrés), STE2 (levures)
Famille E		Récepteur smoothened de Hedgehog

D. Récepteurs membranaires complexes comportant un grand nombre de sous-unités

Un exemple typique de ce type de récepteur est le **récepteur nicotinique de l'acétylcholine.**

Au niveau des jonctions neuromusculaires et de l'organe électrique de torpille (Figure 5.1.3), il apparaît en microscopie électronique comme une structure annulaire avec un diamètre de 8 nm et une cavité centrale de 2 nm. Il est formé de 4 sous-unités α β γ δ de masse moléculaire comprise entre 50 et 60 kDa dans une stoechiométrie $\alpha_2\beta\gamma\delta$ pour une masse moléculaire totale de 170 kDa. A ce pentamère s'ajoute une sous-unité régulatrice de 43 kDa sur la face cytoplasmique de la membrane.

Les récepteurs neuronaux présentent une grande diversité dans la nature des sous-unités. On a ainsi identifié 8 sous-unités α (de α_2 à α_9) différentes et 4 sous-unités β (de β_2 à β_5) différentes. Les sous-unités musculaires sont appelées α_1 et β_1.

Ces 5 sous-unités homologues (α_2 β γ δ) forment un pore aqueux transmembranaire. Les deux sous-unités α contiennent le site de fixation de l'acétylcholine. Chaque sous-unité contient environ 500 résidus d'acides aminés et traverse la bicouche sous forme de quatre hélices α (M1 à M4). La partie transmembranaire du récepteur contient donc 20 hélices α.

La partie canal du récepteur serait formée par l'association des hélices hydrophobes transmembranaires M2 de chacune des sous-unités.

La liaison du ligand entraîne un changement de structure et une légère rotation des 5 hélices α ; la barrière hydrophobe au centre du canal n'existe plus et les ions peuvent y circuler.

E. Récepteurs intracellulaires

Les cellules eucaryotes possèdent une panoplie de récepteurs intracellulaires capables de reconnaître des ligands pouvant s'accumuler dans le cytoplasme.

Ces récepteurs intracellulaires sont des protéines impliquées, directement ou indirectement, dans la régulation de l'expression génétique et activées par leurs ligands spécifiques.

♦ Les récepteurs nucléaires

Parmi ces récepteurs intracellulaires, on trouve les récepteurs dits nucléaires qui ont la capacité d'être transloqués au niveau du noyau et d'agir au niveau de la transcription par liaison avec des séquences enhancers ou silencers et par remodelage de la chromatine.

Leur activité peut être modulée par des réactions de phosphorylation spécifique impliquant des protéine-kinases et peut interférer avec d'autres voies de transduction de signal.

Ces récepteurs nucléaires constituent une super-famille comprenant plusieurs dizaines de récepteurs dont certains sont dits « orphelins », lorsque le ligand endogène naturel n'a pas été identifié (Figure 5.1.8).

Figure 5.1.8 **Les six sous-familles phylogénétiques des récepteurs nucléaires** [modifié, d'après Moussard, 2005]

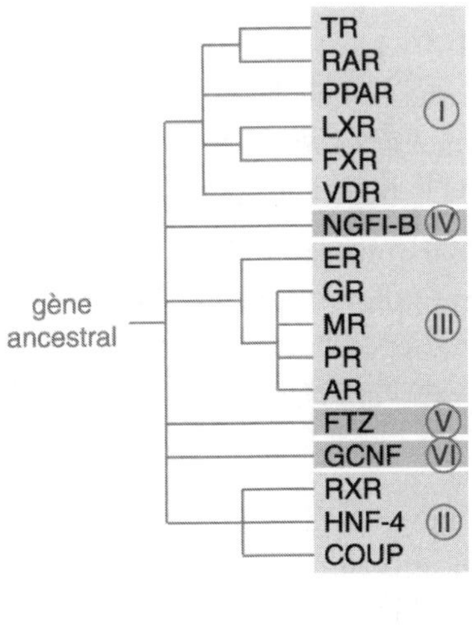

TR (récepteur des hormones thyroïdiennes)
RAR (récepteur de l'acide rétinoïque)
PPAR (récepteur activé par les inducteurs de la prolifération des peroxysomes)
LXR (récepteur X du foie)
FXR (récepteur X farnésoïde)
VDR (récepteur de la vitamine D)
NGFI-B (récepteur orphelin monomérique)
ER (récepteur des oestrogènes)
GR (récepteur des glucocorticoïdes)
MR (récepteur des minéralocorticoïdes)
PR (récepteur des progestatifs)
AR (récepteur des androgènes)
FTZ (récepteur orphelin)
GCNF (récepteur orphelin)
RXR (récepteur de l'acide 9-cis-rétinoïque)
HNF-4 (récepteur nucléaire hépatocytaire 4)
COUP (facteur de transcription du promoteur –ovalbumine de poulet)

Les récepteurs nucléaires présentent des homologies de séquence plus ou moins grandes dans différentes portions de leur structure. Ils ont une organisation générale commune, avec plusieurs domaines présentant des propriétés fonctionnelles homologues.

Six régions de l'extrémité N-terminale à l'extrémité C-terminale ont été identifiées (Figure 5.1.9).

Figure 5.1.9 Organisation des récepteurs nucléaires
[modifié, d'après Moussard, 2005]

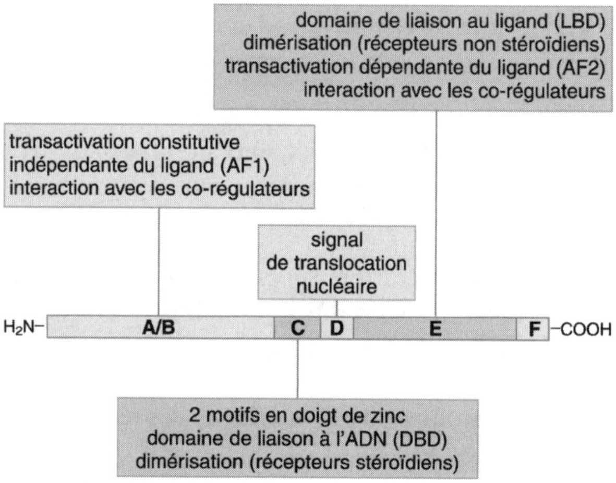

La particularité de ces récepteurs est d'avoir une localisation cytoplasmique ou nucléaire. Ainsi, il semble que, dans le cytoplasme, les récepteurs stéroïdiens soient associés aux protéines de choc thermique HSP (HSP70 et HSP90). La liaison du ligand au récepteur induit un changement conformationnel de ce dernier qui se dissocie des protéines HSP. Les séquences NLS (*nuclear localization sequence*) sont alors démasquées et le récepteur est transporté dans le noyau (Figure 5.1.10).

À l'inverse des hormones stéroïdiennes, les récepteurs non stéroïdiens (récepteurs aux hormones thyroïdiennes, récepteur à l'acide rétinoïque) ne sont pas associés aux HSP et ne subissent pas de migration hormonodépendante du cytosol vers le noyau : l'aporécepteur est nucléaire.

Remarque :

Certaines protéines de choc thermique sont connues pour leur rôle de chaperonines, c'est-à-dire qu'elles interviennent dans la réalisation d'une conformation correcte d'autres protéines en cours de biosynthèse. Les HSP interagissent donc avec de nombreuses protéines et pas seulement avec les récepteurs nucléaires.

Figure 5.1.10 Interactions ligand-récepteur intracellulaire
[modifié, d'après Moussard, 2005]

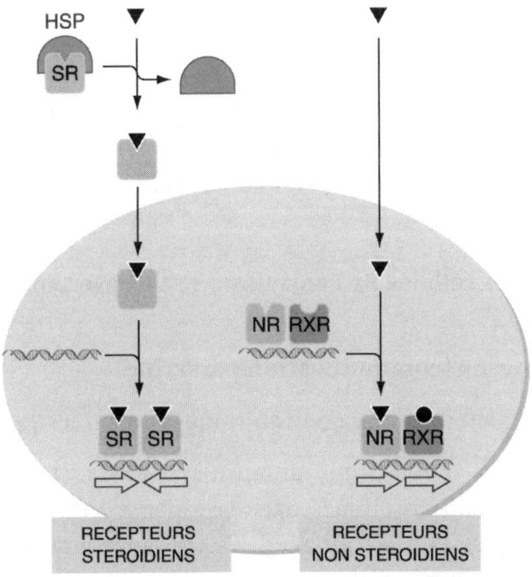

HSP : *Heat shock protein*
SR : récepteur aux stéroïdes
NR : récepteur nucléaire
RXR : récepteur de l'acide rétinoïque

♦ Autres classes de récepteurs intracellulaires

Il existe d'autres catégories de récepteurs intracellulaires de nature très différente et de mode d'action très différent relativement aux récepteurs dits nucléaires.

Ainsi, le niveau de glucose intracellulaire, est détecté au travers de l'interaction entre le glucose et l'hexokinase, qui joue ainsi un rôle de protéine-senseur intracellulaire. De tels systèmes sont trouvés à la fois chez les levures, les animaux et les plantes, non seulement dans des cellules hétérotrophes, dépendant d'un approvisionnement extérieur en glucose, mais aussi dans des cellules photosynthétiques autotrophes.

D'autres récepteurs intracellulaires, mis en évidence récemment chez les plantes, sont des protéines régulatrices de l'ubiquitination et donc de la protéolyse protéasome-dépendante. Il s'agit des récepteurs à l'auxine et aux gibbérellines (voir le paragraphe IV).

Enfin, certaines protéines régulatrices intracellulaires peuvent être sous le contrôle de signaux extracellulaires. C'est le cas par exemple dans le système de réponse à l'hypoxie chez les animaux, où le facteur HIF-1α peut être rapidement oxydé par des formes toxiques de l'oxygène, ce qui entraîne sa dégradation par le protéasome, son inactivation et par conséquent l'absence d'induction de gènes de réponse à l'hypoxie.

III. Diversité des signaux intercellulaires

A. Les antigènes de surface au cours des réactions immunitaires (communication juxtacrine)

Ces ligands ont des récepteurs présents sur les lymphocytes B (BcR) ou les lymphocytes T (TcR). Ces récepteurs présentent des chaînes protéiques apparentées aux immunoglobulines et sont dépourvus d'activité enzymatique : la fixation du ligand sur leur récepteur induit une mobilisation et l'activation de tyrosine-kinases cytosoliques appartenant à la famille Src (kinases à domaines SH2, *src homology 2* et SH3, *Src homology 3*).

B. Médiateurs provenant d'autres cellules de l'organisme et ne traversant pas la membrane plasmique

♦ **Les médiateurs chimiques locaux (communication paracrine)**

Cette communication locale met en jeu des messagers chimiques parmi lesquels :

- les cytokines intervenant dans la réponse immunitaire spécifique : le terme de cytokines désigne les médiateurs impliqués dans la réponse immunitaire issus des lymphocytes, monocytes et macrophages. La tendance actuelle est d'étendre cette dénomination aux facteurs de croissance ;
- l'histamine, médiateur de la réaction inflammatoire ;
- les prostaglandines de la réaction inflammatoire ;
- le monoxyde d'azote (NO).

♦ **Les neurotransmetteurs (communication nerveuse)** (Tableau 5.1.3)

La transmission synaptique est caractérisée par l'émission d'un neurotransmetteur via une synapse entre un neurone émetteur et une cellule réceptrice (neurone, cellule musculaire ou sécrétrice).

Tableau 5.1.3 Classification structurale des neurotransmetteurs
[L. Fontaine-Poitou, d'après diverses sources]

Neurotransmetteurs non peptidiques		Neurotransmetteurs peptidiques ou neuropeptides
Acétylcholine		Substance P
Amines biogènes synthétisées à partir d'acides aminés	Dopamine	Enképhalines
	Adrénaline, noradrénaline	Endorphines
	Sérotonine	Somatostatine
	Histamine	Thyréolibérine
Acides aminés	Acide aspartique, acide glutamique, glycine, GABA (acide gamma aminobutyrique)	Neurotensine
Dérivés des bases puriques	Adénosine, AMP, ADP et ATP	Cholécystokinine
Gaz	Monoxyde d'azote (NO), monoxyde de carbone (CO)	Vasoactive intestinal peptide (VIP)
		Neuropeptide Y

♦ Les hormones et neurohormones (communication endocrine et neuroendocrine)

De nombreuses hormones ne traversant pas la membrane plasmique existent chez les animaux : insuline, glucagon, neurohormones synthétisées par des neurones mais libérées dans la circulation sanguine, TRH (*thyrotropin releasing hormone*), GnRH (*gonadotropin releasing hormone)*, ocytocine et ADH (hormone anti-diurétique) et chez les plantes (acide abscissique, cytokinines, brassinostéroïdes).

C. Médiateurs provenant d'autres cellules et pouvant traverser la membrane plasmique

Certains ligands potentiels de récepteurs peuvent traverser la membrane plasmique et s'accumuler dans le cytoplasme.

Il peut s'agir de molécules liposolubles telles que les hormones stéroïdes, les hormones thyroïdiennes, l'acide rétinoïque (molécule dérivée de la vitamine A et médiateur local du développement), la vitamine D3 (synthétisée dans la peau en réponse aux UV), les leukotriènes, les prostaglandines, les acides gras, l'ecdysone, les phéromones volatiles et le méthyl-jasmonate chez les plantes.

Il peut également s'agir de petites molécules gazeuses, telles que l'éthylène, l'O_2 ou le NO.

Enfin il peut s'agir de ligands transportés dans le cytoplasme par des transporteurs spécifiques. C'est le cas par exemple du glucose, ou des sucres solubles en général. C'est le cas aussi de la phytohormone auxine.

Transition La variété des récepteurs est liée à la complexité des signaux (ligands) qu'il est vital pour la cellule de percevoir. Cette variété pose aussi à la cellule des problèmes complexes de transduction du signal initial.

IV. De l'activation des récepteurs à la production de l'effet biologique

Certains processus de transduction de signal, tels que les transductions allant d'un récepteur du plasmalemme à une action transcriptionnelle au niveau du noyau, indiquent clairement la complexité inhérente à ce type de transmission d'information, qui doit impliquer plusieurs étapes et plusieurs compartiments subcellulaires. De tels mécanismes complexes ont pu être identifiés et caractérisés à la fois par des approches biochimiques utilisant des effecteurs pharmacologiques (activateurs, inhibiteurs) et par des approches génétiques et moléculaires (mutants, modifications d'expression).

A. Transduction de signal à partir de récepteurs intracellulaires

♦ **La transduction directe des récepteurs nucléaires : exemple des récepteurs des hormones thyroïdiennes**

L'interaction signal – récepteur nucléaire aboutit typiquement à une action relativement directe sur l'expression génétique, dans la mesure où la transduction met en jeu une translocation du récepteur vers le noyau et une interaction du récepteur activé avec des éléments génétiques de régulation de la transcription, au niveau des promoteurs des gènes-cibles.

L'oligoélément I^- est le précurseur de l'hormonogenèse thyroïdienne. Le stock de thyroglobuline (Tg) iodée correspond à une réserve d'iodothyronine (T_3, T_4) pour environ deux mois (chez l'adulte).T_3 (3, 5, 3'-triiodothyronine) est l'hormone active et T_4 (3, 5, 3', 5'-tétraiodothyronine ou tyroxine) la prohormone. La molécule T_3r (T_3 inverse) est inactive. La réaction d'iodation des résidus tyrosine à la surface de la thyroglobuline a lieu sur la face extracellulaire de la membrane apicale du thyréocyte folliculaire. Elle est catalysée par la thyroperoxydase (TPO). Cette enzyme catalyse aussi la réaction de condensation de deux noyaux aromatiques iodés (MIT et DIT) situés côte à côte dans le domaine N-terminal de Tg. La Tg iodée est dix fois plus riche en T_4 qu'en T_3.

a) Transport de T_3 et T_4 à travers la membrane-cible

T_3 et T_4 sont très hydrophobes. Leur transfert se fait donc vraisemblablement par diffusion à travers la membrane. L'hormone T_3 n'a pas de tissus cibles spécifiques et agit sur une majorité d'organes excepté le cerveau, la rate, les gonades et la thyroïde de l'adulte. Toutefois ces hormones thyroïdiennes pourraient aussi avoir une action non génomique encore mal connue via des récepteurs membranaires et cytosoliques.

b) Désiodation de T_4 en T_3 dans les cellules-cibles

Dans le foie, la thyroïde et le rein, il y a intervention d'une 5'-monodésiodase de type 1 membranaire. Dans les autres organes (système nerveux central et thyroïde), la réaction de désiodation est catalysée par une 5'-monodésiodase de type 2. Une 5'-monodésiodase de type 3 donne la T_3r sans effet sur les tissus-cibles et inactive ainsi T_4.

c) Reconnaissance du signal T_3

Chez l'homme, deux gènes, TRα (c-erbAα) et TRβ (c-erbAβ), codent deux récepteurs largement distribués, respectivement $T_3R\alpha_1$ et $T_3R\beta_1$. Le récepteur $T_3R\beta_2$ a une distribution tissulaire moins étendue (système nerveux central). L'aporécepteur $T_3R\beta_1$ présente une localisation nucléaire.

d) Transduction du signal

Figure 5.1.11 Activation transcriptionnelle par des récepteurs d'hormones thyroïdiennes fixés sur des *T_3_Response-Elements* (TRE) positifs [Modifié, d'après Guissouma et coll., 2005]

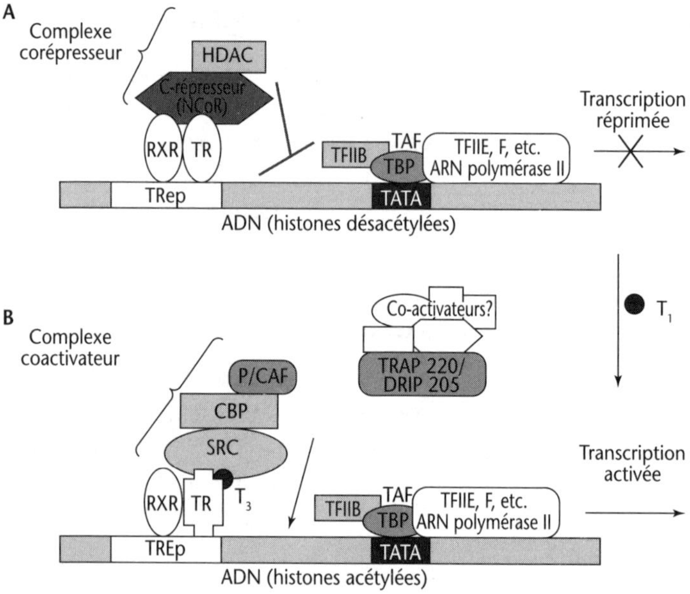

A. En absence de T_3
B. En présence de T_3

CBP : protéine de liaison à CREB
DRIP : protéine interagissant avec le récepteur de la vitamine D
GTF : facteur général de transcription
HDAC : histone désacétylase
HAT : histone acétyltransférase
P/CAF : facteur associé à p300/CBP
RXR : récepteur de l'acide 9-cis-rétinoïque
NcoR : corépresseur nucléaire
SRC : coactivateur des récepteurs stéroïdiens
TAF : Facteur associé à TBP
TBP : protéine de liaison à la boîte TATA
TF : facteur de transcription
TR : récepteur des HT
TRAP : protéine associée aux TE

En absence de T_3 (Figure 5.1.11, A), il y a condensation de la chromatine et répression transcriptionnelle des gènes cibles. En effet, l'hétérodimère $T_3R\beta_1$-RXR, où RXR est le récepteur de l'acide 9-cis rétinoïque, se lie à TREp, qui est l'élément positif de réponse à T_3 sur le promoteur du gène-cible. Le corépresseur du récepteur nucléaire (NCoR) se lie ensuite au domaine charnière de $T_3R\beta_1$, puis il y a formation d'un complexe de corépression à activité de désacétylation des histones avec une HDAC (histone désacétylase). Ceci entraîne une condensation de la chromatine par désacétylation des histones, et donc, la répression transcriptionnelle des gènes cibles.

La présence de T_3 (Figure 5.1.11, B) provoque le déplacement du corépresseur NCoR et la fixation d'un coactivateur SRC-1 (*Steroid receptor coactivator*). D'autres corécepteurs se fixent alors : il s'agit d'histone-acétyltransférases, catalysant l'acétylation des histones, ce qui entraîne la décondensation de la chromatine et l'activation de la transcription de gènes-cibles.

e) Effets physiologiques de T_3

Les effets physiologiques de T_3 concernent le développement chez les ectothermes (exemple de la métamorphose des amphibiens) mais aussi le développement et la thermogenèse sans frisson chez les endothermes (cas des oiseaux et mammifères).

Ainsi, T_3 est impliquée dans le fonctionnement du système nerveux central et des muscles striés squelettiques. Les gènes cibles régulés précocement par T_3 au cours du développement du système nerveux central ont été caractérisés chez les amphibiens. Dans le développement post-natal, T_3 est impliquée dans la stimulation de la croissance staturale, et a une action sur le cartilage de croissance des os longs par stimulation de la mitogenèse des chondrocytes. Chez les endothermes, T_3 est impliquée dans la production de chaleur par transformation métabolique de l'énergie, sans implication de la contraction des muscles striés squelettiques (frisson thermique, tonus musculaire, mouvement). De manière générale, T_3 stimule la transcription de tous les gènes qui codent pour les protéines de la chaîne respiratoire. T_3 a des effets directs sur le cœur, notamment par l'augmentation de la transcription du gène codant la chaîne lourde de la myosine.

- **Transduction indirecte à partir de récepteurs intracellulaires**

Les récepteurs intracellulaires aux phytohormones auxine et gibbérellines agissent par l'intermédiaire du complexe d'ubiquitination SCF (Figure 5.1.12). L'interaction signal-récepteur aboutit au ciblage spécifique de facteurs répresseurs de la transcription vers l'ubiquitination et la protéolyse. Dans un tel mécanisme, le complexe SCF peut être considéré comme un élément de transduction de signal.

Par ailleurs, les plantes possèdent la particularité non seulement de présenter des récepteurs Histidine-Aspartate Kinases de type deux-composants eucaryotes, mais aussi de présenter de tels récepteurs en localisation intracellulaire. Ainsi, le récepteur à l'éthylène est localisé de manière prédominante dans le réticulum endoplasmique, et l'interaction avec l'éthylène, pénétrant librement dans le cytoplasme, passe par l'activation d'une cascade de phosphorylation MAPKKK, MAPKK, MAP-Kinase (*Mitogen-Activated Protein Kinase*), qui se trouve ainsi réalisée par un mécanisme de transduction indirecte interne.

Figure 5.1.12 Transduction du signal gibbérellines chez les plantes
[modifié, d'après Hirano et coll., 2008]

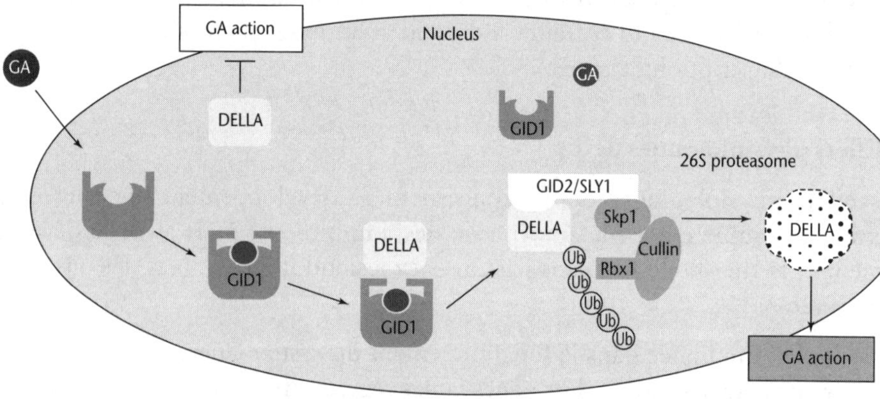

DELLA : protéine de régulation négative de l'action des gibbérellines
GID : *GA-Insensitive Dwarf2* (récepteur des gibbérellines)
GA : Gibbérelline
GID2/SLY1-Skp1-Cullin-Rbx1 : complexe de polyubiquitination (SCF)
Ub : ubiquitine

B. Transduction intracellulaire de signal à partir de la membrane plasmique

Dans cette situation, la présence des récepteurs sur la membrane nécessite des mécanismes de transduction transmembranaires.

- **Récepteurs transduisant eux-même le signal extracellulaire**

a) Les récepteurs canaux ioniques ou ionotropiques (RCI)

Les récepteurs de ce type présentent une structure de canal ionique. C'est le **cas du récepteur nicotinique de type musculaire de l'acétylcholine** (Figure 5.1.3).

L'acétylcholine se fixe aux sous-unités α avant l'ouverture du canal. Le complexe récepteur change sa conformation et forme un pore dans les parties intramembranaires. Les hélices M2 des 4 hélices des 5 sous-unités forment ce pore. Un flux d'ions Na^+ entrant est créé à travers le canal selon le gradient électrochimique, et provoque une dépolarisation locale qui initie un signal électrique, formant le potentiel de plaque motrice.

Ions traversant le RCI	Ligands extracellulaires des RCI	Ligands intracellulaires des RCI
Cl^-	GABA, glycine	Ions Ca^{2+}
Ca^{2+}		IP3, Ryanodine (RE)
Na^+, K^+, Ca^{2+}	Ach, sérotonine, glutamate	

Dans un deuxième cas, le récepteur est couplé à un canal ionique *via* des protéines G (RCPG) et peut également être impliqué dans l'ouverture ou la fermeture de canaux ioniques (Ca^{2+} ou Na^{+}). On parle alors de **récepteur métabotropique, couplé à un canal ionique**.

b) Récepteurs enzymes ou catalytiques

Tous les récepteurs de ce groupe possèdent un site extracellulaire pour la liaison au ligand, un seul domaine transmembranaire en hélice α et un domaine cytosolique de taille variable portant une activité enzymatique intrinsèque stimulée par la fixation au ligand.

Figure 5.1.13 Différents récepteurs enzymes
[L. Fontaine-Poitou, d'après diverses sources]

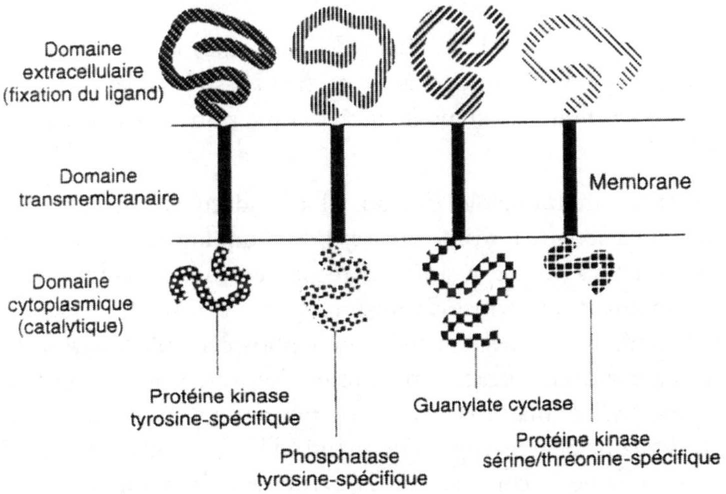

Différentes activités enzymatiques peuvent être portées par ce type de récepteur (Figure 5.1.13) :

- activité kinase spécifique des résidus tyrosine ;
- activité phosphatase spécifique des tyrosines (fonction inverse du cas précédent) ;
- activité guanylate cyclase ;
- activité kinase spécifique des résidus sérine et thréonine ;
- activité histidine-kinase couplée à des transferts aspartate-kinase.

Les activités catalytiques de ces récepteurs peuvent aboutir à la synthèse de messagers secondaires (par exemple le GMP cyclique) ou bien à l'initiation de cascades de phosphorylation régulatrices de la synthèse de messagers secondaires (IP_3) ou de l'activation de facteurs de transcription.

- *Les récepteurs Tyrosine-Kinase (Figure 5.1.14)*

Dans les années 1980, plusieurs équipes ont montré que la liaison des hormones sur les récepteurs à tyrosine-kinase provoque l'appariement de ces récepteurs qui se phosphorylent alors mutuellement et agissent en interaction avec des adaptateurs moléculaires, protéines de transduction du signal, qui n'ont pas d'activité enzymatique propre, mais qui sont constitués d'une succession de domaines d'interaction protéine-protéine. Ces adaptateurs jouent un rôle très important dans la distribution du signal au niveau des molécules effectrices. Ils permettent de moduler le signal en fonction du type cellulaire et de la voie de signalisation à activer.

Les adaptateurs moléculaires impliquent des domaines liant des tyrosines phosphorylées. Deux domaines protéiques en particulier sont capables de reconnaître des séquences peptidiques contenant une tyrosine phosphorylée : **les domaines SH2 et PTB**.

Le domaine SH2 (Src homology domain 2) a été découvert dans une grande variété de protéines à activité tyrosine kinase (PTK) impliquées dans la transduction du signal. Sa fonction propre, à savoir la reconnaissance spécifique de séquences peptidiques contenant une tyrosine phosphorylée, a ensuite été mise en évidence. La fixation du domaine connecteur SH2 sur le phosphate place parfois le domaine enzymatique à un endroit efficace, à proximité d'activateurs ou au contact du substrat de l'enzyme. Si le domaine connecteur replié autour du domaine enzymatique est inhibé, le domaine enzymatique agit quand SH2 se déroule lors de sa liaison au récepteur. Un domaine se connecte sur la partie cytoplasmique d'un récepteur, et les autres domaines se lient à des protéines intracellulaires formant ainsi un réseau. Ces domaines non enzymatiques ont d'autres fonctions. Ainsi, certaines molécules ont un domaine connecteur à une protéine et un domaine connecteur à l'ADN. Ce dernier se lie à une séquence spécifique de nucléotides et permet l'expression du gène-cible.

On a identifié une centaine de protéines dotées de ce domaine SH2 : par exemple, Grb2, PI3K, PLCγ, ou Syp. Chaque domaine est spécifique d'un récepteur donné.

Le domaine PTB (*phospho-tyrosine binding domain*) est capable de se fixer sur des protéines phosphorylées et se lie avec une spécificité amino-terminale en amont de la tyrosine phosphorylée.

Figure 5.1.14 Voie de signalisation du récepteur tyrosine-kinase à l'insuline [modifié, d'après Moussard, 2005]

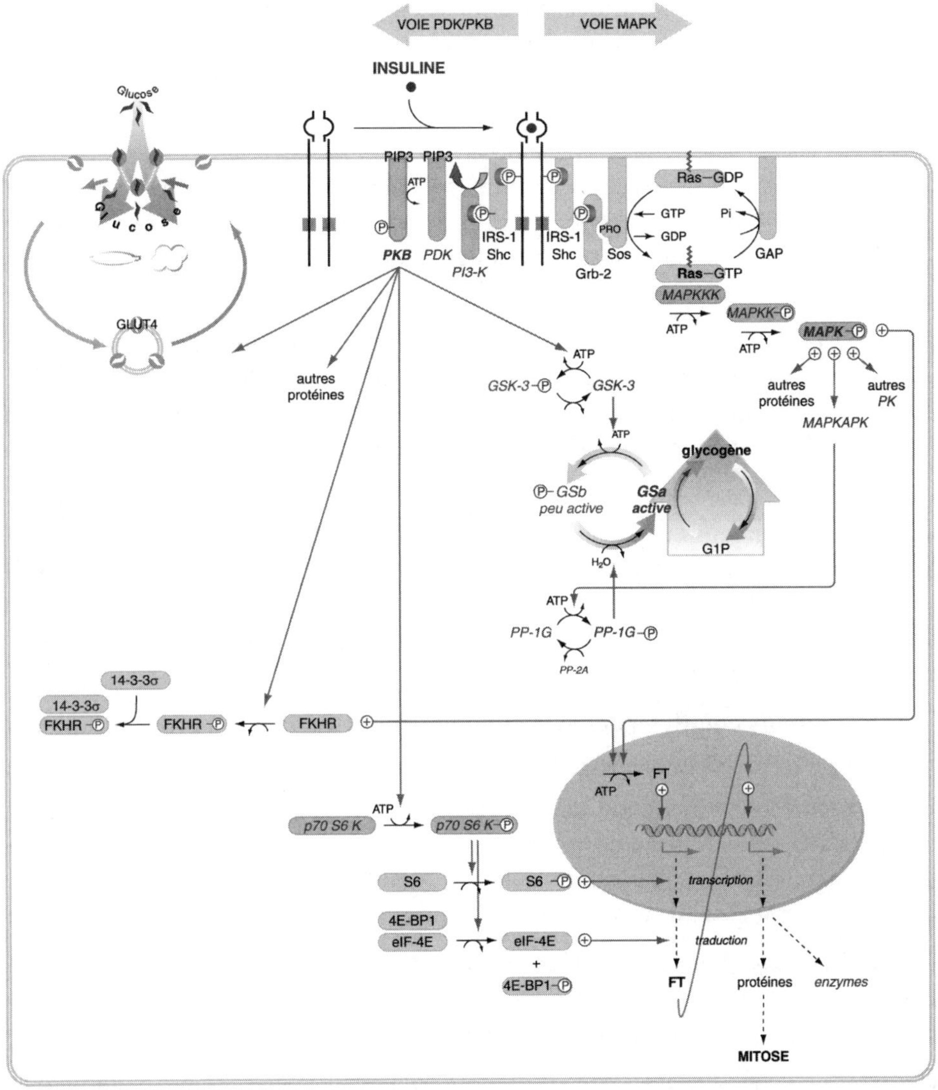

GAP : p21-ras-GTPase activating protein
Grb2 : *Growth factor receptor bound protein 2*
IRS : *Insulin receptor substrate*
GS : *Glycogen synthase*
PDK : *Phosphoinositide dependent kinase*
PLC : Phospholipase C

- *Récepteurs Histidine-Aspartate Kinases de type deux-composants*

Dans le cas du récepteur aux cytokinines des plantes, qui serait situé sur la membrane plasmique, il semble que l'activation du domaine « Régulateur de réponse » (Aspartate-Kinase) aboutisse aussi à l'activation d'une cascade de phosphorylation MAPKKK, MAPKK, MAP-Kinase (*Mitogen-Activated Protein Kinase*).

- *Récepteurs Sérine-Thréonine Kinases*

– Récepteur au TGF-β chez les animaux : l'activité autokinase de ce récepteur a une action sur la phosphorylation des complexes SMAD-Co-SMAD de régulation de la transcription, par interaction entre les domaines phosphorylés du récepteur et les protéines SMAD.

– Récepteurs Sérine-Thréonine Kinase de l'immunité innée et du développement chez les plantes : l'activité autokinase de ces récepteurs-kinases est associée à de petites protéines G (protéine Ras) qui déclenchent des cascades de phosphorylation de type MAPKKK, MAPKK, MAP-Kinase.

Certains récepteurs, apparentés aux récepteurs Sérine-Thréonine Kinase, ne possèdent pas eux-mêmes d'activité kinase, mais sont couplés à une sérine-thréonine kinase cytosolique, telle que la kinase IRAK, grâce à des protéines adaptatrices. Il s'agit par exemple des récepteurs TOLL chez la drosophile et des récepteurs TLR (*Toll-like receptors*) chez les mammifères, impliqués dans des processus de développement et d'immunité innée.

♦ **Récepteurs couplés à des systèmes effecteurs distincts : cas des récepteurs couplés aux protéines G (RCPG)**

Le récepteur dopaminergique D2 et le récepteur α-adrénergique ont été les premiers RCPG caractérisés à un niveau moléculaire. Leurs segments transmembranaires sont constitués de séquences polypeptidiques très conservées, ce qui a permis le clonage par la PCR d'autres gènes codant des RCPG.

Les RCPG constituent la famille la plus nombreuse des récepteurs membranaires. Elle comprend plusieurs centaines de membres qui sont les cibles de signaux variés : neurotransmetteurs, nucléotides, agents olfactifs, lipides, protéines…

Ces récepteurs ne possèdent pas en propre d'activité de canal ou d'enzyme, et sont couplés à des systèmes effecteurs par des protéines régulatrices, appelées **protéines G.**

a) Les protéines G sont classées en 4 classes : (Tableau 5.1.4)

– Les facteurs d'élongation (EF-Tu et EF-G).

– Les proto-oncogènes de type Ras intervenant dans la signalisation cellulaire.

- Les petites protéines G de type Rab intervenant dans les phénomènes de sécrétion vésiculaire et d'adressage.
- Les protéines G hétérotrimériques, qui sont des hétérotrimères constitués de trois sous-unités a, b et g.

Tableau 5.1.4 Les protéines G hétérotrimériques chez les animaux
[Modifié, d'après Moussard, 2005]

Protéine Gα		Ligand-récepteur	Enzyme activée (↗) ou inhibée (↘)	Second messager
Gs	s	Adrénaline-Rβ-adrénergique	↗Adénylate cyclase (AC)	↗AMPc
	olf	Molécules-odorantes-R olfactifs	↗AC	↗AMPc
Gi	i	Adrénaline – R-α_2-adrénergiques	↘AC	↘AMPc
		Acétylcholine – R muscarinique M2	↘AC	↘AMPc
	t	Photon-rhodopsine	↗phosphodiesterase (PDE)	↘GMPc
Gq		Adrénaline-R-α_1-adrénergique	↗PLC	↗DAG, IP3
		Acétylcholine-R muscarinique M1, M3		
G12		thrombine	↗PLA2	↗eicosanoïdes

Les protéines G hétérotrimériques sont maintenant aussi clairement identifiées chez les plantes, mais il semble que ces dernières possèdent un répertoire simplifié de complexes de protéines G hétérotrimériques. Ainsi, la plupart des plantes n'auraient que deux types possibles d'hétérotrimères.

b) Couplage des récepteurs à l'adénylate cyclase

L'adénylate cyclase est une protéine à 12 hélices transmembranaires réparties en deux domaines principaux M1 et M2 comportant chacun 6 hélices α. Les régions cytoplasmiques C1α et C2α sont les sites de fixation du complexe α-GTP et permettent l'hydrolyse de l'ATP en AMPc.

Le ligand se fixe sur son récepteur et induit un changement de sa conformation. La sous-unité G-α fixe le GDP quand le récepteur est libre. Elle fixe le GTP quand le ligand se fixe et le complexe α-GTP diffuse vers l'adénylate cyclase. Celle-ci synthétise l'AMPc à partir de l'ATP. L'augmentation de la concentration en **AMPc,**

second messager, est à l'origine d'une cascade d'activation de protéines kinases par phosphorylation (Figure 5.1.15).

L'activité GTPase de Gα hydrolyse le GTP fixé et désactive Gα. Gα se réassocie avec Gβγ pour reproduire la protéine trimère et l'activité du ligand cesse.

Figure 5.1.15 Activation de la glycogène phosphorylase par l'adrénaline [modifié, d'après Moussard, 2005]

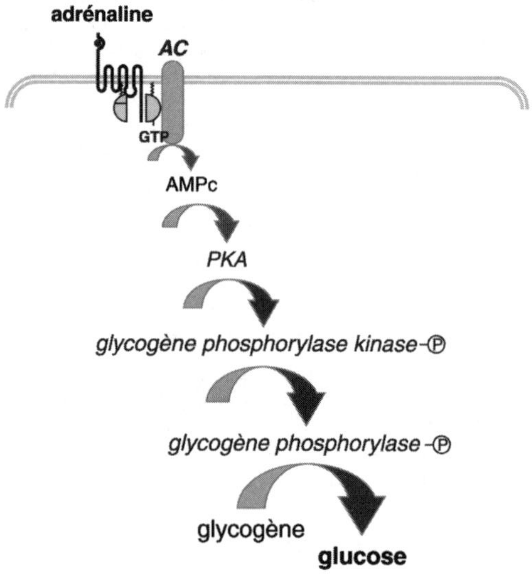

AC : adénylate cyclase ; PKA : protéine-kinase A

c) Couplage des récepteurs aux phospholipases (Figure 5.1.16)

Certains ligands activent des récepteurs qui stimulent, via des protéines G, l'activité de phospholipases : **phospholipases A2 (PLA_2), phospholipases C (PLC), ou phospholipases D (PLD).** Ainsi, différentes PLC peuvent être activées par un couplage avec αq ou βγ. L'activation par βγ se fait indépendamment de celle de αq, et les effets partiellement additifs suggèrent la présence de 2 sites de régulation sur la PLC. L'action de PLC transforme l'**inositol 4, 5-bisphosphate (PIP2)** en **inositol 1, 4, 5-triphosphate (IP3) et diacylglycérol (DAG).** Ce dernier peut activer des protéines kinases C responsables de la phosphorylation d'autres protéines. L'IP3 diffuse dans le cytoplasme et se fixe à son récepteur dans la membrane du réticulum endoplasmique et provoque la libération de calcium.

D'autres systèmes RCPG aboutissent à l'activation d'autres catégories de phospholipases. Ainsi, chez les plantes, l'interaction de l'acide abscissique (ABA) sur son récepteur RCPG active des phospholipases D, qui libèrent ainsi du **phosphatidate.**

Figure 5.1.16 Les différents couplages RCPG-enzymes effectrices chez les animaux [modifié, d'après Moussard, 2005]

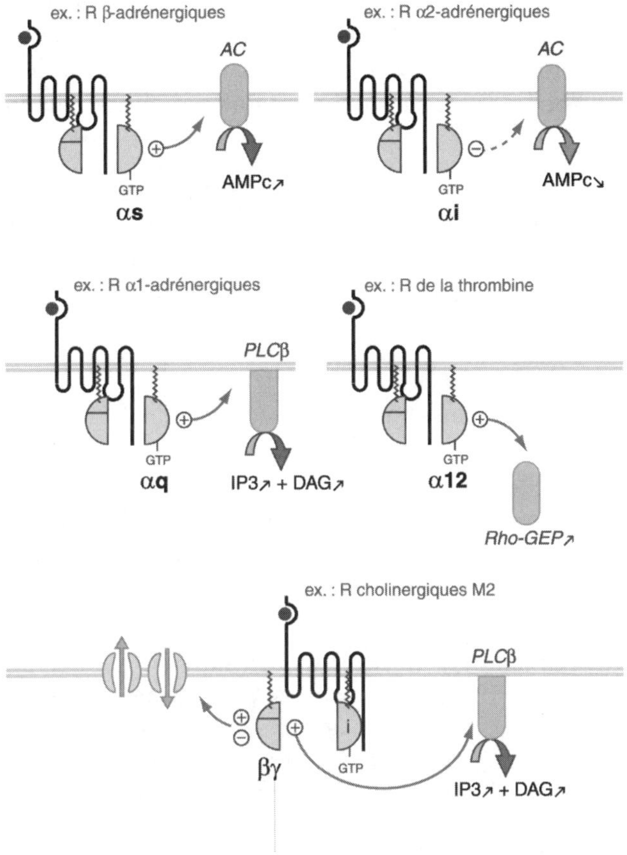

C. Dynamique et action biologique des messagers secondaires

La caractérisation des différents couplages entre des récepteurs et des activités enzymatiques intracellulaires a montré que les interactions signal-récepteur provoquaient la production d'une myriade de molécules intracellulaires, appelées généralement messagers secondaires.

De nombreux messagers secondaires se retrouvent dans l'ensemble des eucaryotes ou dans de nombreux phyla d'eucaryotes : Ca^{2+}, Na^+, K^+, H^+ (pH), AMPc (AMP cyclique), GMPc (GMP cyclique), acides gras (arachidonate, linolénate), dérivés de phospholipides (diacylglycérol, phosphatidate), inositides (PIP_2, PIP_3, IP_3), etc.

L'étude détaillée des variations de messagers secondaires peut être faite *in vivo* par des **méthodes d'imagerie**. C'est le cas par exemple pour les niveaux intracellulaires de Ca^{2+} qui peuvent être mesurés par luminescence, en utilisant la protéine luminescente aequorine (Figure 3.2 de la partie II-Chapitre 3).

De telles études montrent que, dans de très nombreux cas, la transduction de signal implique des variations parallèles de plusieurs messagers secondaires. Il a aussi été démontré que ces variations de messagers secondaires suivaient des patrons d'accumulation, une « forme de signal », qui avait une signification biologique pour la cellule.

Dans tous les cas de figures, cependant, du plus simple (augmentation immédiate du niveau d'un messager secondaire unique) au plus complexe (dynamique d'augmentation et de disparition de plusieurs messagers secondaires), un tel système permet la conversion de signaux d'origine extracellulaire en messagers intracellulaires.

L'action de ces messagers intracellulaires nécessite à son tour une machinerie complexe de transduction interne, utilisant en particulier des protéines régulatrices, telles que la calmoduline, des protéines kinases, telles que les protéines kinases Ca^{2+}-calmodulinedépendantes, des protéines phosphatases, des facteurs de transcription, et aboutissant à des régulations transcriptionnelles et post-transcriptionnelles. De plus, ces effets de régulation peuvent provoquer la synthèse de nouveaux signaux à action locale (prostaglandines, leukotriènes, polyamines), ou à action systémique (hormones).

Transition La reconnaissance immédiate d'un signal exige que l'ensemble des éléments protéiques de transduction soient pré-existants dans la cellule. Ceci peut être démontré par des expériences de signalisation en présence de cycloheximide, où la synthèse de nouvelles protéines est bloquée. Cependant, il y a aussi une certaine plasticité du niveau d'expression et de l'activité des systèmes de transduction.

V. Régulation des systèmes de perception et de transduction

A. Contrôle de la synthèse des récepteurs et de leur dégradation

Les niveaux de récepteurs ne sont pas constitutifs. Ainsi, dans le cas des récepteurs RCPG, il y a une dynamique de synthèse et de dégradation des récepteurs (Figure 5.1.17), aboutissant à un état stationnaire variable.

La synthèse de récepteurs est régulable au niveau transcriptionnel, par induction (*up-regulation*). Ainsi, le gène codant le récepteur à l'éthylène chez les plantes est inductible en situation de stress, par exemple en situation de stress hypoxique, ce qui peut amener à une hypersensibilité à l'éthylène de certains tissus.

Une autre composante de la régulation des récepteurs RCPG consiste en l'augmentation de leur dégradation dans les lysosomes intracellulaires suite à leur endocytose *via* les puits recouverts de clathrine (*down-regulation*).

Figure 5.1.17 Différentes voies de régulations des récepteurs
[modifié, d'après Moussard, 2005]

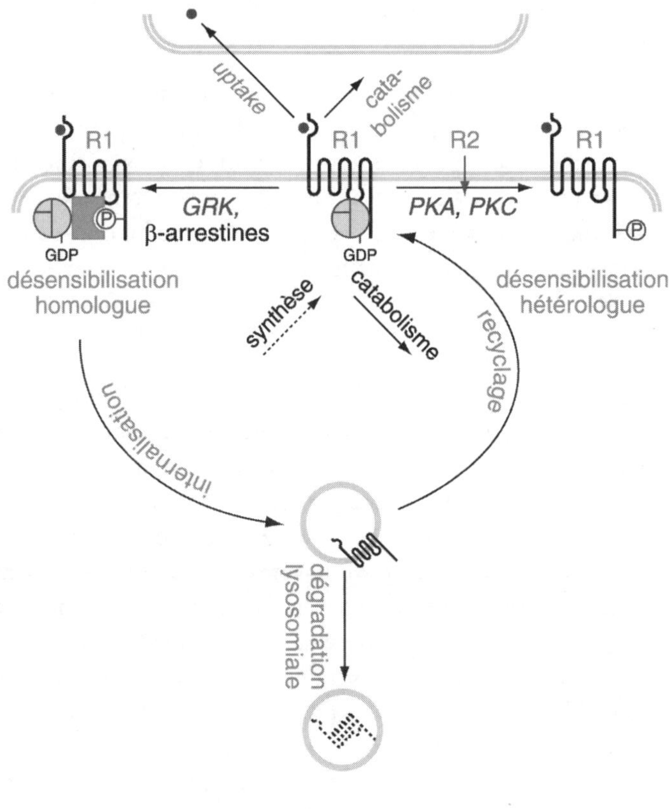

B. Activation et inactivation post-traductionnelle des récepteurs

Pour un même niveau de récepteurs, des processus post-traductionnels peuvent réguler le niveau d'activité des récepteurs. Il peut s'agir de processus de désensibilisation lente des récepteurs. Il peut s'agir de processus rapides de phosphorylation-déphosphorylation impliquant :

- des GRK (*G-protein-coupled Receptor Kinase)* (Figure 5.1.4) qui phosphorylent le récepteur activé par son ligand, ce qui permet l'inactivation du récepteur par des β-arrestines ;
- des protéines kinases (PKA ou PKC), elles-mêmes activées par la fixation d'un autre ligand sur une autre classe de récepteurs.

C. Régulation des systèmes de transduction

La plupart des systèmes de transduction sont par définition régulables de manière post-traductionnelle, en particulier par des processus de phosphorylation-déphosphorylation. C'est ainsi le cas des protéines G hétérotrimériques : l'hydrolyse spontanée du GTP (sous-unité αGTP) est complétée par l'intervention de protéines RGS (*Regulator of G protein Signaling*). Celles-ci activent l'activité GTPase des sous-unités Gα.

De plus, les gènes de nombreuses protéines de transduction sont soumis à des régulations d'expression spatio-temporelle, au cours du développement ou en réponse à des situations de stress. Ce type de régulation et un adressage ciblé des protéines de transduction dans des sous-domaines cellulaires permettent aux cellules de développer une architecture spatiale des systèmes de transduction et d'ajuster leur potentiel de réponse aux signaux extracellulaires.

Conclusion

La mise en œuvre par une cellule des mécanismes décrits ci-dessus ne se fait pas de manière individuelle, signal par signal, récepteur par récepteur, transduction par transduction, mais se fait au contraire de manière parallèle et intégrée. Il y a un dialogue moléculaire entre les activités des récepteurs et les activités des séquences de transduction de signal. Des processus de divergence et de convergence de signaux créent de véritables réseaux (« *networks* ») de signalisation à l'intérieur de la cellule. Ainsi, la cellule peut percevoir une large gamme de signaux issus des cellules environnantes, proches ou lointaines : des signaux nutritionnels (glucose), des signaux physiologiques et développementaux (hormones), des signaux pathologiques (éliciteurs, PAMPs), des signaux symbiotiques, des signaux de communication à distance, …, et le fonctionnement de la transduction en réseau permet à la cellule de faire une intégration (« *computing* ») de ces informations pour construire une réponse.

À différents niveaux de la perception et de la transduction interviennent des protéines kinases ayant des caractéristiques catalytiques et fonctionnelles différentes. Cependant, les analyses phylogénétiques d'un grand nombre de ces protéines kinases ont montré que les récepteurs-tyrosine-kinases, les récepteurs-sérine, thréonine-kinases et les kinases de la voie MAP faisaient partie de la même grande superfamille des Ser/Thr/Tyr-kinases eucaryotes. Ceci suggère la présence ancestrale chez les eucaryotes de protéine-kinases de perception-transduction ayant pu se complexifier, se spécialiser et s'associer de diverses manières au cours de l'évolution. Par ailleurs, il est important de noter que ces systèmes de perception-transduction existent tout autant chez des organismes eucaryotes unicellulaires que chez des organismes eucaryotes pluricellulaires. Ainsi, le fait que des systèmes proches soient impliqués dans des relations de type hôte-pathogène, nutritionnel ou symbiotique pourrait suggérer que les systèmes de communication entre organismes unicellulaires aient joué un rôle important dans la construction d'organismes pluricellulaires.

Enfin, les systèmes de perception-transduction intercellulaire interviennent de manière importante dans les processus de communication chimique entre individus de même espèce et d'espèces différentes. L'étude de ces systèmes pourrait ainsi être envisagée à l'échelle écosystémique de l'écologie chimique.

5.2 Les interactions entre cellules eucaryotes et microorganismes pathogènes (virus inclus)

Cette thématique a été conçue au départ comme un sujet de dissertation d'agrégation sans aucune indication d'ébauche de plan ou de mise sur la voie d'un plan particulier. La synthèse proposée ci-après se présente sous la forme d'un plan relativement développé et partiellement illustré. Les quelques données disponibles dans le chapitre 6.1 de la partie III, concernant le virus VIH-1, pourront également trouver leur place dans ce sujet.

Introduction

Les microorganismes, organismes microscopiques uni- ou pluricellulaires, constituent une partie conséquente des écosystèmes au sein desquels ils interagissent avec leur environnement biotique et abiotique.

L'écologie des interactions biotiques des microorganismes définit la nature et les caractéristiques des relations qui existent entre d'une part les procaryotes (eu- et archaeobactéries), les protozoaires, les champignons, certaines algues, ou les virus et d'autre part d'autres organismes vivants tels que les organismes eucaryotes uni- ou pluricellulaires que sont les eumycètes, les protistes, les plantes vertes ou les métazoaires. Dans un écosystème, ces interactions entre organismes peuvent se faire sans qu'il y ait de réels échanges entre deux organismes (neutralité), ou être associés à des échanges réciproques, les organismes vivant alors en association plus ou moins étroite et durable (mutualisme et symbiose). L'un des organismes peut également tirer profit de son interaction avec un autre organisme (commensalisme) pouvant parfois lui nuire (parasitisme).

Les microorganismes pathogènes sont des parasites responsables du développement de maladies dans l'organisme qu'ils infectent appelé alors l'hôte. **La pathogénicité, ou capacité du pathogène à induire la maladie**, dépend de déterminants moléculaires ou **facteurs de virulence**, qui engendrent sur les cellules des dommages, une toxicité, une perte de fitness ou la mort par lyse ou déclenchement de l'apoptose. Le devenir du microorganisme pathogène et de la cellule qu'il infecte dépendra du degré de pathogénicité (ou virulence) de la souche microbienne mais également de la plus ou moins grande résistance à l'infection de la cellule cible.

L'objectif est ici de **décrire l'influence réciproque** entre des microorganismes pathogènes et les cellules eucaryotes, de **définir les liens moléculaires et cellulaires** qui se mettent en place au cours de l'infection et qui permettent de **comprendre la pathogénicité**. Les exemples traités illustreront la diversité à la fois des microorganismes pathogènes mais également de leurs cibles cellulaires et des organismes infectés.

I. De l'initiation de l'interaction à la mise en contact de la cellule eucaryote et du microorganisme pathogène

A. Initiation de l'interaction

♦ Le microenvironnement cellulaire conditionne la mise en contact

Les organismes eucaryotes pluricellulaires présentent diverses **barrières naturelles, physiques et chimiques, qui préviennent l'interaction avec les pathogènes**, limitant en particulier leur fixation sur les cellules cibles et leur dissémination dans l'organisme. Ainsi les téguments, parois et épithéliums offrent une résistance à l'entrée des microorganismes pathogènes. Les sécrétions telles que le mucus peuvent contenir de nombreux antimicrobiens comme le lysozyme, des acides ou des peptides anti-microbiens tels que les défensines β. Par ailleurs la flore commensale des organismes eucaryotes limite, par simple compétition ou par la libération de substances antimicrobiennes, la colonisation des tissus par les pathogènes.

L'interaction entre le microorganisme pathogène et sa cellule cible est ainsi souvent **favorisée par des perturbations au niveau des barrières naturelles** telles qu'une lésion (les phytovirus pénètrent dans les plantes au niveau d'une cellule lésée), une fragilisation des épithéliums ou une modification de la composition de la flore commensale par exemple suite à une antibiothérapie ou un stress.

Le microenvironnement, en plus de faciliter l'interaction entre le pathogène et sa cellule cible, peut également **modifier le degré de virulence de la souche.** Certaines bactéries peuvent en réponse à des signaux de l'environnement tels que des variations de la température, du pH ou des situations de stress ou de carence **exprimer et libérer des toxines.** La bactérie *Corynebacterium diphteriae* libère ainsi la toxine diphtérique dans des conditions de carence en Fer.

♦ Chimiotactisme et dialogue moléculaire

L'interaction entre un pathogène précis et sa cible est bien souvent induite par une reconnaissance moléculaire spécifique qui précède la mise en contact. **Un dialogue moléculaire s'établit entre le microorganisme et sa cellule cible**, ce qui entraîne un chimiotactisme. La spécificité de cet échange moléculaire d'information constitue un premier niveau de reconnaissance avant la mise en contact.

L'exemple d'*Agrobacterium tumefaciens*, bactérie responsable de la maladie de la galle du collet caractérisée par la transformation de cellules normales en cellules tumorales chez les dicotylédones, reflète assez bien ce chimiotactisme (Figure 5.2.1). Les bactéries possèdent en effet des récepteurs aux composés phénoliques tels que l'acétosyringone libérée par les plantes lors d'une lésion. La reconnaissance de ces signaux végétaux attire les bactéries et conduit à leur fixation sur les cellules de la plante.

Figure 5.2.1 **Interactions moléculaires lors d'une infection par *Agrobacterium tumefaciens***
[modifié, d'après Prescott et coll., 2003]

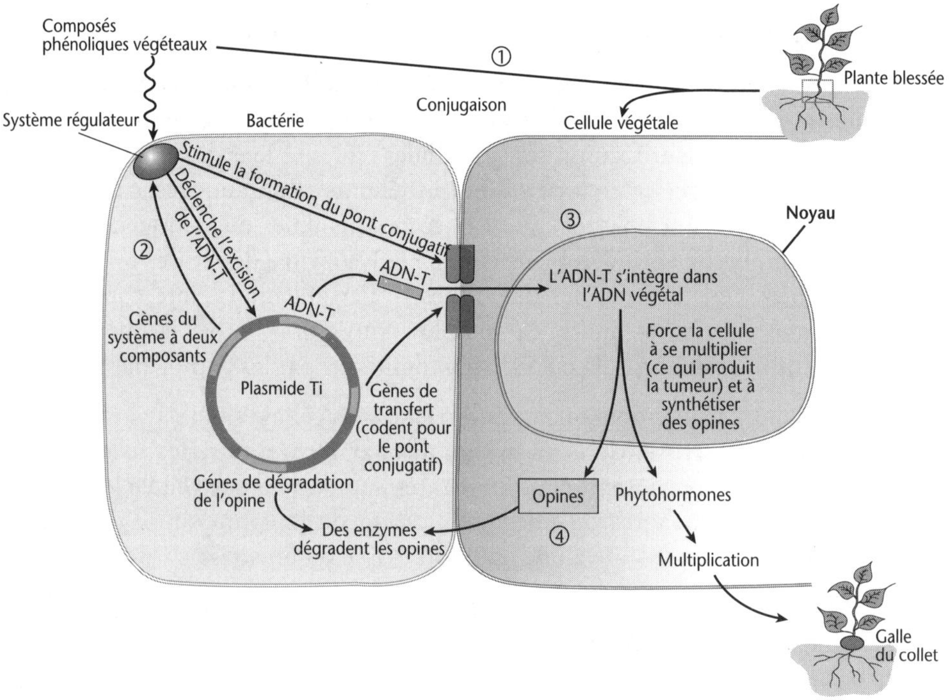

① **Chimiotactisme et initiation de l'interaction** : les composés phénoliques libérés par une plante blessée attirent les bactéries et activent un système à deux composants VirA/VirG

② **Activation des gènes portés par le plasmide Ti de la bactérie** : formation d'un pont conjugatif et excision de l'ADN-T

③ **Intégration de l'ADN-T dans le génome végétal**

④ **Expression de l'ADN bactérien dans les cellules végétales** : synthèse d'hormones végétales induisant la prolifération cellulaire et conduisant au développement d'une tumeur ; synthèse des opines utilisées comme source de carbone, d'azote et d'énergie par les bactéries.

♦ Facteurs de virulence favorisant la mise en contact

Le microorganisme peut favoriser la mise en contact avec les cellules eucaryotes en sécrétant divers facteurs de virulence (Tableau 5.2.1). Parmi eux, certains engendrent des altérations des matrices extra-cellulaires, des parois ou des membranes cellulaires, favorisant ainsi la dissémination et l'accès aux cellules cibles, d'autres inhibent des substances anti-microbiennes libérées par les cellules.

Tableau 5.2.1 Quelques facteurs de virulence favorisant la mise en contact des bactéries pathogènes et de leurs cellules cibles eucaryotes. [Modifié, d'après Prescott et coll., 2003]

Facteur de virulence	Exemple de microorganisme producteur	Mécanisme d'action
Collagénase	*Clostridium*	Dégrade le collagène des tissus conjonctifs animaux
Elastase	*Pseudomonas aeruginosa*	Hydrolyse la laminine associée aux membranes basales
Hémolysine	*Escherichia coli, Clostridium perfringens*	Lysent les érythrocytes provoquant une libération de fer disponible pour la croissance bactérienne
Hyaluronidase	*Streptococcus, Staphylococcus*	Hydrolyse l'acide hyaluronique de la substance fondamentale intercellulaire
Lécithinase	*Clostridium*	Dégrade la phosphatidyl choline des membranes plasmiques, facilitant la propagation

B. Mise en contact directe : fixation du microorganisme pathogène sur la cellule eucaryote

♦ Récepteur et spécificité de fixation

La fixation du microorganisme sur la cellule eucaryote se fait un niveau d'un **récepteur cellulaire spécifique** qui n'est autre qu'une protéine, une glycoprotéine ou un lipide membranaire sur lequel une molécule du microorganisme va pouvoir se fixer.

Ainsi *Listeria monocytogenes*, une bactérie responsable chez l'Homme de la listériose, une infection gastro-intestinale pouvant être mortelle, se fixe sur plusieurs récepteurs présents sur les cellules épithéliales de l'intestin grêle : la cadhérine E, le récepteur Met (à activité tyrosine kinase) et le récepteur gC1q. La fixation se fait par l'intermédiaire de l'internaline A et l'internaline B, deux protéines liées au peptidoglycane bactérien (Figure 5.2.2).

Les glycoprotéines d'enveloppe gp120 du VIH (Virus de l'Immunodéficience Humaine) permettent quant à elles la fixation du virus sur les lymphocytes T $CD4^+$, par liaison au CD4. Cette fixation au récepteur est rapidement suivie par une seconde reconnaissance avec **un co-récepteur** qui peut être un récepteur lymphocytaire des chimiokines tel que CCR5 ou CXCR4 (Figure 5.2.3).

Si cette fixation du microorganisme pathogène sur la membrane de la cellule hôte est bien souvent la règle, elle n'est toutefois pas obligatoire, **certains microorganismes pathogènes pouvant pénétrer directement dans les cellules hôtes, au niveau d'une lésion cellulaire,** comme dans le cas des phytovirus.

Figure 5.2.2 Infection et propagation de *Listeria monocytogenes* dans des cellules épithéliales de l'intestin grêle
[DeFranco et coll., 2009]

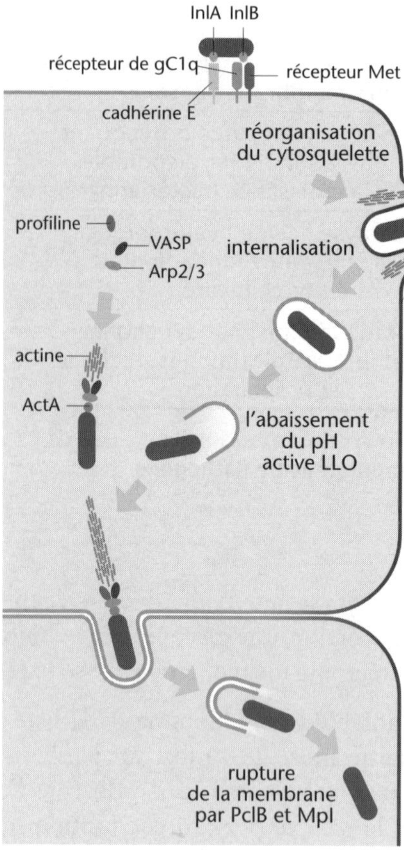

① L'adhésion des *Listeria* aux cellules épithéliales de l'intestin grêle se fait grâce à la fixation de l'internaline A (InlA) à la cadhérine E. La fixation de l'internaline B (InlB) sur les récepteurs Met et gC1q engendre une réorganisation du cytosquelette qui entraîne l'internalisation de la bactérie dans une vacuole.

② L'abaissement du pH dans la vacuole déclenche l'activation de la listériolysine O (LLO), une hémolysine formant des pores dans la membrane et responsable de la libération de la bactérie dans le cytoplasme.

③ La protéine bactérienne Act A induit alors à la polymérisation de l'actine cellulaire à l'une des extrémités de la bactérie en activant les complexes organisateurs de la polymérisation cellulaire Arp2/3, VASP ainsi que la profiline. La polymérisation directionnelle d'actine propulse alors la bactérie vers la cellule voisine. Les pseudopodes membranaires permettent l'entrée de la bactérie dans cette cellule voisine sans passer par le milieu extracellulaire.

④ La rupture de la double membrane par activation de la métalloprotéinase bactérienne Mpl et des phospholipases cellulaires PlcB conduit à la libération de la bactérie dans le cytoplasme de la cellule nouvellement infectée.

♦ Spectre d'hôte et tropisme microbien

Le degré de spécificité de l'interaction entre le microorganisme pathogène et son récepteur ainsi que la distribution cellulaire ou tissulaire des récepteurs, permet de définir **le tropisme des pathogènes pour un type cellulaire** ainsi que le **spectre d'hôte** qui sera plus ou moins étroit pour un microorganisme donné.

Les phytovirus, en absence de reconnaissance membranaire de leur hôte, interagissent avec un spectre très large de plantes. Le VMT (Virus de la Mosaïque du Tabac) peut par exemple infecter le tabac mais également beaucoup d'autres Solanacées.

♦ **Conséquences immédiates de la fixation**

– **Le microorganisme pénètre dans la cellule eucaryote** en utilisant des mécanismes très variés mettant en jeu des molécules du pathogène (peptides fusion, toxines, enzymes…) et mobilisant des structures propres à la cellule eucaryote.
Dans le cas de *Listeria monocytogenes,* l'interaction des internalines avec leurs récepteurs conduit à une réorganisation du cytosquelette de la cellule hôte et à l'internalisation de la bactérie dans une vacuole (Figure 5.2.2). Le VIH pénètre dans ses cellules cibles par fusion de l'enveloppe virale avec la membrane plasmique cellulaire grâce à l'extrusion du peptide fusion hydrophobe gp41 (Figure 5.2.3).

– **Le microorganisme reste à l'extérieur de la cellule.** Les champignons filamenteux tels que les Oïdiums développent un mycélium sur l'épiderme des plantes et émettent des **suçoirs** qui s'enfoncent dans les cellules végétales sans toutefois pénétrer dans le cytoplasme. Les bactéries phytopathogènes Gram négatives telles que *Pseudomonas syringae*, *Xanthomona sps* ou *Erwinia sp* se fixent aux cellules et utilisent le **système de sécrétion TTSS** (*type III secretion system*) pour transloquer leurs facteurs de virulence à l'intérieur des cellules infectées. *Agrobacterium tumefaciens* quant à elle injecte son ADN-T et des facteurs de virulence Vir par le **TFSS** (*type IV secretion system*) (Figure 5.2.1).

Figure 5.2.3 **Mécanisme de fixation et de pénétration du VIH-1 dans un lymphocyte T CD4⁺**
[modifié, d'après Espinosa et Chillet, 2006]

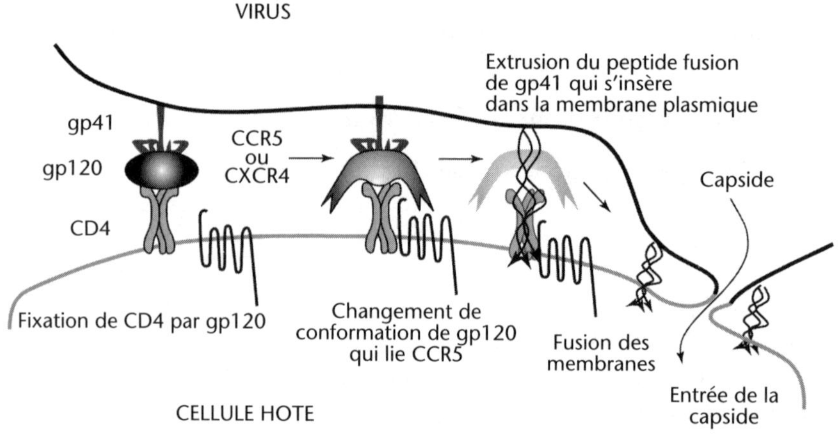

C. Mise en contact indirecte : sécrétion par le microorganisme de facteurs diffusibles se fixant à la cellule eucaryote.

Certains microorganismes pathogènes, et en particulier les bactéries, n'interagissent pas directement avec les cellules eucaryotes, mais secrètent des facteurs diffusibles toxiques capables de se fixer aux cellules voire d'y pénétrer. Ces facteurs ou toxines, présentent une grande diversité structurale et fonctionnelle. On distingue les **exotoxines,** protéines solubles libérées lors de la multiplication de la bactérie et capables d'induire des dommages cellulaires et les **endotoxines** qui correspondent au lipide A du LPS (lipopolysaccharide) des bactéries à Gram négatif et qui induisent des effets systémiques plutôt que purement cellulaires.

Parmi les exemples d'exotoxine, on peut citer la toxine diphtérique de *Corynebacterium diphteriae* qui est de type A-B, A étant le fragment portant une activité ADP-ribosyl transférase et B le fragment se liant au récepteur cellulaire. Cette toxine se fixe spécifiquement sur les cellules des voies respiratoires supérieures dans lesquelles elle pénètre et catalyse l'ADP-ribosylation du facteur d'élongation de la traduction EF-2 (Figure 5.2.4). Une fois sécrétée, cette toxine peut disséminer dans l'organisme et atteindre d'autres types cellulaires comme les cellules du myocarde.

Figure 5.2.4 Mécanisme de pénétration et d'action de la toxine diphtérique [modifié, d'après Prescott et coll., 2003]

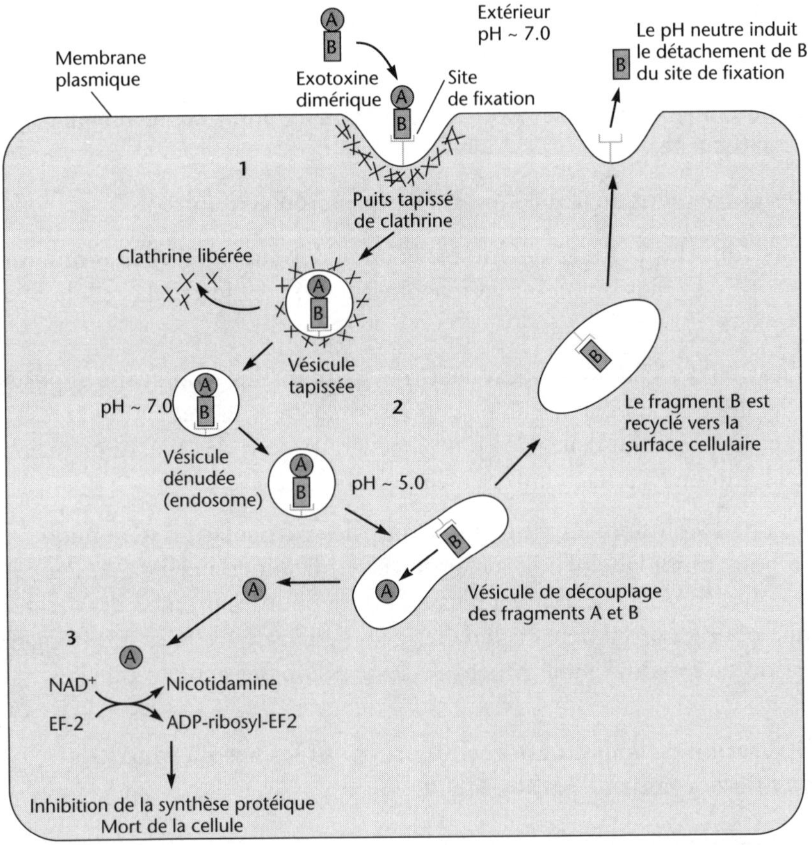

① Liaison du fragment B de la toxine à son récepteur cellulaire qui induit l'endocytose de la toxine.

② Acidification dans l'endosome qui conduit à un changement de conformation de la partie N-terminale du fragment B qui s'insère dans la membrane. Le pont disulfure entre A et B est hydrolysé et le fragment A entre dans la cellule.

③ Dans le cytosol le fragment A catalyse l'ADP-ribosylation du facteur d'élongation de la traduction EF-2, ce qui entraîne une inhibition de la synthèse protéique et la mort de la cellule.

II. Actions du microorganisme pathogene sur la cellule eucaryote

Les altérations causées par les microorganismes aux cellules eucaryotes qu'ils infectent sont responsables des dérèglements cellulaires conduisant aux maladies. C'est ce qui fait de ces microorganismes des pathogènes.

A. Détournement du métabolisme cellulaire au profit du microorganisme pathogène

♦ Détournement de la machinerie d'expression cellulaire

Les virus sont des pathogènes intracellulaires **dépourvus d'autonomie métabolique** et utilisant plus ou moins, la machinerie d'expression de la cellule hôte pour se multiplier.

La réplication des génomes viraux, leur transcription, les modifications post-transcriptionnelles et l'export nucléaire des transcrits viraux, la traduction et les modifications post-traductionnelles des protéines virales sont des fonctions majoritairement conduites par les facteurs et enzymes cellulaires.

Au cours de l'évolution, les virus ont acquis des particularités génomiques qui en font de bons candidats à l'utilisation de cette machinerie cellulaire. Par exemple, l'ARN polymérase II eucaryote a plus d'affinité pour les promoteurs des gènes du VIH que pour les promoteurs cellulaires ce qui, dans les cellules infectées, favorise l'expression du provirus au détriment de l'expression des gènes cellulaires.

♦ Utilisation de constituants cellulaires pour les besoins nutritifs du microorganisme pathogène

De nombreux pathogènes utilisent les constituants cellulaires comme source de matière et d'énergie. Par exemple le suçoir des champignons phytopathogènes correspond à un appareil d'absorption permettant un détournement trophique de substances organiques produites par la plante au profit du pathogène.

♦ Utilisation de constituants cellulaires pour la dissémination du microorganisme pathogène

L'exemple des *Listeria monocytogenes* illustre l'utilisation du cytosquelette et en particulier de l'induction de la polymérisation de l'actine cellulaire pour la dissémination de cellule à cellule (Figure 5.2.2).

Ces détournements du métabolisme cellulaire affaiblissent les cellules et les organismes qui n'ont plus l'énergie suffisante pour assurer leurs fonctions normales.

B. Altérations et dérèglements cellulaires induits par le microorganisme

Ils sont causés par les facteurs de virulence des microorganismes.

♦ Les facteurs de virulence interagissent avec les biomolécules cellulaires

Lorsqu'ils infectent une cellule eucaryote, les microorganismes pathogènes secrètent des facteurs de virulence capables de se lier à des molécules intracellulaires, de les hydrolyser, de les inhiber ou de les activer.

Les cibles cellulaires des facteurs de virulence sont extrêmement variées et il est difficile les citer toutes. La Figure 5.2.5 en présente quelques unes.

♦ Conséquences de ces altérations cellulaires : effets cytotoxiques et cytolytiques

Les effets cytotoxiques observés dans les cellules infectées sont en rapport avec le type d'interaction et d'altération que le pathogène fait subir à la cellule. Dans certains cas le **déclenchement de l'apoptose ou la lyse des cellules met fin à l'interaction** entre le pathogène et sa cellule cible, tout en permettant souvent la libération de nouveaux microorganismes dans le milieu extra-cellulaire.

Ainsi *Plasmodium falciparum*, l'agent du paludisme, a un cycle érythrocytaire chez l'homme caractérisé par une lyse des hématies et une libération des nouveaux parasites. Les pics de fièvre récurrents (toutes les 48 heures) observés chez les personnes atteintes reflètent cette hémolyse à laquelle est associée une anémie sévère.

Figure 5.2.5 Facteurs de virulence de différents microorganismes phytopathogènes [modifié, d'après Speth et coll., 2007]]

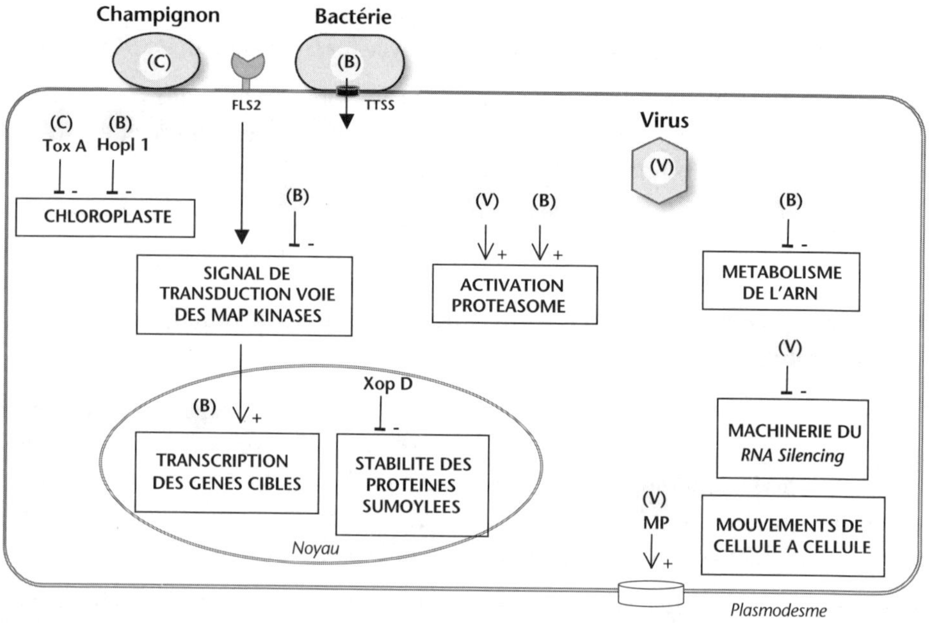

Les facteurs de virulence sécrétés par les microorganismes phytopathogènes peuvent agir sur de nombreuses cibles cellulaires (encadrés). Ces facteurs d'origine fongique (C), bactérienne (B) ou virale (V) induisent des activations (→ +) ou des inhibitions (— |) sur les cibles identifiées. TTSS (*type III secretion system),* FLS2 (récepteur de flagelline), Tox A : facteur de virulence fongique ; Hopl1, XopD facteurs de virulence de *Xanthomonas,* MP : protéines virales de mouvement.

C. Transformation cellulaire et tumorigénèse

Les virus tumoraux à ADN ou à ARN peuvent induire la transformation cellulaire et la prolifération incontrôlée des cellules infectées. Ces virus contiennent des oncogènes viraux ou des facteurs pouvant se lier aux proto-oncogènes ou gènes suppresseurs de tumeurs cellulaires. Les virus peuvent également induire une tumorigénèse par simple insertion de leur génome viral dans le génome cellulaire qui peut conduire à une activation d'oncogène ou une inhibition d'un gène suppresseur de tumeurs.

Des exemples de virus tumoraux de cellules animales sont présentés dans le chapitre 6.2 de la partie III.

Des bactéries peuvent également être responsables d'une transformation cellulaire et d'une tumorigénèse. Ainsi, *Agrobacterium tumefaciens* induit, suite à l'insertion de l'ADN-T bactérien dans le génome des cellules végétales, la synthèse d'auxines et de cytokinines responsables d'une activation de la prolifération des cellules végétales infectées et du développement de la galle du collet (Figure 5.2.1).

III. Réponse de la cellule eucaryote à l'infection et conséquences pour le microorganisme pathogène

Toutes les cellules ne répondent pas de la même façon à un microorganisme pathogène. Certaines sont spécialisées dans la lutte contre les pathogènes, d'autres vont émettre des signaux activant les cellules du système immunitaire. La réponse cellulaire débute par une reconnaissance moléculaire du microorganisme pathogène qui engendre l'activation de cellules et de mécanismes de défense.

A. Reconnaissance du pathogène et organisation de la réponse des cellules eucaryotes à l'infection

♦ Reconnaissance de signatures de pathogènes et réponse immunitaire innée

Chez les plantes comme chez les animaux, il existe des systèmes de reconnaissance des pathogènes mettant en jeu un ensemble de récepteurs apparus assez tôt au cours de l'évolution et ayant évolué de façon conjointe avec les motifs caractéristiques des pathogènes qu'ils reconnaissent.

- **Les PAMPs (*pathogen associated molecular pattern*)** sont des molécules retrouvées spécifiquement sur les membranes ou enveloppes des microorganismes pathogènes et reconnues par un ensemble de récepteurs du système immunitaire inné. Il peut s'agir du LPS (lipopolysaccharide) des bactéries à Gram négatif, des acides teichoïques et lipoteichoïques de la paroi des bactéries Gram positif, de la chitine ou de l'ergostérol de la paroi des champignons, les ARN double brin des virus, etc.
- Les PAMPs sont reconnus par des **récepteurs appelés PRR (*pattern recognition receptors*)** qui sont exprimés sur la membrane des cellules de plantes, et au niveau membranaire ou cytoplasmique des cellules du système immunitaire inné des animaux dont les phagocytes (Tableau 5.2.2).
- **Chez les plantes, le mécanisme d'ETI (*effector-triggered immunity*)** permet de détecter dans le cytoplasme ou le noyau des molécules caractéristiques de pathogènes. Les protéines de détection de ce système de surveillance appelées **NB-LRR (*nucleotide-binding, leucine-rich repeats*) sont codées par les gènes R** et peuvent se lier directement aux effecteurs des pathogènes ou détecter des altérations de cibles cellulaires engendrées par les facteurs de virulence.
- **Des récepteurs de DAMPs (*danger-associated molecular patterns*)** peuvent également chez les animaux comme chez les plantes détecter des signaux cellulaires émis lors d'infections (molécules de choc thermique, défensines).

Tous ces mécanismes de reconnaissance des signatures de pathogènes ou traces d'infections conduisent à des cascades de transduction aboutissant à l'activation de gènes de défense.

♦ **Reconnaissance d'épitopes de pathogènes et réponse immunitaire adaptative**

Chez les vertébrés, un mécanisme de reconnaissance propre à chaque pathogène rencontré tout au long de la vie est à l'origine de réponses immunitaires très spécifiques.

- **Les récepteurs de l'immunité adaptative sont localisés sur les lymphocytes.** Chaque lymphocyte génère son propre immunorécepteur, susceptible de reconnaître un antigène de pathogène. Statistiquement le répertoire des immunorécepteurs, ou ensemble des récepteurs générés par un organisme, présente un récepteur pour chaque antigène existant.
- **Grâce au BCR (récepteur des lymphocytes B) les lymphocytes B reconnaissent l'antigène dans sa forme native.** Le BCR, constitué d'une immunoglobuline et de deux hétérodimères membranaires, reconnaît un antigène conformationnel au niveau de régions hypervariabes extra-cellulaires. La transduction du signal passe ensuite par des motifs ITAM intra-cytoplasmiques.
- **Le TCR (récepteur des lymphocytes T) reconnaît quant à lui l'antigène apprêté** et présenté par les molécules du CMH (complexe majeur d'histocompatibilité). Un complexe CD3 associé au TCR permet la transduction du signal par des motifs ITAMs intra-cytoplasmiques.
- La reconnaissance d'un antigène de pathogène par un lymphocyte naïf conduit à son activation et à la prolifération clonale. C'est ce clone de cellules adaptées au microorganisme pathogène qui va interagir et éliminer ce dernier.

Tableau 5.2.2 Diversité et caractéristiques des principaux PRR (*pattern recognition receptors*)
[V. Guillaume, d'après différentes sources]

PRR		Localisation du récepteur	Exemple de PAMP reconnus	Caractéristiques du récepteur
PRR DE PLANTES		Membrane de cellules végétales	LPS, flagelline, lipopeptides bactériens	Contiennent un domaine LRR (leucine-rich repeats) extracellulaire et un domaine Ser-Thr kinase intracellulaire. Voie de transduction passant par les MAP-kinases.
PRR D'ANIMAUX	**TLR** (Toll like receptor)	Membrane plasmique de cellules dendritiques	LPS, flagelline, lipopeptides bactériens	Contiennent un domaine LRR extracellulaire et un domaine de transduction du signal intracytoplasmique. Voies de transduction variées dont celle des MAP-kinases activant NF-κB, AP-1 et IRF3
		Membrane vésiculaire ou cytoplasmique de cellules dendritiques	ARN double ou simple brin viral, ADN viral et bactérien	
	Protéines NOD (nucleotide oligomerization domain)	Cytoplasme de macrophages, cellules dendritiques, cellules épithéliales	Dipeptides du peptidoglycanne bactérien (contenant l'acide diaminopimélique, muramyldipeptide)	Contiennent un domaine LRR extracellulaire et un domaine NOD de transduction du signal intracytoplasmique. Voie de transduction conduisant à l'activation de NF-κB
	Récepteurs *scavengers*	Membrane des macrophages et cellules dendritiques	LPS et acides lipoteichoïques	Protéines trimériques ayant un domaine de type collagène
	Récepteurs de la famille des lectines (collectines, ficolines)	Protéines sécrétées ou sur la membrane des macrophages	Résidus osidiques terminaux des polyosides, glycoprotéines et glycolipides bactériens (D-mannose, β-glucanes...)	Protéines trimériques ayant des chaînes globulaires de liaison à des ligands. Sont des opsonines, peuvent activer le système du complément.

- **Mécanismes de généralisation de la réponse à la communauté de cellules**

Les mécanismes de défense peuvent être généralisés à la communauté de cellules ou même à la communauté d'organismes par des molécules signal :

- chez les plantes, intervention de molécules signal telles que l'éthylène ou le méthyl-jasmonate
- chez les animaux, intervention de cytokines ou de chimiokines.

B. Activation de molécules de défense interagissant avec les pathogènes

L'activation des systèmes immunitaires intégrés, innés ou acquis, ou des systèmes de défense, aboutit à la synthèse de molécules de défense de nature biochimique variée : protéines PR (*Pathogenesis-related*), ERO (espèces réactives de l'oxygène) chez les plantes et les animaux, enzymes hydrolytiques, métabolites secondaires, composés phénoliques, antibiotiques, peptides antimicrobiens, etc. (Tableau 5.2.3).

Tableau 5.2.3 Principales molécules de défense des vertébrés contre les microorganismes pathogènes
[V. Guillaume, d'après différentes sources]

Système de défense moléculaire		Exemples
Facteurs plasmatiques	PRR solubles	Collectines, pentraxines
	Inhibiteurs de protéases	α2-microglobuline, Serpines (serine protease inhibitor)
Complément		Voie d'activation alterne, lectine et classique
Molécules antimicrobiennes	Peptides antimicrobiens sécrétés par les cellules épithéliales et les neutrophiles	Défensines α et β, cathélicidines
	Protéines secrétées par les neutrophiles	Lactoferrine, lysozyme, serprocidines
Interférons de type 1		IFN α, IFN β

C. Mécanismes moléculaires et cellulaires d'élimination du microorganisme pathogène

♦ Destruction des microorganismes pathogènes par phagocytose

Ce mécanisme d'internalisation des microorganismes pathogènes dans des cellules capables de les détruire peut être **plus ou moins spécifique du microorganisme selon la nature du récepteur membranaire** induisant la phagocytose (récepteurs de l'immunité innée, des anticorps spécifiques produits par les plasmocytes, des facteurs du complément…). Chez les vertébrés de nombreux types cellulaires sont doués de phagocytose, mais seuls les **macrophages, les neutrophiles et les cellules dendritiques** réalisent une phagocytose intense : on les qualifie de phagocytes professionnels. La destruction des microorganismes pathogènes est réalisée dans les phagolysosomes par action de peptides anti-microbiens (défensines, cathélicidines), d'enzymes (lysozyme, protéases, peroxydases ou élastases), ou de dérivés toxiques de l'oxygène et de l'azote (Tableau 5.2.4).

Tableau 5.2.4 Intermédiaires réactifs de l'oxygène et de l'azote produits par les phagocytes
[modifié, d'après Espinosa et Chillet, 2006]

Molécule produite	Type cellulaire	Effets
$O_2^{\bullet-}$, $OH^{\bullet}$, H_2O_2	MP, Mo, GN	Oxydation globale des protéines et acides nucléiques
HOCl, chloramines	GN	Oxydation et halogénation
$ONOO^-$ (peroxynitrites)	MP, Mo, GN	Nitration des tyrosines
S-nitrosothiols	MP, Mo, GN	S-nitrosylation
$NO^{\bullet}$	MP, Mo, GN	Cible des enzymes virales

MP : macrophage ; Mo : monocyte ; GN : granulocyte neutrophile

♦ Blocage de la multiplication/ réplication des microorganismes pathogènes

L'élimination des cellules infectées par cytotoxicité ou par ADCC (*antibody dependant cell mediated cytotoxicity*) limite la prolifération des pathogènes. Les principales cellules mises en jeu sont alors les lymphocytes T $CD8^+$ ainsi que les cellules NK (*natural killers*).

L'élimination des cellules infectées peut également se faire par induction de **l'apoptose ou de la mort cellulaire programmée.**

Chez les vertébrés, **les interférons de type I** bloquent la réplication virale dans les cellules infectées *(voir paragraphe IV du chapitre 4.2 de la partie I « les ARN »)*.

- **Mécanismes de « post-transcriptional gene silencing »** chez les plantes et les insectes où il y a une activation de la dégradation des ARN viraux. *(voir paragraphe III du chapitre 4.2 de la partie I « les ARN »).*

D. Stratégies d'échappement du pathogène aux défenses des cellules eucaryotes

Les microorganismes pathogènes expriment des facteurs de virulence pouvant contrecarrer les mécanismes immunitaires.

Le microorganisme pathogène peut tout d'abord être masqué ou non reconnu par les récepteurs de l'immunité innée ou adaptative : persistance d'un virus dans un site plus ou moins protégé du système immunitaire tel que l'œil, le cerveau ou certains réservoirs cellulaires ; synthèse de capsules bactériennes masquant les déterminants immunitaires…

Le microorganisme peut également interférer avec les mécanismes immunitaires cellulaires et moléculaires, les rendant inefficaces. Les exemples sont là extrêmement nombreux. D'une manière générale, les virus animaux vont plutôt avoir tendance à interférer avec la présentation en surface des molécules du CMH I dans les cellules infectées, à inhiber les voies d'activation et d'action des interférons de type I ou à prolonger la survie des cellules infectées en inhibant les processus d'apoptose (par exemple en secrétant des **virokines** ou des **virorécepteurs**) (Figure 5.2.6).

Figure 5.2.6 **Sécrétion de virokines et virorécepteurs par les virus de l'Herpès** [modifié, d'après De Franco et coll., 2009]

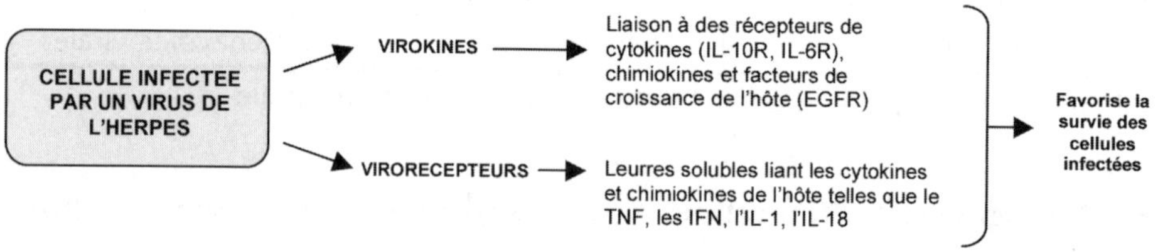

Les microorganismes pathogènes peuvent aussi échapper aux interactions cellulaires avec le système immunitaire en mutant.

IV. Évolution et utilisation par l'homme des interactions entre cellules eucaryotes et microorganismes pathogènes

A. La nature et la spécificité de l'interaction entre un microorganisme pathogène et les cellules qu'il infecte évoluent au cours du temps

♦ Évolution de la spécificité de l'interaction

La spécificité de la réponse dépend d'une reconnaissance stéréochimique entre un récepteur et un ligand, lui-même plus ou moins spécifique d'une gamme de micro-organismes, ou d'un micro-organisme spécifique, ou d'une souche.

La reconnaissance des microorganismes pathogènes par les cellules du système immunitaire adaptatif présente une certaine **plasticité** au sein d'un organisme. Les mécanismes de **réarrangement des gènes des immunoglobulines, de commutation de classe, de maturation d'affinité** ou d'affinité relative des molécules du CMH présentant en surface les peptides antigéniques expliquent cette plasticité de la réponse immunitaire.

Dans le cas de l'immunité innée, la spécificité de l'interaction ne présente pas de plasticité ni de capacité d'acclimatation, son évolution ne peut de faire que par des **phénomènes de dynamique populationnelle et de sélection de fréquence d'allèles.**

♦ Mécanismes de mémorisation : prévention de nouvelles infections

Chez les plantes il existe des **systèmes simples de mémorisation** par résistance systémique acquise. Ainsi la conjugaison du salicylate sous forme de salicyl-ß-glucoside qui s'accumule à la suite d'une primo-infection et est facilement mobilisable en salicylate en réponse à une deuxième infection.

Chez les animaux, certaines cellules de la réponse immunitaire acquise, spécifique d'un antigène donné, sont mises en mémoire. Ces cellules sont mobilisables plus rapidement et plus efficacement lors d'une deuxième infection par le même microorganisme pathogène.

♦ Évolution de la virulence d'une souche pathogène

Chez les bactéries pathogènes, les gènes de virulence sont souvent rassemblés en bloc dans des unités conservées au cours de l'évolution appelées ilôts de pathogénicité. Le brassage des génomes bactériens par conjugaison, transformation ou transduction contribue à la dissémination de ces gènes de virulence au sein des souches bactériennes pathogènes et à l'évolution de la pathogénicité des souches.

Les mutations et brassages de génomes contribuent également à l'évolution des souches virales. La variation antigénique par dérive antigénique (*antigenic drift*) et par réassortiment de gènes (*antigenic shift*) observée chez les virus Influenza en est un exemple d'actualité (Figure 5.2.7).

Figure 5.2.7 Mécanismes de variation antigénique chez le virus Influenza A
[V. Guillaume, d'après différentes sources]

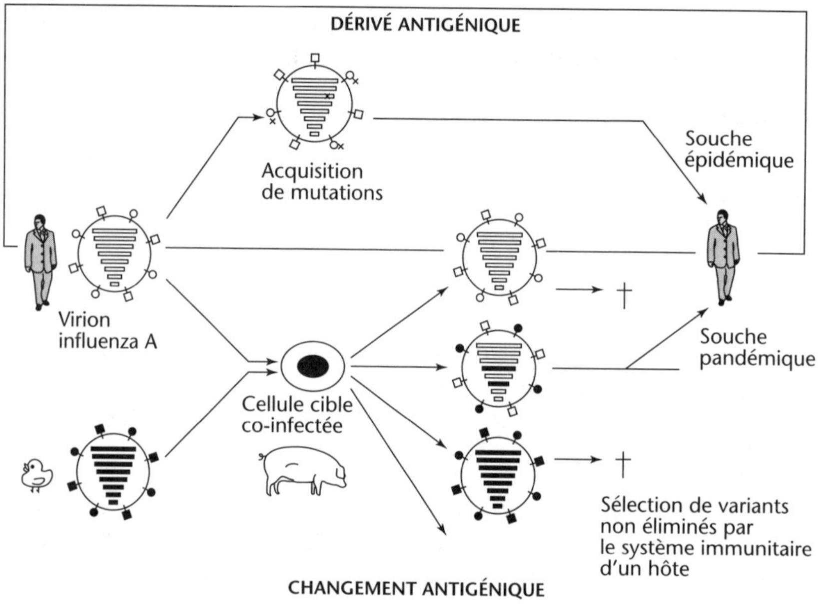

Ces évolutions moléculaires des microorganismes pathogènes, amplifiées par la forte pression de sélection opérée par les traitements anti-microbiens, se font conjointement aux évolutions des systèmes de défense des cellules eucaryotes.

B. Les interactions entre un microorganisme pathogène et sa cellule cible sont exploitées dans les domaines de la santé humaine/ animale

- **Vaccination**

Le principe de la vaccination est l'introduction dans l'organisme d'antigènes issus de microorganismes pathogènes susceptibles d'induire une réponse immunitaire acquise spécifique passant en particulier par la production d'anticorps neutralisants de haute affinité. L'objectif est d'induire rapidement et efficacement lors d'une seconde exposition à l'antigène la production d'anticorps par les plasmocytes issus des lymphocytes B mis en mémoire au cours de la vaccination. Certains vaccins peuvent également stimuler les réponses cellulaires cytotoxiques par les lymphocytes T $CD8^{+}$. La nature des épitopes des pathogènes inclus dans le vaccin détermine en partie l'efficacité de la réponse immunitaire.

Le vaccin DTaP (*Diphteria, Tetanus, acellular Pertussis*) est par exemple un vaccin sous-unitaire contenant les anatoxines (toxines inactivées chimiquement, inoffensives, mais ayant conservé leur caractère antigénique) des bactéries responsables de la diphtérie, du tétanos et de la coqueluche.

Certains vaccins doivent être modifiés régulièrement dans leur composition en rapport avec l'évolution des déterminants antigéniques des souches pathogènes. Ainsi le vaccin contre la grippe doit être actualisé chaque année en fonction des souches émergentes du virus Influenza A ayant subi la dérive antigénique et éventuellement des réassortiments génomiques.

♦ Traitements contre les microorganismes pathogènes

Si les traitements administrés aux organismes infectés par un microorganisme pathogène visent parfois l'élimination des symptômes associés à la réponse immunitaire (chez l'Homme : antipyrétiques, anti douleurs,...), ils ciblent toutefois souvent l'élimination spécifique de l'agent pathogène, en particulier par **inhibition des interactions moléculaires avec leurs cellules cibles**. Les inhibiteurs de fusion du type T20 utilisés dans la chimiothérapie anti-VIH sont un exemple d'agents antiviraux qui bloquent l'interaction entre le virus et sa cellule cible, plus précisément en empêchant le changement de conformation de gp120 à l'origine de l'extrusion de gp41 et de la fusion entre l'enveloppe virale et la membrane plasmique cellulaire.

La connaissance fine des relations moléculaires qui existent entre les microorganismes pathogènes et les cellules qu'ils infectent permet d'**identifier de potentielles molécules anti-microbiennes** pouvant être à terme développées comme médicament. L'analyse des facteurs libérés par *Pseudomonas aeruginosa* au cours d'une infection a par exemple permis d'identifier l'azurine, une substance classée comme agent « anticapavi » (anti cancer, parasite et virus) (Tableau 5.2.5), qui pourrait être intéressante à développer comme traitement chimiothérapeutique.

Tableau 5.2.5 **Activité « anticapavi » de l'azurine produite par *Pseudomonas aeruginosa***
[modifié, d'après Fialho et coll., 2007]

Cible	Ligand	Conséquences fonctionnelles
Cellule cancéreuse	p53 (suppresseur de tumeurs)	Stabilisation de p53 et déclenchement de l'apoptose
Plasmodium falciparum	MSP-1 (une protéine de la surface du mérozoïte)	Inhibition de l'infection des hématies
VIH-1	Gp120 (glycoprotéine d'enveloppe)	Inhibition de l'entrée du virus dans ses cellules cibles

C. Interactions cellule eucaryote – microorganisme pathogène et biotechnologies

L'utilisation de microorganismes pathogènes comme vecteurs pour l'introduction de nouveaux gènes dans les cellules eucaryotes est à la base des techniques de **transgénèse animale et végétale.** C'est aussi une des stratégies employée en **thérapie génique.** Ainsi les souches d'*Agrobacterium tumefaciens* peuvent être utilisées pour l'amélioration génétique et l'obtention de cultivars résistants à des microorganismes pathogènes.

Conclusion

- Notion de co-évolution forte entre les facteurs de virulence des microorganismes pathogènes et les systèmes de défense des cellules eucaryotes.
- Cas des interactions entre cellules eucaryotes et leurs microorganismes symbiotiques. Ces interactions suivent-elles les mêmes mécanismes ? En partie oui. Ainsi, certaines interactions de symbiose chez les plantes dépendent aussi de récepteurs LRR-RLK proches de ceux impliqués dans la reconnaissance des signatures de pathogènes, et il y a des similitudes entre les arbuscules des endomycorhizes et les haustoriums des parasites fongiques (oïdium).

biologie

Partie II

Analyser des documents scientifiques expérimentaux : la critique et le commentaire

Chapitre 1

Discours sur la méthode

L'objectif de ce chapitre est de réaliser une analyse rigoureuse d'études expérimentales, **à partir d'un sujet constitué de documents scientifiques** posé par un jury, tel que cela se pratique dans le cadre des écrits de CAPES-CAFEP externes et internes, de l'Agrégation interne des Sciences de la Vie et de la Terre ou dans le cadre des travaux pratiques de l'Agrégation externe de Science de la Vie, Sciences de la Terre et de l'Univers. La méthode et les exemples développés dans ce chapitre peuvent aussi correspondre à une situation de rédaction de **rapport synthétique et critique à partir de données expérimentales**.

Certains points concernant **l'analyse, la logique, la mise en place des idées, la progression de la présentation, et la qualité de l'exposé** posent les mêmes problèmes que ce soit dans le cas de la construction d'un écrit, tel que cela a été décrit dans la partie I, et/ou dans le cas de la construction d'un oral, tel que cela est décrit dans la partie III. Cependant, certains conseils et certains éléments de méthode ont été répétés explicitement dans le contexte d'un travail d'analyse de documents, en particulier pour les écueils à éviter.

L'analyse de documents est un exercice rigoureux, qui exige **de bonnes connaissances expérimentales**, en particulier sur **les principes des techniques d'analyse et leur signification**, et qui doit être progressif et critique, suivant en cela la logique classique de l'article académique : (i) introduction, (ii) matériels et méthodes, (iii) résultats, (iv) discussion. Il ne s'agira pas de reproduire explicitement un tel plan, mais d'avoir en tête cette démarche, où sont exposés de manière indépendante : (i) les questions posées et les hypothèses, (ii) les méthodes de travail, (iii) l'interprétation objective des résultats, et (iv) la discussion, comparative, intégrative et critique.

Cet exercice rigoureux démarre par une bonne organisation de son travail afin de ne pas se perdre dans la quantité d'informations inhérentes à ce type d'exercice.

- Il est important de lire une première fois la totalité du sujet afin d'évaluer les tenants et les aboutissants de la thématique, ce qui peut suggérer des pistes d'introduction et de conclusion, et de faire un bilan du nombre de documents à exploiter et de leur difficulté.
- Il est aussi important, si le sujet ne le précise pas déjà, de réfléchir au plan à suivre et à l'ordre logique de présentation et d'analyse des différents documents.
- On doit alors revenir aux documents pour les étudier en détail en prenant des notes de légendes et de commentaires sur une feuille de brouillon. Il est impératif de n'oublier aucun document, car la grille de correction les prend tous en compte !
- On peut aussi réfléchir au contenu de l'introduction et de la conclusion, si le sujet précise que ces deux parties doivent être présentes dans le devoir.
- Le temps restant doit être consacré à la rédaction précise de la composition.

Les détails techniques liés aux problèmes spécifiques des concours ne sont pas traités ici de manière exhaustive. Le lecteur peut à ce sujet se référer directement aux rapports des jurys de concours, qui sont librement disponibles, par exemple sur les sites officiels des jurys de l'agrégation (http://pedagogie.ac-limoges.fr/agreg-sv-stu) et du CAPES des Sciences de la Vie et de la Terre (http://svt-capes.scola.ac-paris.fr/).

1.1 Lire et analyser le texte : formuler ou reformuler des questions

Dans ce type de sujet, un texte court est associé à un nombre important de documents (résultats expérimentaux, tableaux, figures, photographies, micrographies...). Le texte énoncé est là uniquement pour fournir un contexte : le choix des modèles d'étude, les matériels et les méthodes, et les précisions sur les techniques expérimentales utilisées, ce qui peut aider à formuler une question. Quelques consignes simples peuvent être fournies : légender une figure, compléter une figure, ou remplir un tableau. Cependant, la plupart des sujets exigent (i) de formuler ou re-formuler des questions à partir des données proposées, (ii) de rédiger explicitement l'hypothèse posée ou les hypothèses posées, (iii) d'interpréter des résultats, et (iv) de les commenter.

1.2 Lire et analyser les tableaux

Un tableau constitue un document riche en données très souvent chiffrées dont il faut extraire les informations répondant aux questions posées dans l'énoncé :

- en faisant tout d'abord le lien avec les méthodes ayant permis d'obtenir les résultats consignés dans le tableau afin de comprendre leur signification ;
- en identifiant les lignes et colonnes « témoins » indispensables pour faire des comparaisons ;
- en faisant attention aux validités statistiques lorsqu'elles sont données, par l'utilisation de connaissances de base en statistiques (variance, écart-type, erreur standard).

Il souvent possible de représenter les données sous forme d'un graphique, montrant des courbes (données continues), ou des histogrammes (données discrètes). Ceci peut être explicitement demandé, ou peut permettre de varier la présentation et de simplifier les résultats du tableau.

1.3 Observer et analyser les figures

Une figure constitue aussi un document riche en données chiffrées dont il faut extraire les informations répondant aux questions posées dans l'énoncé :

- en faisant le lien dans un premier temps avec les méthodes ayant permis d'obtenir la figure ;
- en lisant attentivement les légendes associées à la figure : titre, échelle, intitulés des axes, unités des axes, symbolique ;
- en identifiant et en analysant les symboles et les lignes correspondant aux contrôles et aux traitements ;
- en faisant attention aux validités statistiques lorsqu'elles sont données, par l'utilisation de connaissances de base en statistiques (variance, écart-type, erreur standard, barres d'erreur).

1.4 Analyser les documents d'observation microscopique

Les micrographies, au niveau pluricellulaire ou subcellulaire, doivent être analysées :

- en faisant le lien avec les méthodes ayant permis d'obtenir le document : microscopie photonique (MP), microscopie électronique à transmission (MET), microscopie électronique à balayage (MEB), cryofracture, etc. ;
- en portant attention aux colorations utilisées en microscopie photonique: monochrome (bleu alcyan, bleu de toluidine, éosine, rouge soudan, etc ...), bichrome (par exemple, hématoxyline plus éosine), trichrome (par exemple, coloration trichrome de Masson, de Gabe et Martoja) ;
- en faisant attention aux méthodes de préparation contrastée en microscopie électronique ;
- en notant les grossissements indiqués et en déduisant les tailles des structures observées ;
- en déterminant les orientations des coupes : transversale, longitudinale, frontale, anticline, ou péricline ;
- en effectuant une diagnose finale (diagnose d'organes, de tissu, de type cellulaire, de structures subcellulaires), si la légende n'est pas indiquée et constitue une partie de la question.

En cas de doute sur l'identification *a priori* des structures observées à partir de critères indiscutables, il faut développer un argumentaire logique à partir des points de repère remarquables que l'on est capable de détecter. Il est par exemple important dans une micrographie bidimensionnelle de repérer des matrices, avec leur texture et leurs inclusions, et des frontières (membranes, parois), avec leur structure et leur épaisseur.

1.5 Analyser la pertinence des techniques expérimentales

La biologie est une discipline fondamentalement expérimentale. Ainsi, la communication dans ce domaine exige de savoir mobiliser de bonnes connaissances expérimentales :

- issues des enseignements en travaux pratiques reçus lors des études secondaires et supérieures ;
- issues de la formation prodiguée lors de stages en laboratoire dans un cadre diplômant ou dans le cadre d'une expérience professionnelle ;
- issues de la pratique du laboratoire.

La signification et la validité des résultats dépendent strictement des protocoles expérimentaux, des choix techniques d'analyse, et de la réalisation des techniques. Il faut donc être capable de comprendre et expliquer les techniques expérimentales utilisées dans les documents pour obtenir les différents résultats. Il faut savoir en donner les propriétés et les schématiser, et être capable d'expliquer, de manière logique, et non simplement descriptive, les protocoles d'expérience qui souvent précisent les différentes étapes, leurs durées respectives et les facteurs physico-chimiques.

Il est aussi intéressant de savoir évaluer et comparer les avantages et les inconvénients des protocoles proposés par rapport à d'autres approches, ou par rapport à des approches plus vastes et plus systématiques. Cette évaluation comparative d'approches et de méthodes peut être une source d'idées intéressantes pour une conclusion ou pour des perspectives.

Cette importance de la connaissance des approches expérimentales, des méthodes et des protocoles est aussi largement soulignée, non seulement dans l'introduction, mais aussi dans les chapitres de méthode de la partie I et de la partie III. Ainsi, dans le cadre de la préparation aux concours de l'enseignement, il est essentiel d'étudier sérieusement les ouvrages de la liste bibliographique traitant des méthodes, et en particulier les chapitres initiaux de méthodes des grands manuels classiques de la biochimie et de la biologie moléculaire (Alberts et coll., 2005 ; Lehninger et coll., 1998 ; Stryer et coll., 2008 ; Zubay, 2004 ; etc.).

1.6 Analyser la pertinence des résultats

Pour expliquer et justifier les résultats sans paraphraser le document, il est nécessaire de repérer et de hiérarchiser des valeurs emblématiques de l'expérience : durées, intensités, quantités, ou pourcentages.

Dans le cas des documents d'observation, une légende complémentaire peut être rajoutée directement sur le document qui peut alors être collé sur la copie. Les électronographies se prêtent bien à l'utilisation du papier calque, qui permet de rester fidèle aux ultrastructures observées. Alternativement, un croquis d'interprétation peut être effectué. Un tel croquis présente l'intérêt d'extraire du document initial et de mettre en valeur des points et des propriétés spécifiques.

Même si la structure classique d'une analyse scientifique de données impose de distinguer clairement les résultats et la discussion, il est important de faire des bilans intermédiaires à la fin des différentes parties du sujet pour mettre en valeur la progression de votre analyse.

1.7 Conclure en relation avec la question posée

Conclure sur ce qu'un document apporte en réponse à un sujet donné ne peut se faire qu'en privilégiant l'essentiel par rapport au détail et à l'anecdotique. Cependant, une conclusion synthétique peut être tirée de plusieurs jeux de résultats et de plusieurs approches méthodologiques. Il est important dans ce cas de comparer les résultats des différentes méthodes, et d'expliquer en quoi ils se complètent, en quoi ils apportent chacun une contribution vers la même conclusion.

Les interprétations de résultats et les hypothèses doivent être justifiées et ancrées dans le corpus des connaissances scientifiques ou dans la culture scientifique générale. Il peut être utile de se placer dans le contexte d'une grande problématique ou d'une grande controverse scientifique, historique ou actuelle.

1.8 Ouvrir des perspectives

Il peut être opportun d'apporter des connaissances et des hypothèses supplémentaires de perspective pour compléter un document. Cela peut être le signe d'une bonne maîtrise de la question et d'une bonne culture générale scientifique. Les conclusions tirées des documents peuvent ainsi être intégrées dans un schéma de synthèse montrant les liens avec une problématique ou une controverse scientifique beaucoup plus large. Il est possible aussi de rester dans le champ expérimental et de proposer des expériences complémentaires ou contradictoires.

1.9 Des écueils à éviter

Il n'est pas imaginable de se lancer dans un tel travail sans avoir de bonnes connaissances sur les méthodes et les techniques de biologie cellulaire, de biochimie, et de biologie moléculaire. En effet, l'incompréhension des protocoles expérimentaux, des matériels et des méthodes ne peut aboutir qu'à une mauvaise interprétation des résultats, à des contre-sens, à des conclusions erronées.

Cependant, même dans le cadre de connaissances solides sur les méthodes et les techniques, il reste de nombreux écueils fondamentaux :

- mal gérer son temps ;
- se laisser déborder par l'ampleur du sujet ;
- privilégier le détail, le descriptif, l'anecdotique au détriment de ce qui est central ;
- paraphraser le document en le décrivant sans jamais dégager l'essentiel, ni expliquer les données obtenues ;
- donner des commentaires redondants par rapport aux informations du sujet ;
- se perdre dans des informations annexes ne permettant pas d'expliquer, d'interpréter ni de conclure ;
- se désintéresser de la substance des documents et déconnecter son argumentaire des résultats proposés.

Ces écueils peuvent être facilement évités par quelques principes de discipline intellectuelle et de rigueur scientifique. Il est important par exemple de se fixer un emploi du temps minuté pour l'analyse des différentes parties des documents. Il faut aussi savoir faire le tri au sein des informations fournies et en liaison avec des idées directrices de plan de réponse.

Comme dans le cas d'une dissertation (partie I), la rédaction doit suivre des principes de rigueur académique et scientifique, à savoir que tout énoncé doit être basé de manière explicite ou implicite sur le corpus de découvertes, d'articles, de littérature du domaine, et donc dans son principe, basé sur des références bibliographiques, qui peuvent être toutes en cohérence les unes avec les autres, ou bien, contradictoires, dans les situations d'incertitude ou de débat scientifique.

Dans le cadre de l'analyse de documents en temps limité, et sans l'aide de la consultation des listes bibliographiques, il est clair que les indications de références bibliographiques précises sont quasiment impossibles à donner. Par contre, les documents fournis dans le cadre du sujet peuvent et doivent être utilisés comme des références bibliographiques, qui, de plus, peuvent être pertinentes pour plusieurs parties de la composition. En gardant à l'esprit ce principe théorique de la nécessité des références bibliographiques, on peut avoir une attitude plus circonspecte et éviter ainsi d'écrire et exposer de graves contresens scientifiques.

Pour chaque type de sujet ou de thème, il semble qu'il y ait des pièges et des erreurs récurrents, qui résultent souvent d'inattentions et d'inversions, telles que des inversions de classification binaire, des inversions de sens de flux, des inversions sémantiques.

Pour des raisons scientifiques majeures, il faut rester constamment, y compris au niveau le plus élémentaire de la description, dans un cadre adaptatif et évolutif, en ayant toujours à l'esprit l'Évolution des espèces, les processus de sélection darwinienne (notion de survie, notion de fitness), les mécanismes d'adaptation des espèces, et les mécanismes d'acclimatation des individus. Il faut donc éviter toutes les tendances à la téléologie, et éviter des formules anthropocentriques toutes faites, telles que « Il est normal que la cellule utilise le glucose comme substrat énergétique », ou bien « La cellule doit exprimer des superoxyde-dismutases pour lutter contre le stress oxydant ». Il faut éviter les phrases toutes faites ou dépourvues d'information scientifique.

Il faut aussi rester dans le cadre de la taxonomie nouvelle, si possible la plus récente, et absolument éviter des termes confus ou remontant à la taxonomie du XIXe siècle. Les substantifs « Végétal » ou « Végétaux », par exemple, devraient être évités. S'il est question des plantes (Viridiplantae), il conviendra de parler de plantes, et à la rigueur, le terme « végétal » pourra être utilisé comme adjectif pour désigner un attribut des plantes.

Dans ces travaux d'analyse experte de documents scientifiques, le lecteur s'attend à un certain niveau de culture générale de la part de l'auteur. Il est donc important de faire attention aux bizarreries orthographiques, ce qui requiert une bonne culture linguistique. Il est aussi extrêmement important de faire attention à ne pas écrire d'énormités scientifiques.

Chapitre 2

Métabolisme cellulaire
La photosynthèse chez les eucaryotes

Cette thématique a été conçue comme un sujet de composition de biologie pour la préparation au concours du CAPES Sciences de la Vie et de la Terre.

2.1. Sujet et documents scientifiques

Le sujet est présenté sous la forme d'une série de documents extraits de manuels ou d'articles scientifiques. Ces documents sont légendés de manière plus ou moins complète, et des questions progressives demandent de compléter ces légendes et d'interpréter les données expérimentales. Il s'agit cependant fondamentalement d'intégrer ces documents et ces questions dans un devoir logique, structuré par un plan répondant au sujet posé :

La photosynthèse chez les eucaryotes

En utilisant l'exploitation des documents et vos connaissances personnelles, présenter la photosynthèse chez les organismes eucaryotes

Figure 2.1 **Électronographie de chloroplaste de cellule de feuille de tabac (x 54000)**
[Document de J.-P. Gourret, aimablement communiqué]

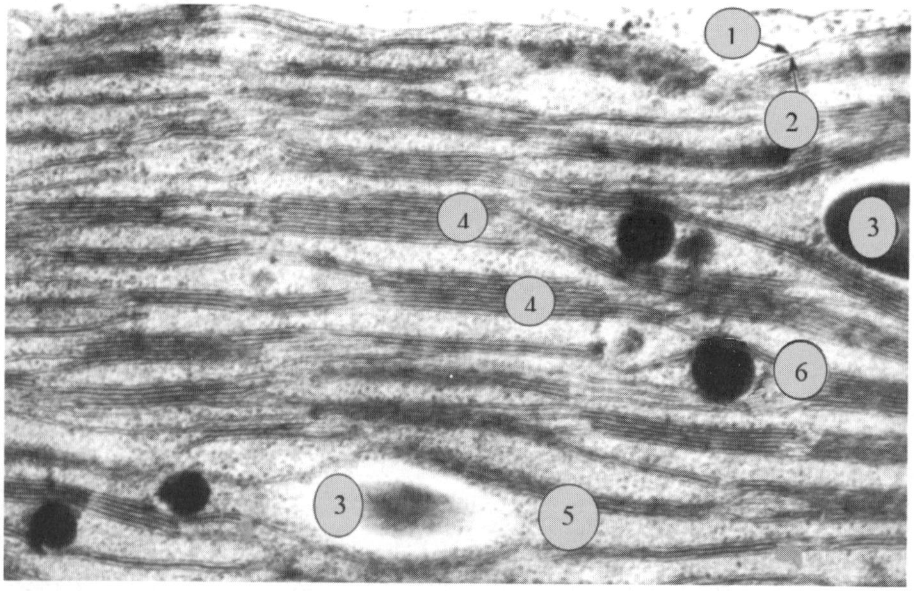

Schématiser la structure et compléter les points **1 à 6** de la légende.

Figure 2.2 Électronographie de chloroplaste de cellule de feuille de tabac (x 160 000)

[Document de J.P. Gourret, aimablement communiqué]

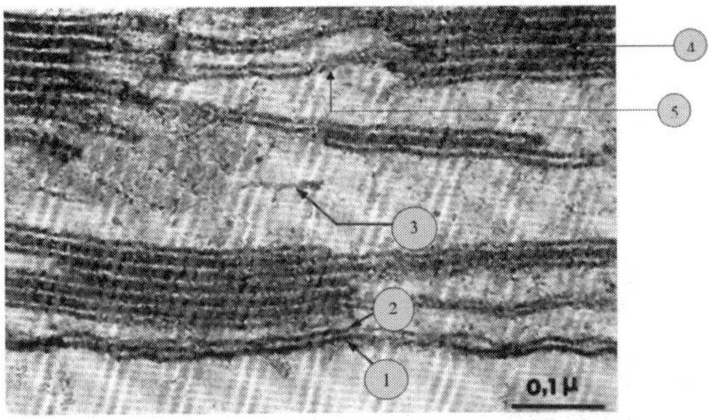

1 : membrane externe de l'enveloppe plastidiale

2 : membrane interne de l'enveloppe plastidiale

3 : ADN plastidial dans le stroma

4 : granum : empilement de thylakoïdes comportant un espace central (lumen)

5 : thylakoïde intergranaire

Schématiser la structure et compléter les points **1 à 5** de la légende.

Figure 2.3 Spectre d'absorption, de transmission / réflexion et d'action de la photosynthèse d'une feuille de tabac *in vivo.*

[Modifié, d'après Meyer et coll., 2004]

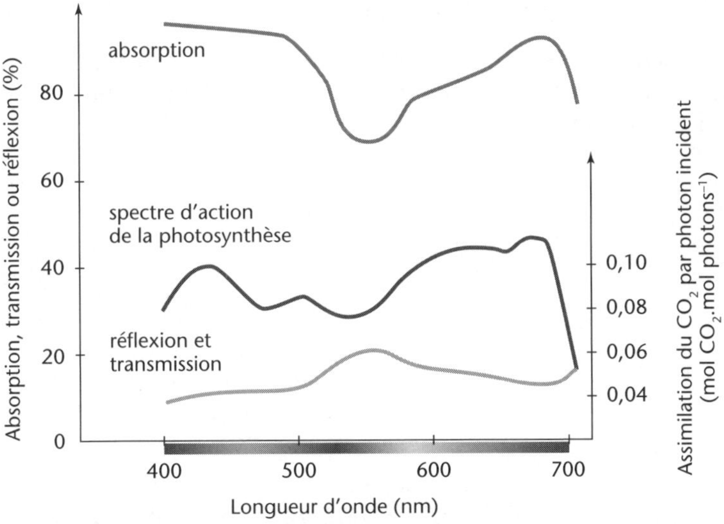

Figure 2.4 **Analyse chromatographique sur couche mince de papier.** Sur une ligne située à 1 cm du bas d'une bande de papier à chromatographie, un morceau de feuille est écrasé à l'aide d'un agitateur. La bande de papier est ensuite placée dans une cuve contenant un mélange de solvants organiques (cyclohexane 5 %, éther de pétrole 85 %, acétone 10 %). [L. Fontaine-Poitou, d'après diverses sources]

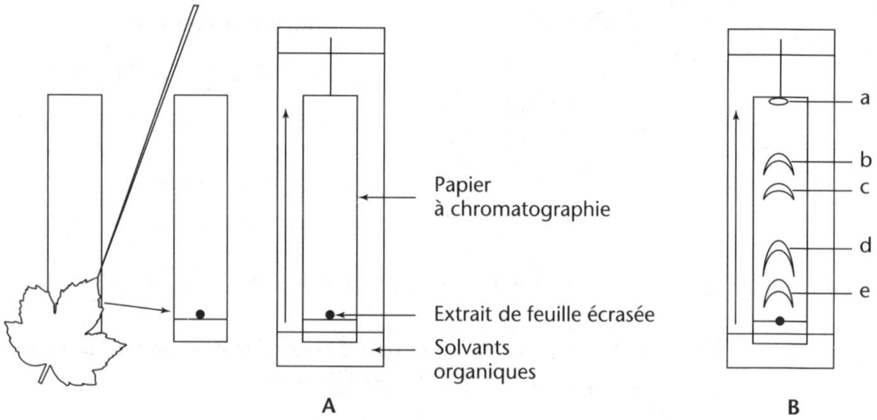

A : Expliquer le principe de la séparation des différents constituants de la feuille.

B : Identifier les différentes taches obtenues après la chromatographie sachant que la tache a apparaît colorée en jaune-orangé, les taches b et c apparaissent en jaune et les taches d et e en vert.

Figure 2.5 **Schéma structural de la molécule de chlorophylle a.**

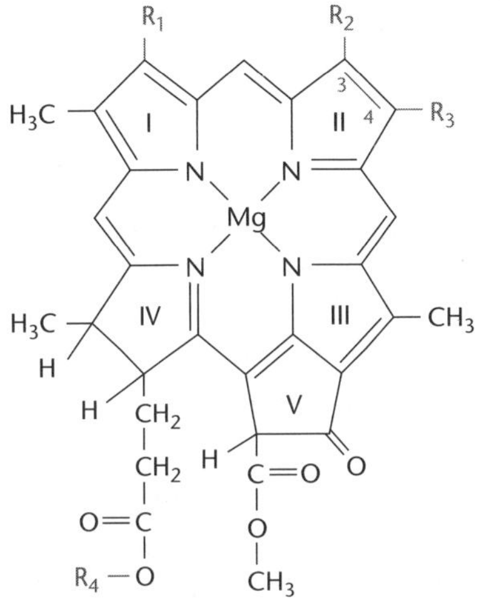

$R_1 = -CH = CH_2$

$R_2 = -CH_3$

$R_3 = -CH_2 -CH_3$

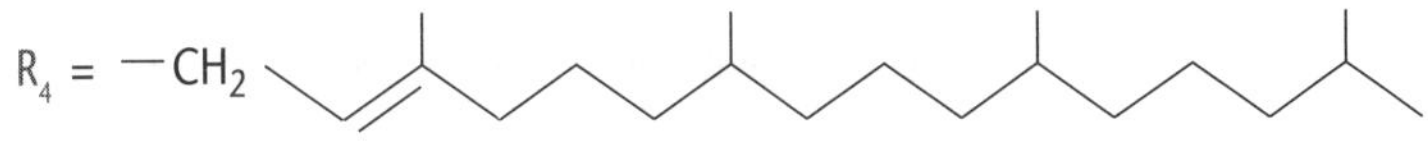

Figure 2.6 **Hétérogénéité des complexes membranaires des thylakoïdes du chloroplaste.**
[Modifié, d'après Voet et Voet, 2005]

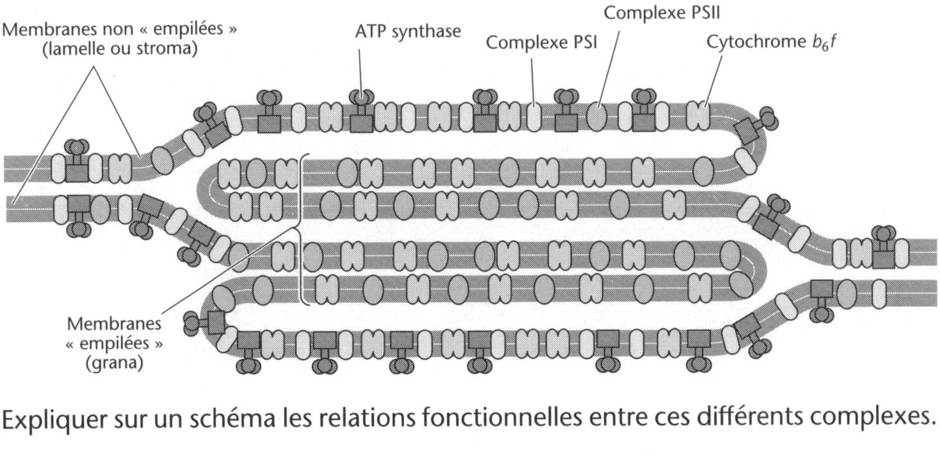

Expliquer sur un schéma les relations fonctionnelles entre ces différents complexes.

Figure 2.7 Expériences sur le rôle de la photosynthèse dans la régulation du niveau d'ATP et d'efflux de protons dans des cellules de mésophylle isolées d'*Asparagus sprengeri*.
[Modifié, d'après Bown and Nicholls, 1985]

A : Influence de la photosynthèse sur le taux d'efflux de protons. L (lumière) ou D (obscurité) indiquent les conditions de départ de l'expérience. Les conditions sont ensuite modifiées par ajout de DCMU (1 µM) (inhibiteur de la phase photochimique de la photosynthèse) ou par changement de l'illumination comme indiqué sur la figure A. Le taux d'acidification est exprimé en nmoles $H^+/10^6$ cellules/min.

Les flèches non légendées indiquent les temps de prélèvement des suspensions cellulaires utilisées pour le dosage d'ATP illustré sur la figure B.

B : Influence de la photosynthèse sur le niveau d'ATP. Des aliquots de suspension cellulaire sont prélevés toutes les 5 minutes.

La diminution du pH dans le milieu a été mesurée simultanément (*cf.* figure A).

Le DCMU (1 µM) a été ajouté à la suspension de cellules en condition de lumière au temps indiqué. La suspension de cellules en condition de lumière est placée à l'obscurité au temps indiqué (Light on). La mise à l'obscurité des cellules débute au temps indiqué (Light off).

Les données représentent la valeur moyenne de trois expériences réalisées séparément.

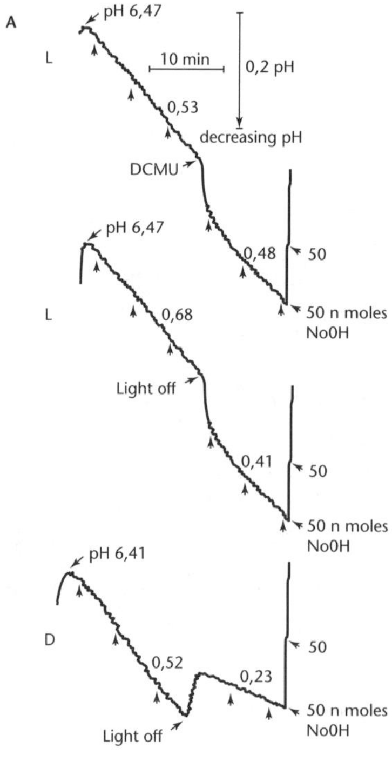

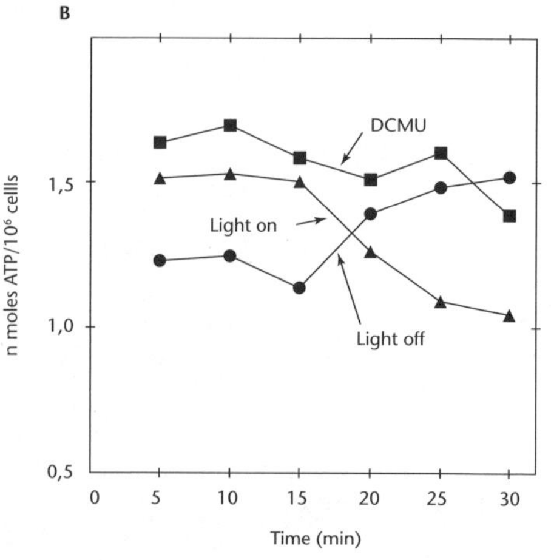

Figure 2.8 **Expériences de Calvin et Benson (1961).**
[L. Fontaine-Poitou, d'après diverses sources]

A: Des algues vertes unicellulaires (chlorelles), cultivées en conditions optimales photosynthétiques, sont mises en contact avec du CO_2 marqué au carbone 14 pendant un temps déterminé (5, 10 ou 30 secondes)

Les algues sont ensuite fixées avec de l'éthanol bouillant.

B: Une chromatographie bidimensionnelle permet de séparer les différentes molécules organiques extraites, qui sont ensuite révélées par autoradiographie. PGA : acide phosphoglycérique ; RuBP : ribulose 1,5-biphosphate ; UDPG : uridine diphosphoglucose ; P : phosphate

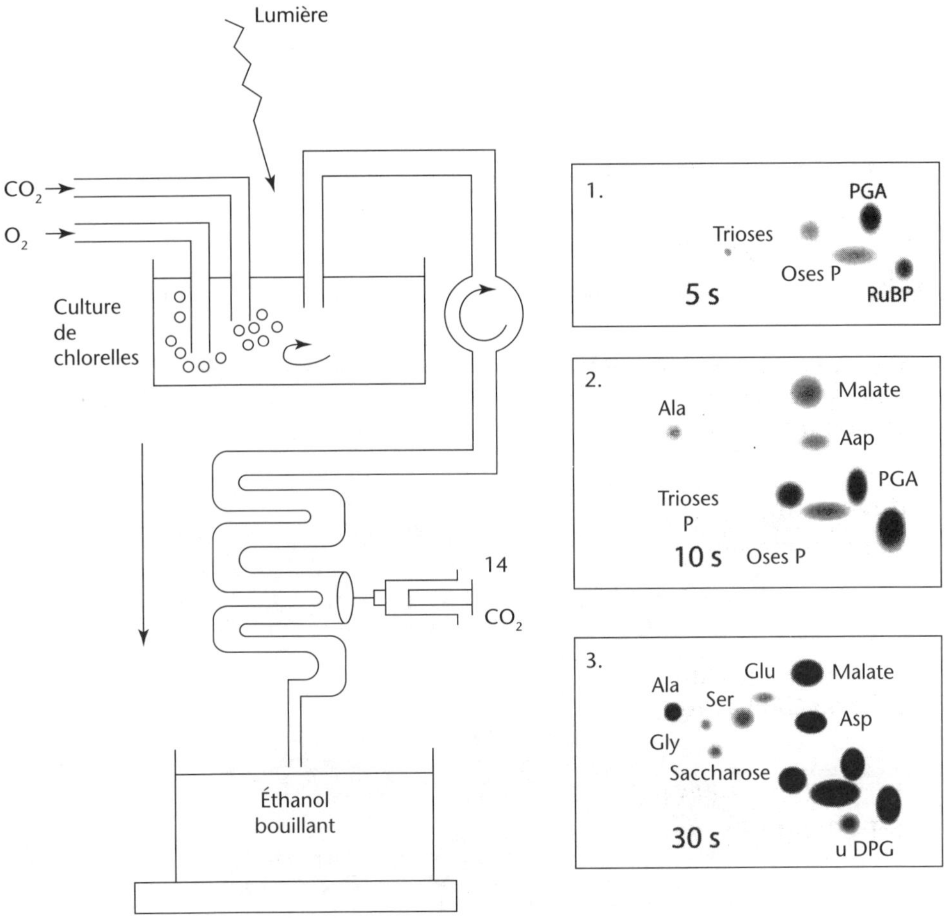

Interpréter les résultats obtenus.

Figure 2.9 **Effets de la teneur atmosphérique en dioxyde de carbone sur la photosynthèse.** La courbe en trait continu exprime la photosynthèse nette (PN) chez une plante en C3 en fonction de la teneur atmosphérique en dioxyde de carbone. La courbe en pointillés correspond à la respiration mitochondriale (RM).
[modifié, d'après Peycru et coll., 2006]

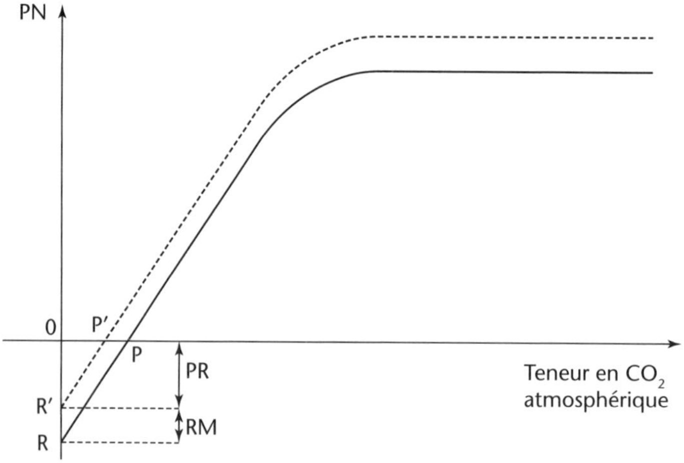

Expliquer la différence entre les deux points de compensation P et P'

Figure 2.10 **Comparaison de l'anatomie foliaire de deux plantes : *Poa sp.* et *Zea mays*. L'épaisseur de la feuille est de l'ordre du millimètre.**
[D'après http://www.uri.edu/cels/bio/plant_anatomy]

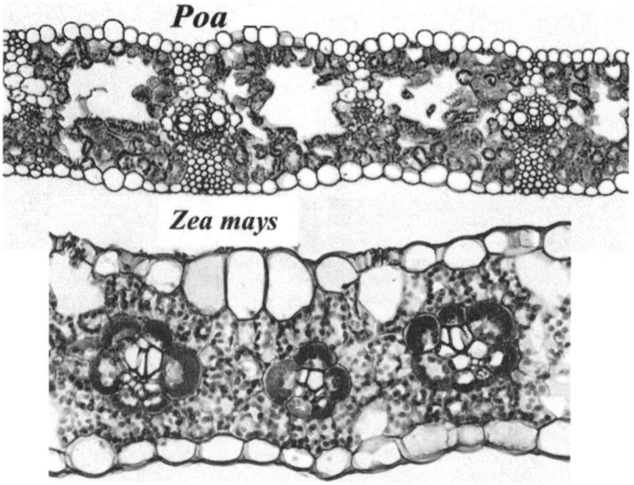

Schématiser ces deux coupes transversales de feuilles en les légendant.

Figure 2.11 Electronographie d'une cellule de feuille
[D'après http://www.gwu.edu/clade/faculty/donaldson, modifié]

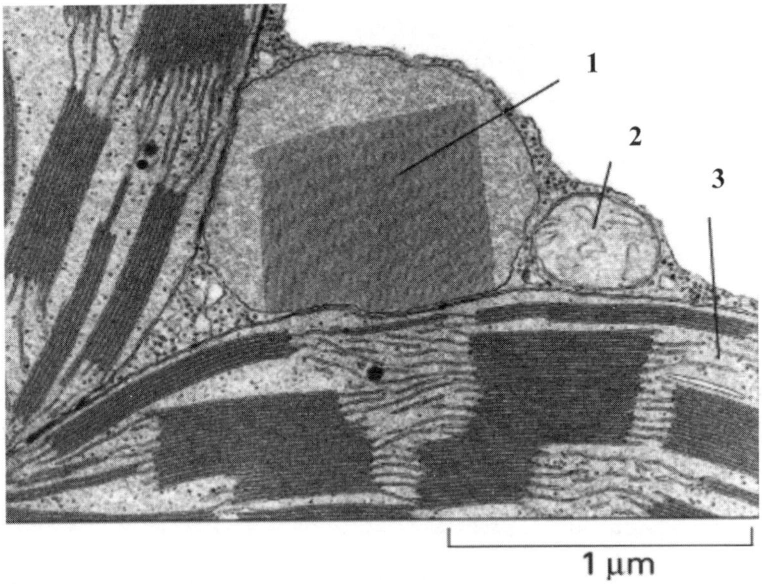

Identifier les différents organites numérotés de **1 à 3**. Expliquer la disposition dans la cellule et le fonctionnement de ces organites. A quelle plante de la **figure 2.10** ce document fait-il référence ?

Figure 2.12 Electronographie d'une région de feuille (X 5 000)
[D'après http://www.snv.jussieu.fr, modifié]

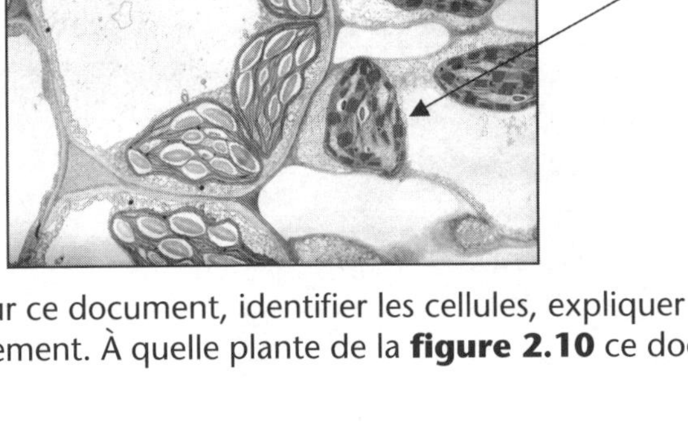

Sur ce document, identifier les cellules, expliquer leur disposition et leur fonctionnement. À quelle plante de la **figure 2.10** ce document fait-il référence ?

2.2. Analyse des documents et plan développé

Introduction

La synthèse de composés organiques à partir de précurseurs inorganiques requiert de l'énergie chimique et du pouvoir réducteur. Dans le cas de certains procaryotes chimioautotrophes, l'énergie provient de la rupture de liaisons chimiques. De tels organismes, que l'on trouve par exemple dans les sources hydrothermales, semblent être relativement minoritaires dans la biosphère. Pour la quasi-totalité des systèmes biologiques, l'énergie chimique et le pouvoir réducteur nécessaires à la synthèse de molécules organiques sont dépendants de manière directe ou indirecte de l'énergie solaire.

Le processus global par lequel les plantes, les algues et certains procaryotes **utilisent directement l'énergie lumineuse pour synthétiser des composés organiques** est appelé photosynthèse. Ce processus est essentiel pour les producteurs autotrophes de composés organiques, pour les organismes consommateurs hétérotrophes dépendant des producteurs primaires, et donc pour l'ensemble de la biosphère dans le cadre du cycle biogéochimique du carbone.

Les documents qui sont proposés à l'analyse seront utilisés pour illustrer et comprendre les mécanismes photosynthétiques chez les plantes supérieures, dont les cellules photosynthétiques possèdent des structures spécialisées, les chloroplastes. Ces mécanismes photosynthétiques seront abordés à l'échelle tissulaire de la feuille, à l'échelle cellulaire et subcellulaire, et à l'échelle biochimique et enzymatique.

I. La photosynthèse : une synthèse de composés organiques nécessitant de la lumière

A. Mise en évidence des produits de la photosynthèse

1. Électronographie de chloroplaste de cellule de feuille de tabac (exploitation de la figure 2.1)

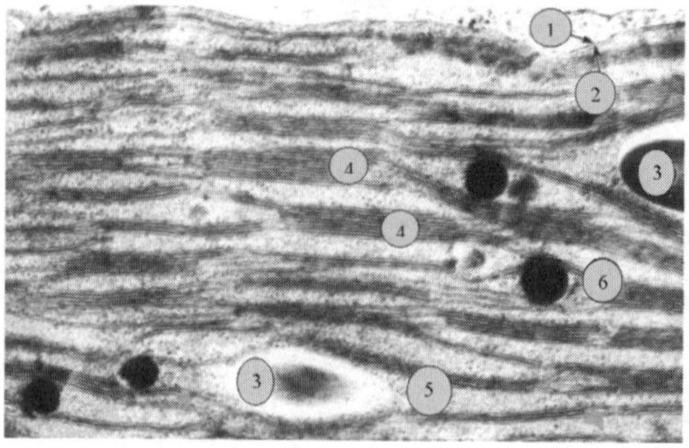

1	Membrane externe de l'enveloppe plastidiale
2	Membrane interne de l'enveloppe plastidiale
3	Grain d'amidon
4	Granum composé de thylakoïdes
5	Stroma plastidial
6	Globule plastidial

Les cellules du mésophylle présentent une forte densité en chloroplastes. L'analyse du document met en évidence les structures chloroplastiques et l'accumulation de glucides, sous forme d'amidon, dans le chloroplaste.

2. Analyse des échanges gazeux chlorophylliens

De nombreuses expériences, simples ou complexes, peuvent servir à mettre en évidence le dégagement d'oxygène et l'absorption de CO_2 par des feuilles éclairées. Des expériences à la lumière et à l'obscurité permettent de démontrer simplement que ces échanges gazeux sont dépendants de la lumière (Figure complémentaire 1).

Figure complémentaire 1 **Analyse du dégagement d'oxygène par des rameaux d'*Elodea canadensis***
[L. Fontaine-Poitou, d'après diverses sources]

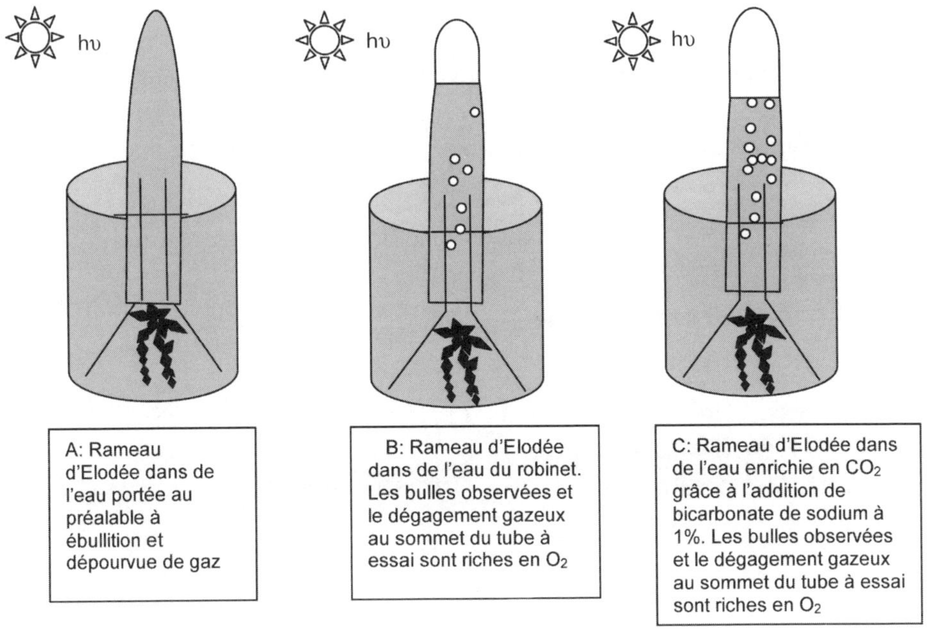

B. Une réaction générale endergonique

Les échanges gazeux et la production de glucides mis en évidence correspondent à une réaction générale endergonique photo-dépendante d'**assimilation du CO_2** :

$$6\,CO_2 + 6\,H_2O \xrightarrow[h\nu]{} C_6H_{12}O_6 + 6\,O_2$$

Cette assimilation utilisant du carbone minéral et l'énergie lumineuse par une réaction endergonique permet la photoautotrophie au carbone.

II. La photosynthèse, ses réactions photochimiques et chimiques

A. Quelle est l'origine de l'oxygène dégagé ?

La photosynthèse oxygénique dépend de la photolyse de l'eau, qui réalise une libération d'O_2, et de la réduction du carbone du CO_2. Deux processus d'oxydo-réductions successifs ont donc lieu au cours de la photosynthèse.

Ces deux processus n'ont pas les mêmes exigences physico-chimiques.

B. Dynamique du pouvoir réducteur et rôle de la lumière

La synthèse de pouvoir réducteur sous forme de NADPH, H^+ a lieu dans les chloroplastes éclairés, qui utilisent l'énergie lumineuse (phase photochimique) pour transférer les électrons issus de l'oxydation de l'eau au $NADP^+$ qui est réduit en NADPH, H^+.

Ce pouvoir réducteur est utilisé dans la réduction du carbone minéral, le CO_2, en composé organique lors d'une deuxième étape correspondant à la phase chimique selon les réactions bilan ci-dessous.

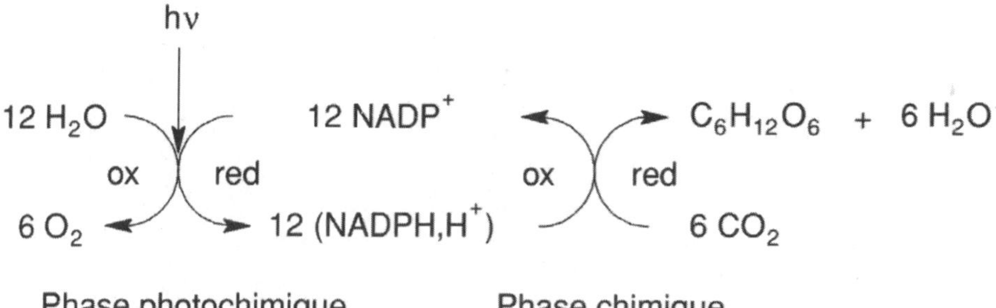

III. Les réactions photochimiques de la photosynthèse

A. Importance des structures membranaires du chloroplaste

Exploitation de la figure 2.2 Electronographie de chloroplaste de cellule de feuille de tabac

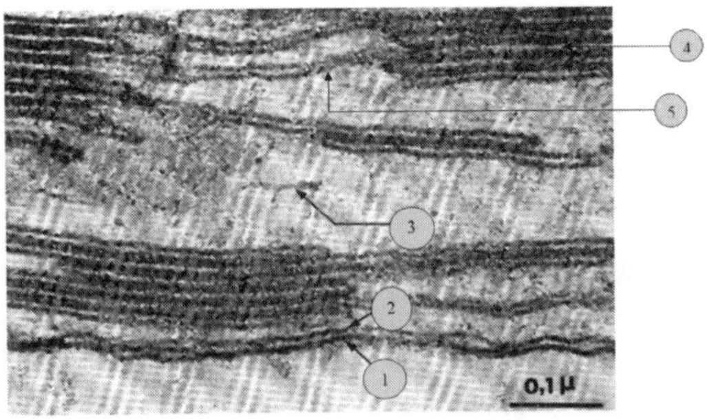

1 : membrane externe de l'enveloppe plastidiale

2 : membrane interne de l'enveloppe plastidiale

3 : ADN plastidial dans le stroma

4 : granum : empilement de thylakoïdes comportant un espace central (lumen)

5 : thylakoïde intergranaire

La comparaison de chloroplastes et de plastes non-chlorophylliens, tels que des proplastes ou des étioplastes, montre que le chloroplaste présente un développement très important d'endomembranes. La légende de la figure 2.2 présente les structures membranaires du chloroplaste, avec en particulier les empilements de thylakoïdes (grana). Le chloroplaste comporte donc trois types de compartiments délimités par ces structures membranaires : l'**espace intermembranaire, le stroma et le lumen des thylakoïdes.**

B. Captation de la lumière et couplage photochimique dans le chloroplaste

1. Spectre d'action et d'absorption des tissus chlorophylliens

Exploitation de la figure 2.3 Spectres d'action photosynthétique, d'absorption et de réflexion d'une feuille de tabac

Le spectre d'absorption d'un tissu chlorophyllien montre une absorption maximale pour les longueurs d'onde bleues (400 nm) et rouges (600 à 700 nm). Par contre, cette absorption est faible pour les longueurs d'ondes comprises entre 500 et 600 nm, qui correspondent aux radiations vertes.

La courbe de réflexion et de transmission indique que ces radiations vertes sont réfléchies et transmises, donnant ainsi la couleur verte caractéristique des organes photosynthétiques.

Le spectre d'action de la photosynthèse se superpose au spectre d'absorption de la lumière par la feuille.

Chez les angiospermes, la captation des photons est favorisée à l'échelle de :

- l'organisme : grâce à la phyllotaxie ;
- l'organe : grâce à la structure plane de la feuille ;
- l'organite : grâce au développement surfacique des membranes des thylacoïdes (Figure 2.2).

2. Caractérisation des pigments photosynthétiques

Exploitation de la figure 2.4 **Séparation des pigments photosynthétiques par chromatographie sur couche mince de papier.**

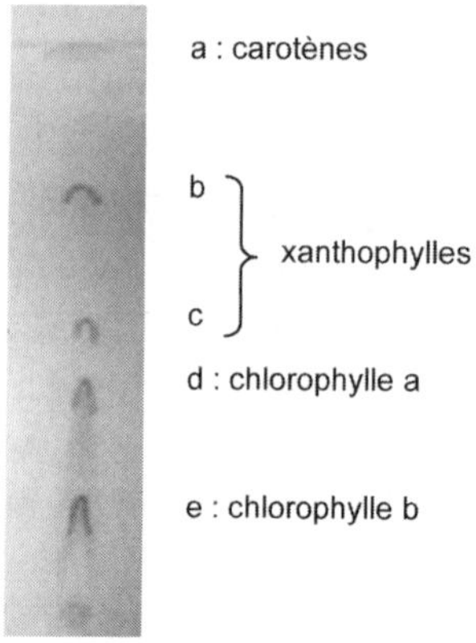

Identification des pigments photosynthétiques au terme de la chromatographie.

Un morceau de feuille est écrasé à la base d'une feuille de papier (cellulose), dont le bord inférieur est placé en contact avec **un solvant organique** (cyclohexane, éther de pétrole, acétone, 5-85-10, vol-vol-vol). Le montage est laissé à l'obscurité.

Le solvant monte par capillarité dans la bande de papier et entraîne les différents pigments solubles dans la phase mobile organique.

Les taches obtenues correspondent aux différents pigments photosynthétiques, ayant migré à des vitesses variables selon leur solubilité différentielle dans le solvant (phase mobile) et leur affinité pour le support de chromatographie (phase stationnaire).

Cette chromatographie est à la fois une **chromatographie d'adsorption et de partage**.

Les composés séparés à partir de l'échantillon de feuille correspondent :

- à des pigments chlorophylliens, **chlorophylle a** et **chlorophylle b**, caractérisés par un noyau tétrapyrrolique associé à une chaîne aliphatique hydrophobe (Figure 2.5) ;
- et à des pigments **caroténoïdes** en particulier **β-carotène** et **xanthophylles**, qui font partie de la famille biochimique des terpénoïdes.

Exploitation de la figure 2.5 Schéma structurel de la chlorophylle

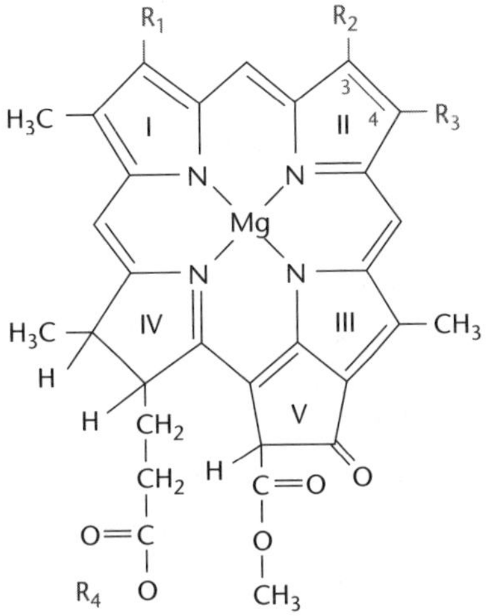

Un atome de Mg^{2+} est fixé au centre d'un noyau tétrapyrrolique lui-même lié à une chaîne phytol par une liaison ester.

La chlorophylle b diffère de la chlorophylle a par la présence d'un groupe CHO à la place du groupe méthyle R2.

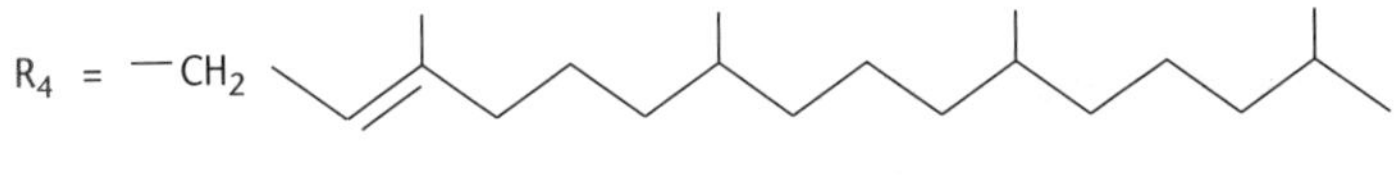

Une telle analyse pigmentaire peut aussi être réalisée sur des préparations de chloroplastes ou de thylakoïdes purifiés, et montrer ainsi que les pigments photosynthétiques sont associés aux membranes des thylakoïdes. Le caractère hydrophobe de tous ces pigments (Figure 2.4) est lié à la présence de chaînes aliphatiques (Figure 2.5), qui permettent l'insertion dans la membrane des thylakoïdes.

3. Membranes et photosystèmes des thylakoïdes

Les membranes des thylakoïdes comportent de nombreux complexes protéiques. La figure 2.6 décrit la disposition générale de ces complexes :

- le photosystème I (PSI ou PS700) ;
- le photosystème II (PSII ou P680) ;
- la chaîne de transfert d'électrons, comprenant le cytochrome b6f ;
- le complexe ATP synthase.

Ces complexes protéiques associés aux membranes sont associés à des lipides de structure, à des lipides pigmentaires, ou à des composés non-protéiques oxydo-réducteurs.

Le tableau complémentaire 1 fait un bilan des composés, protéiques et non-protéiques, intervenant dans la composition complexe des membranes thylakoïdiennes.

Tableau complémentaire 1 Nature et fonction des principales molécules présentes dans la membrane des thylakoïdes.
[L. Fontaine-Poitou, d'après diverses sources]

Nature chimique	Exemples	Fonctions
Lipides structuraux	Glycolipides et sulfolipides très insaturés	– Structuration de la membrane du thylakoïde – Grande fluidité membranaire
Lipides pigmentaires	Chlorophylles a et b	– Capture et transmission de l'énergie lumineuse (pigments antennaires accessoires) – Réaction photochimique
Quinones	Quinones Q et plastoquinone	– Transporteur d'électrons – Transporteur de protons
Protéines associées aux pigments	Protéines des antennes Protéines des centres actifs	– Positionnement des molécules – Transfert d'énergie – Localisation précise des produits des réactions d'oxydoréduction
Protéines des chaînes intermédiaires	Complexe b6f Plastocyanine Protéines associées aux quinones Ferrédoxine	– Transporteur d'électrons – Translocation de protons
Protéine terminale de la chaîne	Ferrédoxine-NADP-réductase	– Enzyme catalysant la réduction du $NADP^+$
Protéines des sphères pédonculées	Protéines de l'ATP synthase	– Facteur du couplage osmochimique – Synthèse d'ATP

Les photosystèmes, complexes de protéines et de pigments photosynthétiques, sont constitués d'une antenne collectrice d'énergie photonique et d'un centre réactionnel excitable permettant le transfert énergisé d'électrons (Figure complémentaire 2). Le transfert d'électrons a lieu selon un schéma en Z (Figure complémentaire 3) de manière coordonnée entre le photosystème I, la chaîne intermédiaire de transport d'électrons, le photosystème II, et les Ferrédoxine-réductases terminales.

Figure complémentaire 2 Organisation d'un photosystème
[Modifié, d'après Peycru et coll., 2006]

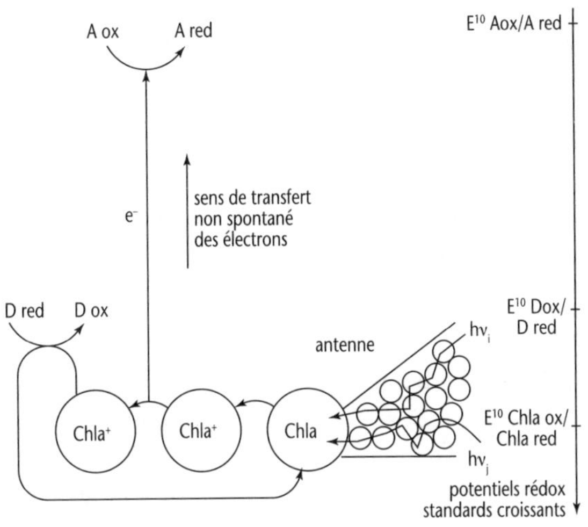

E : énergie
A : accepteur
D : donneur
e- : électron
Ox : oxydé
Red : réduit
Chl : chlorophylle
○ Complexes protéines-pigments (caroténoïdes, Chl b, Chl a) de l'antenne collectrice
◯ Centre réactionnel : contient une paire de Chl a associée à des protéines et cofacteurs redox

Figure complémentaire 3 Schéma en Z de la photosynthèse
[Modifié, d'après Peycru et coll, 2006]

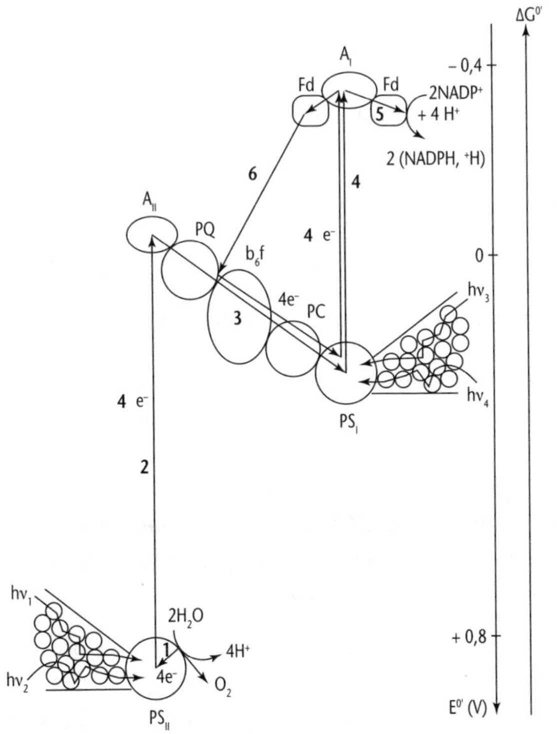

PS : photosystème
A : accepteur d'électrons
PQ : plastoquinone
b6f : complexe b6f
PC : plastocyanine
Fd : ferrédoxine
NADP : Nicotinamide Adénine Dinucléotide Phosphate

Les transferts d'électrons le long de ce circuit en Z aboutissent à la production de pouvoir réducteur sous la forme de Ferrédoxine réduite et de NADPH.

C. Synthèse d'ATP par couplage chimiosmotique entre gradient de protons et photophosphorylation

Exploitation de la figure 2.7 ATP et efflux de proton dans la photosynthèse

L'influence de la photosynthèse sur l'efflux de protons et sur le niveau d'ATP est déterminée soit par la transition de la lumière à l'obscurité, soit par l'addition d'un inhibiteur spécifique de la production photosynthétique d'oxygène, l'herbicide DCMU.

Figure 2.7A : L'inhibition de la photosynthèse est immédiatement suivie d'une diminution du pH de 0,1 unité qui indique la libération de protons dans le milieu (Courbes 1 et 2). L'initiation de la photosynthèse est accompagnée d'une alcalinisation rapide d'environ 0,1 Unité pH (Courbe 3). Le passage à l'obscurité après illumination indique que le taux d'efflux de protons est bien meilleur (environ 80 %) à l'obscurité qu'à la lumière (Comparaisons des courbes 1 ou 2 avec la courbe 3).

Figure 2.7B : Le passage de l'obscurité à la lumière réduit lentement (environ 20 minutes) le niveau d'ATP d'environ un tiers. En revanche, le niveau d'ATP augmente très rapidement d'un tiers lors du passage de la lumière à l'obscurité. Le DCMU, quant à lui, n'agit pas sur la production d'ATP et l'on observe une stabilisation temporaire du niveau de production.

La dissipation du gradient de protons entre le stroma et le lumen thylakoïdien par l'ATP synthase membranaire aboutit à la synthèse d'ATP.

IV. Les réactions chimiques de la photosynthèse

A. Caractérisation des premiers produits formés lors de la phase chimique

Exploitation de la figure 2.8 Expériences de Calvin et Benson (1961)

La réalisation de chromatogrammes à différents temps permet d'identifier après radiomarquage les produits de la photosynthèse et la chronologie de leur synthèse. Les résultats montrent que le premier composé formé après 5 secondes est l'acide phosphoglycérique (PGA). Le PGA est une molécule phosphorylée à 3 carbones. Cette caractéristique d'incorporation initiale de CO_2 dans une molécule à trois carbones, le PGA, est désignée sous le terme de **métabolisme photosynthétique de type C3**, qui est trouvé chez la plupart des espèces végétales.

Les molécules ensuite formées sont des oses phosphorylés, en particulier des trioses-phosphate, qui sont les précurseurs de la synthèse d'hexoses-phosphate, d'hexoses-diphosphate, et d'UDP-Glucose, et qui permettent aussi la synthèse d'un pentose phosphorylé, le ribulose 1-5 biphosphate (RuBP). Plus tardivement, des acides organiques, du saccharose, du malate et divers acides aminés sont marqués, ce qui démontre l'approvisionnement en carbone des métabolismes carboné et azoté par la photosynthèse.

B. Le cycle de Calvin-Benson

1. Catalyse de la carboxylation par la RUBISCO

La formation de PGA (figure 2.8) dépend de l'activité d'une enzyme du stroma des chloroplastes, la ribulose-1,5-bisphosphate carboxylase-oxygénase, Rubisco, protéine quaternaire qui catalyse la fixation du CO_2 sur le ribulose-1,5-bisphosphate (RuBP). Cette carboxylation conduit à un composé intermédiaire en C6 qui est ensuite hydrolysé en deux molécules d'acide phosphoglycérique (PGA). La localisation cellulaire, dans les cellules du mésophylle, et subcellulaire, dans le stroma des chloroplastes, de la Rubisco peut être mise en évidence par immunohistochimie *in situ*.

2. Réduction assimilatrice

Le PGA formé à l'étape précédente est phosphorylé, puis réduit, grâce à l'utilisation de l'ATP et du pouvoir réducteur d'origine photosynthétique. Un triose-phosphate, le glycéraldéhyde-3-phosphate, est ainsi formé. Une partie des molécules de triose-phosphate est recyclée et rephosphorylée de manière à régénérer le RuBP, substrat de la Rubisco, suivant le cycle de Calvin-Benson (Figure complémentaire 4).

Figure complémentaire 4 Le cycle de Calvin-Benson
[Modifié, d'après Peycru et coll., 2006]

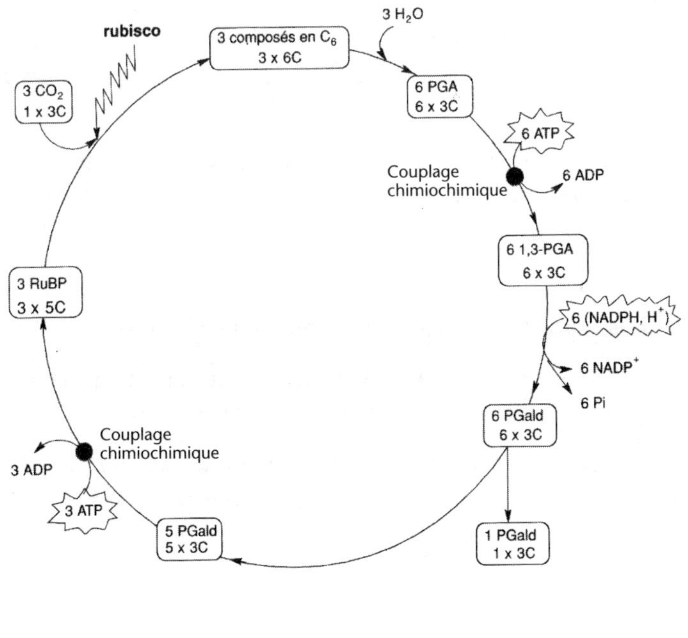

Le bilan de ce cycle est :

$$\textbf{3 RuBP + 3 } CO_2 \rightarrow \textbf{3 RuBP + 1 glycéraldéhyde-3-phosphate}$$

Autrement dit, à chaque cycle métabolique, 3 molécules de carbone inorganique sont incorporées dans une molécule de triose-phosphate.

3. Devenir des trioses-phosphate : synthèse du saccharose et de l'amidon

Les trioses-phosphate produits peuvent être utilisés dans le stroma chloroplastique pour la synthèse d'amidon. Ils peuvent être aussi exportés vers le cytosol, par un système d'échange avec le phosphate, grâce à un transporteur de la membrane interne chloroplastiques, le translocateur de phosphate. Le cytosol est le site de la synthèse d'hexoses-phosphate et de saccharose.

V. Photorespiration et types photosynthétiques

A. Mise en évidence de la photorespiration

Exploitation de la figure 2.9 — Effets de la teneur atmosphérique en CO2 sur la photosynthèse : mise en évidence de la photorespiration

La courbe noire exprime la photosynthèse nette (PN) en fonction de la teneur atmosphérique en CO_2.

Le point P ou point de compensation représente la teneur en CO_2 pour laquelle la PN est nulle. Ce point est différent de l'origine, car les réactions intégrant le CO_2 sont opposées à celles qui en produisent. Si l'on mesure la part due à la respiration mitochondriale et si l'on trace une nouvelle courbe où l'on soustrait cette valeur, on trouve alors un point de compensation P' différent de P, et toujours différent de l'origine.

Chez ces plantes, il existe en effet un mécanisme générateur de CO_2 différent de la respiration mitochondriale : la photorespiration. Chez certaines plantes en C3, cette photorespiration est deux à trois fois supérieure à la respiration mitochondriale.

B. Photorespiration et dualité fonctionnelle de la Rubisco

La photorespiration est associée au fonctionnement particulier de la Rubisco, qui présente une dualité catalytique de carboxylase et d'oxygénase.

Les voies métaboliques ainsi que la coopération organellaire lors de la photorespiration sont présentées dans la partie I chapitre 3.2, en particulier dans la Figure 3.2.5.

C. Comparaison des structures foliaires des plantes de type photosynthétique C3 et C4

Certaines espèces de plantes ne présentent pas de photorespiration. La courbe de la figure 2.9 présente alors un point P' qui est confondu avec l'origine. Chez ces plantes, le bilan des échanges gazeux dépend de l'activité photosynthétique chloroplastique et de l'activité respiratoire mitochondriale.

L'absence de photorespiration implique que la plante possède des mécanismes permettant de limiter très fortement l'activité oxygénase de la Rubisco. Ces mécanismes sont généralement des mécanismes de concentration du CO_2 dans le micro-environnement de la Rubisco.

C'est le cas des plantes de type C4, qui présentent des particularités métaboliques et structurales. La figure 2.10 compare les particularités anatomiques foliaires d'une plante C4 typique, le maïs, et les caractéristiques d'une plante de type C3. Les plantes de type C4 sont caractérisées par un dimorphisme des cellules mésophylliennes, avec des cellules mésophylliennes typiques et des cellules périvasculaires formant une gaine périvasculaire.

Exploitation de la figure 2.10 Comparaison de l'anatomie foliaire d'une plante de type C3 *(Poa sp.)* et d'une plante de type C4 (*Zea mays)*

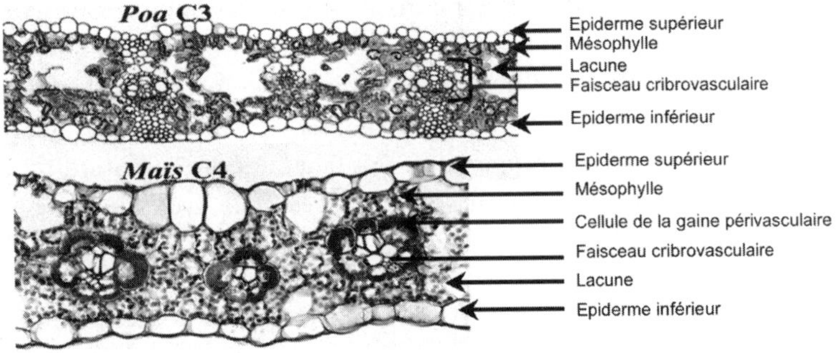

Chez le maïs, une gaine périvasculaire délimite les faisceaux des nervures. Cette structure est absente des plantes en C3.

Exploitation de la figure 2.11 électronographie d'une cellule de feuille

Les trois organites (1 : peroxysome, 2 : mitochondrie, 3 : chloroplaste), proches anatomiquement sur la micrographie, coopèrent chez les plantes en C3. donc pourraient être localisés dans une feuille de *Poa sp.* de la figure 2.10.

Chez les plantes de type C3, l'activité oxygénase de la Rubisco produit un composé à deux atomes de carbone, le phosphoglycolate, qui est recyclé par un système métabolique multi-compartiments impliquant les chloroplastes, les peroxysomes et les mitochondries (Figure 3.2.5 de la partie I). Cette coopération métabolique requiert une interaction étroite entre les différents organites impliqués, tel que cela apparaît dans la figure 2.11, qui correspond donc à une plante de type C3. Ce métabolisme, consommateur d'oxygène et producteur de CO_2, et donc appelé photorespiration (Figure 2.9), permet de régénérer une molécule de PGA, mais il représente un coût important en ATP et en NADPH.

Les études de radiomarquage avec du CO_2 marqué au carbone 14 (Figure 2.8) révèlent que, chez les plantes de type C4, le CO_2 est incorporé initialement dans un acide organique à 4 atomes de carbone, par une réaction de carboxylation catalysée par la phosphoénolpyruvate-carboxylase (Figure complémentaire 5). Le transfert de molécules C4 vers les cellules de la gaine et leur décarboxylation dans les chloroplastes permettent d'obtenir une forte concentration en CO_2 (20 fois supérieure à la concentration en CO_2 dans les cellules mésophylliennes) dans le micro-environnement de la Rubisco et de limiter ainsi très fortement l'activité oxygénase de la Rubisco. Le métabolisme de type C4 requiert donc une forte coopération intercellulaire entre des types cellulaires, caractérisés par une spécialisation des activités enzymatiques et chloroplastiques, et connectés par des plasmodesmes (Figure complémentaire 5, tableau complémentaire 2).

Cette spécialisation des activités s'accompagne d'un dimorphisme du développement des chloroplastes, qui est décrit dans la figure 2.12, qui correspond donc à une plante de type C4 (Figure 2.10). Dans ces plantes, les cellules mésophylliennes classiques présentent des chloroplastes avec une forte densité de grana, dits chloroplastes granaires, alors que les cellules de la gaine périvasculaire présentent des chloroplastes sans grana, dits chloroplastes agranaires, où ont lieu la décarboxylation du composé en C4 transféré depuis les cellules mésophylliennes et le cycle de Calvin-Benson (Figure complémentaire 5).

Exploitation de la figure 2.12 Electronographie d'une région de feuille de plante en C4

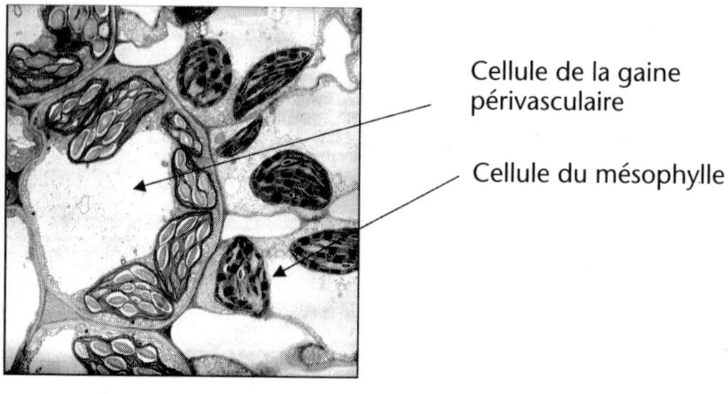

Bien que la coopération intercellulaire dans les plantes de type C4 ait un certain coût en ATP, les plantes de type C4 ont une meilleure efficacité globale que les plantes de type C3, en termes de coût global de fixation d'une molécule de CO_2, grâce à l'amélioration du fonctionnement de la Rubisco.

Figure complémentaire 5 **Voies métaboliques dans les plantes de type C4** [Modifié, d'après Peycru et coll., 2006]

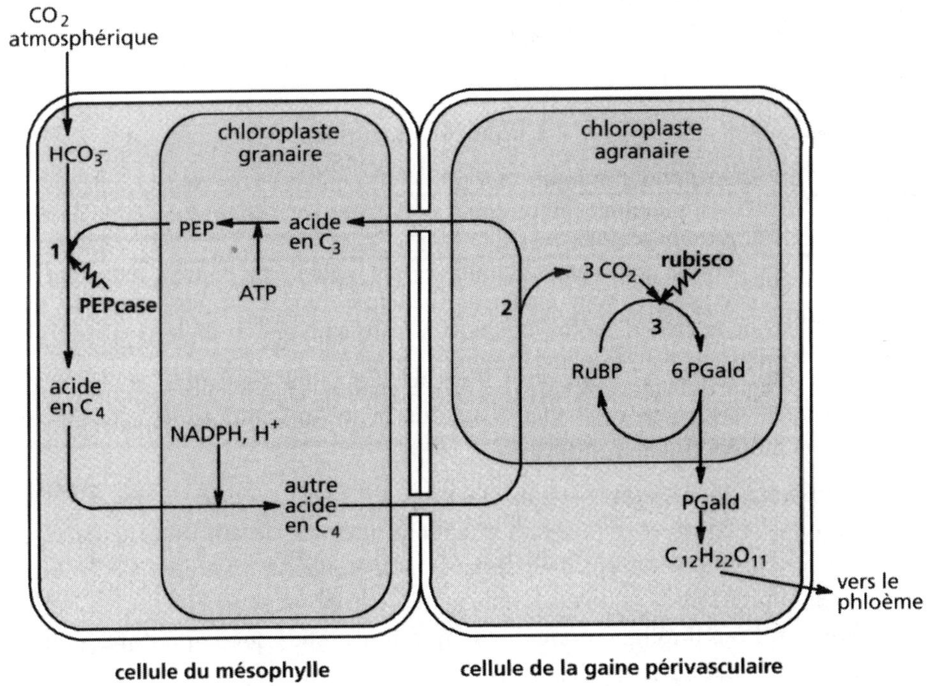

Le cycle carboxylation primaire (1), décarboxylation (2), carboxylation secondaire (3) chez les plantes en C4.

Les deux communications intracellulaires figurent les plasmodesmes, très nombreux entre ces cellules.

Tableau complémentaire 2 Spécialisations biochimiques dans les plantes de type C4
[L.Fontaine-Poitou, d'après diverses sources]

		Cellules du mésophylle	Cellules de la gaine
Activités enzymatiques	Anhydrase carbonique cytosolique	+++	–
	PEP carboxylase (PEPcase) cytosolique	+++	–
	Rubisco	+	+++
Caractéristiques des chloroplastes	Synthèse d'ATP par photophosphorylation	Cyclique et acyclique	Cyclique
	Activité des photosystèmes	PSI et PSII actifs	PS I actif

Conclusion

Les plantes supérieures réalisent donc les réactions photochimiques et chimiques de la photosynthèse grâce à des spécialisations et des interactions cellulaires, subcellulaires, et biochimiques complexes.

Les documents présentés ont permis de comprendre ces spécialisations et ces interactions dans le contexte d'un fonctionnement optimal. Cependant, même en situation de fonctionnement optimal, des contraintes intrinsèques liées à la Rubisco mettent des limitations très fortes à l'efficacité de la photosynthèse. La réalisation de la photosynthèse implique donc des adaptations, telles que la photorespiration ou la photosynthèse de type C4, pour pallier ces limitations.

D'autre part, de nombreuses conditions de stress sont susceptibles d'imposer des limitations supplémentaires à la photosynthèse. En effet, les documents proposés n'ont pas abordé la question de l'apport en CO_2, alors que cet apport dans les feuilles dépend de structures foliaires de transfert de gaz, les stomates. Or, les stomates sont aussi impliqués dans la régulation de la transpiration, ce qui implique que l'apport en CO_2 et la régulation de l'équilibre hydrique sont étroitement liés. Ainsi, une situation de stress hydrique aboutissant à la fermeture des stomates provoquera un ralentissement des transferts de CO_2 .

La capacité de stocker des composés carboxylés, comme peuvent le faire les plantes de type C4, est donc aussi un avantage qui peut permettre de déconnecter l'apport de CO_2 et l'ouverture des stomates. Effectivement, les plantes de type C4 présentent une meilleure efficacité de l'usage de l'eau, et sont bien adaptées aux zones tropicales ouvertes et aux habitats arides.

Cette déconnexion a évolué de manière encore plus importante dans les plantes de type photosynthétique CAM (*Crassulacean Acid Metabolism*), où la spécialisation d'incorporation de CO_2 dans un composé à 4C n'est pas spatiale, mais temporelle, tel que cela est indiqué dans la figure complémentaire 6 ci-dessous. Les réserves de malate accumulées dans les vacuoles pendant la nuit peuvent servir de source de CO_2 dans la journée, permettant ainsi à la plante de limiter les pertes d'eau par fermeture des stomates pendant la journée. Une telle adaptation a mis en jeu des modifications évolutives des gènes codant la PEP-carboxylase (Figure complémentaire 5) et ses systèmes de régulation, aboutissant à une PEP-carboxylase insensible à la rétroinhibition par de fortes concentrations de malate, et régulée par phosphorylation et déphosphorylation au cours du cycle jour-nuit.

La compréhension des interactions moléculaires évolutives entre la photosynthèse et l'apport en CO_2 est particulièrement importante dans le contexte actuel des changements climatiques globaux, qui impliquent une modification significative des teneurs atmosphériques en CO_2.

Figure complémentaire 6 Photosynthèse de type CAM (*Crassulacean acid metabolism*)
[Laurence Fontaine-Poitou, d'après diverses sources]

Les plantes grasses de type CAM, adaptées aux milieux désertiques ou riches en sel, possèdent la RuBisCO et la PEPcase comme les plantes de type C4. Cependant, la fixation du CO_2 n'est pas séparée dans l'espace (mésophylle / gaine périvasculaire), mais dans le temps, selon un cycle jour-nuit. Cette spécialisation temporelle, qui permet la fermeture des stomates pendant le jour, réduit fortement la transpiration et les pertes d'eau.

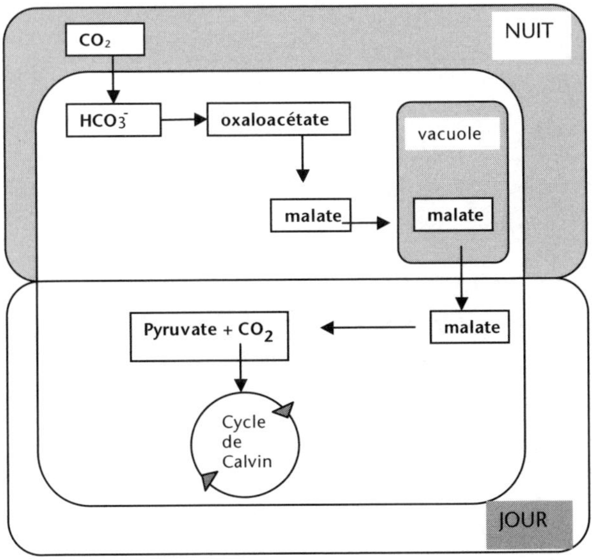

Chapitre 3

Transduction du signal Importance du calcium dans la cellule eucaryote

Cette thématique a été conçue comme un sujet de composition de biologie sur documents pour la préparation au concours du CAPES des Sciences de la Vie et de la Terre.

3.1 Sujet et documents scientifiques

Le sujet est présenté sous la forme d'une série de documents extraits de manuels ou d'articles scientifiques. Ces documents sont légendés de manière plus ou moins complète, et des questions progressives demandent de compléter ces légendes et d'interpréter les données expérimentales. Il s'agit cependant fondamentalement d'intégrer ces documents et ces questions dans un devoir logique, structuré par un plan répondant au sujet posé : « Importance du calcium dans la cellule eucaryote ». Certains domaines concernés par la thématique du sujet sont aussi traités dans des chapitres de la partie I, tels que le chapitre 3.1 de la partie I, « Membranes et fonctionnement cellulaire », ou le chapitre 5.1 de la partie I, « Communication intercellulaire et transduction des signaux ».

Importance du calcium dans la cellule eucaryote

En utilisant l'exploitation des documents et vos connaissances personnelles, démontrer l'importance du calcium et de sa dynamique dans la cellule eucaryote.

Figure 3.1 **Spectres de fluorescence des sondes sensibles au calcium Fura-2 (A) et Fluo-3 (B)**
[Modifié, d'après Buchanan et coll., 2001]

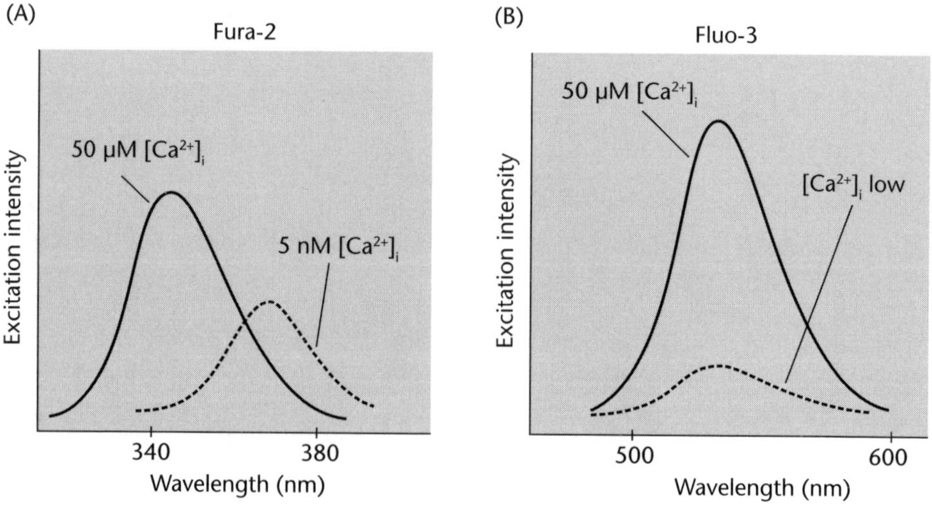

Figure 3.2 **Injection et diffusion cytosolique de l'aequorine dans un œuf de poisson medaka.**
Après injection d'aequorine, l'œuf a été fécondé par un spermatozoïde. Les quatre clichés ont été pris toutes les 10 secondes après pénétration du spermatozoïde.
[Modifié, d'après Gilkey, 1978, et Alberts et coll., 2002]

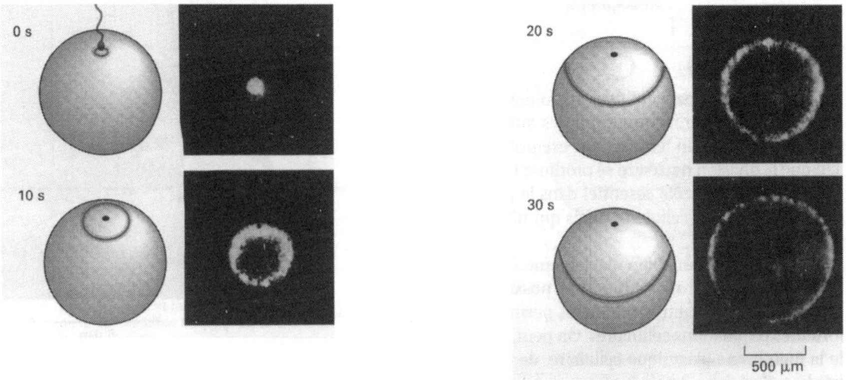

Figure 3.3 **Arbre ramifié des dendrites d'une cellule de Purkinje individuelle du cervelet de cochon d'Inde, révélé par mesure de la concentration en calcium intracellulaire par la sonde Fura-2.**
[Modifié, d'après Alberts et coll., 2002]

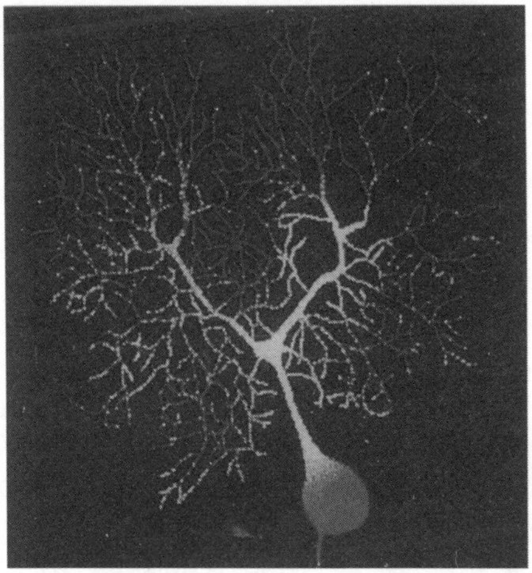

Figure 3.4 **Concentrations ioniques moyennes dans une cellule de mammifère.** Les concentrations de Ca^{2+} et Mg^{2+} sont celles des formes libres de ces deux ions.
[Modifié, d'après Alberts et coll., 2002]

Ions	Cations					Anions
	Na^+	K^+	Mg^{2+} libre	Ca^{2+} libre	H^+	Cl^-
Concentration intracellulaire ($nmol.L^{-1}$)	5-15	140	0.5	10^{-4}	$7x10^{-5}$	5-15
Concentration extracellulaire ($nmol.L^{-1}$)	145	5	1-2	1-2	$4x10^{-5}$	110

Figure 3.5 **Entrée du calcium dans des vésicules tonoplasmiques isolées (vacuoles isolées de racine d'avoine).**
[Modifié, d'après Schumaker et Sze, 1987]

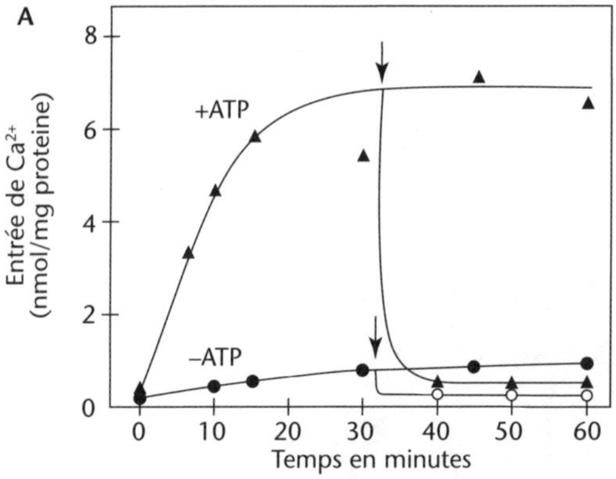

A : en présence ou en absence d'ATP. Au bout de 30 minutes (flèche), un ionophore spécifique des cations divalents est ajouté au milieu.

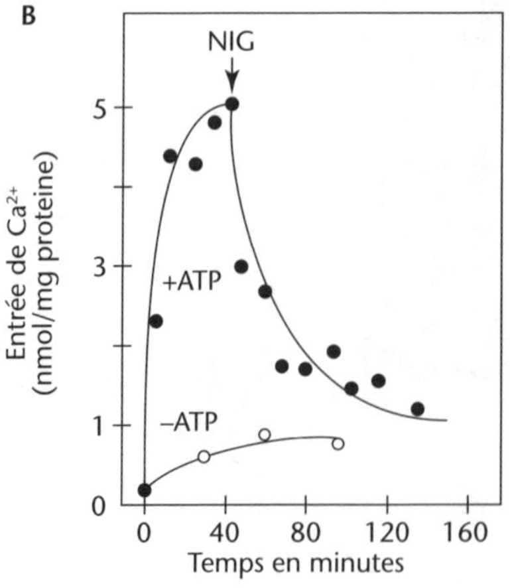

B : en présence et en absence d'ATP. La nigéricine (NIG) ajoutée au moment indiqué par la flèche est un ionophore qui échange K^+ pour H^+ et disperse le gradient de pH de part et d'autre du tonoplaste.

Figure 3.6 A Cinétique d'activation des canaux Ca^{2+} potentiel-dépendants membranaires cardiaque ou squelettique et de canaux chimères. Les schémas à droite de la figure donnent les courants Ca^{2+} (I_{Ca}) observés à la suite de l'activation. Le canal chimère correspond au canal cardiaque avec le S3 du canal squelettique.
[Modifié, d'après Nakai, 1994]

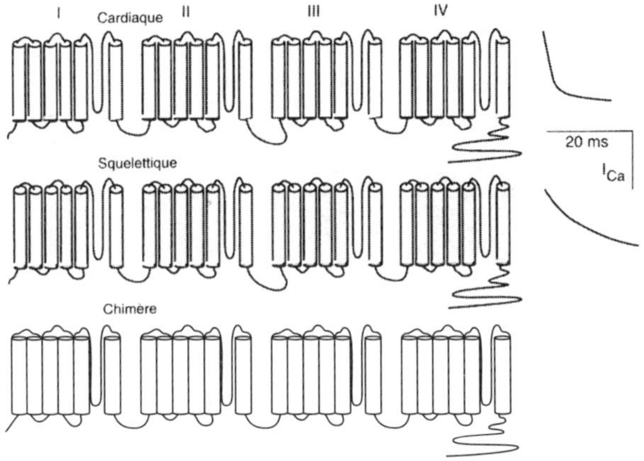

Figure 3.6 B Inactivation de canaux Ca^{2+} potentiel-dépendants (L1 et L2) et de canaux chimères. Le canal chimère 1 est constitué de L2 à l'exception de la boucle reliant les domaines III et IV de L1. Le canal chimère 2 est constitué de L2 à l'exception du segment S6 du domaine I provenant de L1.
[Modifié, d'après Zhang, 1994]

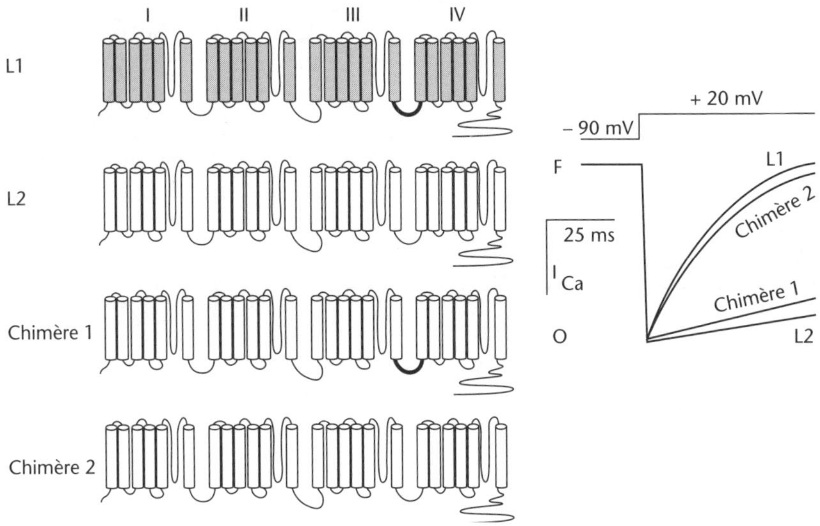

Figure 3.7 Voies de signalisation conduisant à l'ouverture de canaux calciques.
R : récepteur, H : ligand, Eff : effecteur, PK : protéine kinase
[Modifié, d'après Combarnous, 2004]

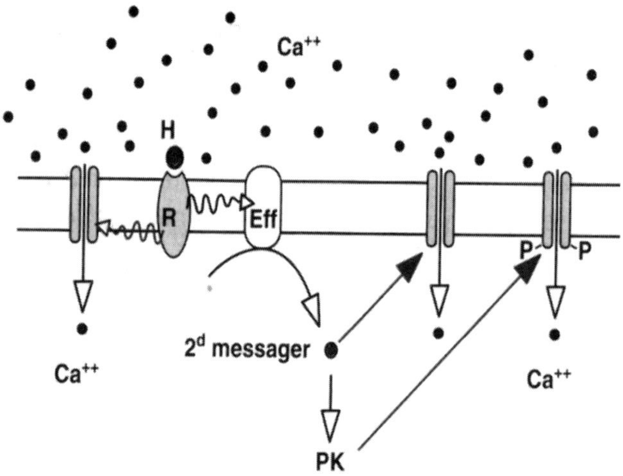

Figure 3.8 Cinétique d'influx de Ca^{2+} dans des protéoliposomes reconstitués avec le récepteur de l'inositol 1, 4, 5 triphosphate (IP_3).
[Modifié, d'après Ferris, 1989]

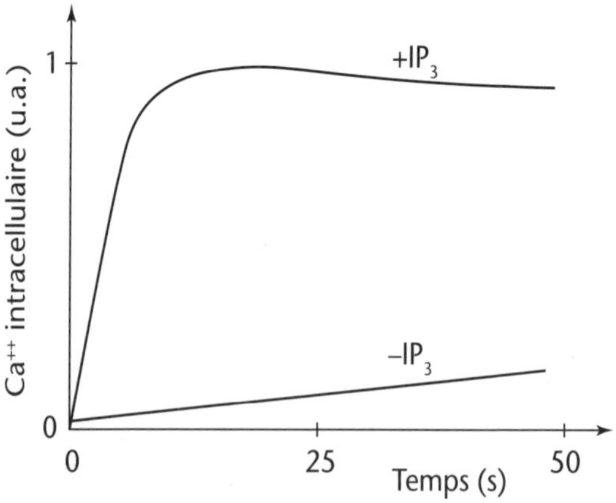

Au temps t=0 secondes, du $^{45}Ca^{2+}$ est ajouté à la suspension de protéoliposomes en présence (+ IP3) ou en absence (- IP3) d'IP3. On détermine en fonction du temps la quantité de calcium intraliposome en unités arbitraires (u.a.).

Figure 3.9 Réponse d'un photorécepteur de type bâtonnet à la lumière. Les canaux Na^+ sont également perméables au calcium. Quand ils sont fermés, il y a chute de la concentration cellulaire en calcium. [Modifié, d'après Tortora et Derrickson, 2007]

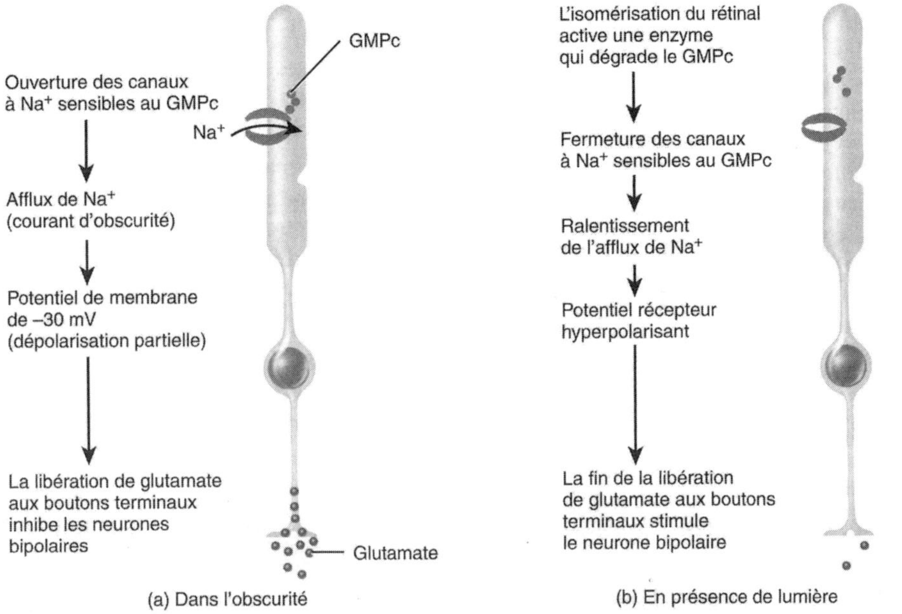

Figure 3.10 Modèle proposé montrant comment les canaux des jonctions gap pourraient se fermer en réponse à une augmentation de calcium. [Modifié, d'après Garrett et Grisham, 2000]

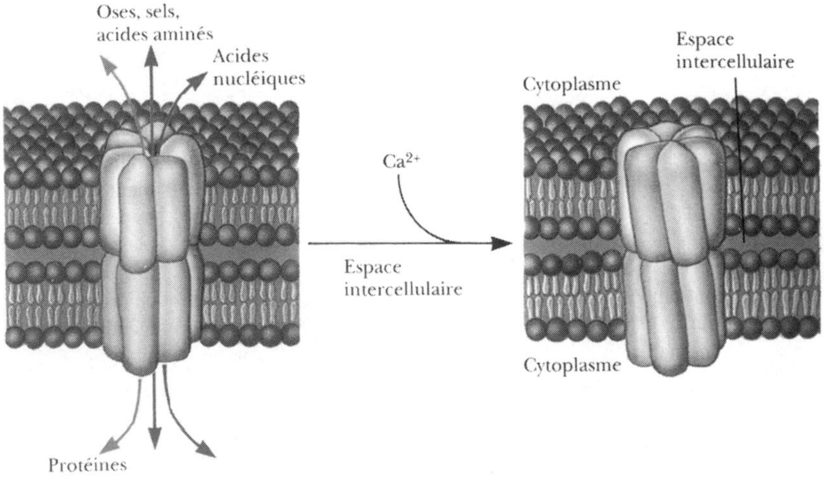

Figure 3.11 Exocytose de glutamate à partir de cellules du système nerveux central de rats.

[Modifié, d'après Harrold et coll., 1997]

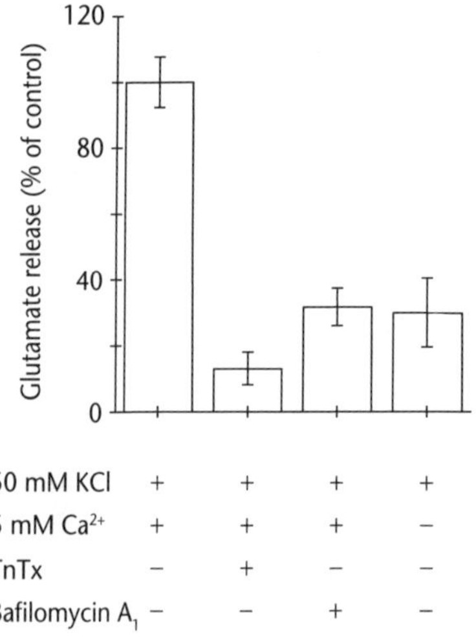

Les cellules sont placées dans un milieu dépourvu de calcium (en présence de 50 mmol.L^{-1} de KCl). Certaines cellules sont stimulées avec 5 mmol.L^{-1} de Ca^{2+} pendant 2 min. Certaines cultures sont préincubées pendant 24 h avec 5 µg.ml^{-1} de toxine tétanique (TnTx, inhibiteur de l'exocytose de neurotransmetteur) ou incubées pendant 75 min avec 1µmol.L^{-1} de bafilomycin A1 (inhibiteur de l'ATPase des membranes des vésicules de glutamate).

Figure 3.12 Évolution du pourcentage de saturation du Fura-2 (ligne c) et des concentrations en calcium (ligne d) dans des fibres musculaires squelettiques de rat (A : fibres rapides et B : fibres lentes) après stimulation électrique (ligne e).

[Modifié, d'après Carroll et coll., 1997]

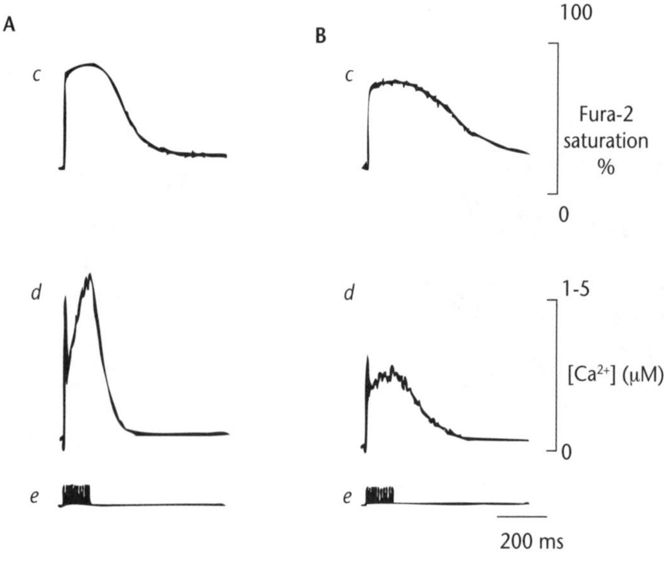

Figure 3.13 Effets de l'injection d'une solution de calcium sur le mouvement des chromosomes et sur les microtubules kinétochoriaux dans une cellule eucaryote à l'anaphase.
[Modifié, d'après Buchanan et coll., 2001]

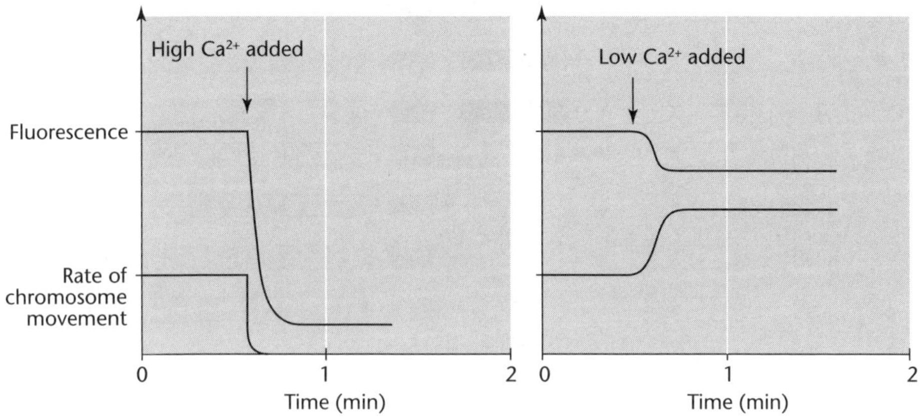

A (*High Ca^{2+} added*) : concentration en calcium cytosolique = 10 µmol.L^{-1}

B (*Low Ca^{2+} added*) : concentration en calcium cytosolique = 1 µmol.L^{-1}

La tubuline est marquée par un fluorochrome spécifique de la tubuline polymérisée, ce qui permet de mesurer la fluorescence émise par les microtubules kinétochoriaux.

Figure 3.14 A Mécanisme d'activation de la protéine kinase C.
[Modifié, d'après Combarnous, 2004]

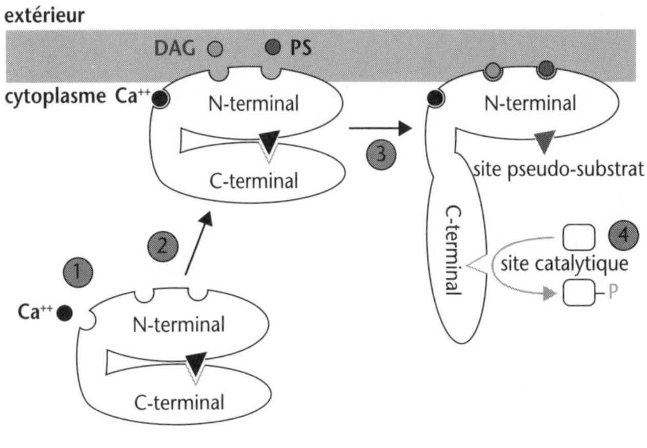

DAG : diacylglycérol,

PS : phosphatidylsérine.

Légender les étapes 1 à 4.

Figure 3.14 B Isoformes de la protéine kinase C
[Modifié, d'après Combarnous, 2004]

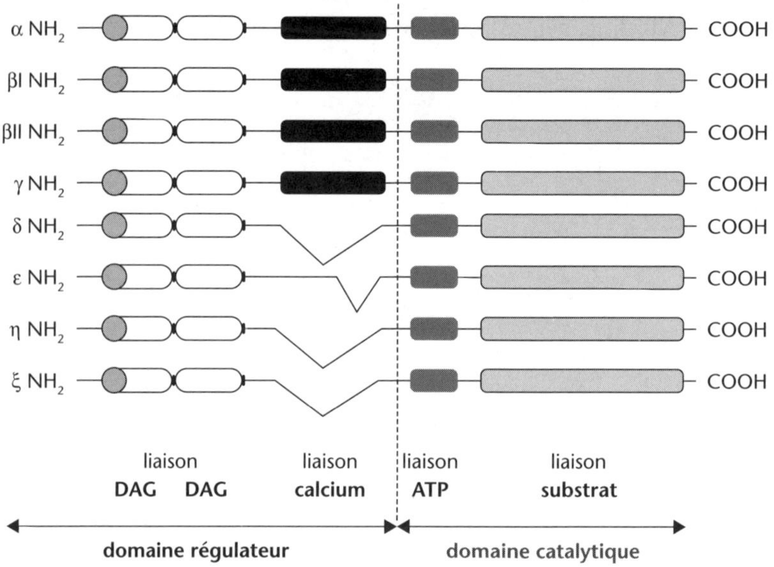

Figure 3.15 Régulation de la contraction du muscle strié squelettique par le calcium
[Modifié, d'après Eckert et Randall, 1997]

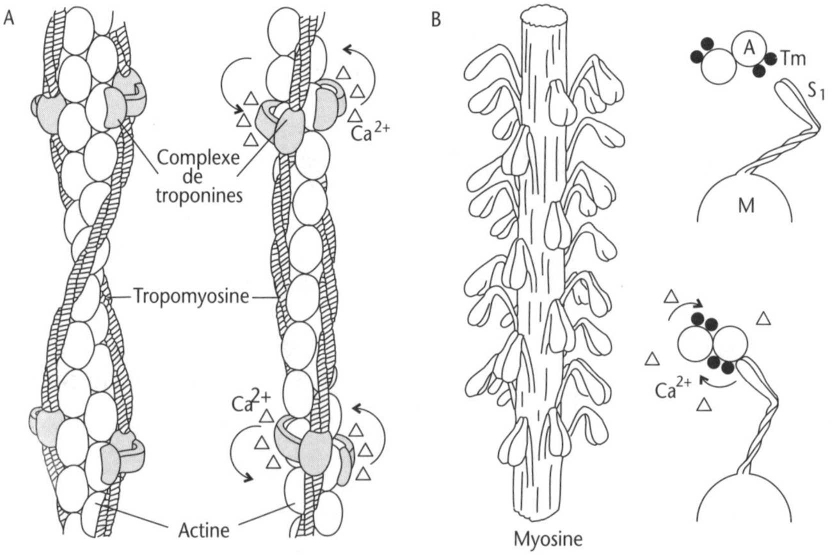

Donner un titre aux schémas A et B.

Figure 3.16 Deux modèles d'interactions (A et B) entre le calcium et les pectines (polyosides ramifiés) au sein de la paroi végétale
[Modifié, d'après Buchanan et coll., 2001]

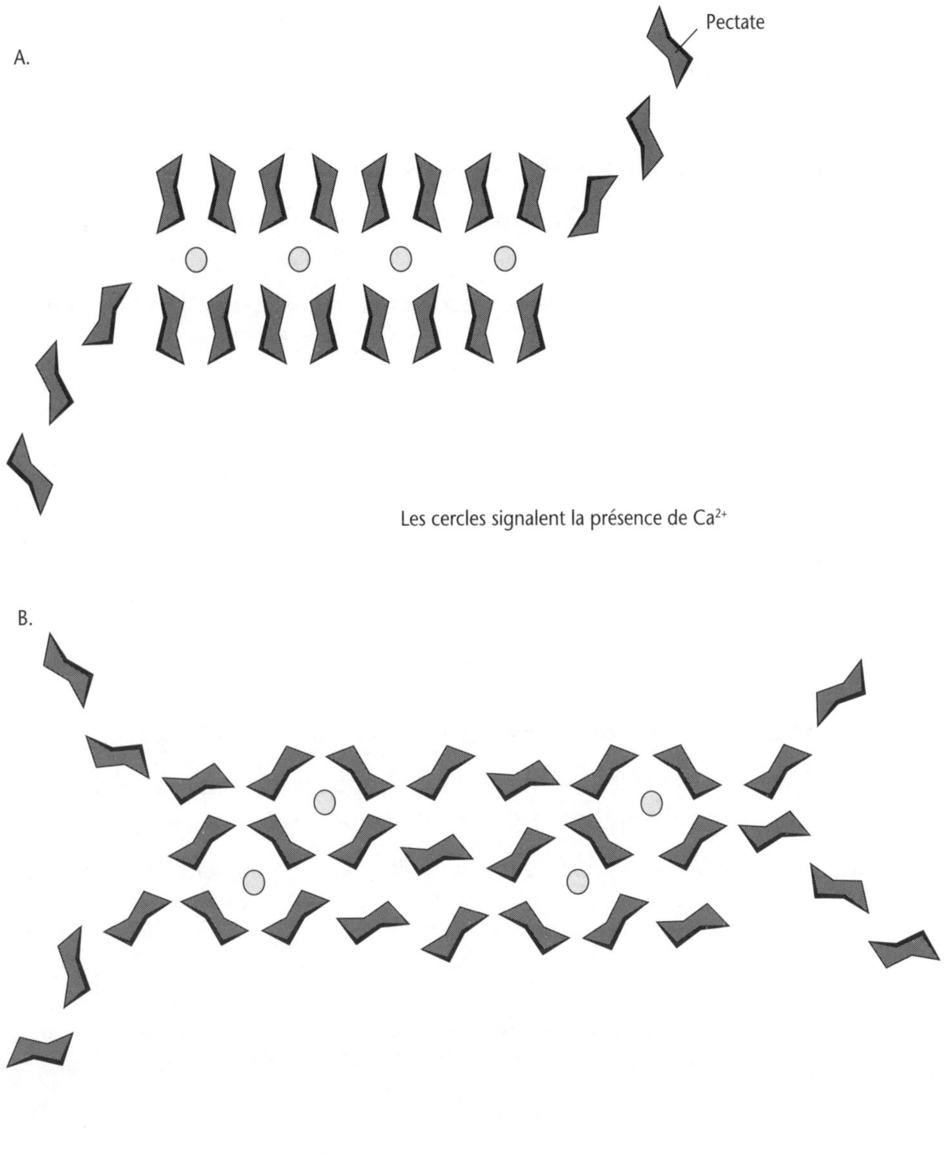

Expliquer les deux hypothèses schématisées en A et B représentant les interactions au sein de la paroi des cellules végétales.

3.2 Analyse des documents et plan développé

Introduction

Définitions : le calcium et ses propriétés chimiques, la cellule eucaryote.

Limites du sujet : cellules eucaryotes de plantes, de champignons ou d'animaux.

Problématique :

- répartition du calcium dans l'organisme et dans la cellule ;
- comment est maintenue cette répartition ? : contrôle des influx, du stockage et des efflux ;
- actions du calcium au sein de la cellule et en relation avec l'environnement extracellulaire.

Annonce du plan

1 : l'ion calcium : répartition dans la cellule et à l'extérieur des cellules, contrôle de la concentration cellulaire

2 : le calcium dans la cellule : sa dynamique et ses actions

3 : le calcium dans la communication de la cellule avec son environnement

I. L'ion calcium et sa répartition contrôlée dans la cellule

A. L'ion calcium et ses caractéristiques

Cation bivalent pour lequel les membranes sont imperméables : nécessité d'un système de transport de part et d'autres des membranes.

Deux charges positives : liaisons ioniques potentielles avec les groupements anioniques.

B. Évaluation des concentrations en calcium

♦ **Par électrophysiologie**

Mesure des concentrations ioniques avec des électrodes intracellulaires (exploitation de la figure 3.6).

♦ **Par imagerie calcique**

Mesure des variations ioniques intracellulaires grâce à des indicateurs émetteurs de lumière. Il peut s'agir de protéines luminescentes (cas de l'aequorine – figure 3.2) ou d'indicateurs fluorescents (exemple du Fura-2 et du Fluo-3 – figure 3.1).

Exploitation de la figure 3.2 L'æquorine est une protéine luminescente, extraite d'une méduse (*Aequorea sp.*)

L'æquorine contient un chromophore fluorescent et devient luminescente lorsqu'elle s'associe au Ca^{2+} libre. Elle répond aux variations de concentration en Ca^{2+} de 0,5 à 10 nmol.L^{-1}. Si elle est injectée dans un œuf comme le montre la figure 3.2, elle émet un éclair de lumière en réponse à une soudaine décharge localisée de calcium libre dans le cytoplasme, qui se produit quand l'œuf est fécondé. Les quatre photographies montrent une vague de libération de Ca^{2+} libre dans le cytosol à partir des réserves internes situées juste en dessous de la membrane plasmique. Cette vague balaye l'œuf à partir du site de pénétration du spermatozoïde comme l'indiquent les schémas d'interprétation.

Exploitation de la figure 3.3 Le Fura-2 et le Fluo-3 : deux types d'indicateurs fluorescents couramment utilisés

La Figure donne une image de la concentration intracellulaire en calcium dans une cellule de Purkinje grâce au Fura-2. Le niveau de calcium le plus élevé se situe dans les ramifications dendritiques, et le niveau le plus bas se trouve dans le corps cellulaire du neurone. Les dendrites reçoivent les signaux des axones d'autres cellules nerveuses. Le calcium semble donc jouer un rôle essentiel dans le fonctionnement des synapses.

C. Valeurs des concentrations en calcium libre

La figure 3.4 montre des concentrations de 1 à 2 mmol.L^{-1} en milieu extracellulaire et seulement de 10^{-4} mmol.L^{-1} dans le cytoplasme des cellules. Le calcium libre est très peu abondant dans le cytoplasme.

Même un faible flux de calcium augmente de façon significative la concentration de calcium libre. Le flux de Ca^{2+} qui s'établit dans le sens de son fort gradient de concentration en réponse aux signaux extracellulaires constitue un moyen de transmettre rapidement ces signaux à travers la membrane plasmique.

D. Contrôle des concentrations cytosoliques en calcium ou comment maintenir un tel faible niveau de concentration

La faible concentration en ions Ca^{2+} cytosolique est régulée grâce à différents mécanismes (Figure complémentaire 1).

Exploitation de la figure 3.5 Mesure de l'entrée du calcium dans des vacuoles isolées de racine d'avoine.

A : L'entrée de calcium dans les vacuoles sans ATP (environ 1 nmol.mg^{-1} de protéine) est faible, par rapport à un maximum de 7 (nmol.mg^{-1} de protéine) dans les vacuoles en présence d'ATP. Si on ajoute un ionophore spécifique des cations divalents, on remarque une chute d'entrée du calcium de 1 à 0,25 nmol.mg^{-1} de protéine et de 7 à 0,25 nmol.mg^{-1} de protéine. L'entrée de calcium est ATP-dépendante et l'ajout d'un ionophore spécifique du calcium (petite molécule hydrophobe qui s'insère dans la bicouche lipidique et augmente sa perméabilité au calcium) annule le gradient de concentration, moteur de la pompe Ca^{2+}-ATP ase.

B : la nigéricine annule le gradient de H^+ de part et d'autre du tonoplaste et ainsi entraîne la chute de l'entrée de calcium au sein de la vacuole. Un antiport Ca^{2+}/ H^+ participe également au stockage vacuolaire.

- **La Ca^{2+}-ATPase de la membrane plasmique, présente dans toutes les cellules eucaryotes**

Son rôle est de maintenir un niveau faible de la concentration en Ca^{2+} intracellulaire. La calmoduline active cette ATPase (présence d'un domaine de liaison N-terminal à la calmoduline), si la concentration intracellulaire dépasse un certain seuil.

- **Les Ca^{2+}-ATPases du réticulum endoplasmique (RE) et de la mitochondrie**

Dans le cas particulier des myocytes, la Ca^{2+}-ATPase du réticulum endoplasmique (RE) a pour rôle de pomper le calcium cytoplasmique dans le réticulum sarcoplasmique pour permettre la relaxation musculaire qui suit l'excitation. Le calcium y est lié à la calséquestrine. Cette pompe représente environ 70 % des protéines membranaires du réticulum sarcoplasmique, ce qui permet une relaxation rapide. Son activité est régulée par le phospholambdan, une petite protéine de 52 kDa. La forme déphosphorylée du phospholamdan interagit avec l'ATPase et l'inhibe. La phosphorylation du phospholambdan par différentes protéines kinases lève l'interaction et l'inhibition.

Le RE des cellules non musculaires possède une Ca^{2+}-ATPase similaire, mais en quantité beaucoup plus faible.

- **L'antiport Na^+-Ca^{2+} de la membrane plasmique des cellules musculaires et nerveuses**

Il présente une faible affinité pour les ions Ca^{++} et agit quand la concentration normale est multipliée par 10.

- **Les antiports H^+-Ca^{2+} du tonoplaste et de la membrane interne mitochondriale**

Un gradient électrochimique de protons est employé pour importer des ions Ca^{2+} qui seraient importants dans la régulation d'enzymes mitochondriales, mais aussi pour transporter du Ca^{2+} hors du cytosol, quand ses concentrations y deviennent dangereuses.

Figure complémentaire 1 Bilan des mouvements calciques dans une cellule eucaryote
[L. Fontaine-Poitou, d'après diverses sources]

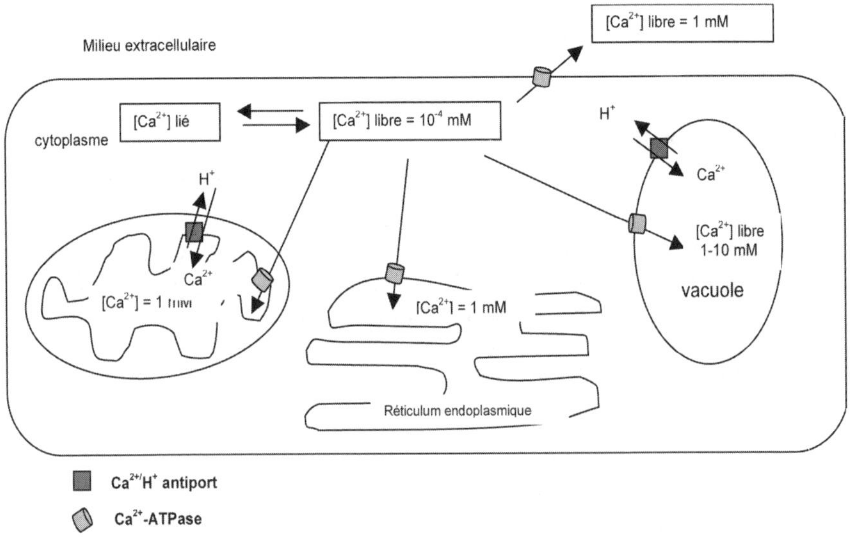

II. Dynamique et actions du calcium au sein de la cellule eucaryote

A. La genèse des signaux calcium : augmentation de la concentration cytosolique en Ca^{2+}

♦ Les canaux calcium de la membrane plasmique

a) Canaux voltage-dépendants VDCC (*voltage-dependent calcium channel*) ou VOC (*voltage operated calcium channel*)

Ces canaux s'ouvrent suite à une dépolarisation membranaire et sont étudiés pour leurs rôles dans les mécanismes de stimulation neuronale ou neuro-musculaire. Ils sont parfois mis en cause dans les mécanismes de contrôle endocriniens.

Leur ouverture entraîne une entrée de calcium dans la cellule. Ils peuvent donc participer à la dépolarisation de la membrane et à son excitabilité au même titre que les canaux Na^+.

Il y a alors augmentation de la concentration intracellulaire, qui a des effets variés : contraction musculaire, transmission synaptique ou sécrétion.

Divers types de canaux ont été caractérisés en fonction de leurs propriétés électrophysiologiques. Parmi eux figurent les canaux fixant des dihydropyridines (DHP) dénommés récepteurs de DHP (canal de type L des **figures 3.6A et 3.6B**).

Le canal calcium présent dans le muscle squelettique est le premier à avoir été caractérisé, purifié et cloné. La protéine est constituée de plusieurs sous-unités : α_1, α_2, β, γ.

La sous-unité α_1 confère au canal ses caractéristiques principales et présente des homologies de séquences avec la chaîne polypeptidique du canal Na^+ potentiel-dépendant.

Exploitation de la figure 3.6A Canal Ca^{2+} potentiel-dépendant chimérique entre un canal cardiaque et un canal squelettique.

Le canal du muscle cardiaque s'active rapidement alors que le canal du muscle squelettique s'active plus lentement : le courant calcique observé à la suite de l'activation est beaucoup plus rapide pour le muscle strié cardiaque.

Le canal chimère (canal cardiaque et S3 du canal squelettique) montre un courant calcique comparable à celui observé pour le canal squelettique.

C'est le segment S3 du premier domaine transmembranaire qui contrôle la cinétique d'activation de ces canaux.

Exploitation de la figure 3.6B Canal chimérique entre L1 et L2, deux canaux Ca^{2+} potentiel-dépendants, à inactivation rapide (L1) ou lente (L2).

Le canal chimère 1, correspondant au canal L2 avec une boucle reliant les domaines III et IV de L1, présente un profil d'inactivation lente similaire à celui de L2. Le canal chimère 2, constitué de L2 à l'exception du segment S6 du domaine I provenant de L1, présente quant à lui un profil d'inactivation rapide identique à celui de L1.

On en déduit que le comportement d'inactivation du canal est déterminé par le segment S6 du premier domaine du canal.

b) Canaux calcium contrôlés par des récepteurs ROC (*receptor-operated calcium channels*)

Exploitation de la figure 3.7 Mode de fonctionnement des canaux calcium contrôlés par des récepteurs ROC

Les canaux calciques s'ouvrent en réponse à l'occupation d'un récepteur membranaire par une hormone ou un neurotransmetteur. Plusieurs mécanismes moléculaires d'activation existent :

- le canal et le récepteur peuvent être une seule et même molécule et l'occupation du site récepteur par le ligand entraîne l'ouverture du canal. Exemple : fixation de l'inositol 1,4,5-triphosphate (IP3), fixation de l'acétylcholine (Ach) ;
- le ligand peut également se lier à un récepteur indépendant du canal et le couplage s'effectue par l'intermédiaire d'un effecteur (protéine G) et d'un second messager pour l'ouverture du canal ;
- le ligand peut enfin se lier à son récepteur et par la voie précédente stimule une protéine kinase (PK-A, PK-C, ou PK-K) qui, par phosphorylation du canal, entraîne son ouverture ou sa fermeture.

♦ **Les canaux calcium de la membrane des organites de stockage**

Les variations de la concentration intracellulaire sont le plus souvent dues à l'ouverture de canaux localisés dans la membrane d'organites dont la concentration luminale est élevée : le réticulum sarcoplasmique (RS) ou le réticulum endoplasmique (RE).

a) Le récepteur de la ryanodine (alcaloïde végétal) du réticulum sarcoplasmique

La contraction musculaire est le résultat d'une augmentation de la concentration de Ca^{2+} intracellulaire libre initialement présent dans le lumen du RS. La sortie du RS est médiée par un canal spécifique du calcium ayant une forte affinité pour la ryanodine, le récepteur de la ryanodine (Figure complémentaire 2). Il est constitué d'une chaîne polypeptidique avec 4 segments hydrophobes du coté C-terminal. La quasi totalité de la protéine se trouve dans le cytoplasme, et forme une région appelée le pied visible en microscopie électronique à transmission. Ce canal fonctionnerait sous forme de tétramère.

L'ouverture du canal de la ryanodine nécessite la présence dans la membrane plasmique du canal dihydropyridine (DHP) et son activation. L'ouverture du récepteur DHP conduit à une dépolarisation de la membrane plasmique et une entrée de calcium.

Figure complémentaire 2 **Schéma de l'interaction récepteur de la ryanodine et de la dihydropyridine**
[Modifié, d'après Schechter, 1997]

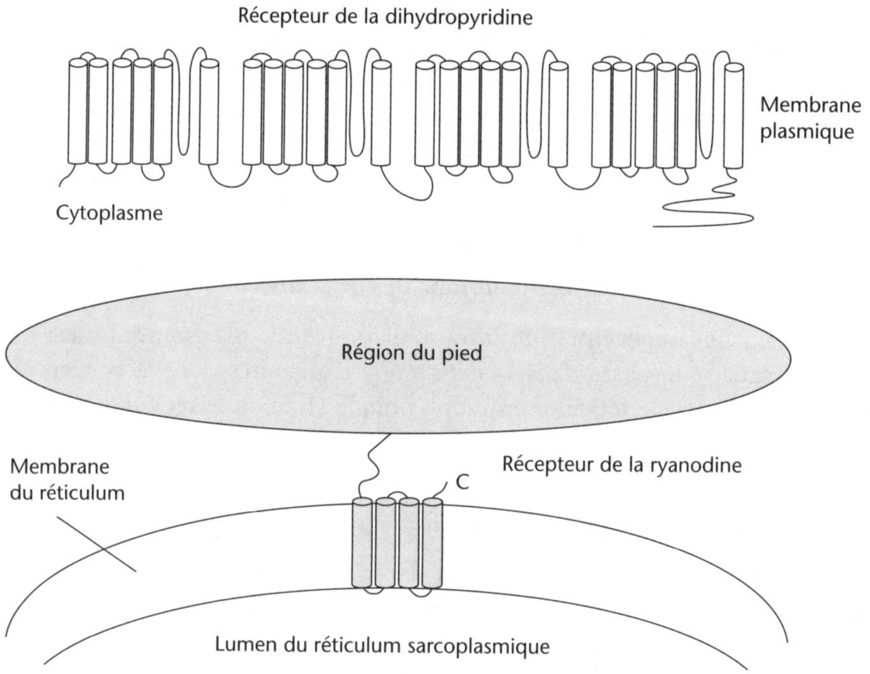

Dans le cas du muscle squelettique, l'activation est le résultat de la dépolarisation de la membrane plasmique. Le récepteur de la ryanodine change de structure et s'active. La membrane plasmique s'invagine au niveau des tubules transverses dont certaines parties se trouvent au voisinage immédiat du RS. Il y aurait une interaction directe entre le récepteur de la DHP et la grosse partie cytoplasmique du récepteur de la ryanodine.

Dans le cas du muscle cardiaque, l'activation du canal de la ryanodine est le résultat d'entrée d'ions Ca^{2+} par le canal DHP, ce qui conduit à une augmentation du calcium intracellulaire et à une fixation des ions sur le canal de la ryanodine. Ce calcium cytoplasmique joue le rôle de ligand qui active le canal de la ryanodine. Il est question dans ce cas de « *calcium induced calcium release* » ou « sortie de calcium induite par le calcium ». L'interaction entre le récepteur DHP et le récepteur de la ryanodine est moins directe.

b) Le récepteur de l'inositol 1,4,5 triphosphate (IP3) de la vacuole et du réticulum sarcoplasmique

Exploitation de la figure 3.8 Influx de calcium dans des protéoliposomes reconstitués avec le récepteur de l'inositol 1,4,5 triphosphate (IP3).

La quantité de calcium intraliposome est maximale en 10 secondes en présence d'IP3, alors qu'elle reste faible même au bout de 50 secondes en absence d'IP3. L'IP3 favorise donc l'entrée de calcium dans les organites pourvus de son récepteur, c'est-à-dire le réticulum endoplasmique, et dans le cas des cellules de plantes, la vacuole.

L'IP_3 produit par l'hydrolyse du PIP_2 est une petite molécule hydrosoluble qui quitte la membrane plasmique et diffuse rapidement à travers le cytoplasme. L'IP3 facilite la libération de Ca^{2+} à partir du RE ou de la vacuole en se liant aux canaux Ca^{2+} IP_3–dépendants situés dans les membranes du réticulum endoplasmique et du tonoplaste.

Ces canaux sont contrôlés par un rétrocontrôle positif dans lequel les ions Ca^{++} libérés peuvent se lier aux canaux pour augmenter la libération de Ca^{2+}, provoquant ainsi une libération brutale de type tout ou rien.

L'accumulation de Ca^{2+} IP_3-dépendante peut être abolie par différents processus :

- déphosphorylation de l'IP_3 par des phosphatases spécifiques ;
- expulsion des ions Ca^{2+} hors de la cellule.

Toutefois, tout l'IP_3 n'est pas complètement déphosphorylé. Une partie de l'IP_3 donne de l'inositol 1,3,4,5-tétraphosphate (IP_4) qui pourrait intervenir dans des réponses cellulaires plus lentes et/ou plus longues, et/ou promouvoir le remplissage des stocks intracellulaires du calcium. La production d'IP_4 est catalysée par une enzyme activée par une augmentation de la concentration cytosolique du Ca^{2+} induite par l'IP_3, ce qui représente un rétrocontrôle négatif du niveau d'IP_3.

B. Les effets du signal calcium : régulation du transport membranaire

- **Exemple 1 : La Ca^{++}-calmoduline active la Ca^{2+}-ATPase de la membrane vacuolaire si la concentration intracellulaire est trop importante** (exploitation de la figure 3.5)

La calmoduline est un petit polypeptide de 16 kDa structuré en une longue hélice α séparant les extrémités N et C-terminales, qui sont elles-mêmes de petites hélices α. Découverte à l'origine dans le cerveau, elle possède 4 sites de fixation du calcium. Cette fixation modifie sa conformation et augmente son affinité pour diverses protéines. Ce complexe Ca^{2+}-calmoduline régule de nombreuses enzymes dont l'adénylate cyclase, des protéines kinases, la PDE, la glycogène synthase, la guanylate cyclase, etc.

- **Exemple 2 : Réponse des bâtonnets de la rétine** (exploitation de la figure 3.9)

L'analyse de la réponse d'un photorécepteur de type bâtonnet à des variations d'intensité lumineuse révèle que :

- À l'obscurité, la rhodopsine du segment externe est inactive et les canaux Na^+ sont ouverts : la cellule est dépolarisée et le transmetteur est abondant (inhibition des neurones post-synaptiques rétiniens).
- À la lumière, la rhodopsine est active, on observe alors la fermeture des canaux Na^+, une polarisation de la cellule et une faible libération du neurotransmetteur.

Les canaux Na^+ sont également perméables au Ca^{2+} de sorte que, lorsqu'ils se ferment, l'influx normal de Ca^{2+} s'arrête et provoque une chute de sa concentration. Cette chute stimule la guanylate cyclase qui va reformer le GMPc et ramener rapidement la cellule à son état initial. L'activation de la guanylate cyclase est due à une protéine sensible au Ca^{2+} appelée recoverine, qui, à l'inverse de la calmoduline, est inactive quand le calcium y est fixé, et active lorsque le calcium n'y est pas fixé. La recoverine stimule la guanylate cyclase quand la concentration en Ca^{2+} est faible à la suite de la réponse à la lumière.

Ce mécanisme permet ainsi au récepteur :

- de revenir rapidement à son état de repos à la suite d'un flash lumineux, et de pouvoir percevoir la brièveté du flash ;
- de s'adapter et de diminuer les réponses quand il est exposé continuellement à la lumière.

- **Exemple 3 : les jonctions de type gap et le contrôle de leur perméabilité** (exploitation de la figure 3.10)

Les jonctions apparaissent en MET comme des régions où les membranes de deux cellules adjacentes sont séparées par une étroite ouverture large de 2 à 4 nm de diamètre. Elles permettent le passage de molécules hydrosolubles et d'ions inorganiques du cytoplasme d'une cellule au cytoplasme de l'autre effectuant ainsi un couplage électrique et métabolique des cellules.

Elles sont constituées de protéines transmembranaires qui forment des structures appelées connexons (**Figure 3.1.21** du chapitre 3.1 de la partie I). Chaque connexon est composé d'un ensemble de 6 sous-unités protéiques appelées connexines, chacune formée de 4 hélices α transmembranaires. Les 6 sous-unités s'assemblent pour former un canal aqueux central.

Les connexines sont Ca^{2+}-dépendantes : l'ouverture est fonction de la concentration cytosolique de Ca^{2+} libre et du pH (figure 3.10). Il est possible de diminuer de façon rapide et réversible la perméabilité des jonctions de type gap en abaissant le pH cytosolique ou en augmentant la concentration cytosolique du Ca^{2+}.

Quand une cellule est endommagée, sa membrane plasmique perd son étanchéité. Des ions comme le Na^{+} et le Ca^{2+} pénètrent dans la cellule et des métabolites précieux s'en échappent. Les cellules voisines risquent de souffrir également de cette perturbation. L'influx de Ca^{2+} dans la cellule atteinte en fermant les jonctions gap l'isole et empêche ainsi la propagation de la lésion.

- **Exemple 4 : des canaux K^{+} activés par le Ca^{2+} dans les cellules nerveuses**

Ils permettent une modification de l'excitabilité de la cellule nerveuse si l'excitation est prolongée.

Deux types de canaux sont présents dans le cône d'implantation (région du neurone riche en canaux) :

- les canaux calciques contrôlés par la tension ;
- les canaux K^{+} activés par les ions Ca^{2+}.

Ces canaux agissent ensemble pour diminuer la réponse de la cellule à une stimulation identique prolongée. Ce processus est appelé **adaptation**. Les canaux Ca^{2+} s'ouvrent quand un potentiel d'action est déclenché, permettant l'entrée transitoire de Ca^{2+} dans le cône d'implantation. Le canal K^{+} activé par les ions Ca^{2+} s'ouvre au niveau de la face cis de la membrane de la cellule nerveuse en réponse à une augmentation de concentration en Ca^{2+}.

Des excitations répétées (puissant stimulus dépolarisant appliqué longtemps) entraînent l'ouverture des canaux Ca^{2+} voltage-dépendants ce qui conduit à une augmentation de la concentration intracellulaire en Ca^{2+} jusqu'à un niveau élevé sous la membrane. L'ouverture des canaux K^{+} activés par le calcium déclenchent une dépolarisation difficile et une augmentation de l'intervalle de temps entre un potentiel d'action et le suivant.

De cette façon un neurone stimulé continuellement pendant une longue période devient peu à peu moins sensible à un stimulus constant.

C. Les effets du signal calcium : implication dans les mouvements cellulaires

- **Déclencheur de l'exocytose**

Le signal de l'excrétion est souvent un messager chimique qui se lie à des récepteurs membranaires. L'activation qui en résulte génère des signaux intracellulaires qui incluent une augmentation transitoire du Ca^{2+} libre cytosolique aboutissant à l'exocytose des vésicules de neurotransmetteurs (Figures complémentaires 4 et 5).

a) Exemple 1 : signal de sécrétion des granules de neurotransmetteur (exploitation de la figure 3.11) :

Exploitation de la figure 3.11 : Mécanisme de sécrétion des granules de glutamate.

Témoin 1 : les cellules sont placées dans un milieu de composition KCl + 5 mmol.L^{-1} Ca^{2+} : on observe 100 % de libération de glutamate (acide aminé chargé négativement, neurotransmetteur excitateur du SNC des mammifères). Le KCl permet une pré-dépolarisation des cellules.

Témoin 2 : les neurones sont placés dans un milieu KCl : le graphe montre 30 % de libération du glutamate par rapport au témoin 1.

Par conséquent, le calcium disponible dans le milieu extracellulaire favorise l'exocytose du glutamate, et pénètre dans la cellule par des canaux Ca^{2+} voltage-dépendants.

Condition 3 : les neurones sont placés dans un milieu de composition KCl + 5 mmol.L^{-1} Ca^{2+} + 1µmolL^{-1} bafilomycin A1 : la courbe indique alors 35% de libération de glutamate par rapport au témoin positif 1. Comme la bafilomycin A1 est un inhibiteur de l'ATPase des membranes des vésicules de glutamate, l'hydrolyse d'ATP est donc nécessaire à l'exocytose du glutamate.

Condition 4 : les neurones sont placés dans un milieu de composition KCl + 5 mmol.L^{-1} de Ca^{2+} + 5µg/ml^{-1} de toxine tétanique : la courbe indique 15 % de libération du glutamate par rapport au témoin positif 1. La toxine tétanique est un inhibiteur de l'exocytose de neurotransmetteur. Elle bloque la fusion entre les membranes des vésicules de glutamate et la membrane présynaptique du neurone malgré la présence de calcium.

Figure complémentaire 3 **L'entrée de calcium par des canaux voltage-dépendants permet son interaction avec une protéine de la membrane vésiculaire, la synaptogamine, qui possède des sites de fixation au calcium et est impliquée dans la fusion vésicules de glutamate-membrane présynaptique.** [Modifié, d'après Schechter, 1997]

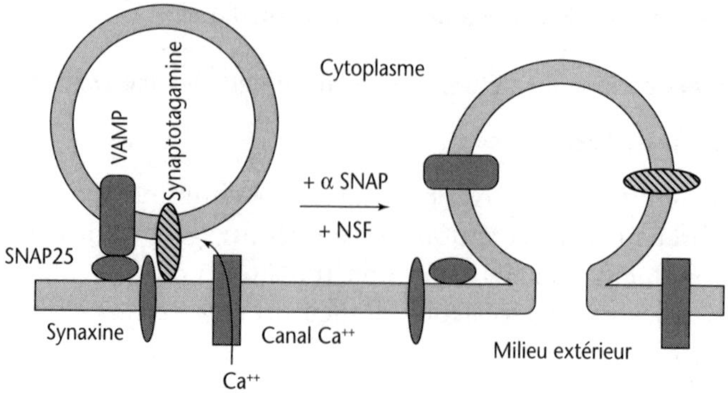

b) Exemple 2 : la fécondation (Figure complémentaire 4)

La membrane pellucide des œufs de mammifères est composée de trois glycoprotéines, ZP1, ZP2 et ZP3. ZP2 et ZP3 s'assemblent en filaments alors que ZP1 lie ces filaments pour former un réseau à trois dimensions. ZP3 agit comme un récepteur aux spermatozoïdes, et cette liaison induit la réaction acrosomiale au cours de laquelle des enzymes sont libérées par exocytose. Les protéases et hyaluronidases libérées jouent un rôle essentiel dans la pénétration des spermatozoïdes à travers la membrane pellucide. Lors de la fusion avec la membrane plasmique de l'œuf, les spermatozoïdes activent la voie du phosphatidylinositol, ce qui entraîne une augmentation de la concentration en Ca^{++}.

Ce flux de calcium active l'œuf et induit la réaction corticale : exocytose du contenu des granules corticaux, dont les enzymes hydrolytiques modifient la structure de la membrane pellucide qui devient plus épaisse, et provoquent le clivage protéolytique de ZP2 et l'hydrolyse d'un sucre sur ZP3. Cette altération de la zone pellucide bloque la polyspermie.

Figure complémentaire 4 Schémas des étapes de la réaction corticale lors de la fécondation.
[Modifié, d'après Kierozenbaum, 2006]

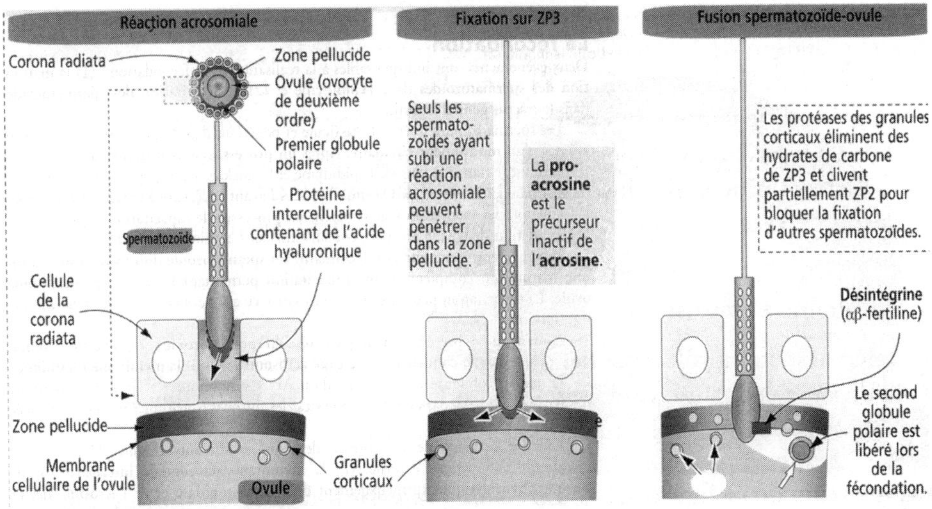

- **Interaction avec la troponine C et contraction musculaire** (exploitation des figures 3.12 et 3.15)

Exploitation de la figure 3.12 Concentrations en calcium dans des fibres musculaires squelettiques de rat après stimulation électrique

Dans la figure 3.12, la stimulation électrique des fibres musculaires striées squelettiques de rat montre :

- une saturation de l'indicateur calcique, le Fura-2, et, proportionnellement, une augmentation des concentrations en calcium dans les cellules musculaires ;
- des différences entre les fibres musculaires squelettiques, avec des fibres dites rapides présentant une augmentation rapide de la saturation du Fura-2 et de la concentration calcique (1.5 $\mu mol.L^{-1}$ en 100 ms, et retour à la normale en 250 ms), alors que d'autres dites lentes n'atteignent que 0.75 $\mu mol.L^{-1}$ de calcium en 100 ms, avec un retour à la normale en 350 ms.

Où intervient ce calcium intramyocyte ?

La figure 3.15 illustre l'intervention de la troponine, une protéine impliquée dans la régulation par les ions Ca^{2+} de l'activation du muscle strié squelettique de vertébré. C'est un complexe de trois polypeptides : Troponine T, Troponine I et Troponine C, appelés ainsi respectivement pour liaison à la Tropomyosine, Inhibition, et liaison du Calcium. La queue de troponine T se lie à la tropomyosine. La troponine I se lie à l'actine, et lorsqu'elle est associée à la troponine T et à la tropomyosine, le complexe formé inhibe l'interaction de l'actine et de la myosine. L'addition ultérieure de troponine C complète le complexe et le rend sensible au Ca^{2+}. La troponine C fixe jusqu'à quatre molécules de Ca^{2+} et lève l'inhibition de la liaison de l'actine à la myosine produite par les deux autres composants de la troponine.

- **Calcium et mitose**

Le calcium joue un rôle essentiel dans les mouvements chromosomiques au cours de la division cellulaire (exploitation de la figure 3.13), en particulier au cours de l'anaphase A de mitose (Figure complémentaire 7).

Exploitation de la figure 3.13 Effets de l'injection d'une solution de calcium sur le mouvement des chromosomes et sur les microtubules kinétochoriaux dans une cellule eucaryote à l'anaphase

Figure 3.13A : si une forte concentration de calcium (10 $\mu mol.L^{-1}$) est ajoutée dans une cellule eucaryote à l'anaphase, on remarque une chute de la fluorescence émise par les microtubules kinétochoriaux marquée par un fluorochrome. Ceci démontre une dépolymérisation importante des microtubules aboutissant à la diminution des mouvements des chromosomes.

Figure 3.13B : si une plus faible concentration en calcium (1 µmol.L^{-1}) est ajoutée, on observe une faible diminution de fluorescence indiquant une dépolymérisation légère des microtubules. Leur raccourcissement permet alors le mouvement des chromosomes vers les pôles de la cellule.

♦ **Calcium et mouvement du tube pollinique**

Chez les plantes, l'extension du tube pollinique le long du style de l'ovaire met aussi en jeu le calcium, acteur de la polymérisation des filaments du cytosquelette de la cellule végétale. Cette extension du tube pollinique a pour rôle d'amener les gamètes mâles au contact des gamètes femelles de l'ovaire.

D. Les effets du signal calcium : activation de protéines kinases

♦ **Activation de la protéine kinase C ou PKC** (exploitation des figures 3.14A et 3.14B)

Figure 3.14A

La protéine kinase C est soluble dans le cytosol en absence de calcium. Elle est activée par une liaison de Ca^{2+} sur un site spécifique, puis s'associe à la membrane plasmique dès que la concentration en calcium augmente. Elle met alors en jeu la fixation de DAG (diaglycérol issu de l'hydrolyse de phospholipides par une phospholipase C) et de phosphatidylsérine sur deux autres sites spécifiques.

Figure 3.14B :

Toutes les kinases C ne sont pas Ca^{2+}-dépendantes, mais toutes sont DAG-dépendantes et lient leur substrat pour le phosphoryler, grâce à un site de liaison à l'ATP.

La protéine kinase C phosphoryle des résidus sérine et thréonine, et exerce des effets biologiques très divers dans de nombreux types cellulaires.

♦ **Activation de protéines kinases dépendantes du complexe Ca^{2+}/calmoduline (CaM kinases)**

La plupart des effets du Ca^{2+} s'effectuent par l'intermédiaire d'une famille de protéines kinases dépendantes du complexe Ca^{2+}/calmoduline (CaM kinases). Ces kinases phosphorylent des résidus sérine ou thréonine dans des protéines. Dans de nombreux cas, la réponse d'une cellule à une augmentation de [Ca^{2+}] libre dans le cytosol dépend des protéines contrôlées par le complexe Ca^{2+}/calmoduline. Il existe 5 types de CaM-kinases.

Exemple 1 : la protéine kinase de la chaîne légère de myosine impliquée dans la contraction des muscles lisses. L'activation de cette kinase nécessite la fixation du complexe Ca^{2+}-calmoduline et phosphoryle la chaîne légère qui cesse alors d'inhiber l'interaction entre la myosine et l'actine F.

Exemple 2 : la CaM kinase II. Cette kinase est retrouvée dans toutes les cellules animales et plus particulièrement dans le système nerveux. Cette protéine ubiquitaire des cellules animales phosphoryle un grand nombre de protéines substrats. L'état inactif de la protéine est levé par la fixation du complexe Calcium-calmoduline.

La CaM kinase II possède la propriété remarquable de fonctionner comme un dispositif de **mémoire moléculaire** : elle s'active quand elle fixe le complexe Ca^{2+}/calmoduline et reste active même après que le calcium été retiré. En effet, cette kinase est capable d'autophosphorylation. Elle reste donc active même en l'absence de Ca^{2+}, ce qui prolonge son action au-delà de la durée du signal initial calcique, jusqu'à ce que l'activité des phosphatases devienne supérieure à l'activité d'autophosphorylation de l'enzyme.

Ses substrats sont par exemple la synapsine I (vésicule synaptique) et la protéine MAP-2 des microtubules.

E. Les effets du signal calcium : impact dans le noyau et sur l'expression génétique

Les signaux calciques se propagent à l'intérieur du noyau des cellules. Ils y exercent des effets sur l'expression génétique, soit par pénétration directe du calcium cytosolique, soit par translocation des molécules cibles activées dans le cytoplasme (CaM-kinases).

- **Activation des CaM-kinases nucléaires**

Le calcium peut agir sur des molécules effectrices localisées dans le noyau. Ces molécules sont des isoformes de la CaM-kinase II et de la CaM-kinase IV. Ces enzymes sont activées lorsque le calcium se lie à la calmoduline nucléaire. Ces kinases nucléaires phosphorylent des facteurs de transcription qui régulent des gènes calcium sensibles.

- **Transmission des CaM-kinases cytosoliques**

Elles peuvent pénétrer dans le noyau par translocation et agir sur des facteurs de transcription.

- **Activation calcique de la voie Ras**

La voie Ras, qui transmet en cascade des signaux extracellulaires jusqu'au génome, est activée par le calcium intracellulaire. Par exemple, par ce mécanisme, les canaux calciques voltage dépendants (VSCC) et les récepteurs au glutamate de type

NMDA (N-méthyl D-aspartate) activent la MAPK (MAPK : *mitogen activated protein kinase*) dans l'hippocampe et le cortex.

L'activation de la MAPK est importante. La MAPK kinase des dendrites fait partie de la cascade de transduction qui accompagne les changements locaux du calcium. Les substrats de cette enzyme sont les protéines TAU (maladie d'Alzheimer) et MAP2, qui conditionnent la morphologie du neurone.

Les signaux calciques modifient la transcription génétique via des facteurs de transcription activables par les voies de transduction de signal dépendant du calcium.

Les gènes cibles sont classés en 2 groupes selon leur cinétique d'activation et leur fonction cellulaire :

- les gènes rapidement inductibles (*immediate-early genes*, IEG), sans synthèse de nouvelle protéine pour leur transcription, et codant des facteurs de transcription (c-Fos et c-Jun), qui régulent des vagues d'expression génétique ;
- les gènes à réponse différée (*Delayed-response genes*, DRG), induits lentement et nécessitant la synthèse de nouvelles protéines pour leur expression.

F. Les effets du signal calcium : potentialisation à long terme dans l'hippocampe de mammifère

L'hippocampe est une région du cortex cérébral jouant un rôle dans l'apprentissage.

La mise en mémoire d'un souvenir se traduit par une augmentation importante et durable de l'effet synaptique, que l'on appelle **potentialisation à long terme ou LPT**.

Lorsqu'une modification d'efficacité est induite (après activation de la synapse), des mécanismes moléculaires dans les neurones conduisent progressivement à des changements morphologiques. Les études morphologiques, en microscopie électronique, ont révélé la trace de ces profonds remaniements des réseaux de neurones qui sont donc des conséquences de l'induction de la plasticité synaptique :

- changement de forme et de taille des synapses ;
- augmentation des surfaces d'apposition entre les éléments pré- et post-synaptiques,
- transformation de synapses silencieuses en synapses actives ;
- croissance de nouvelles synapses.

La plupart des synapses modifiables utilisent le glutamate comme neuromédiateur. On en trouve dans l'hippocampe et dans la plupart des structures corticales et sous-corticales du cerveau. Plusieurs types de récepteurs post-synaptiques interviennent dans la transmission et la plasticité synaptique :

- les **récepteurs AMPA,** qui interviennent dans la transmission rapide normale, permettant à l'influx nerveux de se propager de neurone en neurone ;
- les **récepteurs NMDA**, qui commandent spécifiquement la plasticité de la majorité des voies qui fonctionnent avec le glutamate. Un bloquant spécifique de ces récepteurs n'empêche pas la transmission synaptique, mais empêche le déclenchement de la potentialisation à long terme. Cette administration d'antagoniste rend les rats traités incapables d'apprendre une tâche de navigation spatiale. À mesure que l'on augmente les doses d'antagoniste, la plasticité synaptique diminue. Dans les conditions normales, ces récepteurs sont inactifs. Ils entrent en jeu lorsque l'activité des neurones présynaptiques est élevée (libération importante de glutamate et dépolarisation importante de la membrane postsynaptique). Le récepteur NMDA subit alors une déformation qui fait que sa stimulation par le glutamate ouvre le canal ionique associé au récepteur. Des ions calcium du milieu extracellulaire entrent massivement dans le neurone postsynaptique. Les ions calcium déclenchent une cascade de réactions moléculaires qui aboutit à une modification durable de la synapse ;
- **les récepteurs métabotropiques**, qui n'ont pas de canaux ioniques, mais sont couplés à des protéines, les protéines G. Il semble qu'ils amplifient le phénomène en mobilisant les ions calcium des réserves intracellulaires du réticulum endoplasmique.

Les ions calcium jouent des rôles essentiels dans cette plasticité neuronale :

- activation d'un ensemble de protéines kinases qui participent à la transmission des signaux dans la cellule ;
- phosphorylation en cascade d'autres protéines, et en particulier des récepteurs AMPA-NMDA ce qui augmente leur sensibilité ;
- activation de l'expression génétique ;
- libération de messagers qui agiraient sur le neurone présynaptique.

III. Implication structurale du calcium dans les interactions cellule-cellule et cellule-matrice

A. Rôle dans l'adhérence cellulaire

Toutes les protéines impliquées dans l'adhérence cellulaire (Figure 3.1.23 du chapitre 3.1 de la partie I), à l'exception des *Cell Adhesion Molecules* (CAM), sont calcium-dépendantes.

Les cadhérines, molécules d'adhérence intercellulaire, sont Ca^{2+}-dépendantes chez les vertébrés. Les premières cadhérines ont été nommées en fonction du type de tissu dans lequel on les a découvertes :

- cadhérine E présente à la surface de nombreuses cellules épithéliales ;
- cadhérine N présente sur les cellules nerveuses, cardiaques et cristallines ;
- cadhérine P présente sur les cellules placentaires et épidermiques.

Ce sont des glycoprotéines transmembranaires. Leur partie extracellulaire est constituée de cinq domaines, dont trois contiennent les sites présumés de liaison au Ca^{2+}. En absence de Ca^{2+}, elles subissent un changement conformationnel et sont dégradées par des enzymes protéolytiques. Elles sont les médiateurs de l'adhérence intercellulaire par des mécanismes homophiles de liaison avec des cadhérines situées sur des cellules adjacentes.

B. Calcium et construction-destruction des matrices extracellulaires

- **Rôle dans la formation de la matrice osseuse ou dans l'exosquelette calcifié de certains animaux**

L'organisme humain renferme approximativement 1 kg de calcium, dont 99 % sont situés dans les os. L'os est un tissu conjonctif spécial constitué de plusieurs types cellulaires entourés d'une matrice de collagène, la substance ostéoïde dans laquelle se déposent des cristaux d'hydroxy-apatite formés de calcium et de phosphate, $Ca_{10}(PO_4)_6(OH)_2$.

Les ostéoblastes sécrètent la matrice organique, l'ostéoïde, qui sera minéralisée par les cristaux d'hydroxyapatite. Les ostéoclastes sécrètent des enzymes et du HCl qui permettent la résorption osseuse.

L'os est donc un tissu qui présente un remodelage constant en fonction des changements de tension et une très forte dynamique du calcium. À l'état stationnaire, il y règne un équilibre entre la néoformation et la résorption du tissu osseux.

- **Calcium et paroi végétale (exploitation de la Figure 3.16)**

La **Figure 3.16** illustre deux modèles d'interactions entre le calcium et les pectines de la paroi végétale :

A : le calcium lie deux groupements COO^- et deux chaînes antiparallèles.

B : le calcium lie de façon moins stricte des chaînes parallèles ou antiparallèles méthylées.

- **Calcium et remodelage de la matrice extracellulaire**

Les composants de la matrice sont dégradés par des enzymes protéolytiques extracellulaires sécrétées localement par les cellules. Certaines sont des métalloprotéases dont l'activité dépend d'une liaison de Ca^{2+} ou de Zn^{2+}. Elles coopèrent pour dégrader le collagène, la laminine, et la fibronectine.

Conclusion

- Le calcium comme cation structural et fonctionnel essentiel des cellules eucaryotes.
- Interactions du calcium avec de très nombreuses protéines : la troponine C, la calmoduline, la phospholipase C, l'actinine, la gelsoline, le récepteur de l'IP3, le récepteur de la ryanodine, etc.
- Nécessité de systèmes efficaces d'alimentation minérale en calcium au niveau des cellules et au niveau de l'organisme.
- Problèmes nutritionnels et médicaux liés au calcium.
- Pourquoi ce dication, plutôt qu'un autre, joue-t-il des rôles biologiques aussi variés et aussi importants ?
- Comment les systèmes protéiques d'interaction avec le calcium ont-ils évolué ?
- A plus long terme, nécessité d'une caractérisation approfondie du signal calcium : traitement cellulaire de l'information d'origine du signal (extracellulaire ou intracellulaire), traitement cellulaire de l'information de forme du signal (intensité et cinétique du signal), traitement cellulaire de l'information multiple (association du signal calcium avec d'autres signaux parallèles).

Partie III

Construire un oral illustré : la leçon et la conférence

Chapitre 1

Discours sur la méthode

L'objectif majeur de ce chapitre est de réaliser une **leçon scientifique, illustrée,** à partir d'un sujet et d'illustrations-clés proposés par un jury, tel que cela se fait lors d'une épreuve de **leçon scientifique spécialisée** de l'agrégation. Les différents sujets proposés sont traités sous la forme de plan semi-développé intégrant un ensemble réduit d'illustrations correspondant aux illustrations imposées dans une telle épreuve. Une situation analogue, mais avec une plus large palette de sources bibliographiques, et sans la contrainte d'illustrations imposées, survient lors de la préparation d'une **conférence scientifique** pour un public académique ou pour un public cultivé et intéressé par les questions scientifiques. Certains points concernant l'analyse, la logique, la mise en place des idées, et la progression de la présentation posent les mêmes problèmes que ce soit dans le cas de la construction d'un écrit, tel que cela a été décrit dans la partie I, et ou dans le cas de la construction d'un oral. Il nous est cependant paru important de répéter explicitement ces éléments de méthode dans le contexte d'un travail oral et d'y intercaler les conseils spécifiques de l'oral. Les détails techniques liés aux problèmes spécifiques des concours ne sont pas traités ici de manière exhaustive. Le lecteur peut, à ce sujet, se référer directement aux rapports des jurys de concours, qui sont librement disponibles, par exemple sur les sites officiels des jurys de l'agrégation (http://pedagogie.ac-limoges.fr/agreg-sv-stu) et du CAPES des Sciences de la Vie et de la Terre (http://svt-capes.scola.ac-paris.fr/).

1.1 Le sens des mots : lire et analyser le sujet

Le premier contact avec le sujet de la leçon est la lecture du libellé, des mots employés et de leurs liens, qui peuvent généralement être beaucoup plus concis, et donc plus énigmatiques, qu'un sujet d'écrit. Cette première lecture doit aussi déboucher rapidement sur une analyse linguistique des mots et des expressions utilisés, en faisant particulièrement attention aux **définitions des termes clés,** que l'on peut écrire sur une feuille de brouillon, à la précision et à l'ampleur du vocabulaire utilisé, et à l'utilisation de tel ou tel mot, en particulier lorsque plusieurs synonymes sont couramment employés dans le discours scientifique. Il ne faut pas négliger non plus d'**analyser les mots de liaison**, tels que les conjonctions de coordination et les prépositions, pour comprendre la portée du sujet.

Certains libellés comportent des indications claires de **limitation du sujet.** Dans le cas d'un sujet que l'on choisit soi-même de traiter, il convient aussi de s'interroger sur les limites que l'on veut se donner. De manière générale, y compris dans le cadre d'un concours, il est important d'ajuster son temps de travail et son temps de parole, et donc en quelque sorte, de doser ses efforts à bon escient, ce qui implique de poser des limites, de s'interroger sur des limites possibles du sujet, ou sur des façons de présenter qui permettront de traiter le sujet de leçon de manière **expérimentale, conceptuelle et logique** plutôt que de manière exhaustive et récitative.

1.2 Mobiliser ses connaissances : brain-storming

Une fois que le cadre et l'analyse du sujet ont bien été assimilés, il est important de se lancer dans un brain-storming personnel rapide, qui aboutira en parallèle à la construction d'un plan et à des demandes de bibliographie et de matériels d'illustration auprès des appariteurs chargés du déroulement des épreuves. Ceci peut et doit être fait dans un même élan.

Ce brain-storming initial servira aussi de **cadre de lecture** pour l'exploitation des documents et des livres. Au moment de la leçon, ou en cas de préparation rapide d'un exposé ou d'un séminaire, le temps de l'analyse complète de la bibliographie est révolu. Il faut savoir où aller chercher l'information ; il faut savoir quelle catégorie d'informations aller rechercher. Il faut donc rapidement savoir quels ouvrages demander, et il faut feuilleter et utiliser les livres et les documents avec une conception solide en tête de ce que l'on veut chercher, démontrer, illustrer. Ceci permettra d'éviter la tentation de parcourir largement l'espace d'informations des livres et le risque de se perdre dans une pléthore de renseignements qu'il n'est pas possible de maîtriser en un temps de préparation limité.

Dans la situation contraignante du concours, ce brain-storming doit être rapide, mais il ne faut pas qu'il soit superficiel. Il faut absolument **« griffonner » une ou deux pages d'idées,** d'inspirations, sans trop faire de tri, et même en acceptant certaines idées d'apparence saugrenue. De telles idées, réfléchies à nouveau, re-travaillées peuvent être la source d'un plan original, ou bien d'idées originales d'introduction ou de conclusion.

À ce stade préliminaire du travail, **l'esprit d'ouverture et d'interdisciplinarité** peut être important, en essayant de faire tomber dans son esprit des barrières intellectuelles, qui proviennent souvent de l'organisation des enseignements universitaires en disciplines séparées et quasi-étanches. Il faut noter que certaines filières, dont les filières de type sciences de la vie ou de la terre, ou systèmes biologiques et géologiques, maintiennent un effort d'intégration de champs disciplinaires, en particulier entre biologie, écologie et géologie. Ce point extrêmement important aura des conséquences directes sur les choix de la recherche bibliographique. L'importance des approches interdisciplinaires décrites dans le chapitre 1 de la partie I reste donc absolument vraie dans le cas des leçons et des conférences.

1.3 Cartographier le voyage de parole : construire un plan

Ni l'épreuve de la leçon, ni la préparation d'une conférence, en temps limité, ne permettent de réaliser une monographie exhaustive du sujet proposé. Étant donné cette impossibilité de l'exhaustivité ou de la monographie, il est nécessaire de **présenter les connaissances dans le cadre d'une problématique, d'une question, d'un questionnement**, ou d'un nombre restreint de problématiques, de questions, de questionnements, auxquels on répond étape par étape, en faisant particulièrement attention aux démarches expérimentales et qu'on illustre par des exemples précis et bien choisis.

L'étape préliminaire est une étape **de structuration des idées et des connaissances**, dans leur diversité et leur incohérence apparente, **autour d'un axe fort.** Dans ce travail de structuration, il ne faut pas craindre de penser à des idées structurantes personnelles et originales. En effet, tout sujet de concours, toute thématique peuvent être traités, sur la base d'un corpus commun de connaissances et d'informations, de manières très différentes et personnalisées, soit par des plans et des fils conducteurs variés, soit par des modes de présentation ou de progression, qui mettent l'accent sur tel ou tel aspect.

La prise de conscience individuelle qu'**un sujet peut être traité de différentes manières**, toutes aussi justifiées les unes que les autres, est essentielle pour l'étudiant préparant sa leçon. Cette prise de conscience est un moteur extrêmement important pour donner la motivation d'avancer dans le travail d'expression orale de la leçon et le goût de convaincre l'auditoire. Il faut que cette conviction personnelle transparaisse dans la façon de parler au jury ou à l'auditoire.

Dans le cadre d'une leçon de concours, la structuration des idées et des connaissances doit se faire autour d'un **plan apparent composé de plusieurs grandes parties et de sous-parties. Le nombre de ces grandes parties reste à l'appréciation de l'étudiant, dans le cadre de l'originalité de son plan.** Cependant, les contraintes du temps limité de préparation, l'organisation personnelle du contenu et la nécessité de présenter des parties équilibrées impliquent le plus souvent des plans en trois grandes parties. La conception de plans en deux parties, bien qu'envisageable, peut contribuer à mettre en opposition de façon trop marquée les contenus de ces parties et peut révéler une conception trop restreinte du sujet.

Si vraiment, pour des raisons de blocage mental, pour des raisons de stress, l'étudiant se trouve à court d'idée pour la construction d'un plan, il pourra toujours démarrer le travail de préparation du plan en structurant ses connaissances autour des sous-parties ou des mots-clés du sujet proposé. On en revient donc au point précédemment traité de l'analyse linguistique et grammaticale du sujet. Il faut par contre totalement **éviter toute forme de plan qui ressemble à un catalogue ou à une « collection de timbres »**, que ce soit un catalogue de dates historiques, un catalogue de phyla, un catalogue de types cellulaires ou un catalogue de situations physiologiques. De plus, ce type de plan à l'oral aura souvent le défaut majeur de laisser transparaître une absence totale d'originalité et de conviction personnelle.

Il faut aussi souligner que, dans le cas du travail écrit, le temps de rédaction réelle peut s'accompagner de remise en cause, de modification, ou surtout d'ajustement de la logique et du plan initialement conçus. Ces ajustements en temps réel sont beaucoup plus difficiles à envisager dans le cadre d'une leçon, où la logique et le plan choisis au cours de la préparation seront généralement réalisés tels quels au cours de la leçon.

Enfin, **l'étudiant doit garder à l'esprit que le plan sera écrit au tableau en présence du jury**, et que ce plan écrit restera disponible à la lecture du jury pendant le temps des questions. Il est donc essentiel que les titres et les expressions du plan soient bien rédigés, et soient expressifs. **Il est ainsi utile de se demander systématiquement si les titres des grandes parties font bien écho aux mots-clés du titre de la leçon et si les titres des sous-parties font bien écho aux titres des grandes parties.**

1.4 Consolider ses connaissances par la bibliographie

En plus de l'analyse et de l'intégration des illustrations obligatoires proposées par le jury, il sera nécessaire de chercher des compléments de connaissance, des précisions, et de nouvelles illustrations par soi-même. Dans le cadre du concours, cette recherche est limitée à une liste connue, qui fait donc partie intégrante du travail de préparation des concours. La connaissance des ouvrages de cette liste, de leurs qualités et de leurs défauts, est essentielle. Parmi l'ensemble des ouvrages de qualité, il peut être important de se laisser aussi porter par ses goûts à l'égard de certains livres, de par leur iconographie ou de par leur style. **La fréquentation régulière de ces livres « préférés »** doit permettre d'avoir à sa disposition un corpus rapidement mobilisable de références et d'informations. Il est même tentant de paraphraser Marcel Proust (« Sur la lecture », 1905) et de dire, pour mettre en valeur l'importance de la maîtrise personnelle de livres essentiels de la liste bibliographique : « Il n'y a peut-être pas de jours de notre année de préparation que nous ayons si pleinement vécus que ceux que nous avons cru laisser sans les vivre, ceux que nous avons passés **avec un livre préféré**. »

Mais ce premier corpus rapidement mobilisable ne peut être qu'une base à compléter, car aucun sujet n'est supposé correspondre au plan d'un seul chapitre d'un livre donné. Même si cela était en apparence le cas, l'étudiant doit de toutes manières réaliser un travail académique assez classique de comparaison des approches et des contenus.

Il est même important d'aller chercher les informations dans des livres correspondant à **différents domaines scientifiques**. Ainsi, par exemple, une question de leçon de biologie et physiologie végétales ayant trait à la photosynthèse doit faire appel aux données des chapitres correspondants des grands classiques de la biochimie, répertoriés dans la rubrique de biochimie et biologie moléculaire. A ce stade, il est déjà important de ne pas négliger l'apport de la langue anglaise qui permet de tirer profit d'ouvrages essentiels de la liste bibliographique. Une bonne connaissance de la langue anglaise est d'autre part un facteur essentiel pour faire évoluer en permanence ses connaissances scientifiques et académiques.

1.5 Invitation au voyage : l'introduction

L'étudiant ou le conférencier doivent savoir exprimer leur **conviction**, voire leur passion, donner à l'auditoire **le plaisir et intérêt** de suivre une histoire ou un raisonnement, ou **dévoiler** à l'auditoire des connaissances nouvelles. Comme cela a été mentionné pour la construction du plan, cela requiert une certaine **originalité** de l'approche.

Dans l'introduction, **la première phrase doit éveiller la curiosité de l'auditoire** tout en suggérant la thématique générale du sujet. Il est ainsi possible de commencer par un fait établi ou une analyse historique majeure. Des **aspects d'histoire des sciences** peuvent souvent être présentés ; il faut alors bien faire la distinction entre l'essentiel (par exemple, la succession des découvertes en génétique réalisées par Charles Darwin, Gregor Mendel, Thomas Morgan, Oswald Avery, James Watson, et Francis Crick) et ce qui peut être anecdotique ou purement journalistique. La première phrase peut aussi faire référence à **un problème actuel** qui interpelle la communauté scientifique, ou à une découverte récente qui remet en cause ou valide des concepts, des théories ou des modèles importants.

Une fois le prélude de la première phrase achevé, il faut nécessairement **présenter le sujet**, **définir ses termes** et préciser quels seront les **modèles d'études biologiques** considérés dans l'exposé (modèle eucaryote, modèle procaryote ...). A ce stade, il ne faut pas hésiter à **justifier une prise de position** par rapport à une partie du sujet que l'on décide de ne pas traiter. Cette prise de position nécessite toutefois de développer les bons arguments qui justifient clairement la mise à l'écart de certaines questions.

L'étape finale est de **poser la problématique,** c'est-à-dire **énoncer un ensemble restreint de questions et de problèmes** suggérés par le sujet. La formulation de cette problématique peut se faire sur le mode interrogatif qui a l'avantage d'interpeller l'auditoire. La dernière partie de l'introduction consiste en une **annonce générale de la logique du plan**. L'auditoire doit comprendre la démarche qui sera suivie pour répondre à la problématique, sachant aussi que le plan apparaîtra sous forme écrite au tableau, que les transitions entre les parties sont extrêmement importantes, et qu'un certain suspense doit être laissé pour donner plus d'impact à ces transitions.

1.6 Savoir parler pour donner le goût d'écouter et de réfléchir

La qualité de l'expression et de l'élocution sont essentielles à la compréhension de l'exposé. L'orthographe et la grammaire de ce qui doit être écrit au tableau doivent évidemment être irréprochables. Les phrases prononcées doivent être **de qualité, claires, concises et précises**. Il faut en particulier s'attacher à utiliser un **vocabulaire scientifique adapté, et faire attention à ne pas galvauder ou abaisser le niveau scientifique**. Il vaut mieux reconnaître franchement la complexité et la part d'inconnu de certains domaines d'étude plutôt que de simplifier à outrance et d'arriver à des affirmations trop simplistes ou trop dogmatiques.

Il faut être particulièrement prudent à l'égard de comparaisons approximatives d'ordre anthropomorphique, anthropocentrique, ou téléologique. Il est ainsi important de toujours placer les commentaires sur les fonctionnements ou les adaptations, que ce soit au niveau de la cellule, de l'organisme, des populations et communautés, ou des écosystèmes, dans le contexte de la biologie évolutive darwinienne. Il peut être utile de se rappeler systématiquement la phrase universellement connue du biologiste Theodosius Dobzhansky : **« Nothing in biology makes sense except in the light of Evolution »** (Rien n'a de véritable signification en biologie si ce n'est à la lumière de l'Évolution).

Le respect de l'auditoire est très important, dans le sens où son attention sera plus soutenue par la progression logique de la leçon que par d'éventuelles blagues ou pitreries. Le respect de l'auditoire implique aussi de lui faire face et de le regarder. Il est donc déconseillé de simplement lire des feuilles de notes, car il faut savoir intégrer son texte avec sa propre présence physique vis-à-vis de l'auditoire, avec l'utilisation de moyens expérimentaux, et avec l'utilisation des illustrations. À l'inverse, il peut être extrêmement périlleux de réaliser une leçon sans aucun support écrit. Il faut pour cela au moins un **canevas** comportant **au minimum** le plan, des phrases de transition, et des mots-clés couvrant l'introduction et la conclusion. Ce canevas peut s'avérer essentiel en cas de rupture du flot de paroles ou en cas de manque subit d'inspiration. L'occupation de l'espace permet également d'attirer et de maintenir l'attention de l'auditoire. Se déplacer entre le tableau, le rétroprojecteur ou le vidéoprojecteur, et les postes d'expérimentation permet de dynamiser l'exposé.

La mise en place d'un plan logique, avec un fil conducteur et des transitions, doit normalement permettre de montrer la progression de la pensée de l'orateur, et en reflet, une progression de la pensée de l'auditoire. Ainsi, **les transitions** qui permettent le passage d'une partie à l'autre doivent souligner avec facilité cette progression. La tentation ou la propension à faire des transitions qui n'apportent rien au contenu de la leçon (« Et maintenant, nous allons voir ... », « Voyons maintenant un autre rôle … »), sont toujours le signe que le plan n'a pas été suffisamment construit.

De même, **les titres des parties et des sous-parties doivent être informatifs** et montrer une relation claire avec le plan choisi et avec les mots-clés du sujet traité. L'auditoire doit ressentir une relation explicite avec les mots-clés du sujet. Une série de titres de qualité peut même, dans certains cas, suffire à maintenir l'attention de l'auditoire, et ainsi, jouer le rôle de transitions. Enfin, et ceci a déjà été mentionné plus haut, le plan écrit au tableau est ce qui reste le plus longtemps sous le regard et dans l'esprit du jury, non seulement au cours de leçon elle-même, mais aussi tout au long du processus de questionnement qui suit la leçon.

1.7 Importance centrale des méthodes d'étude et des approches expérimentales

Il est essentiel en biologie cellulaire de **savoir présenter des connaissances et des informations de manière démonstrative** (preuves expérimentales, preuves scientifiques) **et critique** (doute cartésien et académique), plutôt que d'asséner des connaissances de manière dogmatique ou comme des vérités naturelles et universelles. Dans le cadre d'une leçon de concours, il faut aussi appuyer l'analyse des connaissances sur des expériences ou des observations réalisées devant l'auditoire. L'analyse de documents comportant des résultats expérimentaux fait partie de la nature même de l'épreuve.

Il faut donc penser sans cesse à décrire des méthodes, des stratégies, et des approches expérimentales. Il y a de plus des méthodes générales d'histologie, de biologie moléculaire, de biochimie, et actuellement de type –omique (génomique, transcriptomique, protéomique, métabolomique) qui forment un socle commun de méthodes qui sont appliquées à tous les processus cellulaires. Il est important à l'heure actuelle de **posséder une très bonne culture générale sur ces méthodologies générales,** et de les mentionner de manière opportune.

Il faut aussi être capable de réaliser en direct des montages expérimentaux, de les faire fonctionner en présence de l'auditoire, ce qui implique **une bonne culture de travaux pratiques.**

1.8 Savoir illustrer : les schémas et leur présentation

La complexité des interactions et des régulations en biologie cellulaire impose absolument l'utilisation de **schémas synthétiques et illustratifs** pour expliquer les processus. Le fait d'expliquer ces schémas au cours de la leçon impose souvent de ne mettre dans ces schémas que le strict nécessaire en étroite adéquation avec ce qui est dit. Dans le cas où l'illustration a dû être extraite telle quelle d'un livre, il faut penser à mettre en évidence dans cette illustration ce qui a trait spécifiquement au sujet de la leçon. Il faut savoir focaliser sa propre attention, et donc l'attention de l'auditoire, sur ce qui est pertinent.

Il est donc tout à fait conseillé de **réaliser des schémas simples**, mais il faut garder en tête que toute simplification doit être sous-tendue par un objectif, par une justification liée au plan et à la structure du travail. Il faut par contre éviter de donner l'impression qu'un schéma a été outrageusement simplifié par manque de connaissances.

Il est important de réfléchir au rythme et à la chronologie des illustrations en relation avec le discours de la leçon. Il faut en effet que le schéma et le discours faisant son commentaire soient bien **intégrés**. Il est clair que la situation extrême du long discours prononcé sans aucun support visuel est quasiment intenable dans une leçon de biologie cellulaire et moléculaire.

Dans le cadre d'un sujet de leçon de spécialité d'agrégation, posé avec une série de documents extraits de manuels ou d'articles scientifiques, l'analyse et l'intégration de documents comportant des résultats expérimentaux font partie de la nature même de l'épreuve. Le travail d'intégration des documents peut impliquer de les exploiter à différents moments de la leçon, comme cela sera le cas dans certains des chapitres de cette partie.

1.9 Être le maître du temps

Pendant le temps de la leçon, où la parole lui est donnée, l'étudiant prend la maîtrise de la salle entière et du temps qui lui est imparti. Il doit donc non seulement gérer son espace et ses mouvements, mais aussi le temps qui s'écoule de manière extrêmement contraignante. Il faut donc être, avec l'oeil sur l'horloge, entraîné et prêt à abréger une introduction qui s'éternise, à lancer une conclusion plutôt que d'entamer une sous-partie ou une partie qui ne tiendra pas dans le temps restant, ou même, au contraire, à ajouter un point supplémentaire de perspectives à une conclusion qui risque d'écourter le temps imparti. **Ces ajustements**, gérés dans le temps même de la leçon, sont souvent inévitables, car le temps passé sur chaque partie est délicat à prévoir, entre autres à cause des temps de déplacement et de présentation liés aux illustrations. Il est important aussi, au cours de l'année, de prendre conscience de son **propre rythme** et de son **propre débit de paroles**, qui sont très idiosyncratiques, pour pouvoir tenir les leçons dans un rythme qui soit naturel et fluide. Il est très difficile de faire une leçon entière à un rythme et à une vitesse qui ne soient pas ressentis comme naturels.

1.10 Des écueils à éviter

Certains écueils possibles ont déjà été évoqués. La leçon doit suivre des principes de rigueur académique et scientifique, à savoir que tout énoncé doit être basé de manière explicite ou implicite sur le corpus de découvertes, d'articles, de littérature du domaine, et donc dans son principe, basé sur des **références bibliographiques**, qui peuvent être toutes en cohérence les unes avec les autres, ou bien, contradictoires, dans les situations d'incertitude ou de débat scientifique. Cette situation, déjà décrite dans le cadre du travail écrit, prend une tournure différente dans le cas de la leçon, dans le sens où les références bibliographiques sont théoriquement disponibles et citables. Un problème nouveau et délicat se pose alors, celui de **la valeur inégale des sources bibliographiques utilisées**. Le choix des meilleures sources bibliographiques doit se faire au cours de l'année de travail personnel de préparation.

Il est clair que les indications de références bibliographiques précises sont quasiment impossibles à donner systématiquement. Cependant, en gardant ce principe théorique à l'esprit, on peut avoir une attitude circonspecte et éviter ainsi d'exposer de graves contresens scientifiques. Il est aussi possible de relativiser certains énoncés litigieux en indiquant la source bibliographique qui a été utilisée, ou en indiquant que les données bibliographiques présentent certaines contradictions.

Pour chaque type de sujet ou de thème, il semble qu'il y ait des pièges et des erreurs récurrents, qui résultent souvent d'inattentions et d'inversions, telles que des inversions de classification binaire, des inversions de sens de flux, des inversions sémantiques. La leçon se passant par définition **sans répétition ni « re-lecture »**, les risques d'erreurs par inattention ou par inversion sont bien plus importants, mais peuvent être atténués en se corrigeant immédiatement soi-même, ou même simplement par la qualité du plan écrit et des illustrations.

Dans la leçon de spécialité de l'agrégation ou dans une conférence, le jury ou l'auditoire s'attendent à un certain niveau de culture de la part de l'orateur. Il est donc important de faire attention aux bizarreries d'expression, ce qui requiert **une bonne culture linguistique**. Il est aussi extrêmement important de faire attention à ne pas dire d'énormités scientifiques.

1.11 Arriver à bon port : la conclusion

Une conclusion de leçon peut comporter, de manière extrêmement légère, **quelques phrases de résumé clair et concis des points principaux** qui ont été développés, ainsi qu'un bilan critique (toutes les questions posées ont-elles été résolues ? peut-on les résoudre dans l'état actuel des connaissances ?), mais ce n'est absolument pas suffisant. Il faut que ces points importants soient replacés dans un **contexte plus**

vaste, plus « grandiose », tel que des perspectives de recherche ultérieure, une réflexion sur les impacts socio-économiques des connaissances scientifiques exposées, ou une réflexion d'ordre éthique.

L'ouverture doit ainsi permettre d'**élargir le propos**, notamment si le libellé et le manque de temps ont nécessité de limiter l'ampleur du sujet, et même si cette limitation du sujet a été bien argumentée dans l'introduction. Cette limitation peut alors être dépassée et la conclusion devenir l'occasion de montrer au jury l'étendue des connaissances potentielles que l'on a sur le sujet.

1.12 Susciter des questions

La leçon de concours d'agrégation est suivie d'une période obligatoire de questions posées par le jury, qui seront fondées sur sa perception de la leçon. Cependant, dans le cadre d'une conférence scientifique, il est intéressant et important de **savoir susciter des questions et ainsi un échange avec l'auditoire**. En l'absence de connaissances particulières sur les origines et les attentes de l'auditoire (ce qui doit par contre être le cas dans le cadre d'une leçon donnée à une classe d'élèves ou une promotion d'étudiants), **l'introduction et la conclusion sont des moments cruciaux** de l'exposé pour faire comprendre à l'auditoire quels sont les liens potentiels entre les connaissances scientifiques développées et des contextes généraux dont tout un chacun peut être partie prenante.

Chapitre 2

Métabolisme cellulaire
Importance biologique des lipides

Cette thématique a été conçue comme un sujet de leçon de spécialité d'agrégation, posé avec une série de documents extraits de manuels ou d'articles scientifiques. Il s'agit fondamentalement d'intégrer ces documents et ces questions dans une présentation orale logique et structurée. Certains domaines concernés par la thématique du sujet ont été traités dans le chapitre 2.2 de la partie I « Régulation des voies métaboliques » et dans le chapitre 3.1 de la partie I « Membranes et fonctionnement de la cellule eucaryote ».

3.1. Plan et intégration des documents

Introduction

Les lipides représentent **un classe de biomolécules hétérogènes** d'un point de vue structural, caractérisées par une insolubilité faible ou nulle dans l'eau et une grande solubilité dans les solvants organiques non polaires tels que le chloroforme ou l'éther éthylique. **Apolaires ou amphiphiles**, les lipides sont, dans les organismes vivants, toujours rencontrés dans des environnements hydrophobes où ils peuvent créer des associations supramoléculaires lipido-lipidiques et lipido-protéiques.

La connaissance de la structure des lipides, qu'elle soit simple ou complexe, mais aussi de leurs propriétés physico-chimiques, est essentielle à la compréhension des nombreuses fonctions biologiques assurées par cette classe de biomolécules. L'évolution des techniques d'isolement et d'identification des lipides permet aujourd'hui d'analyser l'évolution du pool lipidique d'une cellule, ou **lipidome**, en réponse à des variations d'environnement cellulaire.

L'objectif est ici de comprendre la place et le rôle des lipides dans les processus biologiques, **en mettant systématiquement en relation la structure, l'organisation supramoléculaire et le métabolisme avec la ou les fonctions développées.** Toutes les fonctions biologiques attribuables partiellement ou totalement aux lipides ne seront pas mentionnées. Seules les principales feront l'objet d'une présentation approfondie, dans l'objectif de montrer que **les lipides ont non seulement une importance quantitative, structurale et métabolique, mais aussi de nombreux rôles qualitatifs, de défense, d'adaptation et de régulation.**

I. Importance structurale et fonctionnelle des lipides membranaires

A. Les lipides comme constituants majeurs des membranes

- **Composition d'une membrane plasmique typique, telle que la membrane des érythrocytes** : Importance quantitative, diversité et structure des lipides membranaires (*cf.* Tableau 3.1.4 du chapitre 3.1 de la partie I).
- **Importance des phospholipides et des stérols membranaires.**

- **Variation de la composition lipidique des membranes** (*cf.* Tableau 3.1.1 du chapitre 3.1 de la partie I).

B. Analyse du fonctionnement des lipides au sein des membranes

Les propriétés des phospholipides et des lipides au sein des membranes, et en interaction avec des protéines membranaires, peuvent être étudiées dans des structures modèles de type liposome ou protéoliposome (*cf.* chapitre 3.1 de la partie I ; Figure 3.1.4).

C. Fonctions membranaires liées aux lipides

La plupart des propriétés et des fonctions associées aux membranes (interfaces, compartimentation, fluidité, liens avec les protéines, chaînes de transport d'électrons, dynamiques cytotiques, fusions membranaires, transports, faible conductivité électrique, potentiel transmembranaire, force proton-motrice, etc.) sont liées aux propriétés de la bicouche phospholipidique (chapitre 3.1 de la partie I).

D. Impact des dommages aux lipides sur le fonctionnement membranaire

- Sensibilité des acides gras, en particulier des acides gras insaturés, aux attaques par des espèces réactives de l'oxygène (*cf.* chapitre 5 de la partie III) produites en condition de fonctionnement normal (respiration, photosynthèse) et en condition de stress (par exemple, stress lumineux, stress UV).
- Formation d'hydroperoxydes et de formes radicalaires, propagation du stress oxydant à d'autres constituants, en particulier aux protéines.
- Altérations et dysfonctionnements membranaires.

II. Les lipides comme élément central du métabolisme énergétique

A. Les lipides sont des substrats énergétiques

Exemple de l'Homme : voies de la digestion lipidique, voies du catabolisme oxydatif des acides gras (β-oxydation) ; exemple des plantes : mobilisation des réserves lipidiques et oxydation des acides gras lors de la germination des semences protéolipidiques.

B. Importance des triglycérides et des acides gras comme substrats énergétiques

Les lipides sont de meilleurs substrats énergétiques que les glucides. Comparaison des bilans énergétiques d'oxydation aérobie de l'acide palmitique et du glucose.

C. Les lipides peuvent être stockés comme réserves énergétiques

Lieux de stockage et mécanismes de mise en réserve, diversité des lipides stockés (triglycérides majoritairement, mais également cérides dans les organismes du plancton marin). Illustration par l'analyse des lipides du jaune d'œuf de poule (Figure 2.1).

Figure 2.1 **Chromatographie sur couche mince de silice d'un extrait lipidique de jaune d'œuf**
[schéma de J.-M. Guiraud, aimablement communiqué]

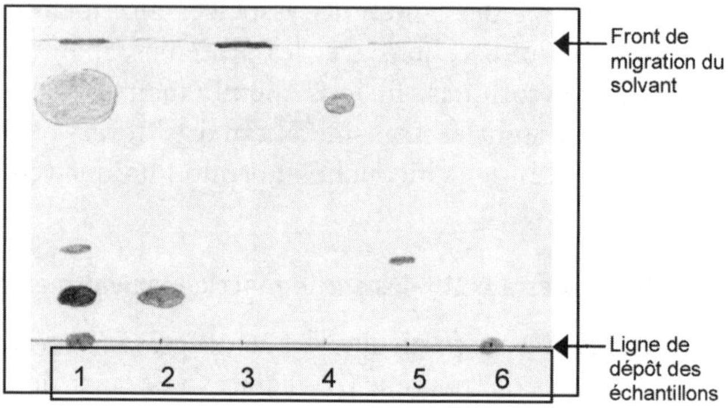

La migration est réalisée dans un solvant éther de pétrole – éther éthylique – acide acétique (80.19.1).

1. Extrait lipidique de jaune d'œuf de poule (extraction chloroformique).
2. Cholestérol à 2 $g{\cdot}L^{-1}$ (10 µg)
3. Ester de cholestérol à 2 $g{\cdot}L^{-1}$ (10 µg)
4. Triglycérides à 4 $g{\cdot}L^{-1}$ (20 µg)
5. Phospholipides à 2 $g{\cdot}L^{-1}$ (10 µg)
6. Acide oléique à 4 $g{\cdot}L^{-1}$ (20 µg)

D. Mécanismes de régulation de la mobilisation des lipides et de la β-oxydation des acides gras

Chez l'Homme, intervention de facteurs endocrines (insuline, catécholamines, leptine), et de facteurs autocrines et paracrines (Figures 2.2.4 et 2.2.7. du chapitre 2.2 de la partie I).

Chez les plantes, intervention de facteurs hormonaux et environnementaux.

E. Spécialisations tissulaires liées au métabolisme lipidique

- Chez les mammifères, adipocytes, tissu adipeux blanc, tissu adipeux brun.
- Chez les plantes, organes de réserve des semences protéo-lipidiques.

III. Importance des lipides dans les fonctions de protection

A. Les lipides comme acteurs de l'adaptation aux variations de température

- **Les lipides et l'adaptation homéovisqueuse** : chez les bactéries, chez les plantes, ou dans le cas de l'acclimatation des animaux ectothermes (Figure 2.2).
- **Importance de la composition relative des membranes en acides gras saturés et insaturés** (Figure 2.2) : cette composition relative permet de conserver les propriétés dynamiques et fonctionnelles des membranes à différentes températures.
- **Le métabolisme lipidique et la thermogénèse sans frisson** : l'acclimatation aux basses températures nécessite aussi des ajustements énergétiques et thermogénétiques impliquant le métabolisme lipidique. Chez les mammifères, la régulation est sous le contrôle du système nerveux sympathique.

Figure 2.2 **Composition en acides gras de la membrane d'*Escherichia coli*** [modifié, d'après Durliat, 1997]

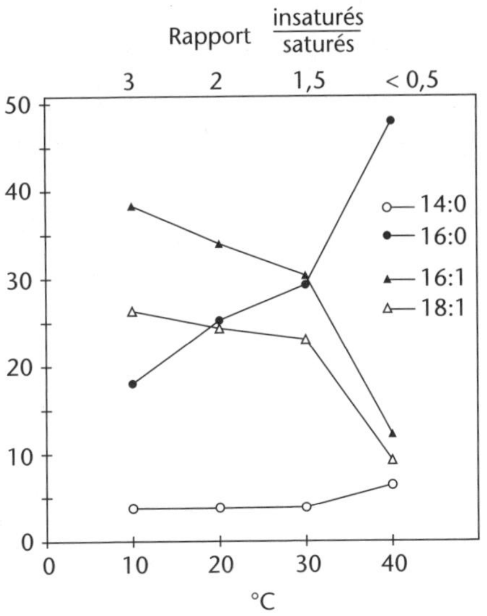

Analyse de l'évolution de la composition en acides gras saturés (14 : 0 et 16 : 0) ou insaturés (16 : 1 et 18 : 1) de la membrane bactérienne en fonction de la température de culture.

B. Les lipides comme isolants

- **Les lipides comme isolants thermiques** : les lipides forment des structures neutres, compactes et anhydres, dont **la conductivité thermique est plus faible que celle de l'eau.** Le tissu adipeux sous cutané des animaux à sang chaud (cas du blanc de baleine) ou des mammifères hibernants constitue ainsi un bon isolant thermique.
- **Les lipides comme isolants électriques :** la double couche lipidique de la membrane plasmique isole électriquement les cellules, ce qui permet de comprendre l'existence d'un potentiel de membrane. Les lipides de la gaine de myéline des axones présentent une organisation multilamellaire caractéristique qui a des conséquences sur la propagation du message nerveux.

C. Les lipides comme molécules lubrifiantes

Cas du surfactant alvéolaire : composition, richesse en lipides amphiphiles dont le dipalmitoyl phosphatidylcholine, diminution de la tension superficielle à l'interface air/eau, prévention du collapsus alvéolaire en fin d'expiration.

D. Les lipides comme agents protecteurs

- **Les lipides de revêtement : les cérides.** La structure des cérides en fait des molécules fortement insolubles dans l'eau et inertes chimiquement. Leur point de fusion élevé explique leur forme solide aux températures ordinaires.
- Les cérides sont retrouvés dans les **cires animales** recouvrant les plumes ou les fourrures, dans les **cires végétales** retrouvées sur les feuilles (Figure 2.3) ou les fruits, et dans les **parois bactériennes**.
- Ces lipides de revêtement offrent une protection contre l'eau (imperméabilisant, anti-assèchement), contre les pathogènes, mais aussi une certaine solidité aux cellules ou tissus qui les produisent.

Figure 2.3 **Étude du rôle des cires épi- et intracuticulaires dans la perméabilité cuticulaire**
[modifié, d'après Garrec et coll., 1995]

Les trois principaux constituants des cuticules (cutine, cires intracuticulaires et cires épicuticulaires) sont étudiés à partir de feuilles de *Prunus laurocerasus* afin d'en évaluer la perméabilité à l'eau (P_{H_2O}) et la résistance au passage de l'eau ($R = 1/P_{H_2O}$).

Cuticule testée	P_{H_2O} ($m{\cdot}s^{-1}$)	R ($m^{-1}{\cdot}s$)
Entière	$2{,}46{\cdot}10^{-4}$	4060
Décirée *	$5{,}01{\cdot}10^{-4}$	1995
« Strippée »**	$2{,}94{\cdot}10^{-4}$	3401

* : les cires épi- et intracuticulaires ont été éliminées par trempage des feuilles dans du chloroforme sous agitation.

** : le « stripping » consiste à ôter les cires épicuticulaires de cuticules de feuilles.

IV. Importance régulatrice des médiateurs et dérivés lipidiques

A. Les lipides sont les précurseurs de nombreuses molécules bioactives

Les lipides forment des pools de précurseurs pour de nombreuses molécules, dont la synthèse sera ainsi dépendante de la disponibilité en lipides.

- **Les dérivés stéroïdiens :** sels biliaires et vitamine D.
- **Les dérivés terpéniques :** les dérivés volatils odorifères des essences des plantes supérieures, les pigments (caroténoïdes, xanthophylles), les vitamines, les pigments associés à des photorécepteurs (vitamine A, rétinal et rhodopsine).
- **Les dérivés isopréniques :** quinones et vitamine K.

B. Implication des lipides dans la communication intercellulaire

- **Les facteurs lipidiques hormonaux :** les hormones stéroïdes des mammifères, les ecdysones des insectes, les brassinostéroïdes et l'acide abscissique des plantes.
- **Les facteurs lipidiques auto- et paracrines : les eicosanoïdes**, dérivés de l'acide arachidonique (acide gras en C 20). Les prostaglandines, les leucotriènes, les thromboxanes et les lipoxines participent à de nombreuses fonctions de l'organisme telles que la régulation de la réponse inflammatoire, la vasoconstriction et vasodilatation, la douleur, etc.

- **les oxylipines (jasmonate et méthyl-jasmonate) chez les plantes,** dérivés de l'acide linolénique (acide gras en C18). Le jasmonate et le méthyl-jasmonate sont des hormones végétales impliquées dans la croissance et le développement, dans les réponses à certains stress abiotiques (sécheresse, stress salin, blessure), et dans les réponses aux stress biotiques (attaques par des microorganismes pathogènes). Leur synthèse est particulièrement induite par des processus de stress affectant la membrane plasmique (changements de tension liés à des modifications de volume cellulaire, stress mécaniques).

C. Implication des lipides dans la transduction de signal

(cf. chapitre 5.1 de la partie I « Communication intercellulaire et transduction des signaux »)

De nombreux éléments intermédiaires de la transduction de signal (seconds messagers) sont des molécules de nature lipidique.

Les principaux sont le phosphatidyl inositol et ses dérivés (le diacylglycérol DAG membranaire et l'IP3 inositol 1,4,5-triphosphate soluble dans le cytoplasme), la phosphatidylcholine et la sphingomyéline.

L'implication des ces molécules dans les processus de transduction de signal dépend d'interactions finement régulées entre les lipides membranaires et une panoplie complexe d'enzymes modificatrices (phospholipases, kinases, lipoxygénases, etc.) sous le contrôle de différentes classes de récepteurs.

Conclusion

- **Développement de la lipidomique** qui étudie le spectre des lipides d'une cellule ou d'un organisme en s'intéressant à leur métabolisme et à leurs fonctions.
- **Étude des systèmes de régulation supra-moléculaires** lipido-protéiques, tels que les radeaux lipidiques.
- **Importance agronomique, agro-alimentaire et biotechnologique des lipides :** cultures de plantes à fruits ou à semences protéo-lipidiques (olivier, colza, tournesol, etc.), importance du remplissage de la graine en réserves lipidiques pour son utilisation ultérieure.
- **Importance physiopathologique des lipides**

  Problèmes liés au métabolisme et à l'alimentation : obésité, athérosclérose.
  Problèmes liés à la peroxydation des lipides cellulaires en lien avec des pathologies cancéreuses et la maladie d'Alzheimer.
  Problèmes liés aux infections : les lipides comme récepteurs de nombreux pathogènes, les modifications du lipidome par les pathogènes.

biologie

Chapitre 3

Compartimentation cellulaire Expression génétique et compartimentation cellulaire

Cette thématique a été conçue comme un sujet de leçon de spécialité d'agrégation, posé avec une série de documents extraits de manuels ou d'articles scientifiques. Il s'agit fondamentalement d'intégrer ces documents et ces questions dans une présentation orale logique et structurée. Certains domaines concernés par la thématique du sujet ont été traités dans des chapitres de la partie I, tels que le chapitre 3.1 de la partie I, « Membranes et fonctionnement cellulaire », le chapitre 3.2 de la partie I, « Diversité fonctionnelle et intégration cellulaire des mitochondries », ou le chapitre 4.1 de la partie I, « Plasticité du génome et de l'expression génétique ». Ces sections pourront servir d'approfondissement des plans proposés ci-dessous.

Plan et intégration des documents

Introduction

L'ensemble des structures cellulaires, que ce soit les procaryotes ou les eucaryotes, présente des spécialisations en domaines. Ceci correspond non seulement à des différences entre compartiments membranaires et compartiments matriciels, mais aussi à des différences de structuration protéique au sein d'un même compartiment matriciel.

Cela dit, la complexité de la compartimentation est la plus évidente dans le cas des cellules eucaryotes, caractérisées par une compartimentation membranaire complexe du cytoplasme, incluant la compartimentation des chromosomes au sein d'un noyau, et l'existence de différents compartiments intracytoplasmiques, délimités par des membranes, les organites. Certains de ces organites, tels que les peroxysomes, sont totalement non-autonomes, sans aucune capacité d'information génétique et d'expression génétique propre. Les mitochondries et les plastes, par contre, organites semi-autonomes, possèdent une certaine capacité d'expression génétique propre.

C'est donc au sein des cellules eucaryotes que l'impact de la compartimentation subcellulaire sur les processus d'expression génétique est le plus marquant, et que la complexité de cette compartimentation a imposé des mécanismes et des régulations spécifiques de l'expression génétique. L'expression génétique sera considérée au sens le plus large comme allant depuis le gène jusqu'à la mise en place cellulaire d'une protéine fonctionnelle.

Le modèle biologique de la cellule eucaryote, avec sa compartimentation complexe, sera donc utilisé pour comprendre les contraintes et les ajustements entre expression génétique et compartimentation cellulaire.

I. Expression génétique nucléaire et adressage aux différents compartiments cellulaires

A. Sites de synthèse des ARN et des protéines codés par le génome nucléaire

- Principes de la transcription.
- Principes de la traduction.

B. Transferts d'ARN et de protéines entre le noyau et le cytosol

- Flux d'ARN du noyau vers le cytosol.
- Flux de protéines du cytosol vers le noyau.
- Mise en évidence du codage de ces transferts.

C. Systèmes de couplage traduction / adressage

- Adressage co-traductionnel dans la membrane et le lumen du réticulum endoplasmique.
- Possibilités d'adressage membranaire ou matriciel.
- Transfert de protéines par la dynamique vésiculaire. Sites d'insertion : réticulum endoplasmique, appareil de Golgi, membrane plasmique, tonoplaste, compartiments extracellulaires.

D. Systèmes d'adressage de protéines synthétisées

- Mise en évidence de l'adressage vers les mitochondries (Figure 3.1), les plastes, et les peroxysomes.
- Mise en évidence des peptides-signaux (Figure 3.1).
- Dynamique énergétique de l'adressage, intervention de la force proton-motrice dans l'adressage mitochondrial.
- Dynamique conformationnelle, rétablissement de la conformation au sein de la matrice cible par des protéines chaperon.

Figure 3.1 **Structure d'une construction (A) associant une séquence de peptide-signal du gène Isovaléryl-CoenzymeA déshydrogénase d'*Arabidopsis thaliana* (pAtIVD) et le gène rapporteur de la *Green Fluorescent Protein* (smGFP4)**
Cette construction, sous le contrôle du promoteur fort 35S du virus de la mosaïque du chou-fleur (CaM 35S), est introduite dans des protoplastes de tabac
Observation de la co-localisation de la *Green Fluorescent Protein* (B) avec les mitochondries mises en évidence par un marqueur fluorescent spécifique (C) dans les protoplastes de tabac transformés avec la construction ci-dessous. Chaque photographie montre un protoplaste, et la barre indique une taille de 10 µm. La fluorescence intracellulaire apparaît sous la forme de zones claires [modifié, d'après Däschner et coll., 2001]

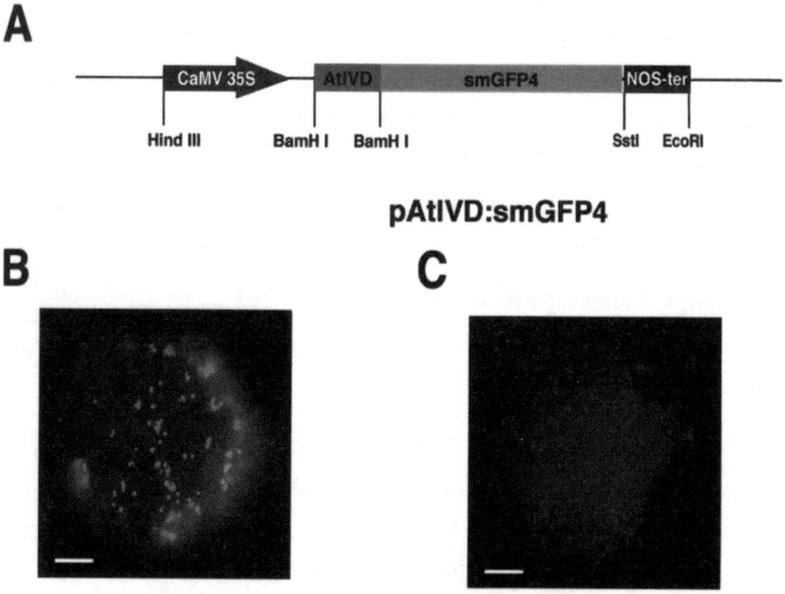

II. Expression génétique au sein des compartiments cellulaires

A. Capacités de transcription et de traduction des organites semi-autonomes

- Mise en évidence par des expériences de transcription et de traduction *in organello* (Figure 3.2).
- Décryptage des génomes de mitochondries et de plastes.

- Mécanismes de transcription et de traduction des génomes organellaires.
- Mécanismes de modifications post-transcriptionnelles des transcrits (*RNA editing*).

Figure 3.2 **Analyse par électrophorèse monodimensionnelle et par autoradiographie des protéines synthétisées par des mitochondries purifiées de riz dans un système de traduction *in organello***
[modifié, d'après Couée et coll., 1992]

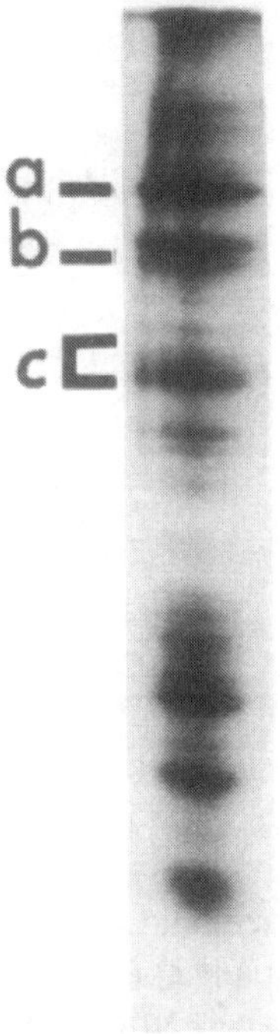

Les mitochondries isolées, intactes et fonctionnelles, ont été incubées dans un tampon iso-osmotique en présence de substrat respiratoire, d'ADP et de méthionine-[^{35}S]. Après incubation, les protéines mitochondriales sont extraites et analysées. On trouve parmi les protéines néosynthétisées la sous-unité α de la F1-ATPase (a), une protéine ribosomale (b), et des sous-unités de cytochrome *c* oxydase (c).

B. Mécanismes de contrôle de la transcription et de la traduction organellaires

- Facteurs de transcription : nature, origine.
- Facteurs de traduction : nature, origine.
- ARNt et ribosomes : nature, origine.

C. Intégration des protéines codées par les gènes organellaires au sein de complexes protéiques

- Complexes protéiques organellaires comportant des sous-unités codées par le génome organellaire. Exemple : ATP synthase mitochondriale, ATP synthase chloroplastique, Ribulose 1,5-bisphosphate carboxylase-oxygénase (Rubisco).
- Stœchiométrie des sous-unités codées par le génome nucléaire et par le génome organellaire.

D. Modifications post-traductionnelles au sein des compartiments cellulaires

- Adressage et modifications protéolytiques.
- Adressage dans la voie vésiculaire et glycosylation post-traductionnelles (Figure 3.3).

Figure 3.3 **Synthèse ribosomale, insertion membranaire, et début de la glycosylation d'une protéine membranaire intrinsèque, par la voie sécrétoire** [modifié, d'après Voet et Voet, 2005]

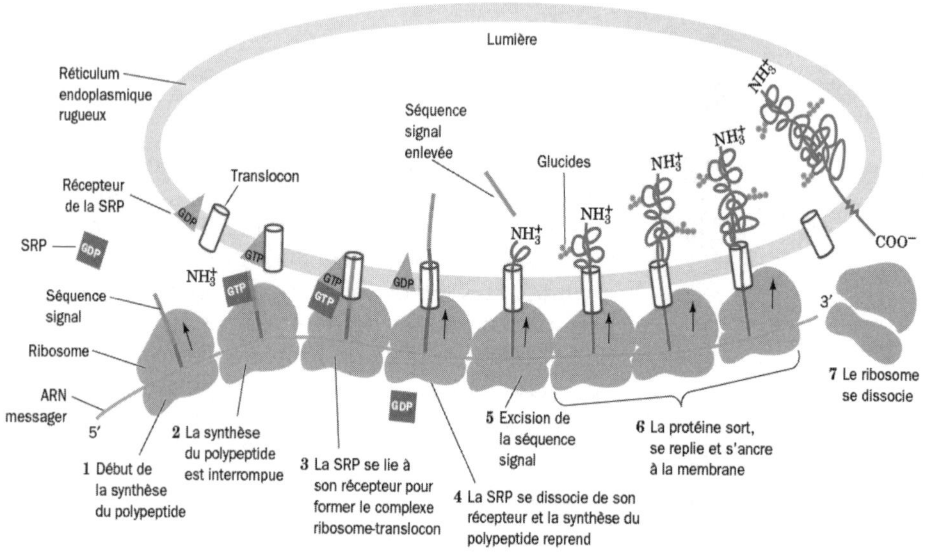

(1) La synthèse protéique commence à l'extrémité N-terminale du polypeptide, par l'élaboration d'une séquence signal de 13 à 36 résidus. **(2)** Une particule de reconnaissance du signal (SRP) se lie au ribosome et à la séquence signal qui en émerge, ce qui provoque l'arrêt momentané de la synthèse du polypeptide. **(3)** La SRP se lie au récepteur transmembranaire de la SRP (SR) associé au translocon, ce qui réunit le ribosome et le translocon. **(4)** La SRP et le SR hydrolysent le GTP qui leur est lié, ce qui entraîne leur dissociation du complexe ribosome-translocon. Le ribosome reprend alors la synthèse du polypeptide, qui passe à travers le translocon dans la lumière du RE. **(5)** Peu après son entrée dans la lumière du RE, la séquence signal est excisée par protéolyse. **(6)** Tout en pénétrant dans la lumière du RE, la chaîne polypeptidique commence à se replier pour prendre sa conformation native, processus facilité par son interaction avec le chaperon Hsp70 (non montré). Simultanément, des enzymes débutent la glycosylation spécifique du polypeptide. Une fois la protéine repliée, elle ne peut pas sortir de la membrane. En des endroits déterminés par sa séquence, la protéine s'ancre dans la membrane (les protéines destinées à être sécrétées passent entièrement dans la lumière du RE). (**7**) Une fois la synthèse du polypeptide achevée, le ribosome se dissocie en ses deux sous-unités.

III. Coordination des mécanismes d'expression génétique et d'adressage

A. Biogenèse des compartiments cellulaires : régulation de l'expression de complexes protéiques codés uniquement par le génome nucléaire

- Coordination avec la synthèse des phospholipides.
- Coordination des processus de sécrétion.

B. Coordination d'expression multi-compartiments et coopération métabolique

- Exemples de coopération métabolique entre plusieurs compartiments : β-oxydation des acides gras, à la fois peroxysomale et mitochondriale, dans les cellules animales.
- Mécanismes de co-régulation.

C. Biogenèse des compartiments cellulaires : coordination de l'expression des complexes protéiques codés par les génomes nucléaire et organellaire

- Déséquilibre des génomes nucléaire et organellaires (Figure 3.4).
- Déséquilibre de composition protéique des complexes organellaires.
- Mécanismes de maintien d'une stœchiométrie optimale entre les sous-unités.
- Coordination de la dynamique conformationnelle.

Figure 3.4 **Comparaison de plusieurs génomes mitochondriaux** [modifié, d'après Alberts et coll., 2007]

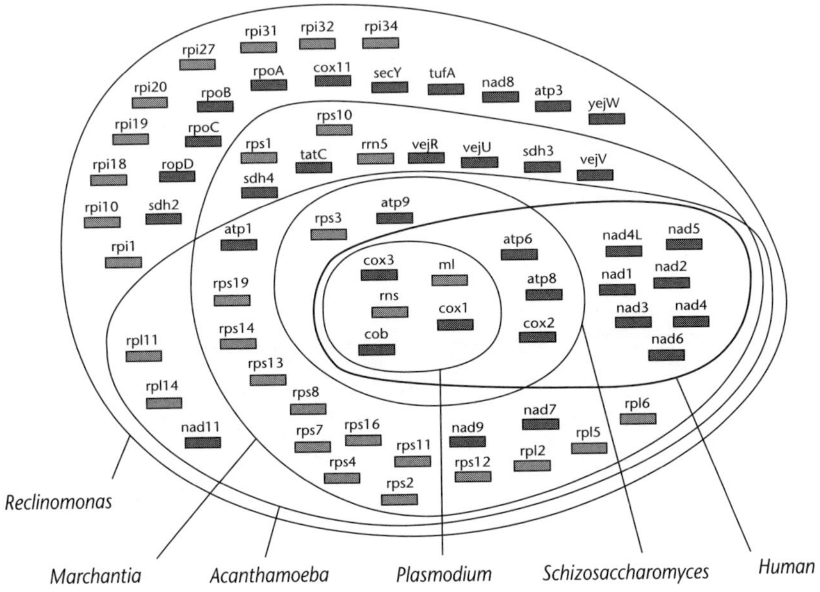

Les génomes mitochondriaux moins complexes codent des sous-ensembles des gènes codés par les génomes mitochondriaux plus grands. Les cinq gènes codés par l'ensemble des génomes mitochondriaux connus code des ARN ribosomiques (*rns* et *rnl*), le cytochrome b (*cob*), et des sous-unités de la cytochrome c oxydase (*cox1* et *cox3*).

Conclusion

Une grande partie des mécanismes qui ont été décrits sont liés à l'existence même de compartiments, qui existent et sont maintenus dans les cellules pour leurs nombreux avantages biochimiques et fonctionnels.

La complexification membranaire des cellules eucaryotes est liée non seulement au développement du réticulum endoplasmique, mais aussi aux processus d'endocytose de bactéries qui ont abouti à l'évolution des mitochondries et des plastes (théorie endosymbiotique de l'origine des organites semi-autonomes).

Or, l'analyse moléculaire des génomes nucléaires, mitochondriaux, et plastidiaux indique que de très nombreux gènes des endosymbiotes initiaux ont été transférés au cours de l'évolution au noyau cellulaire. Cette réduction du nombre de gènes mitochondriaux ou plastidiaux a été massive, même si elle est variable selon les espèces. Toutefois, plusieurs dizaines de protéines d'origine nucléaire sont toujours nécessaires pour le fonctionnement de ces systèmes d'expression organellaire.

Le maintien de plusieurs dizaines de gènes organellaires a donc un coût génétique et énergétique important pour toute la cellule, et la raison évolutive et adaptative de ce maintien reste encore à élucider.

Chapitre 4

Dynamiques cellulaires

4.1. Endocytose et exocytose

Cette thématique a été conçue comme un sujet de leçon de spécialité d'agrégation, posé avec une série de documents extraits de manuels ou d'articles scientifiques. Il s'agit fondamentalement d'intégrer ces documents et ces questions dans une présentation orale logique et structurée. L'un des acteurs majeurs des mécanismes d'endocytose et d'exocytose est la membrane plasmique. Certains points de cette leçon sont donc aussi abordés dans le chapitre 3.1 de la partie I, « Membranes et fonctionnement cellulaire ».

Plan et intégration des documents

Introduction

Le sujet traite des échanges de matières entre la cellule et le milieu extérieur impliquant des transports cytotiques par des vésicules closes.

Définitions :

- l'exocytose : sécrétion, exportation, expulsion hors de la cellule du contenu d'une vésicule ou d'un granule. L'exocytose est le mécanisme habituel de sécrétion par les cellules eucaryotes ;
- l'endocytose : intériorisation, processus par lequel une cellule ingère du matériel extracellulaire par invagination de sa membrane plasmique et formation de vésicules. Selon le contexte, le terme désigne la **pinocytose** (petites vésicules de 150 nm de diamètre), l'**endocytose médiée par récepteur**, ou la **phagocytose** (vésicules de diamètre > 150 nm).

Problématique :

Quels sont les mécanismes mis en jeu dans le transport en masse de substances ne pouvant pas traverser la membrane plasmique ? Quelles structures membranaires et intracellulaires sont impliquées ? Quels sont les intérêts de ces mécanismes de transport en masse pour la cellule eucaryote ?

I. Mise en évidence de flux opposés de membranes et de matière

A. Un flux de matière révélé par différentes techniques

- Marquage radio-isotopique (Figure 4.1.1).
- Analyse du radio-marquage par fractionnement cellulaire.
- Analyse du radio-marquage par autoradiographie et observation en Microscopie Électronique à Transmission (Figure 4.1.2, Figure 4.1.3).

Figure 4.1.1 Autoradiographie

(a) Un précurseur radiomarqué, la leucine tritiée par exemple, est ajouté au milieu de culture pendant un temps bref. Les cellules sont ensuite transférées dans un milieu froid et les coupes cellulaires placées à l'obscurité le temps que les électrons émis par la radioactivité du tritium impressionnent l'émulsion photographique coulée au préalable.
(b) La réduction du bromure d'argent en argent est observable au microscope électronique à transmission via des grains d'argent visibles dans la cellule.
[modifié, d'après Lodish et coll., 2005]

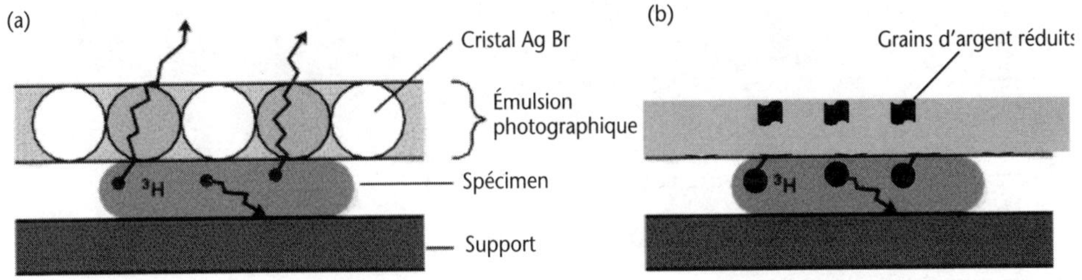

Figure 4.1.2 **Flux de matière dans une cellule pancréatique acineuse, visualisé grâce à une expérience de pulse et chase**
Après 3 minutes de marquage, les protéines sont localisées dans le REG. Pendant la chasse, celles-ci sont visualisées ensuite dans l'appareil de Golgi, puis dans les vésicules de sécrétion à l'apex de la cellule avant d'être exocytées dans la lumière de l'acinus.
[modifié, d'après Cooper, 2000]

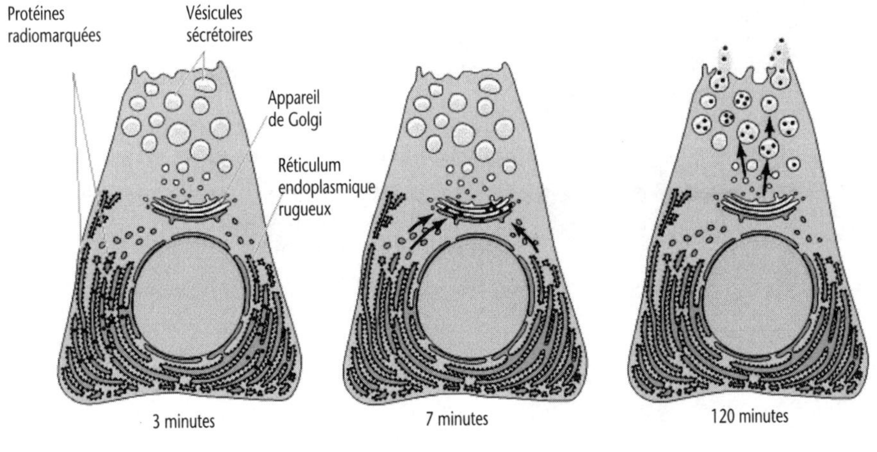

Figure 4.1.3 **Autoradiographie au microscope électronique à transmission**
Résultat d'une expérience de pulse et chase sur des cellules à insuline du pancréas endocrine.
(A) Après 10 minutes de chasse, la protéine marquée est retrouvée dans les dictyosomes de l'appareil de Golgi.
(B) Après 45 minutes de chasse, la protéine est localisée au sein des vésicules de sécrétion.
[modifié, d'après Alberts et coll., 2002]

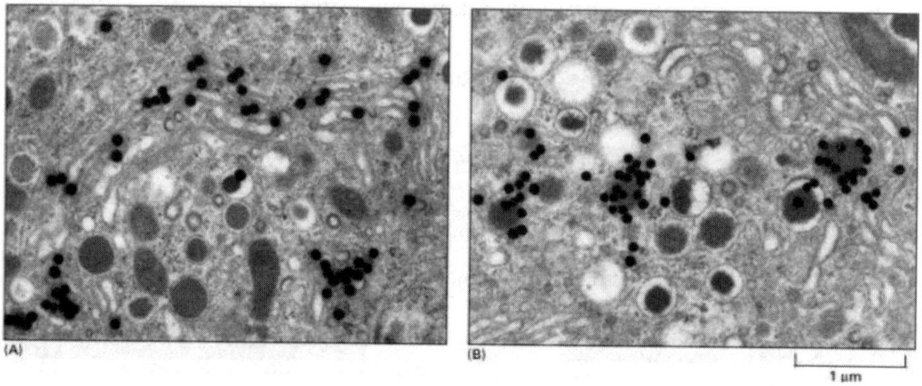

B. Les compartiments cellulaires impliqués

- **Schéma général des voies d'endocytose et d'exocytose** (Figure 4.1.4)

Figure 4.1.4 **Les compartiments cellulaires des voies d'endocytose et d'exocytose**
[modifié, d'après Texier-Vidal, 2002]

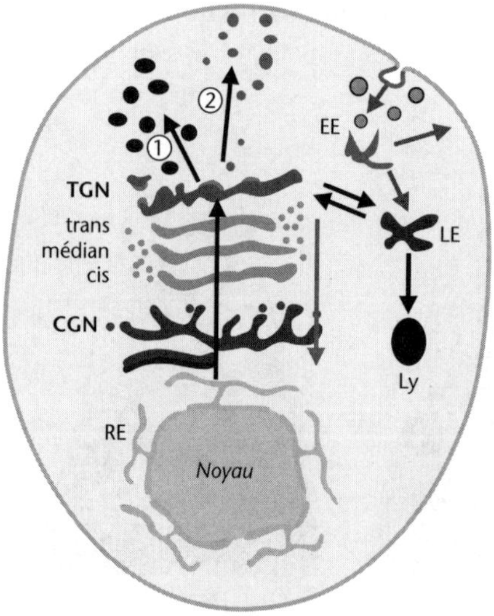

Voie 1 : voie d'exocytose soumise à régulation
Voie 2 : voie d'exocytose constitutive

RE : réticulum endoplasmique
CGN : compartiment Golgien intermédiaire
TGN : compartiment Trans Golgien
EE : endosome précoce
LE : endosome tardif
Ly : lysosome

♦ **Les compartiments de la voie d'endocytose**

La voie d'endocytose assure l'entrée dans la cellule de composants membranaires ou solubles destinés soit à leur dégradation dans les lysosomes, soit à leur adressage dans différents territoires de la cellule. La voie classique implique la formation de vésicules à clathrine (Figure 4.1.5).

Figure 4.1.5 La voie d'endocytose classique par formation de vésicules à clathrine
Ces micrographies illustrent la séquence d'événements permettant la formation d'une vésicule recouverte de clathrine.
Celle-ci permet l'endocytose médiée par un récepteur de lipoprotéines dans un ovocyte de poulet, impliquée dans la constitution de réserves de l'œuf.
[modifié, d'après Alberts et coll., 2002]

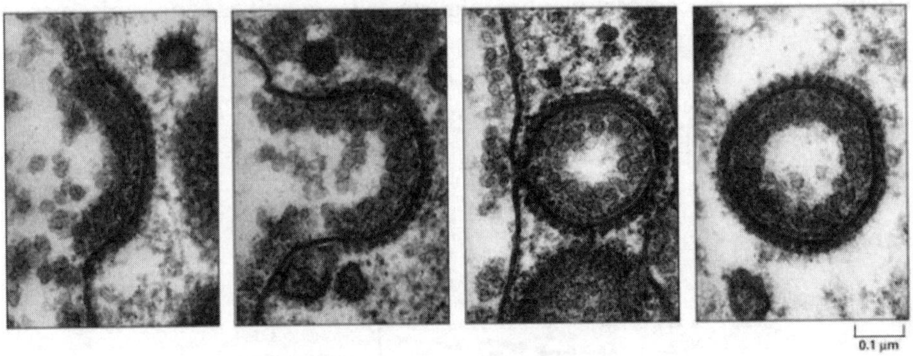

♦ **Les organites de la voie d'exocytose** (Figure 4.1.4)

- Réticulum endoplasmique granuleux (REG).
- Appareil de Golgi.
- Compartiment post-golgien.

II. Mécanismes cellulaires des flux opposés centrifuges et centripètes

A. Dynamique inter-organites de l'exocytose

♦ **Le compartiment post-golgien est un carrefour**

Localisé entre la citerne de l'appareil de Golgi et la membrane plasmique, il est le lieu de rencontre des deux voies opposées du trafic membranaire : voie de biosynthèse-exocytose centrifuge et voie centripète d'endocytose (Figure 4.1.6).

La voie de biosynthèse-exocytose est aussi une voie de maturation-transformation des substances transportées, comme cela est le cas pour les protéines sécrétées (Figure 4.1.6).

À la sortie du réseau trans-golgien (*Trans-Golgi network*), la voie de biosynthèse diverge en deux courants distincts :

- voie constitutive : exportation directe des structures vésiculaires dont le trajet ne présente aucun temps de rétention dans le cytoplasme. Voie définie par défaut qui correspond à un ensemble de structures de transport pléiomorphe.
- voie soumise à une régulation : organites stockés temporairement dans le réseau post-golgien et dont l'exocytose est déclenchée par des signaux extracellulaires reconnus par des récepteurs spécifiques de la membrane plasmique.

Figure 4.1.6 Les compartiments Golgiens et les modifications subies par les protéines au cours de leur transport via le réticulum endoplasmique (RE) et l'appareil de Golgi (CGN : cis-Golgi Network et TGN : Trans Golgi Network).
[modifié, d'après Texier-Vidal , 2002]

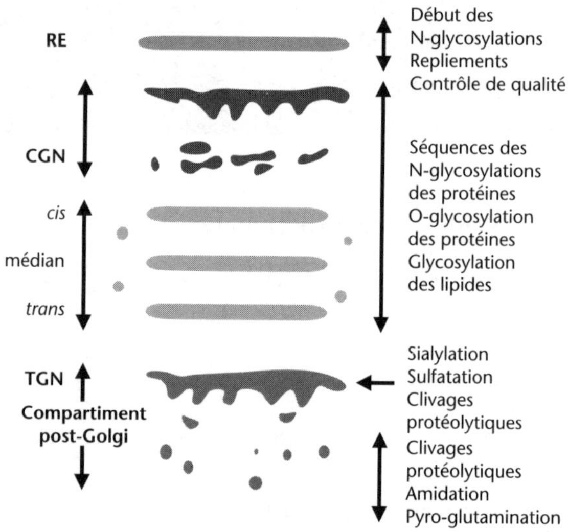

- **Apport énergétique et moteurs du transport**

- Entraînement des vésicules par des courants cytoplasmiques, guidés par des microtubules.
- Intervention des dynéines et kinésines.
- Intervention des protéines SNARE, Rab, et d'autres protéines.

♦ Les étapes de l'exocytose

B. Dynamique inter-compartiments de l'endocytose

L'endocytose au sens large peut être constitutive ou inductible en réponse à des signaux extracellulaires reconnus par des récepteurs. C'est le cas de la phagocytose.

♦ Nécessité d'un récepteur membranaire

♦ Invagination de la membrane plasmique

L'invagination de la membrane plasmique s'accompagne de la formation de couches de clathrine (Figure 4.1.5), caractérisée par une organisation structurale en triskèle (Figure 4.1.7).

Figure 4.1.7 Organisation structurale du triskèle de clathrine et du complexe AP-2

A : organisation structurale du triskèle de clathrine
Le triskèle constitue l'unité fonctionnelle de la clathrine et correspond à l'association de trois chaînes légères et trois chaînes lourdes. Il y a deux domaines fonctionnels : le Hub, impliqué dans la polymérisation, et le domaine terminal, correspondant au domaine N-terminal de la chaîne lourde, qui interagit avec de nombreuses protéines contenant un domaine consensus dit « boîte à clathrine ».
B : organisation structurale du complexe AP-2, constitué de 4 chaînes. Chacun des sous-domaines est impliqué dans des interactions avec d'autres protéines de la voie d'endocytose
[modifié, d'après Benmerah et Lamaze, 2002]

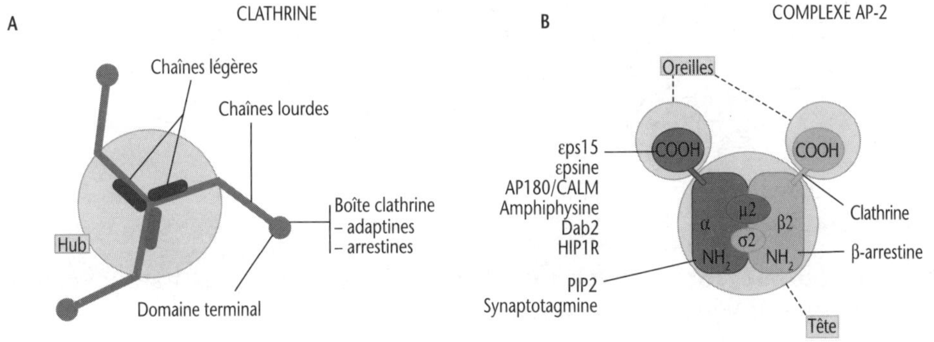

- **Formation d'un endosome précoce ou d'un phagosome**
- **Intervention du lysosome**
- **Moteurs du transport**

Rôle du cytosquelette

- **Variété des voies d'entrée**

D'autres voies d'entrée dans la cellule (cavéoles, rafts…) sont indépendantes de la clathrine (Figure 4.1.8). On peut ainsi citer :

- La pinocytose à vésicule lisse impliquée dans le cas des cellules endothéliales (absorption de gouttelettes du milieu extérieur) et des thyréocytes (thyréoglobuline).
- La phagocytose.

Figure 4.1.8 Les différentes voies de l'endocytose
[modifié, d'après Benmerah et Lamaze, 2002]

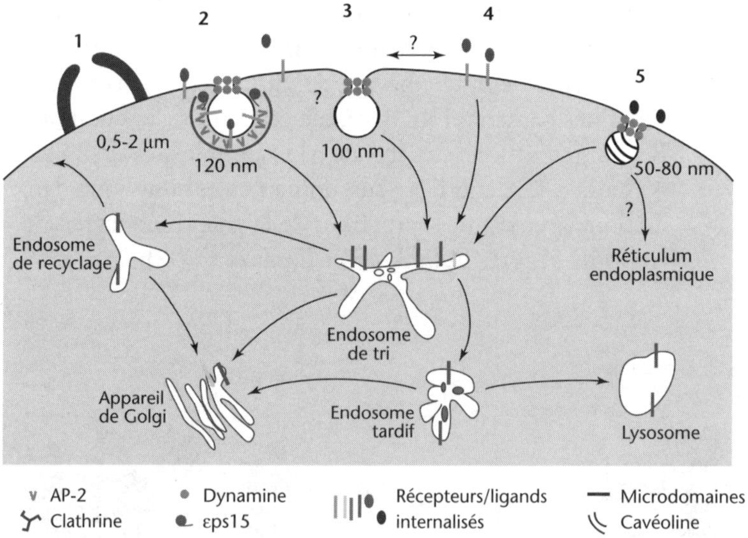

1 : macropinocytose : endocytose de phase fluide, induite et transitoire, formant des grosses vésicules hétérogènes

2 : voie classique dépendant de la clathrine

3 : endocytose constitutive des fluides et des solutés, sans manteau

4 et 5 : microdomaines et cavéoles enrichis en sphingolipides et en cholestérol
La GTPase dynamine est impliquée dans les endocytoses de type 2, 3, et 4.

III. Des flux cellulaires opposés assurant des fonctions variées

A. Intérêts communs des flux opposés

- **Renouvellement de la membrane plasmique**
- **Importation et exportation de produits auxquels la membrane est imperméable**

B. Exocytose et exportation

- **Exportation de substances d'origine endogène**

– Libération des neuromédiateurs.

– Au niveau des épithéliums sécrétoires : exemple de la cellule acineuse pancréatique ou des cellules caliciformes du duodénum.

- **Exportation de substances d'origine exogène, capturées par endocytose et transférées telles quelles**

Exemple de l'endothélium des capillaires.

C. Endocytose et importation

- **Élimination d'éléments indésirables par les phagosomes**

Rôles des monocytes, des macrophages et des polynucléaires dans l'élimination du non-soi et de cellules devenues inutiles.

- **Capture des LDL (*Low-density lipoproteins*) sanguines**

D'autres exemples peuvent être développés : la transferrine, les immunoglobulines.

- **Entrée de certaines toxines bactériennes dans la cellule-cible**

Exotoxines à action intracellulaire.

- **Capture des aliments chez certains eucaryotes**

Des exemples variés peuvent être choisis : la paramécie, les spongiaires, les cnidaires.

Conclusion

Le transport transcellulaire de structures entières supramoléculaires et de composition complexe n'a pu être élucidé que par une synergie d'approches complémentaires de biochimie, de biologie cellulaire et de physiologie.

Les mécanismes d'endocytose et d'exocytose sont un exemple très clair de la très forte dynamique fonctionnelle des cellules en relation avec leur environnement et du flux de matières et d'énergie permanent que représente le maintien de l'activité cellulaire.

L'implication directe de ces mécanismes dans des processus nutritionnels et des processus de défense en font une thématique très importante de recherche biomédicale.

4.2. Les cellules musculaires

Cette thématique a été conçue comme un sujet de leçon de spécialité d'agrégation, posé avec une série de documents extraits de manuels ou d'articles scientifiques. Il s'agit fondamentalement d'intégrer ces documents et ces questions dans une présentation orale logique et structurée. Certains points concernés par la thématique du sujet ont été abordés dans des chapitres des parties I et II, tels que le chapitre 3 de la partie II, « importance du calcium dans la cellule eucaryote ».

Plan et intégration des documents

Introduction

Il convient tout d'abord de **définir** les termes du sujet : les cellules ou fibres musculaires sont des cellules longilignes, de grande taille, possédant des fibres contractiles, avec des variations importantes selon le type de muscle étudié.

Il convient ensuite de poser les **limites et l'orientation** de l'exposé oral :

- les cellules musculaires de vertébrés seront traitées, alors que celles des invertébrés seront abordées éventuellement en conclusion ;
- replacer les cellules musculaires à l'échelle d'un organisme avec le schéma d'un muscle aux différentes échelles d'observation : muscle, faisceau de fibres, fibre ou cellule (objet du sujet) ;
- indiquer leur diversité : cellules musculaires lisses, striées squelettiques et cardiaques ;
- nécessité de traiter le sujet de la cellule à la molécule, en tenant compte de l'intégration au niveau de l'organisme.

Problématique : quelles sont les particularités des cellules musculaires ? Quelles sont les caractéristiques propres à chaque catégorie : points communs, différences ?

Annonce du plan :

- Origine, localisation et structure des cellules musculaires.
- Aspects mécaniques de la contraction.
- Besoins énergétiques de la contraction.
- Couplage excitation – contraction.
- Commande et contrôle de ces cellules.

Il peut être envisagé de réaliser un tableau comparatif à compléter au fil de l'exposé oral.

I. Origine, localisation et structure des cellules musculaires

A. Myogenèse et localisation dans l'organisme

♦ **Cellules en lien avec le squelette : les cellules striées squelettiques**

– Fixation aux tendons, puis aux os, par du collagène, ancrage au tissu conjonctif entourant les fibres.

– Myogenèse initiale : à partir de cellules souches des somites, contrôle par des facteurs paracrines (notochorde), tels que myoD, wnt, Myf…

Les Myoblastes se divisent sous l'action des FGF (*fibroblast growth factor*), puis les myoblastes sont alignés et fusionnés en myotubes (Rôle de la fibronectine, des cadhérines, de la myogénine, etc.).
La fusion des cellules en un myotube plurinucléé dépend du Ca^{2+}, de métalloprotéinases (metrine). Ces myotubes donneront les fibres musculaires.

– Mise en place de l'innervation (rôle du NGF : *Nerve Growth Factor*, facteur de croissance neuronal).

– Intervention de la **myostatine** (facteur de croissance produit du gène GDF8), protéine régulatrice de la croissance musculaire.

– Remodelage-réparation : lors de la métamorphose chez les amphibiens, grâce à l'entraînement physique chez l'homme.

La plupart des muscles sont formés à la naissance, ou au cours de la première année.
Lorsque les muscles se développent, ce sont les fibres existantes qui deviennent plus riches en protéines contractiles. *A priori,* pas de régénération possible en cas de perte (accident ou maladie), mais présence de cellules satellites qui sont des cellules souches des muscles squelettiques.
Processus d'épissage alternatif pour les chaînes légères de la myosine (MLC1 : myosine rapide ; MLC3 : myosine lente).

♦ **Cellules en lien avec les vaisseaux : les cellules striées cardiaques**

– Myogenèse initiale : à partir de **cellules souches des lames latérales mésodermiques** gauche et droite.

Soudure de deux vésicules simples, et différenciation sous l'effet de gènes contrôlant l'activation de gènes permettant la mise en place de protéines spécifiques du muscle cardiaque (actine, α-myosine…).
Fusion des deux cœurs primitifs très précoces en un tube unique.
Début des battements par la mise en place des pompes Na^+-Ca^{2+}.
Chez l'homme à 5 jours : présence d'une oreillette et d'un ventricule, puis passage à quatre cavités par formation d'une boucle.

Mise en place d'une protéine de la matrice extracellulaire : la flectine qui régule les tensions entre cellules cardiaques.

– Remodelage suite à l'entraînement physique.

♦ **Cellules en lien avec les viscères : les cellules lisses**

– Développement à partir de **cellules mésodermiques** qui migrent vers le tube digestif et les viscères en formation, en enveloppant ces derniers.

– Les muscles lisses sont localisés dans les parois des organes creux : vaisseaux sanguins, organes de la cavité abdominale et pelvienne, voies respiratoires, peau, iris et corps ciliaires…

– Importante de la capacité de régénération, grâce aux **péricytes.**

B. Structure des cellules musculaires

♦ **Observation de fibres musculaires colorées au microscope photonique**

Une observation au microscope photonique de muscle squelettique, cardiaque et/ou lisse, permet d'apprécier l'aspect strié ou non du tissu musculaire.

♦ **Organisation comparée des myocytes** (Figures 4.2.1, 4.2.2 et 4.2.3)

– Les cellules triées squelettiques ont une structure parallèle, allant parfois d'une extrémité à l'autre du muscle. Leur cohésion est assurée par la matrice extracellulaire. Leur activité se traduit par une variation de leur longueur.

– Les cellules cardiaques sont anastomosées : elles sont capables d'assurer une variation de volume (vidange, remplissage) du cœur ; leurs liens sont assurés par des desmosomes et des jonctions gap.

– Les cellules lisses apparaissent comme des cellules fusiformes, au noyau central, dépourvues de l'aspect strié commun aux cellules précédentes.

C. Structure de l'architecture moléculaire

♦ **À partir de l'observation au microscope électronique à transmission** (Figures 4.2.1, 4.2.2, 4.2.3)

Figure 4.2.1 **Organisation générale d'un muscle cardiaque (A) et vue en Microscopie Électronique à Transmission de cellules (M1) et (M2) associées par des disques intercalaires riches en desmosomes (B). M : mitochondrie, L : goutelettes lipidiques (x 20000)** [modifié, d'après R. Gilles, 2006]

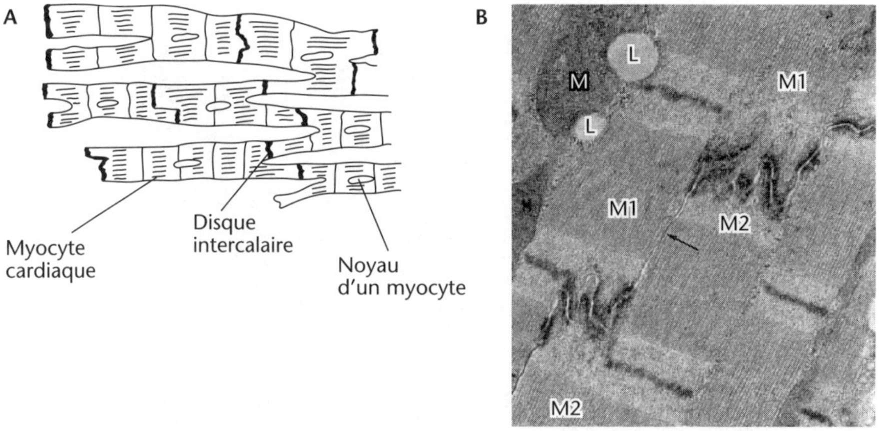

Figure 4.2.2 **Organisation générale de cellules musculaires lisses (A et B) et vue en MET de la jonction entre deux cellules (C) (x 20000).** Les filaments d'actine attachés à la membrane par des corps denses (CD) sont unipolaires (AU), alors que les filaments intracellulaires sont bipolaires (AB). Cette organisation permet des glissements importants de l'actine (A) par rapport à la myosine (M) [modifié, d'après R. Gilles, 2006]

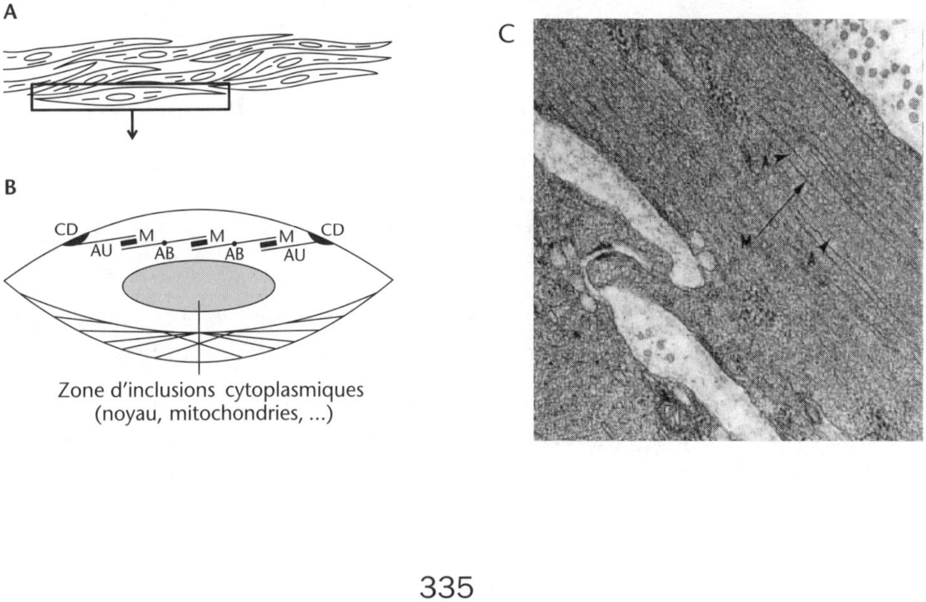

Figure 4.2.3 Organisation générale de cellules musculaires striées squelettiques vues en MET
Bande I : bande isotrope, bande A : anisotrope, Td : triade, RS : réticulum sarcoplasmique, M : mitochondrie, T : tubule transverse, CT : citernes terminales du RS
[Modifié, d'après Young et coll., 2008]

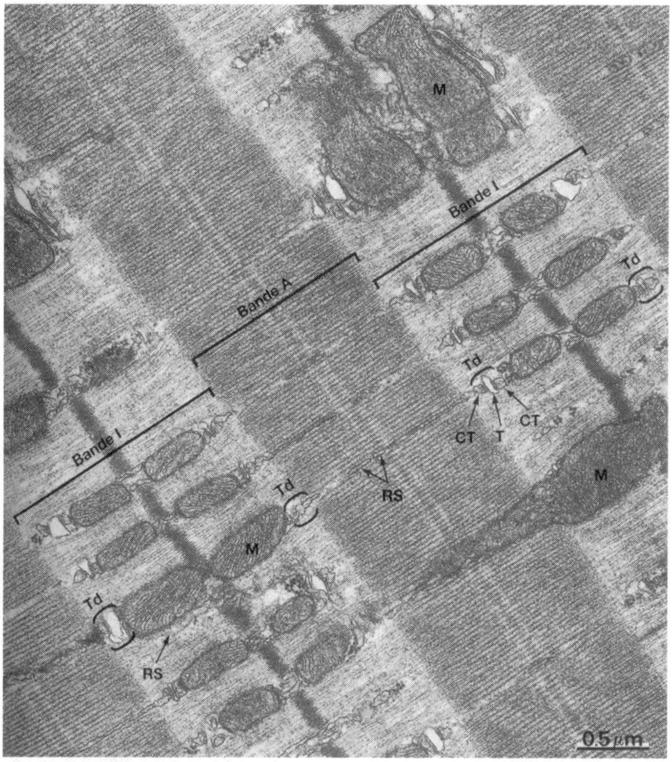

♦ Les molécules spécifiques du sarcomère de la cellule du muscle strié

Un schéma d'interprétation faisant figurer les molécules composant les myofibrilles et les structures annexes assurant l'organisation du sarcomère peut être réalisé. Il fera apparaître les molécules suivantes :

- myofilaments d'actine : deux hélices d'actine F par polymérisation d'actine G. Ancrage des filaments d'actine au niveau des stries Z des cellules squelettiques et au niveau des digitations intermembranaires des cellules cardiaques ;
- myofilaments de myosine : complexe de deux chaînes lourdes et deux chaînes légères (500 kDa, 134 nm). Les têtes de myosine ont une activité ATPasique. La diversité des myosines doit être signalée : myosines spécifiques du cardio-

myocyte, des fibres lentes ou des fibres rapides ;

- présence de tropomyosine et du complexe troponine (1 pour 7 molécules d'actine) ;
- titine et autres protéines associées.

Le tableau 4.2.1 synthétise de manière comparative les observations présentées ci-dessus (schématisation de lames histologiques, et Figures 4.2.1, 4.2.2 et 4.2.3).

Tableau 4.2.1 Caractéristiques issues de l'observation des trois types de cellules musculaires
[L. Fontaine-Poitou, d'après diverses sources]

<table>
<tr><th>Cellule squelettique</th><th>Cellule myocardiaque</th><th>Cellule lisse</th></tr>
<tr><td colspan="3">En microscopie photonique</td></tr>
<tr><td>Cellules allongées (diamètre 5 à 100 µm x longueur de plusieurs cm), juxtaposées</td><td>Cellules courtes (diamètre 20 µm x longueur 100 µm), anastomosées, enroulées</td><td>Cellule fusiforme, (diamètre de 3 à 8 µm, longueur de 30 à 200 µm)</td></tr>
<tr><td>Plurinucléées</td><td>Uninucléées</td><td>Uninucléées</td></tr>
<tr><td>Stries régulières</td><td>Stries scalariformes</td><td>Pas de strie</td></tr>
</table>

<table>
<tr><th colspan="3">En microscopie électronique à transmission</th></tr>
<tr><td>Myofibrilles organisées en sarcomères disposés côte à côte, striation régulière</td><td>Striation irrégulière : stries scalariformes</td><td rowspan="2">Pas de sarcomère</td></tr>
<tr><td colspan="2">Différence de longueur des sarcomères contractés/ non contractés</td></tr>
<tr><td colspan="2">Même organisation globale des myofibrilles</td><td>Actine et myosine</td></tr>
<tr><td colspan="2">Muscles striés</td><td>Muscles lisses</td></tr>
</table>

Transition Quels sont les mécanismes mis en jeu lors de la contraction des cellules musculaires ?

II. Aspects mécaniques de la contraction des cellules musculaires

A. Observation

Raccourcissement du sarcomère en MET sans raccourcissement des myofilaments (Figure 4.2.4).

Figure 4.2.4 Mécanismes de glissement des myofilaments lors de la contraction musculaire
A : micrographies d'un sarcomère au cours de la contraction
B : schémas d'interprétation
[modifié, d'après Tortora et Derrickson, 2007]

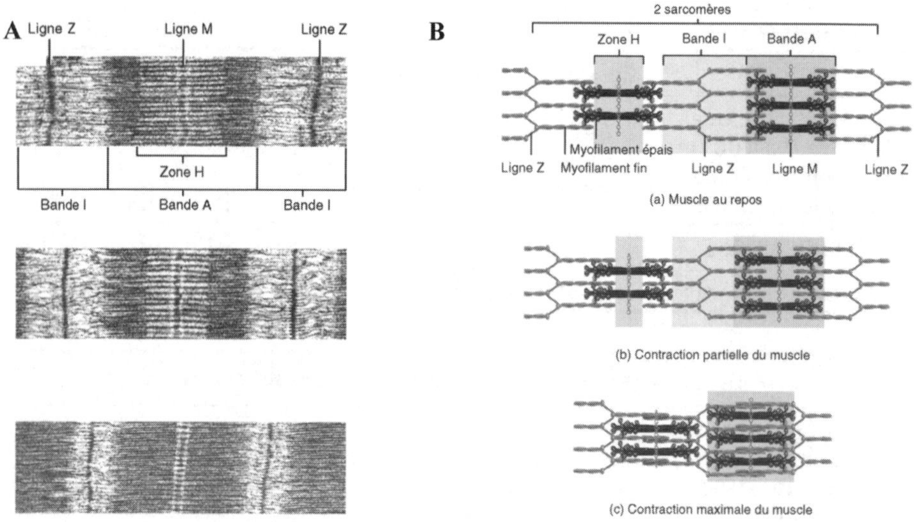

B. Conversion énergétique lors du raccourcissement

Couplage entre la rotation de la tête de myosine et l'hydrolyse de l'ATP.

Faire un schéma du cycle faisant apparaître les étapes-clés : (i) fixation d'ATP qui détache l'actine de la myosine, (ii) hydrolyse de l'ATP et modification de la tête de myosine, (iii) fixation à l'actine et changement de conformation de la tête de myosine, (iv) libération de l'ADP, (v) fixation de l'ATP.

Transition D'où vient l'ATP nécessaire à la contraction ?

III. Métabolisme des cellules musculaires

A. Les sources d'ATP à l'échelle cellulaire

L'activité contractile entraîne une forte consommation d'ATP : celui-ci doit être immédiatement disponible.

- Très faible réserve d'ATP au repos : 5 mmol·L^{-1} soit 1 seconde de fonctionnement.
- Présence de phosphocréatine (40 mM) qui intervient selon la réaction :

phosphocréatine + ADP $\longrightarrow$ Créatine + ATP $\Rightarrow$ [ATP] cellulaire constante

Une accumulation de phosphocréatine au repos permet son utilisation au début de la contraction jusqu'à ce qu'intervienne le métabolisme.

B. Voies métaboliques et métabolites utilisés

♦ **Deux voies métaboliques complémentaires**

- En anaérobiose, le métabolisme s'oriente vers la fermentation du glucose en acide lactique. Le glucose endogène (libéré par glycogénolyse musculaire) est oxydé par glycolyse et fermentation lactique. Deux ATP sont alors synthétisés par molécule de glucose par phosphorylation au niveau du substrat. Cette voie métabolique est très efficace dans la production d'ATP si les enzymes sont présentes en grande quantité, et en présence d'une grande quantité de glycogène.
- En aérobiose, la respiration mitochondriale conduit à la libération de 36 à 38 ATP (selon le type cellulaire) par molécule de glucose oxydée. Cette voie semble plus « efficace » que la glycolyse pour la production d'ATP, mais elle est plus lente.

Au total, possibilité d'utiliser le glycogène endogène pendant 5 à 10 secondes dans le myocyte. Cependant, ce n'est pas le cas des cellules cardiaques : pas (ou peu) de glycogène, et donc pas de glycolyse, d'où la nécessité d'un apport constant de glucose par le sang.

- Présence de myoglobine : molécule de stockage d'O_2 dans les « muscles rouges ».
- Notion de la dette en O_2 : lactate + NAD^+ $\longrightarrow$ Pyruvate + NADH, H^+
- Forte activité respiratoire des muscles squelettiques et cardiaque après l'exercice : les cellules cardiaques sont capables d'utiliser l'acide lactique.

Fatigue musculaire : plus de tension développée, récupération par le repos. Cette fatigue est due à une baisse de la concentration en glycogène, à une baisse de la libération de Ca^{2+} par le réticulum sarcoplasmique, et à une augmentation de [H^+], plus qu'à une baisse de la quantité d'ATP. Elle est considérée comme un mécanisme de prévention empêchant que la concentration en ATP ne chute trop bas (rigidité et lésions musculaires).

♦ **Les métabolites utilisés**

– Utilisation initiale du glycogène endogène, puis utilisation des substrats apportés par le sang : glucose (environ 40 %) et acides gras (environ 60 %). La glycolyse se met en place en situation de manque d'oxygène ou lors d'un exercice d'intensité importante.

– Les cardiomyocytes utilisent différents substrats énergétiques.

♦ **Diversité des métabolismes des cellules musculaires striées** (Figures 4.2.5 et 4.2.6)

On peut distinguer quatre classes de fibres :

– fibres lentes/fibres rapides selon l'activité ATPasique (Nature de la myosine) ;
– fibres oxydatives/fibres glycolytiques selon l'absence ou la présence de mitochondries ou d'enzymes de la glycolyse.

En pratique, trois types de fibres existent :

– les **fibres oxydatives à contractions lentes, soutenues, et à fatigue lente** : cas des muscles intervenant dans la posture. Elles sont riches en mitochondries, très bien irriguées, à faible consommation d'ATP et de couleur rouge (due à leur richesse en myoglobine) ;
– les **fibres oxydatives à contractions rapides, et à fatigue rapide** : cas des muscles du vol (locomotion intense) ;
– les **fibres glycolytiques à contractions rapides, très fatigables**, pauvres en mitochondries et peu irriguées (muscles dits « blancs »).

Figure 4.2.5 **Stade actif et contraction lors d'une stimulation unique ou répétitive (tétanos) au niveau de muscles blancs (A) ou rouges (B)**
[modifié, d'après R. Gilles, 2006]

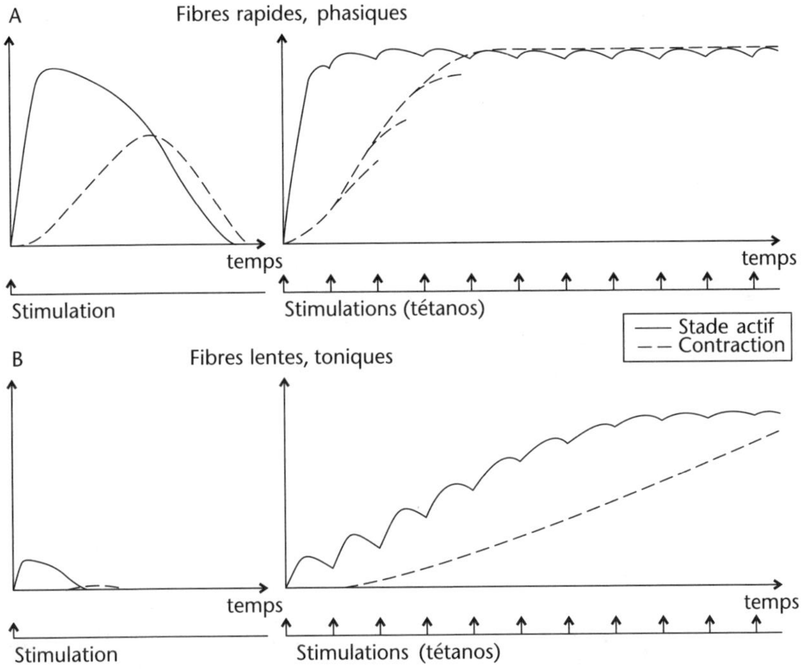

Figure 4.2.6 **Mesures de la force développée en fonction du temps sur différentes cellules musculaires**
[modifié, d'après R. Gilles, 2006]

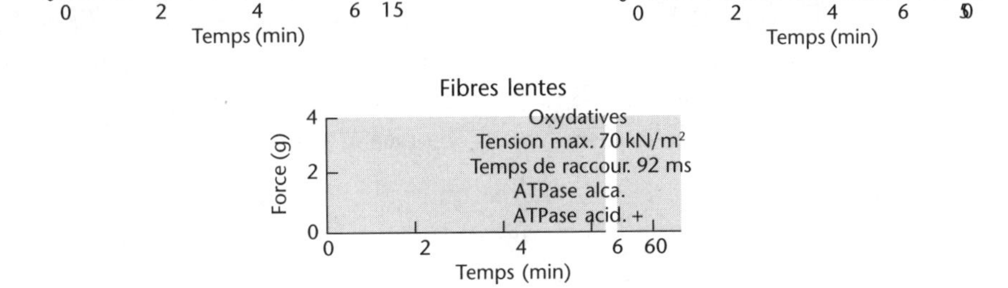

IV. Couplage excitation-contraction

A. Observation des phénomènes électriques (Figure 4.2.7)

Figure 4.2.7 Potentiel d'action (courbe en pointillés) et contraction (courbe en trait plein) pour un muscle strié squelettique (A) et un muscle strié cardiaque (B). PRA : période réfractaire absolue. Le muscle cardiaque est non tétanisable.
[modifié, d'après R. Gilles, 2006]

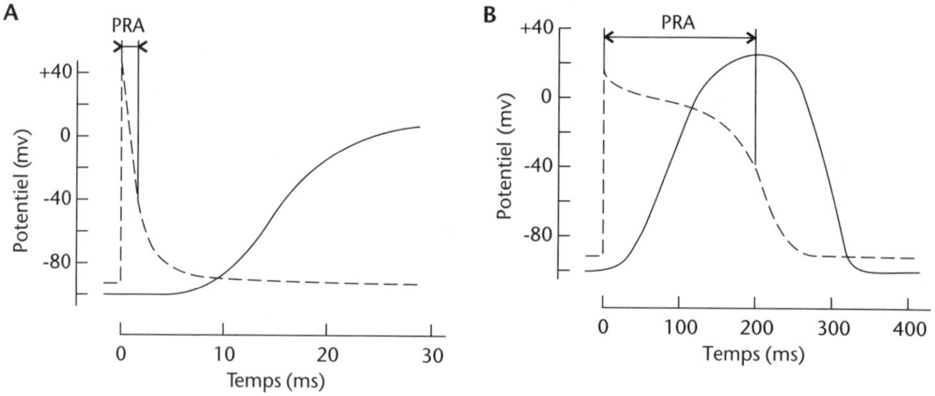

- **Arrivée d'un potentiel d'action : réponse d'une fibre musculaire sous forme d'une secousse**

Le temps de contraction varie de 10 ms à plus de 100 ms (selon que les fibres sont rapides ou lentes).

Repolarisation lente (250 à 300 ms) : pas de tétanisation du muscle cardiaque (plateau calcique).

- **Quelques aspects du rapport structure-fonction**

– Les muscles squelettiques, organisés en fibres longues et parallèles, se contractent avec effet dans la seule direction des fibres.

– Le muscle cardiaque, constitué de cellules courtes, anastomosées dans toute l'épaisseur du muscle, se contractent dans les trois directions de l'espace. La contraction déclenche une diminution de volume du muscle, commençant à la pointe du cœur et remontant vers le haut, permettant la réduction du volume ventriculaire, et donc de chasser le sang vers les artères.

Le mécanisme de contraction est le même que pour la cellule squelettique, mais la structure syncytiale entraîne la propagation de la dépolarisation et donc de la contraction à toutes les cellules cardiaques.

Rôle du squelette conjonctif du cœur, entre les oreillettes et les ventricules, et rôle du tissu de conduction : faisceau de His, fibres de Purkinje.

B. Quelle est l'origine des potentiels d'action ?

♦ **Aspects expérimentaux**

- Actions du curare, de la tétrodotoxine, de la nicotine, de l'ésérine (anti-Acétylcholine-estérase), et de la muscarine (cellule cardiaque).
- Rôle de l'acétylcholine (Ach), de l'acétylcholinestérase, et des passages d'ions.
- Technique du voltage-clamp.
- Technique du patch-clamp.

♦ **Échelle cellulaire : la synapse neuromusculaire**

Schéma de la structure présynaptique/post-synaptique avec les récepteurs à l'Ach : courant de Na^+, de K^+, création d'un potentiel postsynaptique excitateur (PPSE), dit potentiel de plaque motrice (PPM), et propagation membranaire. Efficacité de la relation structure/fonction : le récepteur est le canal ionique.

♦ **Différences avec la cellule cardiaque**

- La cellule cardiaque est dépolarisée par le contact membranaire avec une cellule du tissu nodal, dont la dépolarisation est spontanée.
- Le tissu nodal est un tissu musculaire très pauvre en myofibrilles (pas de striation), qui peut être considéré comme du tissu strié « embryonnaire », pauvre en cytosquelette.

C. Conséquences des potentiels d'action (PA)

♦ **Au niveau d'un myocyte cardiaque**

La dépolarisation entraîne l'entrée de Ca^{2+} extracellulaire, qui va induire la libération du Ca^{2+} intracellulaire au niveau de récepteur à la ryanodine (RYR2) du réticulum.

♦ **Au niveau d'un myocyte squelettique**

- Rôle des tubules T (Triades) observés sur la **figure 4.2.3** : conduite immédiate et synchronisée du PA à l'ensemble de la cellule.
- Rôles des récepteurs à la dihydropyridine et à la ryanodine (Figure 4.2.8) dans la réception du signal, les récepteurs à la ryanodine fonctionnant comme des canaux Ca^{2+}.
- Action du Ca^{2+} sur des canaux Ca^{2+} internes du réticulum : amplification de la réponse.
- Rôles de la calséquestrine et des pompes à Ca^{2+} (Figure 4.2.8) dans la relaxation.

- **Au niveau d'un myocyte lisse** (Figure 4.2.9)

Figure 4.2.8 Le cycle du calcium dans un myocyte squelettique
A : Libération de Ca^{2+} par le réticulum permettant la contraction et pompage du Ca^{2+} par la Ca^{2+}-ATPase permettant la relaxation.
B : Fixation du Ca^{2+} sur le complexe troponine I-C-T (Tr C), démasquage du site de fixation Actine (A)-Myosine (S) avec déplacement de la tropomyosine (Tm) permettant la contraction.
[modifié, d'après R. Gilles, 2006]

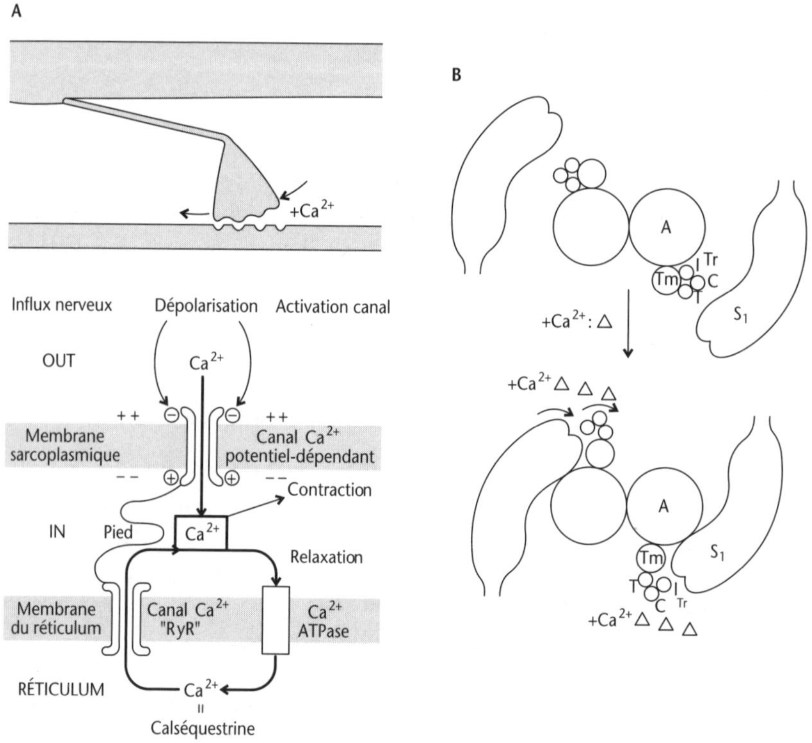

Figure 4.2.9 Mécanisme de contraction d'un muscle lisse
[modifié, d'après R. Gilles, 2006]

A : Orientation des filaments d'actine et de myosine au repos.

B : Raccourcissement maximum obtenu suite au glissement (flèche).

C : Le Ca^{2+} issu du réticulum endoplasmique (RE) et extracellulaire interagit avec la calmoduline et la kinase des chaînes légères de la myosine (MLCK) (Pas de tubule T). MLCP : *myosine light chain phosphatase.*

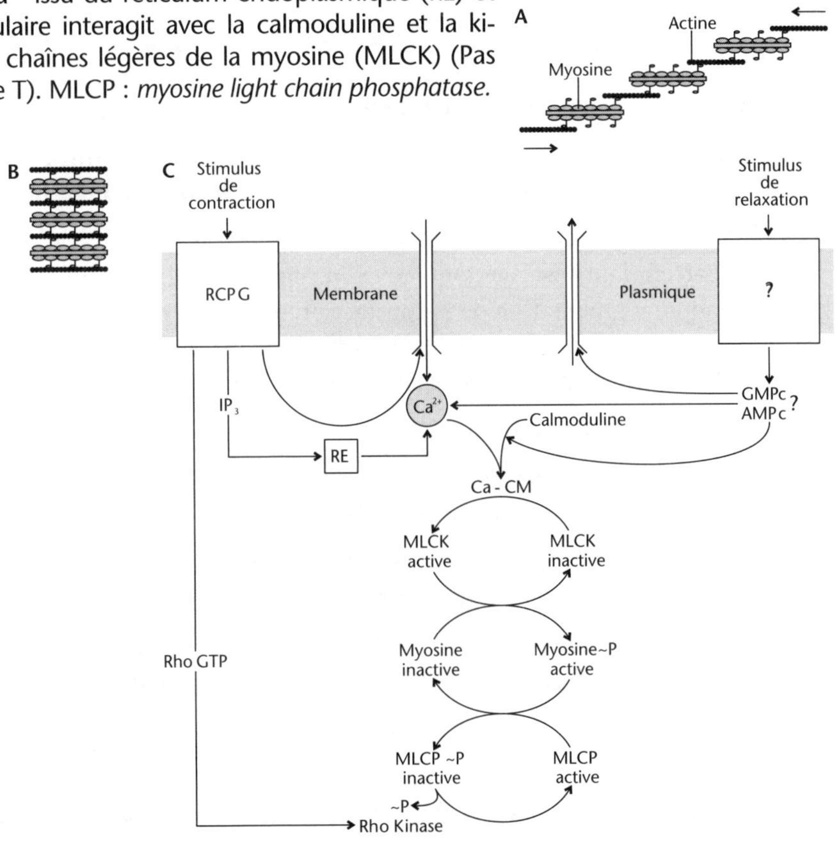

Transition Comment est commandée et contrôlée la contraction ?

V. Commande et contrôle de la contraction

A. La « commande »

♦ Les fibres du muscle squelettique et les unités motrices

Les fibres musculaires sont innervées par des motoneurones α. Chaque motoneurone active un ensemble de fibres motrices appelé unité motrice. Selon le nombre de fibres d'une unité motrice, le contrôle sera plus ou moins précis. Le recrutement d'une plus grande quantité d'unités motrices, de qualité différente, permet d'augmenter la tension du muscle.

- ♦ **L'automatisme cardiaque et le tissu nodal**
- ♦ **Les muscles lisses**

Autorythmicité dans les muscles viscéraux.

B. Le contrôle de l'activité

♦ **Les messagers neurotransmetteurs**

- **L'acétylcholine :** action sur les récepteurs nicotiniques des myocytes squelettiques, action sur les récepteurs muscariniques du cœur (cellule auriculaire) et effets sur le rythme cardiaque.
- **Les catécholamines** : action sur les récepteurs β-adrénergiques du muscle cardiaque, augmentation de la contraction par augmentation d'entrée de Ca^{2+}, augmentation du rythme par accélération de la pompe du réticulum, action sur les récepteurs β-adrénergiques à l'adrénaline de la cellule squelettique

♦ **Les messagers hormonaux**

- **L'insuline** : incorporation du glucose et des acides aminés dans la cellule et stimulation de la synthèse de glycogène.
- **Les hormones thyroïdiennes T3-T4** : augmentation du métabolisme cellulaire, thermogenèse, croissance et développement.
- **Les glucocorticoïdes :** action sur le foie, effets sur le stockage de glycogène dans les muscles, baisse de l'incorporation et libération des acides aminés par les muscles, mobilisation des acides gras.
- **Les androgènes** : augmentation de la synthèse des protéines des myofibrilles.
- **L'hormone de croissance (GH)** : stimulation de la synthèse protéique.

Conclusion

La conclusion peut être basée sur un tableau comparatif, qui reprend le **Tableau 4.2.1**, et le complète avec d'autres items développés dans l'exposé.

Perspectives :

- dysfonctionnements et pathologies des cellules musculaires, tels que les angines de poitrine, les infarctus (cellule musculaire cardiaque), les myopathies, (cellule musculaire squelettique), etc. ;
- spécificités des cellules musculaires d'invertébrés.

biologie

Chapitre 5

Interactions cellule-environnement
Oxygène et fonctionnement de la cellule végétale

Cette thématique a été conçue comme un sujet de leçon de spécialité d'agrégation, posé avec une série de documents extraits de manuels ou d'articles scientifiques. Il s'agit fondamentalement d'intégrer ces documents et ces questions dans une présentation orale logique et structurée. Certains domaines concernés par la thématique du sujet ont été traités dans des chapitres des parties I et II, tels que le chapitre 2.1 de la partie 1, « Les petites molécules gazeuses », le chapitre 3.2 de la partie I, « Diversité fonctionnelle et intégration cellulaire des mitochondries », ou le chapitre 2 de la partie III, « La photosynthèse chez les eucaryotes ». Ces sections et ces chapitres pourront servir d'approfondissement du plan proposé ci-dessous.

Plan et intégration des documents

Introduction

L'ensemble de la biosphère est en interaction avec des compartiments gazeux, et en particulier, avec l'atmosphère terrestre. De nombreuses petites molécules gazeuses, minérales ou organiques, sont en interaction intime avec les systèmes biologiques : O_2, CO_2, N_2, NH_3, H_2O, NO, CO, C_2H_2, H_2S, CH_4, NO_2, H_2, etc.

Ainsi, l'évolution des organismes biologiques s'est généralement faite en interaction avec un milieu environnant contenant des molécules gazeuses, soit par contact direct avec une atmosphère, ou par contact avec des molécules gazeuses dissoutes en équilibre avec une atmosphère environnante. Ces molécules gazeuses ne sont pas physiologiquement inertes, et au contraire, peuvent jouer des rôles importants et variés, en particulier en termes de métabolisme énergétique, de métabolisme biosynthétique, et de mécanismes de signalisation. De plus, le fonctionnement biochimique cellulaire peut lui-même générer des molécules gazeuses de manière endogène.

Cette relation d'équilibre avec l'atmosphère terrestre est si forte que l'expansion évolutive des processus de photosynthèse oxygénique, par des cyanobactéries et la lignée verte, a profondément modifié l'atmosphère terrestre, en y introduisant des quantités massives d'oxygène. Cette présence massive d'oxygène a généré des pressions de sélection très fortes sur les systèmes cellulaires et moléculaires, aboutissant à des métabolismes et des régulations en interaction étroite avec l'oxygène.

Les cellules d'une plante peuvent être photoautotrophes ou hétérotrophes en fonction des conditions environnementales et des stades de développement. Comme elle présente des caractères métaboliques d'hétérotrophie (respiration) et de photoautotrophie (photosynthèse), c'est la cellule végétale chlorophyllienne qui sera prise comme principal modèle d'étude, pour mettre en évidence la dynamique de l'oxygène dans la cellule végétale en conditions de fonctionnement optimal, l'impact des fluctuations de la dynamique de l'oxygène, et l'importance de l'oxygène comme facteur environnemental que doit savoir mesurer la cellule végétale.

I. Les grandes fonctions énergétiques de la cellule végétale sont liées à l'oxygène

A. Photosynthèse oxygénique

- Mise en évidence des échanges gazeux associés à la photosynthèse oxygénique.
- Photolyse de l'eau.
- Devenir et utilisation des électrons issus de la photolyse de l'eau.

B. Respiration mitochondriale

- Mise en évidence des échanges gazeux associés à la respiration mitochondriale
- Oxydases terminales de la chaîne respiratoire : cytochrome c oxydase, alternative oxydase.
- Efficacité respiratoire de la synthèse d'ATP.

C. Fonctionnement de la Rubisco et photorespiration

- Interactions de la Ribulose1,5-bisphosphate carboxylase-oxygénase (Rubisco) avec l'oxygène.
- Production de glycolate.
- Régénération d'une molécule de 3-phosphoglycérate par photorespiration.

D. Fonctions énergétiques et dynamique des espèces réactives de l'oxygène (ERO)

- Particularités de la chimie de l'oxygène (Figure 5.1).
- Définition des espèces réactives de l'oxygène (Figure 5.1).
- ERO et photosynthèse.
- ERO et mitochondries.

Figure 5.1 **Chimie de l'oxygène et dynamique des espèces réactives de l'oxygène (ERO)**
[Schéma de Fanny Ramel, aimablement communiqué]

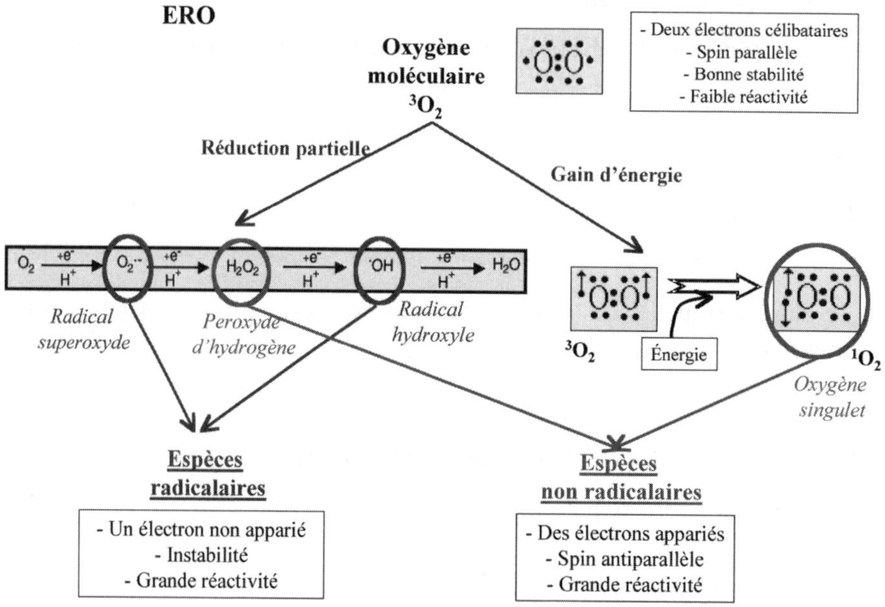

II. Les variations d'oxygène liées à l'environnement ont un impact sur le fonctionnement de la cellule végétale

A. Déséquilibres du pouvoir oxydant lié à l'oxygène

- Déséquilibres pro-oxydants sous l'effet de facteurs abiotiques ou biotiques.
- Augmentation directe des ERO sous l'effet de stress. Exemples : intensité lumineuse, herbicides (Figure 5.2).
- Augmentation indirecte des ERO comme conséquence de stress abiotiques. Exemple : stress hydrique et fermeture des stomates.
- Dommages causés par les déséquilibres pro-oxydants : stress oxydant, impact sur les structures biologiques (protéines, acides nucléiques, lipides), destruction des antennes photosynthétiques et dégradation des chlorophylles.

Figure 5.2 **Analyse de la production d'oxygène singulet détecté par une sonde fluorescente dans des jeunes plantes d'*Arabidopsis thaliana* en absence et en présence d'atrazine.** L'herbicide atrazine bloque le transfert d'électrons par inhibition de la protéine D1 du photosystème II, ce qui provoque l'excitation photonique de la chlorophylle sous forme de chlorophylle triplet. La fluorescence apparaît sous la forme de zones claires.
[modifié, d'après Ramel et al., 2009]

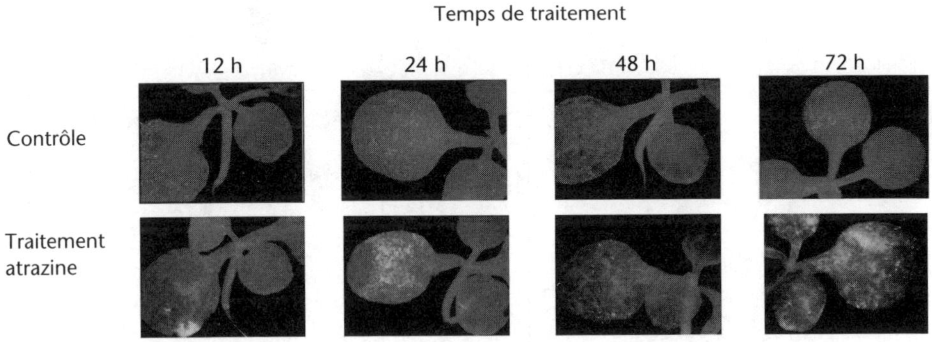

B. Déséquilibres de l'apport en oxygène

- Conditions naturelles d'hypoxie et d'anoxie. Exemples : téguments, cultures liquides, situations d'ennoiement.
- Dommages causés par les situations d'hypoxie et d'anoxie.
- Conséquences sur la régulation du pH cytosolique.
- Conséquences sur la régulation de la nutrition minérale.

III. Réponses et adaptations des cellules végétales aux stress oxygène-dépendants

A. Réponses cellulaires d'évitement et de tolérance

- Mise en place de protection contre l'énergie lumineuse : disposition cellulaire des chloroplastes, synthèse de pigments photoprotecteurs, tels que les anthocyanes.
- Maintien de l'ATP en situation de tolérance à l'hypoxie : métabolisme fermentaire (Figure 5.3).
- Mise en place de métabolismes anti-oxydants en situation de stress oxydant. Exemple : activation des cycles de Halliwell-Asada, synthèse de caroténoïdes.

Figure 5.3 **Transition métabolique dans une cellule végétale hétérotrophe en situation de stress hypoxique.** La taille des flèches reflète l'intensité de flux métabolique
[I. Couée, à partir de diverses sources]

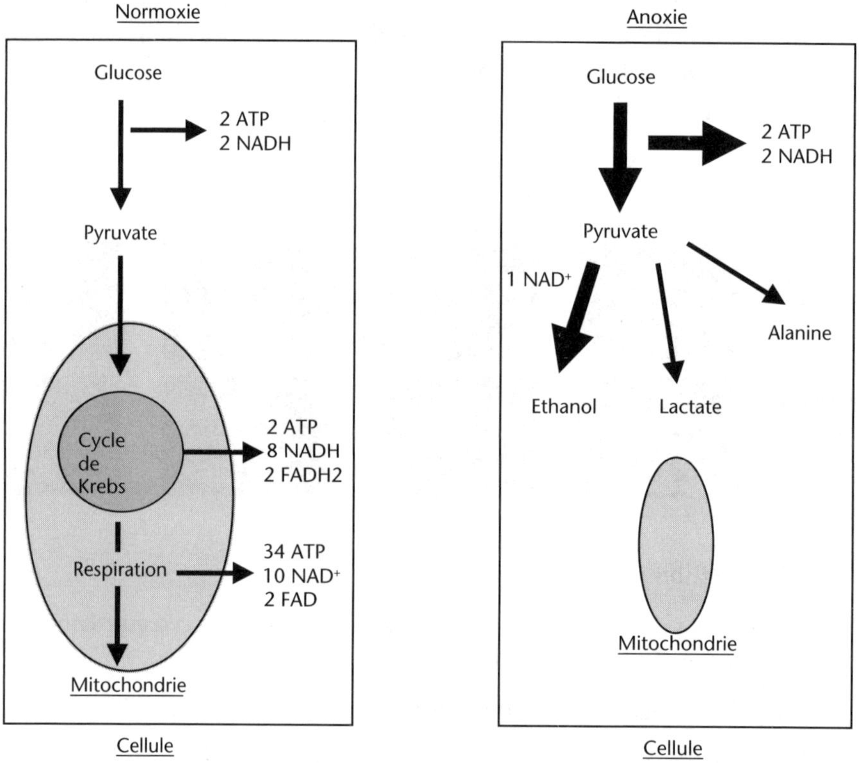

B. Régulation des réponses par la plasticité d'expression génétique

- Variation de transcrits en situation de stress oxydant ou hypoxique. Exemple : transcrits des gènes impliqués dans la glycolyse et les voies fermentaires, transcrits des gènes impliqués dans les métabolismes anti-oxydant, transcrits des gènes impliqués dans la synthèse des anthocyanes.
- Variation d'activité transcriptionnelle en situation de stress oxydant ou hypoxique. Exemples : gènes ADH (Alcool déshydrogénase), gènes CHS (Chalcone synthase).
- Mise en évidence de boîtes de réponse au stress oxydant ou hypoxique dans des promoteurs de gènes. Exemples : promoteurs des gènes ADH, promoteurs des gènes CHS.

C. Mécanismes de perception de l'oxygène

- Perception et transduction des signaux hypoxique ou anoxique : signaux métaboliques associés à la diminution des niveaux d'oxygène, importance des flux de glucose, implication de l'éthylène dans la réponse à l'hypoxie.
- Perception et transduction des signaux de stress oxydant : signaux associés au stress oxydant, modifications des acides gras et des protéines.

Conclusion

L'oxygène est impliqué dans d'autres fonctions cellulaires importantes de la cellule végétale, telles que des biosynthèses de phytohormones (synthèse de jasmonate, synthèse d'éthylène). La description de l'importance de l'oxygène dans les grandes fonctions énergétiques a permis cependant de démontrer les impacts des fluctuations d'oxygène et de dynamique de l'oxygène sur le fonctionnement cellulaire. Ces impacts sont tellement importants en termes de survie que les réponses à ces fluctuations doivent être prévues et coordonnées par des systèmes de perception et de transduction.

Cependant, les systèmes de perception de l'hypoxie et du stress oxydant n'ont pas encore été identifiés et caractérisés dans les cellules végétales. À l'inverse, de tels systèmes de perception, impliqués par exemple dans les réponses à l'ischémie, dans les réponses à l'hypoxie, ou dans la régulation de l'apoptose, ont été caractérisés dans les cellules animales ou chez la levure.

Dans le cas de la réponse à l'hypoxie, le signal le mieux caractérisé chez les plantes est l'éthylène dont la synthèse est alors activée. Les capacités de tolérance au niveau cellulaire et leur intégration hormonale au niveau de la plante entière permettent des réponses coordonnées de type développemental pouvant aboutir à des réponses d'évitement. Ainsi, l'induction de mort cellulaire programmée au niveau du parenchyme cortical racinaire permet la formation d'aérenchymes pouvant faciliter les transferts d'oxygène des parties aériennes vers les parties racinaires ennoyées. L'éthylène provoque aussi des processus d'élongation cellulaire, au niveau des coléoptiles ou des entrenœuds, permettant à la plante d'augmenter sa probabilité d'accéder à des zones mieux oxygénées.

La compréhension de ces mécanismes de réponse aux stress liés à l'oxygène est particulièrement importante dans un contexte agronomique d'amélioration des cultures, car ces stress sont des facteurs essentiels des pertes de productivité agricole en cas de sécheresse, de vague de chaleur ou d'ennoiement.

Chapitre 6

Pathologies cellulaires

6.1. Le VIH et le système immunitaire

Cette thématique a été conçue comme un sujet de leçon de spécialité d'agrégation, posé avec une série de documents extraits de manuels ou d'articles scientifiques. Il s'agit fondamentalement d'intégrer ces documents et ces questions dans une présentation orale logique et structurée.

Plan et intégration des documents

Introduction

C'est au début des années 1980 que l'on observe aux États-Unis une nouvelle infection caractérisée par un déficit immunitaire résultant d'une diminution significative du nombre de L_T CD4$^+$ et une augmentation des infections opportunistes. En 1983, l'agent responsable de ces symptômes est identifié : il s'agit d'un rétrovirus que l'on appelle le **VIH (Virus de l'Immunodéficience Humaine)** qui est responsable du **SIDA (Syndrome d'Immunodéficience Acquise)**, un syndrome qui se déclare en moyenne 10 à 15 ans après l'infection virale et qui entraîne la mort. Aujourd'hui, on a recensé officiellement 42 millions de personnes infectées et 29 millions de morts.

Les **rétrovirus** sont des virus à ARN dont le cycle cellulaire passe par une transcription, catalysée par la transcriptase inverse, du génome viral à ARN en un ADN « proviral » qui va s'intégrer dans le génome de l'hôte. La sous-famille des **lentivirus** comprend **le VIH 1, le VIH 2** (un variant essentiellement présent en Afrique de l'ouest et moins virulent que le VIH 1) et le SIV (*Simian Immunideficiency Virus*, responsable d'une infection type SIDA chez le macaque), tous cytopathiques.

Les cibles cellulaires du VIH sont des cellules du système immunitaire, en particulier les L_T CD4$^+$, qui sont des cellules de la réponse acquise essentielles pour le recrutement et l'activation d'autres cellules du système immunitaire.

L'objectif sera ici de comprendre la nature des interactions entre le système immunitaire et le VIH tant d'un point de vue moléculaire et cellulaire qu'au niveau de l'organisme et de la population. Il faudra en particulier présenter le rapport de forces qui s'établit entre le système immunitaire et le VIH et les raisons pour lesquelles le premier est finalement dépassé par le second.

I. Le VIH et sa multiplication dans les cellules du système immunitaire

A. L'organisation du virion (Figure 6.1.1)

- **La nucléocapside** : le génome à ARN, les protéines et les enzymes associées.
- **L'enveloppe :** les glycoprotéines gp 120 et gp 41 transmembranaires.
- **Le génome :** les LTR (*long terminal repeat*), les différents gènes.

Figure 6.1.1 Observation de virions de VIH-1 en microscopie à force atomique [Kuznetsov et coll., 2003]

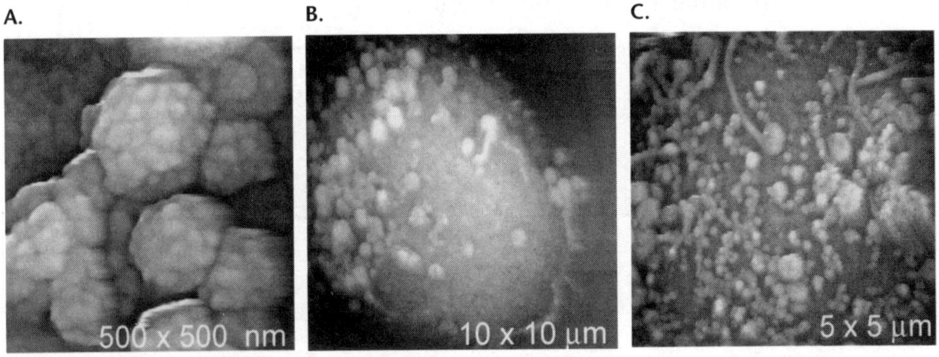

A. Virions de VIH-1

B. Lymphocyte T humain non infecté par le VIH-1

C. Lymphocyte T humain infecté par le VIH-1

B. Les cycles de multiplication du VIH dans les cellules du système immunitaire

♦ **Un tropisme pour les cellules du système immunitaire** (Figure 6.1.1)

– **Infection par le récepteur CD4 :** présent sur certains lymphocytes T, les macrophages, les cellules dendritiques, les cellules de Langerhans, etc.

– **Implication de corécepteurs :** les récepteurs aux chimiokines tels que CCR5 (Document 6.1.2)

– **Autres récepteurs ou autres voies d'entrée dans les cellules :** l'entrée dans les macrophages se fait via les complexes anticorps/virus endocytés au niveau de la région Fc des immunoglobulines. Les galactocérébrosides peuvent aussi permettre l'entrée des virus dans les cellules épithéliales (mais moins efficacement).

– **Mécanisme de pénétration du VIH :** Intervention des glycoprotéines gp 120 et gp 41, décapsidation induite par la phosphorylation des protéines de matrice par les MAP-kinases cellulaires.

Figure 6.1.2 **Implication de récepteurs aux chimiokines dans l'infection des cellules par le VIH-1**
[modifié, d'après Choe et coll., 1996]

	Nature des glycoprotéines d'enveloppe de VIH-1			
Protéines exprimées dans les cellules He La infectées	**Aucune**	**ADA**	**YU2**	**Br 20-4**
CD4	0,29	1,5	1,1	0,79
CCR 3	0,25	1,5	0,61	1,2
CD4 + CCR 3	0,20	13,7	17,8	1,6
CCR 5	0,17	1,3	0,71	1,3
CD4 + CCR 5	0,20	61,9	51,0	39,8

Des isolats de VIH-1 recombinants exprimant différents types de glycoprotéines d'enveloppe (ADA, YU2 et Br 20-4) et ayant le gène nef remplacé par le gène CAT (Chloramphénicol Acétyl Transférase) sont produits et utilisés pour infecter des cellules HeLa transfectées avec des plasmides exprimant le CD4 et/ou des récepteurs aux chimiokines. La culture se faisant en présence de chloramphénicol, l'activité CAT est mesurée 60 heures après l'infection en établissant le pourcentage d'acétylation de ce chloramphénicol par unité de lysat de virus. Les valeurs présentées (activité CAT) sont une moyenne obtenue à partir de deux expériences.

- **Cycle de multiplication dans un lymphocyte T CD4⁺**
- Transcription inverse et intégration du génome viral dans le génome cellulaire.
- Expression du génome viral : les machineries de transcription /traduction sont cellulaires, ce qui suppose que la **cellule est métaboliquement active**.
- Assemblage et libération des virions.

- **Multiplication possible dans d'autres cellules du système immunitaire**
- Dans un lymphocyte T CD4⁺ quiescent : cycle viral incomplet, provirus pouvant survivre plusieurs années, **notion de réservoir**.
- Dans un macrophage : entrée par phagocytose, cycle viral complet, **survie du virion dans des vésicules cytoplasmiques** pendant plusieurs années, présentation en surface des peptides antigéniques viraux.
- Dans une cellule dendritique : entrée par phagocytose, cycle viral complet, **survie du virion dans des compartiments non acides** pendant plusieurs années, présentation en surface des peptides antigéniques viraux.

C. La régulation du cycle de multiplication du VIH : une conjonction moléculaire entre facteurs viraux et cellulaires

- **Facteurs régulateurs viraux :**

- **Tat** est un activateur ;
- **Rev** active la synthèse des protéines de structure, et inhibe celle des protéines régulatrices Tat et Rev.

- **Facteurs régulateurs cellulaires :**

Ils sont nombreux, positifs ou négatifs. Beaucoup d'études à l'heure actuelle portent sur ces facteurs cellulaires, car ce sont des cibles potentielles d'inhibition de la réplication virale. En voici quelques exemples :

- le **facteur NFκB** formé lors de l'activation des L_T active le promoteur du VIH ;
- **APOBEC 3G** (*Apolipoprotein B mRNA editing enzyme catalytic polypeptide-like 3G*) est une ADN désaminase qui intervient dans l'activité d'édition des ARN. Elle est incorporée dans les virions pendant la production virale et introduit des hypermutations massives C-en-U dans le premier brin d'ADNc viral. Normalement, le facteur viral Vif empêche l'incorporation de cette enzyme dans les virions. Ainsi, on met en corrélation le fort taux d'APOBEC 3G dans les monocytes et leur résistance à l'infection par le VIH ;
- **TRIM 5 α** (*tripartite motif protein*) du macaque rhésus inhibe la réplication du VIH 1 en interagissant avec les protéines de la capside, bloquant ainsi la libération de la nucléocapside et la transcription inverse.

II. L'infection par le VIH et la réponse du système immunitaire

Les études sont faites sur des cellules en culture ou en utilisant un modèle animal : le macaque rhésus infecté par le SIV ou par le HSIV (un virus SIV chimère où quelques protéines ont été remplacées par celles du VIH).

A. Étapes de l'infection par le VIH-1 et évolution du taux de lymphocytes T $CD4^+$

- **La contamination** : sanguine, néo-natale, post-natale, sexuelle ;
- **La primo-infection** ;
- **La phase asymptomatique** : notion de séroconversion ;
- **La phase symptomatique** : le nombre de L_T $CD4^+$ devient inférieur à 500 par µL de plasma ;
- **La phase SIDA** : le nombre de L_T $CD4^+$ devient inférieur à 200 par µL de plasma.

B. Transmission et dissémination du virus dans l'organisme

- **Le passage de la barrière de la muqueuse :**

  Cas de la muqueuse vaginale et cervicale. On a identifié au moins quatre voies d'entrée du virus au niveau des muqueuses :
  - émigration trans-épithéliale par les cellules de Langerhans de l'épithélium ;
  - pénétration du virus à travers l'épithélium via la lamina propria ;
  - transcytose par les cellules épithéliales de la muqueuse cervicale ;
  - entrée au niveau d'une lésion.

L'implication des **cellules de Langerhans** (cellules dendritiques de l'épithélium) dans la fixation des particules virales et leur transport jusqu'aux ganglions lymphatiques est bien démontrée aujourd'hui (Figure 6.1.3). La reconnaissance se fait par le CD4 et CCR5 d'une part et par des lectines (**DC-SIGN ou Langerin**) d'autre part. Lorsque le virion se fixe au CD4-CCR5, la cellule est infectée et un cycle viral commence. La reconnaissance par les lectines conduit à l'entrée du virus dans des vésicules de séquestration ou à la destruction virale.

- **Propagation locale et atteinte du ganglion lymphatique drainant.**
- **Dissémination systémique.**

Figure 6.1.3 Présentation du VIH aux lymphocytes T $CD4^+$ par les cellules dendritiques
[modifié, d'après McDonald et coll., 2003]

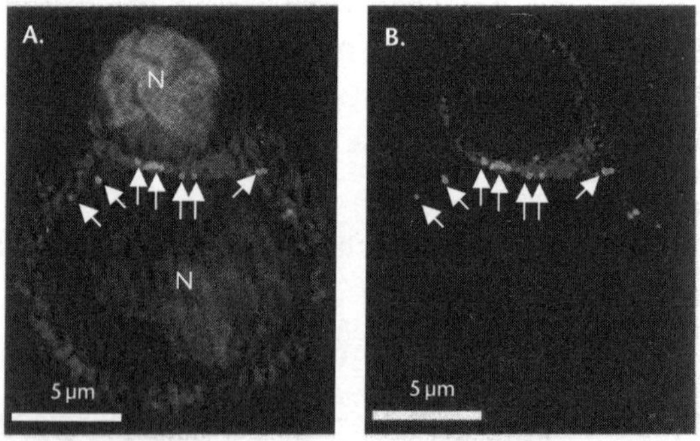

Sur les clichés, la fluorescence verte apparaît en blanc et est repérée par des flèches.

A. En grisé : visualisation de l'actine et des noyaux des cellules (N).

B. En grisé : visualisation des CD4.

Des cellules dendritiques ont été incubées avec du VIH marqué au GFP *(green fluorescent protein)* pendant 1 heure à 37 °C, puis lavées et resuspendues dans du milieu de culture. Des lymphocytes T $CD4^+$ ont alors été ajoutés. Après 15 minutes à 37 °C, les cellules ont été fixées puis observées. Chaque cliché présente un lymphocyte (en haut des clichés) et une cellule dendritique (en bas des clichés).

C. Mécanismes de cytopathogénicité du virus sur les cellules du système immunitaire

- **Sur les lymphocytes T CD4$^+$, les macrophages et les cellules dendritiques infectés** : lyse par les lymphocytes T CD8$^+$, apoptose des cellules infectées induite par le facteur viral Vpr.
- **Sur les lymphocytes T CD4$^+$ et CD8$^+$ non infectés** : apoptose induite suite à la reconnaissance avec un lymphocyte infecté (via la voie Fas / Fas-L).

D. Réponse du système immunitaire à l'infection par le VIH

- **Réponse immunitaire innée** :

  Synthèse de chimiokines et de cytokines inhibant la transmission et la réplication virale par les cellules de Langerhans, les macrophages, les lymphocytes T $\gamma\delta$, les natural killers, etc. Libération de ligands solubles des co-récepteurs du VIH. Intervention des interférons de type I et du complément.
- **Réponse immunitaire adaptative :** (Figure 6.1.4)

  Réponse humorale avec production d'anticorps neutralisants dirigés contre les épitopes viraux.
  Réponse cellulaire par les lymphocytes T CD8+ : cytotoxicité, libération de cytokines telles que IFN-γ et TNF-α stimulant ainsi l'immunité innée, production de chimiokines et de facteurs antiviraux tels que des **défensines**.
- **Variabilité de la réponse immunitaire anti-VIH :** importance de la nature des allotypes du CMH-1 dans l'efficacité de la réponse anti-VIH.

Figure 6.1.4 Évolution du taux de L_T CD8$^+$ CTLs et de la virémie chez le macaque rhésus infecté par le VIH-1
[modifié, d'après Letvin et coll., 2003]

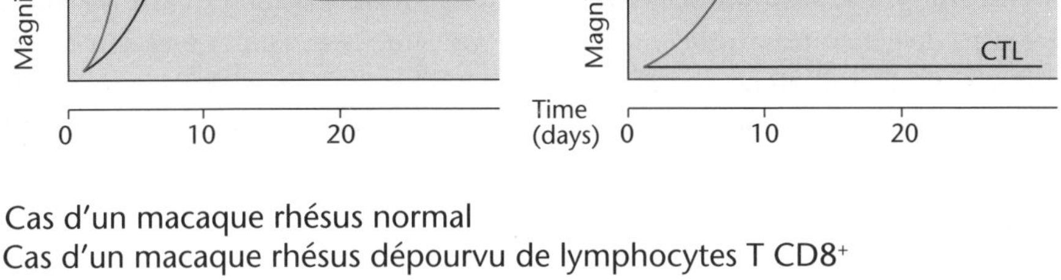

A. Cas d'un macaque rhésus normal
B. Cas d'un macaque rhésus dépourvu de lymphocytes T CD8$^+$

III. L'échappement du virus aux réponses immunitaires et l'immunothérapie anti-virale

A. Stratégies moléculaires d'échappement du VIH au système immunitaire

- **Un virus caché et conservé dans l'organisme** : dans des réservoirs cellulaires sous forme particulaire (L_T $CD4^+$, macrophages, cellules dendritiques), sous forme de provirus (cellules infectées mémoires), à la surface des cellules folliculaires dendritiques dans les follicules, dans des sites difficilement accessibles au système immunitaire, tels que les cellules du système nerveux central.
- **Échappement aux anticorps** : spicules épitopiques masquées par des glycosylations, mutations au niveau des gènes des protéines de surface, etc.
- **Échappement aux L_T :** élimination des L_T $CD8^+$, inhibition de l'expression en surface des molécules du CMH I (Figure 6.1.5*)* et du CMH II, inhibition des cellules Natural Killer, etc.

Figure 6.1.5 Implication de Nef dans la diminution d'expression en surface des molécules du CMH I
[modifié, d'après Collins et coll., 2004]

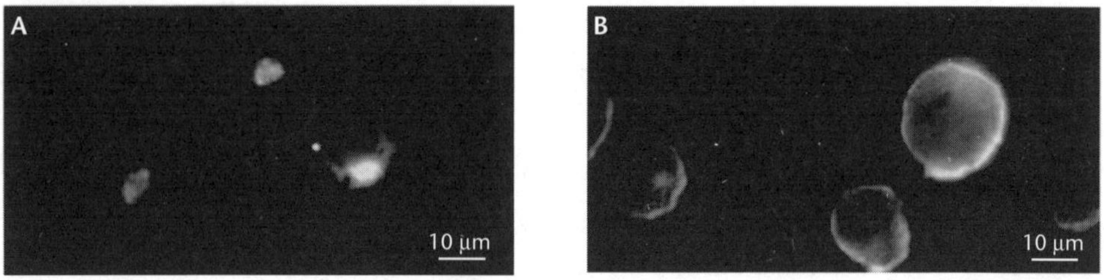

Des lymphocytes T (en grisé sur les clichés) ont été transduits avec un vecteur adénoviral exprimant Nef (cliché **A.**) ou n'exprimant pas Nef (cliché **B.**). Les cellules ont été incubées avec un anticorps anti-allotype HLA A2 du CMH I couplé à un fluorochrome et ont été observées en microscopie à fluorescence. La fluorescence apparaît en blanc sur les clichés.

- **Une très grande variabilité virale :** Fort taux d'erreur de la transcriptase inverse, temps de génération très court (6 jours) avec une importante pression de sélection du milieu (défenses immunitaires et antiviraux). Par ailleurs, apparition de formes circulantes recombinantes issues de génomes mosaïques obtenus lors d'une co-infection cellulaire par des souches virales distinctes.

B. Difficultés d'élaboration d'un vaccin

Naturellement, le virus n'induit pas d'antigènes suffisamment protecteurs, les nombreuses stratégies d'échappement au système immunitaire doivent être contournées.

Des problèmes économiques, politiques, ou éthiques (liés aux essais sur les animaux) se posent.

C. Stratégies vaccinales : notion d'immunisation thérapeutique

- **Approche humorale stimulant la production d'anticorps :** Échec en phase III de vaccins constitué de gp 120 et visant à faire produire des anticorps anti-gp 120. On s'intéresse maintenant aux vaccins avec des anticorps neutralisants spécifiques des muqueuses.
- **Approche cellulaire stimulant les L_TCD8^+ :** essais avec des vecteurs recombinants vivants (canarypox, adénovirus), avec des lipopeptides viraux pouvant pénétrer dans des cellules présentatrices d'antigènes, utilisation d'ADN nu (résultats encourageants chez le Singe mais pas chez l'Homme), etc.
- **Approche mixte humorale et cellulaire**
- **Vaccin thérapeutique :** l'idée est d'améliorer la réponse immunitaire par une vaccination post-contamination. L'objectif est ici de prolonger la vie des personnes infectées.

Conclusion

- **La réponse immunitaire anti-VIH** : elle est efficace et réelle tout au long de l'infection, mais l'immunodépression progressive est inéluctable.
- **Diversité et recrudescence des infections opportunistes** (cas de la tuberculose).
- **La chimiothérapie et l'HAART** *(Highly active antiretroviral treatment).*
- **La prévention** classique et les microbicides vaginaux (en cours de développement).

6.2. Les oncogènes et gènes suppresseurs de tumeurs

Cette thématique a été conçue comme un sujet de leçon de spécialité d'agrégation, posé avec une série de documents extraits de manuels ou d'articles scientifiques. Il s'agit fondamentalement d'intégrer ces documents et ces questions dans une présentation orale logique et structurée.

Plan et intégration des documents

Introduction

Une **tumeur** est un ensemble de cellules proliférant anarchiquement et de façon autonome, échappant aux mécanismes régulateurs normaux de la division cellulaire. Une **tumeur bénigne** reste localisée au sein d'un tissu donné, alors qu'une **tumeur maligne** est invasive : les cellules colonisent et envahissent d'autres tissus formant ainsi de nouvelles tumeurs appelées **métastases.** C'est à ce stade que l'on parle de **cancer.**

Les modifications cellulaires observées dans les tumeurs sont sous-tendues par de multiples changements moléculaires touchant les voies de réplication, de division cellulaire, de réparation de l'ADN ou d'apoptose.

Les événements génétiques responsables du développement tumoral furent au départ mis en évidence grâce à l'analyse de sarcomes (cancer des tissus conjonctifs) qui se développent chez le Poulet suite à l'infection par le Virus du Sarcome de Rous. L'analyse des gènes viraux permit de découvrir le premier oncogène, **src.** Ce gène est nécessaire au virus, mais il en existe un homologue cellulaire (**c-src,** « c » pour cellulaire), qui a pour fonction d'activer la prolifération cellulaire.

Un **oncogène** est un gène qui confère à la cellule un avantage sélectif. Il s'agit d'un mutant d'une forme normale d'un gène (ou **proto-oncogène**) souvent impliqué dans le contrôle de la division cellulaire ou de l'apoptose. Un **gène suppresseur de tumeurs** ou **anti-oncogène** est, quant à lui, un gène dont la fonction doit être abolie pour contribuer au processus tumoral. Il s'agit souvent de gènes impliqués dans l'inhibition du cycle cellulaire ou la régulation de l'apoptose.

L'objectif de ce sujet est de comprendre en quoi ces oncogènes et gènes suppresseurs de tumeurs participent à la cancérogénèse.

I. Diversité et classification des oncogènes et gènes suppresseurs de tumeurs

A. Oncogènes et gènes suppresseurs de tumeurs impliqués dans une voie de transduction d'un signal de prolifération cellulaire

♦ **Cas de myc impliqué dans le lymphome de Burkitt** (Figure 6.2.1)

Le lymphome de Burkitt est un lymphome des lymphocytes B, touchant surtout les enfants en Afrique et caractérisé par des altérations de la mâchoire et du visage.

Cette maladie est liée à une surexpression de Myc, un facteur de transcription activé normalement par des facteurs de croissance et permettant la transition de la phase Go à la phase S dans le cycle cellulaire. Dans le cas de ce lymphome, l'expression de l'oncogène myc est activée même en l'absence de facteurs de croissance.

Figure 6.2.1 Paires des chromosomes 8 et 14 d'un lymphocyte B dans un lymphome de Burkitt
[V. Guillaume, d'après diverses sources]

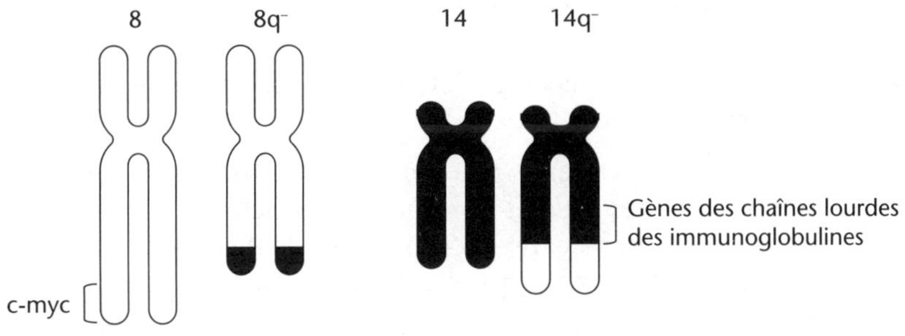

♦ **Diversité des gènes codant pour des protéines intervenant dans les voies de transduction des signaux de prolifération cellulaire**

- Gènes codant pour des facteurs de croissance cellulaires.
- Gènes codant pour des récepteurs des facteurs de croissance.
- Gènes codant pour des signaux de transduction intracellulaires (petites protéines G, kinases...).
- Gènes codant pour des facteurs de transcription se liant à l'ADN.

B. Oncogènes et gènes suppresseurs de tumeurs impliqués dans le contrôle du cycle cellulaire

- ♦ **Au niveau du point de contrôle de la transition G_1-S du cycle cellulaire**

– Cas de RB1, gène suppresseur de tumeurs codant pour la protéine du rétinoblastome pRB qui régule l'activité du facteur de transcription E2F.

– Cas de cdk2-cycline E-p27 (Figure 6.2.2).

Figure 6.2.2 Points de contrôle du cycle cellulaire en G_1 et tumeurs ovariennes [modifié, d'après Li Sui et coll., 2001]

A.

Tumeur ovarienne	Expression en % de		
	p27	Cycline E	cdk2
Bénigne	76	9	9
Maligne	36	70	58

B.

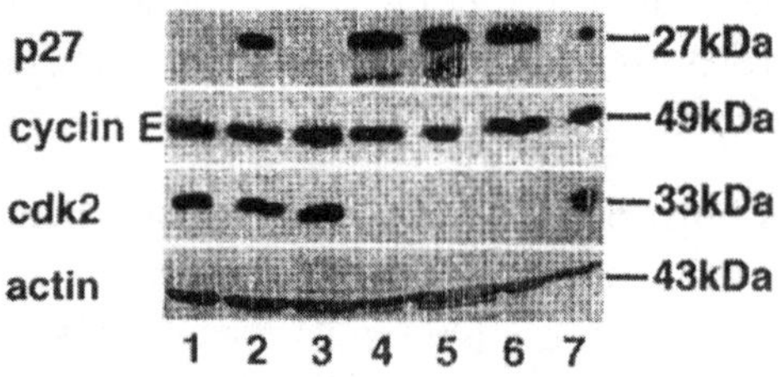

Corrélation entre les expressions de p27, Cycline E, cdk2 et le degré de malignité des tumeurs ovariennes.

A. Le taux d'expression des protéines a été évalué à partir d'échantillons de tumeurs bénignes et malignes étudiés par immunohistochimie. Un échantillon est considéré comme positif pour l'expression d'une protéine donnée lorsque plus de 50 % des cellules de l'échantillon apparaissent colorées.

B. Analyse par western blot de six échantillons de tumeurs. Puits 1 à 3 : échantillons de tumeurs malignes. Puits 4 à 6 : échantillons de tumeurs bénignes. Puits 7 : mélange de lysats de cellules HeLa exprimant p27 et l'actine, de cellules de Sertoli exprimant la cycline E et de cellules Jurkat exprimant la cdk 2.

- ♦ **Au niveau du point de contrôle des lésions de l'ADN en G_1 et en G_2**

– Intervention majeure de p53, un gène suppresseur de tumeurs impliqué dans 40 à 50 % des cancers.

– Présentation du mode d'activation du facteur de transcription p53 par Mdm-2.

– Mécanisme de transactivation de 14-3-3σ par p53, ce qui bloque l'activation de cycline B-cdc2 et induit l'arrêt en G_2-M (Figure 6.2.3).

– Mécanisme de transactivation de GADD45 par p53 ayant pour conséquence de freiner la réplication et permettre la réparation des lésions de l'ADN.

Figure 6.2.3 Cibles de la protéine p53 activée et conséquences sur le devenir cellulaire
[modifié, d'après Grimberg, 2000]

Niveau de régulation	Gènes activés	Gènes réprimés
Arrêt du cycle cellulaire Point de contrôle G1-S Point de contrôle G2-M Point de contrôle de la métaphase	 $p21^{WAF1}$ 14-3-3σ GADD45 $p21^{WAF1}$	 ADN topoisomérase IIα Cycline B1
Apoptose	Fas Bax IGFBP-3 Cathepsine D	Bcl-2 IGF-1R

- **Au niveau du point de contrôle de la métaphase**

– Fuseau mitotique et centrosome.

– Intervention de p53 et de $p21^{WAF1}$.

– Intervention du complexe de démarrage de l'anaphase APC.

C. Oncogènes et gènes suppresseurs de tumeurs impliqués dans l'apoptose

– En temps normal, les cellules endommagées sont éliminées par le mécanisme d'apoptose. Dans les cellules tumorales, l'activation de certains oncogènes ou l'inhibition de gènes suppresseurs de tumeurs peuvent contribuer à modifier ou bloquer le mécanisme d'apoptose. Ces cellules continuent alors à croître et se diviser indéfiniment.

– Cas des oncogènes **bax et bcl-2** : dans les cellules normales, les protéines Bax et Bcl-2 forment des hétérodimères. La protéine p53 activant la transcription de bax et inhibant la transcription de bcl-2 (Figure 6.2.3), des homodimères Bax-Bax sont formés, ce qui engendre le mécanisme apoptotique. Des mutations dans les oncogènes bax, bcl-2 ou dans p53 peuvent conduire au maintien ou à la surexpression de Bcl-2 : l'apoptose est alors bloquée.

D. Vers une nouvelle classification des gènes impliqués dans le développement tumoral

– Diversité considérable des oncogènes et gènes suppresseurs de tumeurs identifiés.

– Identification de **nouveaux acteurs du processus tumoral :** gènes intervenant dans la réparation des erreurs de réplication (exemple : gènes intervenant dans le système Mismatch Repair, MMR), dans la détection des lésions de l'ADN (exemples : BRCA1, BRCA2 impliqués dans le cancer du sein), dans la ségrégation des chromosomes lors de la mitose, etc.

- Autre classement proposé pour les altérations génétiques présentes dans une cellule tumorale : les ***gatekeepers*** (oncogènes et gènes suppresseurs de tumeurs), les ***caretakers*** (gènes de contrôle, de réparation de l'ADN et de ségrégation des chromosomes pendant la mitose) et les ***landscapers*** (gènes modulateurs de plasticité).

II. Mécanismes d'activation des oncogènes et gènes suppresseurs de tumeurs et conséquences sur la carcinogénèse

A. Hypothèse de Knudsen

Cette hypothèse stipule que :

- dans une cellule, un seul événement génétique sur l'un des deux allèles d'un proto-oncogène suffit à faire émerger l'oncogène correspondant et à induire un effet sur la croissance, le cycle cellulaire ou l'apoptose ;
- deux événements génétiques sur les deux allèles d'un même gène sont requis pour annihiler la fonction d'un gène suppresseur de tumeur.

B. Mécanismes moléculaires d'activation d'oncogènes et d'inhibition de gènes suppresseurs de tumeurs

Les modifications génétiques entraînant l'activation d'oncogènes et l'inhibition de gènes suppresseurs de tumeurs peuvent conduire à une variation dans le taux de synthèse des protéines correspondantes et/ou une altération de leur structure.

♦ **Mécanismes génétiques d'activation d'oncogènes**

- Acquisition de mutations ponctuelles dans un proto-oncogène, délétions.
- Amplification génique se traduisant par une surexpression du proto-oncogène.
- Réarrangements chromosomiques : exemple de la translocation chromosomique observées dans le cas du lymphome de Burkitt (Figure 6.2.1). La translocation sur le bras long du chromosome 14 se traduit par une surexpression de l'oncogène et une prolifération lymphocytaire.

♦ **Mécanismes génétiques d'inhibition de gènes suppresseurs de tumeurs**

- Le plus souvent, l'une des deux copies d'un gène suppresseur de tumeur a été reçue du père ou de la mère sous une forme altérée. Dans ce cas, l'inhibition génique n'est observée que lorsque la seconde copie du gène en question est altérée.

- Les mécanismes moléculaires d'inhibition de gène suppresseur de tumeurs sont identiques à ceux touchant les proto-oncogènes.
- L'altération du second allèle d'un gène suppresseur de tumeurs peut être obtenue suite à une duplication de gène ou à une recombinaison.

♦ **Mécanismes épigénétiques**

Exemple de la neutralisation des protéines p53 et pRB par des protéines virales.

Cas du papillomavirus humain (HPV 16) exprimant :

- E6 qui se lie à la protéine p53 induisant ainsi son ubiquitinylation et sa dégradation par le protéasome ;
- E7, qui se fixe à pRB et conduit à la dissociation du complexe pRB-E2F.

C. Facteurs d'activation d'oncogènes et d'inhibition de gènes suppresseurs de tumeurs

♦ **Facteurs environnementaux :** carcinogènes chimiques, radiations

♦ **Virus**

- Intervention de facteurs viraux interagissant avec les proto-oncogènes et gènes suppresseurs de tumeurs, ou avec leurs produits protéiques.
- Implication d'oncogènes viraux.
- Insertion du génome viral dans le génome cellulaire et modification de l'expression de proto-oncogènes ou de gènes suppresseur de tumeurs.

♦ **Hérédité**

Exemple du syndrome de Li-Fraumeni : présence dans le génome d'une mutation héréditaire au niveau du gène p53. Transmission selon un mode autosomique dominant, avec développement de tumeurs très variées selon les individus (leucémies, cancers du poumon, tumeurs cérébrales).

D. Une complexification des concepts à l'origine d'un nouveau modèle de carcinogenèse

- **Hypothèse de Knudsen : un modèle à nuancer.** On sait par exemple que certaines mutations dans un seul des allèles d'un gène suppresseur de tumeurs peuvent engendrer des variations quantitatives de la protéine correspondante suffisantes pour conduire à une modification de la survie et de la prolifération cellulaire (cas d'haplo-suffisance de TGFβ).
- Évolution du modèle de carcinogenèse : **des mutations dans les *caretaker genes* conduisent à une instabilité génétique et chromosomique.** Des

altérations apparaissent alors dans les proto-oncogènes et gènes suppresseurs de tumeurs, ce qui conduit à une prolifération cellulaire incontrôlée (Figure 6.2.4).

Exemple des tumeurs MSI-H (*Microsatellite Instability*) associées à une altération du système de réparation des erreurs de réplication MMR (*mismatch repair)* : des microsatellites répétant en tandem une base sont insérés dans le génome des cellules, y compris dans de nombreux oncogènes ou gènes suppresseurs de tumeurs.

Figure 6.2.4 Évolution des modèles de carcinogenèse
[modifié, d'après Breivik, 2005]

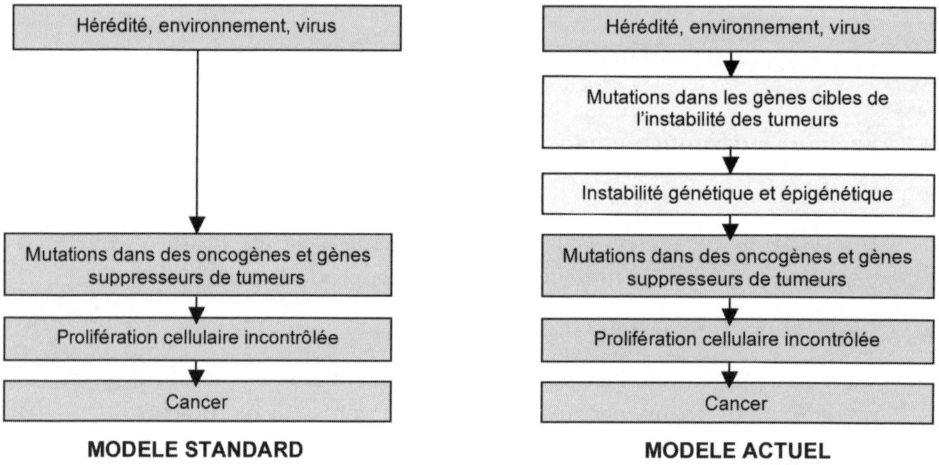

III. Oncogènes, gènes suppresseurs de tumeurs et cancers

A. Instabilité génétique, accumulation de mutations et cancers

- L'instabilité génétique des cellules tumorales engendre une **accumulation de mutations** pouvant toucher des proto-oncogènes ou des gènes suppresseurs de tumeurs.
- La seule activation d'un oncogène ou inhibition d'un gène suppresseur de tumeurs ne suffit pas à engendrer la cancérisation. Exemple du cancer colorectal qui nécessite **au moins 7 mutations différentes** pour que les cellules deviennent cancéreuses : deux dans chacun des gènes suppresseurs de tumeurs APC (*polypose adénomateuse du côlon)*, p53 et DCC (Deleted in Colorectal Carcinoma), puis une au niveau de l'oncogène ras (Figure 6.2.5).

– Les taux d'expression des oncogènes et gènes suppresseurs de tumeurs évoluent avec la malignité des tumeurs (Figure 6.2.2). L'acquisition du pouvoir invasif suppose toutefois l'accumulation d'autres altérations génétiques.

Figure 6.2.5 Séquence d'altérations génétiques à l'origine du cancer colorectal [modifié, d'après Alberts et coll., 2004]

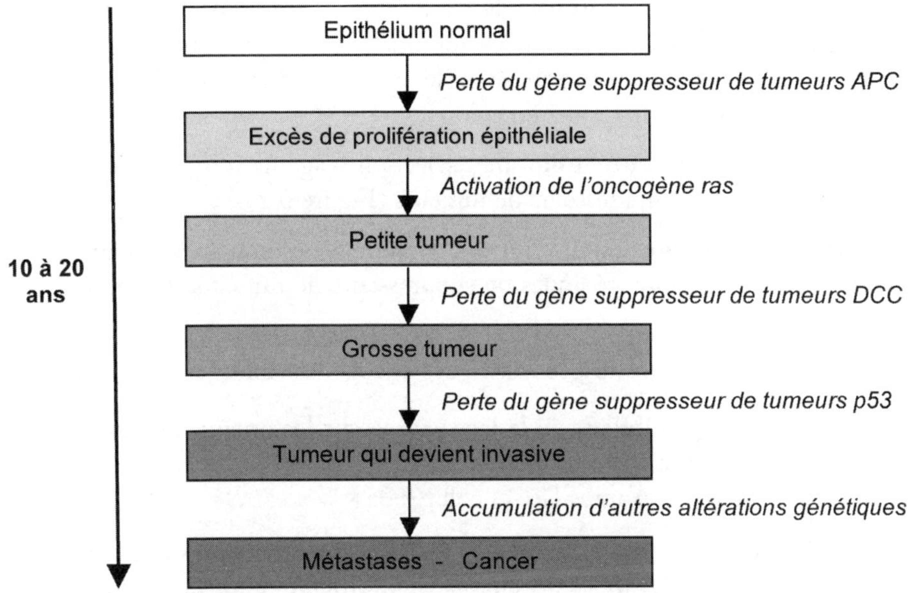

B. Oncogènes, suppresseurs de tumeurs et immunité anti-virale

– Notion de surveillance immunitaire et d'immunité anti-tumorale : intervention des systèmes immunitaires innés et acquis (cellules Natural Killer NK, lymphocytes T $CD8^+$, lymphocytes T $\gamma\delta$, etc.).

– Reconnaissance des cellules tumorales par des **antigènes tumoraux présentés en surface au niveau du CMH I.**

– Nature des antigènes tumoraux : oncoprotéines virales (exemple : E6 et E7 du Papilloma virus humain HPV 16), protéines mutantes issues d'oncogènes ou de gènes suppresseurs de tumeurs altérés (exemples : protéines p53 ou Ras mutées), protéines surexprimées (exemple : Her2/neu dans le cas du cancer du sein).

– Problèmes associés à cette reconnaissance d'antigènes tumoraux dérivés de protéines du soi : ils sont **faiblement immunogènes** et peuvent engendrer des **phénomènes d'auto-immunité**.

C. Oncogènes, suppresseurs de tumeurs et traitement anti-cancéreux

Bien que les principaux traitements anti-cancéreux soient la chirurgie, la radiothérapie et la chimiothérapie limitant la prolifération cellulaire, certaines stratégies anti-cancéreuses sont directement en lien avec la présence d'oncogènes ou de gènes suppresseurs de tumeurs :

- l'**immunothérapie anti-tumorale :** utilisation d'anticorps reconnaissant des marqueurs cellulaires des cellules tumorales ou des facteurs de croissance. Exemple du cetuximab reconnaissant le récepteur à l'EGF (*Epidermal Growth Factor)* dans le cas du cancer du côlon ;
- la **chimiothérapie anti-tumorale** : sélection d'agents inhibant les protéines oncogéniques ou suppresseurs de tumeurs (Figure 6.2.6) ;
- la **thérapie génique** : essais d'introduction de gènes non altérés pour remplacer les protéines oncogéniques ou suppresseurs de tumeurs (exemple de p53 ou de pRB) ;
- la **thérapie anti-sens** dirigée contre des oncogènes cibles (en cours d'étude).

Figure 6.2.6 Effet inhibiteur de la jaceosidine sur les oncogènes E6 et E7 du papillomavirus humain
[modifié, d'après Lee et coll., 2005]

La **jaceosidine** est un dérivé flavonoïde isolé à partir des plantes *Artemisia argyi*. La **cisplatine** est un des meilleurs agents chimiothérapeutiques connu et utilisé aujourd'hui.

Les protéines E6 et E7 sont des oncogènes viraux du virus HPV 16 (*Human Papillomavirus*) qui interagissent respectivement avec les protéines p53 et pRB.

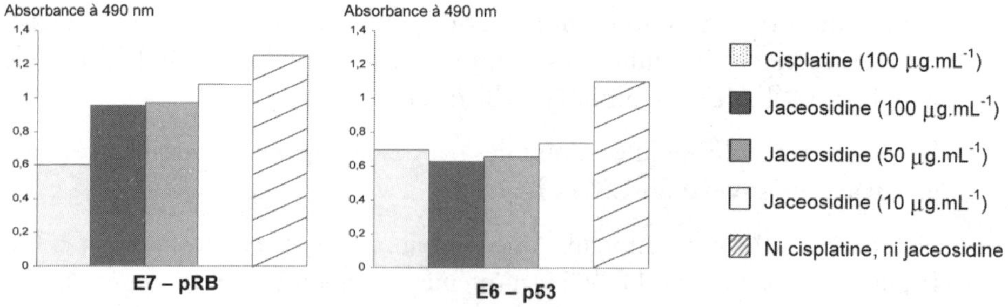

Analyse par ELISA des effets de la jaceosidine sur les interactions entre E6 et p53, et entre E7 et pRB. Les protéines E6 et E7 ont été fixées dans les puits d'une plaque de 96 puits. Plusieurs concentrations de jaceosidine ou de cisplatine ont été ajoutées. Les puits contenant E6 ont ensuite été incubés avec une solution de p53 et des anticorps anti-p53, et ceux contenant E7 ont été incubés avec une solution de pRB et des anticorps anti-pRB pendant 1 heure. Après lavage, un second anticorps couplé à la peroxydase de radis noir a été ajouté. Certains puits n'ont été traités ni avec la jaceosidine, ni avec la cisplatine. Après ajout du subtrat révélateur, la plaque est examinée à 490 nm.

Conclusion

- Notion de **diagnostic de prédisposition au cancer** : possibilité chez les patients de détecter la dimension héréditaire d'un cancer par identification des allèles mutés (développement de la génomique dite individuelle ou personnelle, « *personal genomics* »).
- Études actuelles sur les **sécrétions autocrines et paracrines** en lien avec la prolifération cellulaire, l'angiogenèse, l'adhésion ou la dissémination des cellules tumorales.
- Analyse des mécanismes moléculaires d'acquisition du pouvoir invasif : étude des molécules d'interaction entre les cellules et des signaux paracrines angiogéniques.

Conclusion

Comme cet ouvrage a été organisé autour de sujets de synthèse, certains grands **thèmes de la biologie et de la physiologie cellulaires et moléculaires** n'ont pas été traités en tant que chapitres autonomes. C'est le cas par exemple de certains thèmes ayant fait l'objet de l'attribution de prix Nobel (http://nobelprize.org/) dans les vingt dernières années, tels que le contrôle du cycle cellulaire (Leland H. Hartwell, Tim Hunt, Paul Nurse, 2001), les cellules souches (Mario R. Capecchi, Martin J. Evans, Oliver Smithies, 2007), l'apoptose (Sydney Brenner, H. Robert Horvitz, John E. Sulston, 2002) , les ARN d'interférence (Andrew Z. Fire, Craig C. Mello, 2006) ou les prions (Stanley B. Prusiner, 1997). Cependant, du fait du caractère synthétique des sujets traités dans cet ouvrage, beaucoup de ces thèmes ont généralement été abordés au sein même des chapitres, dans un cadre synthétique. Ainsi, par exemple, les mécanismes de l'apoptose en liaison avec le fonctionnement mitochondrial ont été décrits dans le cadre du chapitre 3.2 de la partie I « Diversité fonctionnelle et intégration cellulaire des mitochondries ».

Cet ouvrage s'est adressé en priorité aux étudiants préparant des concours, et en particulier des concours de l'enseignement, avec l'espoir de contribuer à aider ces lecteurs-étudiants à réussir leurs concours et leurs projets professionnels. À plus long terme, si l'on considère l'exercice, après un concours ou après une embauche, des différents métiers possibles dans le contexte de la biologie et de la physiologie, **les lecteurs de cet ouvrage seront confrontés à l'accélération de l'acquisition des connaissances, à la complexification de ces connaissances, et au développement extraordinaire des moyens d'analyse de celles-ci**. Pour tous ceux exerçant un métier hors d'un contexte de recherche et/ou hors d'un contexte universitaire, la question du suivi personnel de toutes ces évolutions se posera de manière cruciale, d'autant plus que de nombreuses structures, privées ou publiques, n'ont pas su nécessairement développer des moyens de formation permanente adéquats.

Que ce soit dans un cadre de formation permanente ou dans un cadre personnel, les conditions actuelles de la recherche en biologie rendent nécessaire **une bonne connaissance et une bonne pratique de la langue anglaise** pour avoir accès, sans intermédiaire, aux sources primaires des découvertes scientifiques. L'utilisation de la langue anglaise dans cet ouvrage a été relativement réduite, en accord avec la règle d'utilisation de la langue française dans les concours nationaux. Il sera aisé de noter cependant que de nombreuses illustrations et de nombreuses références bibliographiques sont de langue anglaise. Quelques ouvrages non traduits en langue française font d'ailleurs aussi partie de la liste bibliographique officielle de l'Agrégation externe de Sciences de la Vie-Sciences de la Terre et de l'univers. Ainsi, au-delà des règles actuelles des concours, il est très important que toute personne travaillant dans le domaine de la biologie ait une totale autonomie d'accès aux informations primaires en langue anglaise. Ceci est particulièrement important pour les personnes impliquées dans la transmission des savoirs et des connaissances.

Quelle que soit la langue de travail, l'augmentation et le renouvellement des sources bibliographiques dans le domaine de la biologie et de la physiologie cellulaires et moléculaires vont sans cesse s'amplifier dans les années à venir. Toute personne travaillant dans ce domaine sera confrontée à la maîtrise de cette quantité énorme d'informations dans le but, par exemple, d'en transmettre à des élèves une vision à la fois synthétique et opérationnelle. Il est fort possible que la maîtrise de cette énorme quantité d'informations passe de plus en plus par la connaissance et l'utilisation de méthodes informatiques de recherche, d'exploitation, et de tri des données et des connaissances, grâce à des procédés automatiques de **fouille de données** ou de **fouille de textes.**

Par ailleurs, les progrès à attendre dans les prochaines années proviendront vraisemblablement de **la puissance des analyses de type –omique** (génomique, transcriptomique, protéomique, métabolomique), comme cela a été déjà mentionné dans l'Introduction, de la finesse de ces analyses au niveau d'un type cellulaire unique ou même d'une cellule unique, et des capacités d'intégration de ces données cellulaires à l'échelle du tissu, de l'organisme ou de la communauté d'organismes, par des méthodes de bioinformatique et de modélisation. **Ces approches intégratives**, connues sous le nom de **Biologie des systèmes** (« *Systems biology* », Palsson, 2006), sont en plein développement, aussi bien dans leurs aspects comparatifs, par **méta-analyse**, que dans leurs aspects prédictifs, par **modélisation**, qui mettent en jeu de nombreux **outils bioinformatiques et biomathématiques.** En parallèle, la découverte continue de gènes nouveaux exigera un effort accru de caractérisation de ces gènes et de leurs produits par des méthodes ciblées de biochimie et de biologie moléculaire. Il est probable que cet effort de caractérisation aboutira à **une vision plus complète et plus complexe des fonctions et des interactions des ARN et des protéines**. La découverte récente que certaines protéines possèdent à la fois des fonctions enzymatiques, métaboliques et des fonctions de régulation de l'expression génétique (Hall et coll., 2004 ; Takeda et coll., 2009) ouvre de larges perspectives de recherche pour la compréhension de l'**interactome cellulaire**.

Il est donc imaginable que, dans un avenir proche, l'effort individuel de mise à jour continuelle des connaissances en biologie et en physiologie dépendra fortement de la maîtrise des méthodes et des techniques de l'**informatique** et de la **bioinforma-**

tique. Ces compétences devront un jour être acquises directement par les élèves et les étudiants dans le cadre de cours prévus à cet effet et dans le cadre de l'évolution du contenu des enseignements dans les lycées et les universités. En attendant, les enseignants et les étudiants actuels de biologie qui n'ont pas suivi de tels cours devront acquérir ces compétences par eux-mêmes, ou pour le moins, se familiariser avec les principes de ces méthodes.

Il faut cependant aussi souligner que la fouille automatique de données et de texte ne peut pas suffire à construire des **visions synthétiques.** L'analyse individuelle des données sélectionnées et la réflexion sur ces données resteront toujours fondées sur **la culture scientifique**, sur **la curiosité intellectuelle**, et sur **la créativité**. En effet, le simple automatisme de la fouille de données et de texte ne peut en soi produire ni connaissance nouvelle, ni compréhension des processus, ni méthode de transmission des savoirs (Allen, 2001).

L'enseignant en poste ou la personne chargée de conférences et de séminaires en direction du grand public devront couramment faire face à des questions spontanées des élèves ou du public sur des points touchant leur quotidien, leur vie individuelle, la vie de leurs proches, ou la société toute entière. D'un côté, l'analyse des mécanismes cellulaires et moléculaires présente une certaine abstraction et un certain décalage par rapport aux questions du quotidien, mais il est très difficile de rester confiné dans cette abstraction. Il est clair en effet, comme cela a été souvent indiqué dans les introductions et les conclusions des chapitres de cet ouvrage, que tous les mécanismes cellulaires et moléculaires ont d'énormes incidences en termes écologiques, agronomiques, biotechnologiques, biomédicaux, et même sociétaux. C'est ainsi le cas, par exemple, des mécanismes ayant trait à l'obésité (chapitre 2.2, partie I), au SIDA (chapitre 6.1, partie III) ou à la cancérogénèse (chapitre 6.2, partie III) L'enseignant peut donc être confronté à des problèmes de prise de parole, d'expertise et d'engagement qu'il serait sans doute important d'expliciter dans **une éthique de la transmission des savoirs,** non seulement au niveau scientifique général, mais aussi, spécifiquement, dans le domaine de la biologie et de la physiologie.

L'enseignant de biologie et de physiologie saura ainsi généralement sans difficulté exprimer son incompétence à porter un jugement médical sur telle ou telle question posée par un élève ou un étudiant, mais, dans d'autres situations, il peut être délicat de définir des limites à l'affirmation de sa propre expertise. Ainsi, l'enseignant de biologie et de physiologie peut être couramment interpellé sur des questions biotechnologiques ou biomédicales dites questions vives (Legardez et Alpe, 2001), telles que les organismes génétiquement modifiés ou les thérapies géniques. Dans de tels cas, il pourra être important que l'enseignant sache dire, avec clarté et avec humilité, **les limites respectives de ses connaissances scientifiques et de ses opinions politiques et citoyennes**. Malheureusement, dans l'état actuel des systèmes de formation et de concours, l'enseignant confronté à de telles situations devra faire appel à ses propres connaissances et à ses propres principes scientifiques et éthiques. Ainsi, on ne peut qu'inciter les enseignants et les personnes amenées à présenter des conférences scientifiques auprès du grand public à **se former dès à présent aux questions d'éthique et d'interactions entre les sciences biologiques et la société**. À plus long terme, il sera important que les formations en biologie et en physiologie intègrent **la mise en place de cours spécifiques d'histoire, d'épistémologie et d'éthique de la biologie**.

Les développements à venir de la biologie, qui ont été mentionnés ci-dessus, risquent d'exacerber l'importance prise par les conditionnements génétiques dans l'imaginaire collectif. Ainsi, **l'amplification des moyens d'analyse –omique**, dont on a vu l'importance pour l'analyse cellulaire individuelle, pourra aussi s'appliquer à l'étude de la biodiversité, y compris à l'étude de la biodiversité intra-spécifique humaine. Des compagnies privées proposent déjà des services de **séquençage de génome individuel**, dans le but de révéler des **marqueurs génétiques** liés à des maladies ou à des performances particulières.

L'étude des mécanismes cellulaires et moléculaires se trouvera nécessairement au cœur des débats qui suivront ces développements, car ces mécanismes sont totalement ancrés à la fois dans **les structures et les informations génétiques,** autrement dit dans le **génotype**, et dans la réalisation de ces informations sous formes d'ARNs, de protéines, d'assemblages supra-moléculaires et de métabolites, autrement dit dans le **phénotype cellulaire**. La biologie et la physiologie cellulaires et moléculaires sont ainsi à la fois la justification ultime de **l'importance des marqueurs génétiques** dans le développement de pathologies ou de performances particulières, et en même temps, la démonstration que **l'expression des informations génétiques** présente un foisonnement extraordinaire de niveaux de régulation (transcription, maturation, ARNi, régulations post-traductionnelles, ...) et que ces régulations présentent **une extraordinaire plasticité** en relation avec les conditions nutritionnelles et environnementales. On peut par ailleurs souligner que de très nombreuses découvertes récentes en biologie et physiologie cellulaires et moléculaires, que ce soit sur des cellules-modèle telles que la levure ou sur des cellules humaines, sont liées directement à la compréhension de **la complexité de cette plasticité**.

Il n'échappera à personne que les enjeux philosophiques, éthiques, politiques et sociétaux de l'importance relative donnée au conditionnement génétique et à la plasticité sont énormes. La biologie et la physiologie cellulaires et moléculaires seront au cœur de ces enjeux. Les enseignants et les personnes amenées à présenter des conférences scientifiques auprès du grand public dans ces domaines se retrouveront au cœur de ce débat difficile.

Bibliographie

Ouvrages

ALBERTS B., BRAY D., HOPKIN K., JOHNSON A., LEWIS J., RAFF M., ROBERTS K. et WALTER, P. L'essentiel de la Biologie Cellulaire, Médecine-Sciences Flammarion, 2e édition, 2005.

ALBERTS B., JOHNSON A., LEWIS J., RAFF M., ROBERTS K. et WALTER P. Molecular biology of the cell, Fifth edition, Garland Science Textbooks, 2007.

AUGERE B. Les enzymes, biocatalyseurs protéiques, Ellipses, 2001.

AZCON-BIETO J. et TALON M. Fundamentos de Fisiología Vegetal, McGraw-Hill interamericana, 2000.

BERTHET J. Dictionnaire de biologie, De Boeck, 2006.

BUCHANAN B.B., GRUISSEM W. et JONES R.K. Biochemistry and molecular biology of plants, American Society of Plant Physiologists, 2001.

CALLEN J.C. et PERASSO R. Biologie cellulaire, des molécules aux organismes, Dunod, 2005.

CAU P. et SEITE R. Cours de biologie cellulaire, Ellipses, 2007.

COMBARNOUS Y. Communications et signalisations cellulaires, TEC et DOC, Lavoisier, 2004.

COOPER G.M. La cellule, une approche moléculaire, De Boeck, 1999.

DE FRANCO A., ROBERTSON R. et LOCKSLEY M. Immunité, la réponse immunitaire dans les maladies infectieuses et inflammatoires, De Boeck, 2009.

DENNIS T.D. Plant physiology, biochemistry and molecular biology, Longman, 1992.

DURLIAT G., Biochimie Structurale, Diderot Editeur, 1997.

ESPINOSA E. & CHILLET P., Immunologie, Ellipses, 2006.

GILBERT S.F. Biologie du développement 2e édition, De Boeck, 2004.

GILLES R. Physiologie animale, De Boeck, 2006.

GOLDSBY R. Immunologie, le cours de Janis Kuby, Dunod, 2001.

GOURRET J.P. Microscopie électronique, Université de Rennes 1, ENESAD, CNERTA, 3e édition, 1997.

GRIFFITHS A.J.F, WESSLER S., GELBART W.M., LEWONTIN R.C., MILLER J.H. et SUZUKI D.T. Introduction à l'analyse génétique, De Boeck, 2006.

HARTL D. et JONES E. Génétique, les grands principes, Dunod, 3e édition, 2003.

HEATH J.W., LOWE J., STEVENS A., WHEATER P.R. et YOUNG B. Atlas d'histologie fonctionnelle de Wheater, 2e edition, De Boeck, 2008.

HELLER R. Physiologie Végétale : 1. Nutrition, Masson, 1998.

HELLER R. Physiologie Végétale : 2. Développement, Masson, 2000.

KARP G. Biologie cellulaire et moléculaire, De Boeck, 2004.

LEGARDEZ A. L'école à l'épreuve de l'actualité, enseigner les questions vives, ESF éditeur, 2006.

LEHNINGER A.L., NELSON D.I. et COX M.M. Principes de biochimie, Flammarion Médecine Sciences, 1998.

LODISH F., BERK A., MATSUDAIRA P., KAISER C.A., KRIEGER M., SCOTT M.P., ZIPURSKY S.L. et DARNELL J. Biologie moléculaire de la cellule, De Boeck Université, 2005.

MARIEB E.N. Biologie humaine – Principes d'anatomie et de physiologie, De Boeck, 1993.

MEYER S., REEB C. et BOSDEVEIX R. Botanique – Biologie et physiologie végétales, Maloine, 2004.

MOROT-GAUDRY J.F. Biologie végétale : nutrition et métabolisme, Dunod, 2009.

MOUSSARD C. Biochimie structurale et métabolique, De Boeck, 2006.

MOUSSARD C. Biologie moléculaire et biochimie des communications cellulaires, De Boeck, 2005.

MURRAY R., GRANNER D. et RODWELL V. Biochimie de Harper, De Boeck, 2002 et 2008.

NEIDHART F.C., INGRAHAM J.L. et SCHAECHTER M. Physiologie de la cellule bactérienne : une approche moléculaire, Masson, 1994.

PALSSON B.O. Systems biology, Cambridge University Press, 2006.

PEYCRU P. Biologie « Tout-en-un » BCPST 1re année, Dunod, 2006.

PICHERAL B. et RICHARD J. Documents de microscopie électronique, Publications de l'INRAP, 1987.

POLLARD T.D. et EARNSHAW W.C. Biologie cellulaire, Elsevier Masson, 2004.

PRESCOTT M.L., HARLEY J.P. et KLEIN D.A. Microbiologie, De Boeck, 2003.

PURVES D. Neurosciences, 3e édition, 2005.

ROSSIGNOL J.L., BERGER R., DEUTSCH J., FELLOUS M., LAMOUR-ISNARD C., OZIER-KALOGEROPOULOS O., PICARD M. et DE VIENNE, D. Génétique, gènes et génomes, Dunod, 2000.

SCHECHTER E. Biochimie et biophysique des membranes – aspects structuraux et fonctionnels, Masson, 2002.

STRYER L., BERG J.M. et TYMOCZKO J.L., Biochimie 6e édition, Médecine-Sciences Flammarion, 2008.

TAGU D. et MOUSSARD C. Principe des techniques de biologie moléculaire, 2e édition, INRA éditions, 2006.

TERZIAN H. Les virus, Diderot-Multimédia, 1998.

TORTORA G.J., DERRICKSON B., Principes d'anatomie et de physiologie, 4e édition, De Boeck, 2007.

VOET D. et VOET J.G. Biochimie, De Boeck Université, 2005.

WEIL J.-H. Biochimie générale, Dunod, 2001.

WOLPERT L. Biologie du développement : les grands principes, Dunod, 2000.

YON-KAHN J. et HERVE G. Enzymologie moléculaire et cellulaire, EDP Sciences, 2005.

ZUBAY G. Biochemistry, Mac Millan Publication, 2004.

Articles scientifiques spécialisés

ABBEY J.L., O'NEILL H.C. Expression of T-cell receptor genes during early T-cell development, Immunology and cell biology, 86, 166-174, 2008.

ALLEN J.F. In silico veritas, EMBO reports, 21, 542-544, 2001.

AVERY O.T., MACLEOD C.M. et McCARTY M. Studies on the chemical nature of the substance inducing transformation of pneumococcal types, Journal of Experimental Medecine, 79, 137-U32, 1944.

BADESCU G.O. et NAPIER R.M. Receptors for auxin : will it all end in TIRs ?, Trends in Plant Science, 11, 217-223, 2006.

BENMERAH A. et LAMAZE C. Endocytose : chaque voie compte !, Médecine-Sciences, 18, 1126-1136, 2002.

BLANCHARD J.M. Des oncogènes aux régulateurs de la mitose : un changement de perspective dans notre vision des processus cancéreux, Médecine-Sciences, 19, 187-199, 2003.

BOUVET P. et HUGO N. Assemblage des complexes ribonucléoprotéiques, Médecine-Sciences, 19, 1271-1279, 2003.

BOUVIER M., LAPORTE S.A., LAGACÉ, M., CARON, M.G. Echafaudages protéiques et signalisation modulaire via les récepteurs à sept domaines transmembranaires : au-delà des protéines G, Médecine-sciences, 16, 644-651, 2000.

BOWN A.W. et NICHOLLS F. An investigation into the role of photosynthesis in regulating ATP levels and rates of H+ efflux in isolated mesophyll cells, Plant Physiology, 79, 928-934, 1985.

BREIVIK J. The evolutionary origin of genetic instability in cancer development, Seminars in Cancer Biology, 15, 51-60, 2005.

BROUTIN I., DUCRUIX A. Domaines structuraux et signalisation, Médecine-sciences, 16, 611-616, 2000.

CAMIER S. et SERAPHIN B. Détruisez ce message (ARN) après l'avoir lu !, Médecine-Sciences, 23, 850-856, 2007.

CARROLL S.L., KLEIN M.G. et SCHNEIDER M.F. Decay of calcium transients after electrical stimulation in rat fast- and slow-twitch skeletal muscle fibres, Journal of Physiology, 501, 573-588, 1997.

CERVENY K.L. et coll. Regulation of mitochondrial fusion and division, Trends in cell biology, 17, 563-569, 2007.

CHOE H. et coll. The β-chemokine receptors CCR3 and CCR5 Facilitate Infection by Primary HIV-1 Isolates, Cell, 85, 1135-1148, 1996.

COLLINS K.L. Resistance of HIV-infected cells to cytotoxicity T lymphocytes, Microbes and Infection, 6, 494-500, 2004.

COLLINS L.J. et PENNY D. The RNA infrastructure : dark matter of the eukaryotic cell ?, Trends in genetics, 25, 120-128, 2009.

COSTA F., Non-coding RNAs, epigenetics and complexity, Gene, 410, 9-17, 2008.

COUEE I., DEFONTAINE S., CARDE J.P. et PRADET A. Effects of anoxia on mitochondrial biogenesis in rice shoots, Plant Physiology, 98, 411-421, 1992.

DASCHNER K., COUEE I. et BINDER S., The mitochondrial Isovaleryl-Coenzyme A dehydrogenase of Arabidopsis oxidises intermediates of Leucine and Valine catabolism, Plant Physiology, 126, 601-612, 2001.

DIZHOOR A.M., et coll. Cloning, sequencing and expression of a 24-kDa Ca^{2+}-binding Protein Activating photoreceptor guanylyl cyclase, The Journal of Biological Chemistry, 270, 25200-25206, 1995.

DUVAL A. et HAMELIN R. Réparation des erreurs de réplication, microsatellites et cancer, Médecine-Sciences, 19, 55-62, 2003.

FAURE J.D., MEYER C. et CABOCHE M. Assimilation du nitrate : nitrate et nitrite réductase, In Assimilation de l'azote chez les plantes, Morot-Gaudry J.F., éditeur, INRA-Edition, pp. 45-66, 1997.

FIALHO A.M. et coll. Beyond host-pathogen interactions : microbial defense strategy in the host environment, Current Opinion in Biotechnology, 18, 279-286, 2007.

FREYSSINET J.M., MARTINEZ M.C. et KUNZELMANN C. Remodelage de la membrane plasmique et stimulation cellulaire, Médecine-sciences, 20, 197-206, 2004.

GALLI T., MARTINEZ-ARCA S. et PAUMET F. Mécanisme de la fusion membranaire, Médecine-sciences, 18, 1113-1119, 2002.

GARREC J.P. et coll., Cires épi- et intracuticulaires : étude de leur séparation, de leurs caractéristiques chimiques et de leurs rôles respectifs dans la perméabilité cuticulaire, Environmental and Experimental Botany, 35, 399-409, 1995.

GILKEY J.C., JAFFE L.F., RIDGWAY E.B. et REYNOLDS G.T. A free calcium wave traverses the activating eff of the medaka, Oryzias latipes, J. Cell Biol., 76, 448-466, 1978.

GILLET R et FELDEN B. Lost in translation : le déblocage des ribosomes bactériens par le mécanisme de trans-traduction, Médecine-Sciences, 23, 633-639, 2007.

GLISOVIC T. et coll. RNA-binding proteins and post-transcriptional gene regulation. FEBS Letters, 582, 1977-1986, 2008.

GRIMBERG A., P53 and IGFBP-3 : apoptosis and cancer protection, Molecular Genetics and Metabolism, 70, 85-98, 2000.

GUISSOUMA H, DUPRE S.M. et DEMENEIX B.A. Répression transcriptionnelle du gène TRH. Médecine-Sciences, 21, 854-859, 2005.

GUNTER K.K. et GUNTER T.E. Uptake of calcium by mitochondria : transport and possible function, IUBMB life , 52, 197-204, 2001.

HALL D.A. et coll. Regulation of gene expression by a metabolic enzyme, Science, 306, 482-484, 2004.

HALLER O., KOCHS G. et WEBER F. The interferon response circuit : introduction and suppression by pathogenic viruses, Virology, 344, 119-130, 2006.

HAOUZI D. et KROEMER G. Les mitochondries : organisatrices du suicide cellulaire, exécutrices de la cytothanatose, Médecine-sciences, 17, 225-228, 2001.

HARROLD J. et coll. The development of Ca^{2+} channel response and their coupling to exocytosis in cultured cerebellar granule cells, Neurosciences, 77, 683–694, 1997.

HIRANO K. et coll. GID1-mediated gibberellin signaling in plants, Trends in Plant Science, 13, 192-199, 2008.

HUMMEL I. Implication des polyamines dans le développement précoce sous contraintes environnementales chez les crucifères *Pringlea antiscorbutica*, espèce endémique subantarctique, et *Arabidopsis thaliana*, espèce modèle, Thèse de doctorat de l'Université de Rennes 1, 2004.

JIAO Y., SUN LAU O. et DENG X.W. Light-regulated transcriptional networks in higher plants, Nature reviews in genetics, 8, 217-230, 2007.

KUZNETSOV Y.G. et coll. Atomic force Microscopy Investigation of Human Immunodeficiency Virus (HIV) and HIV-Infected Lymphocytes, Journal of Virology, 77, 11896-11909, 2003.

LAVOIE B. et coll.. Polarité cellulaire et localisation intracellulaire des ARNm de l'actine, Médecine-Sciences, 20, 539-543, 2004.

LECUYER E. Le code de localisation des ARNm se révèle, Médecine-Sciences, vol 24, 350-351, 2008.

LEE H.G. et coll. Inhibitory effect of jaceosidin isolated from *Artemisia argyi* on the function of E6 and E7 oncoproteins of HPV 16, Journal of Ethnopharmacology, 98, 339-343, 2005.

LEGARDEZ A., ALPE Y. La construction des objets d'enseignements scolaires sur des questions socialement vives : problématisation, stratégies didactiques et circulation des savoirs. *Actes du 4e Congrès International AECSE « Actualité de la recherche en éducation et formation »*, Lille (2001.

LETVIN N. Immunopathogenesis and immunotherapy in AIDS virus infection, Nature Medecine, 9, 861-866, 2003.

LI SUI M.D. et coll. Implication of malignancy and prognosis of p27, cyclin E and cdk2 expression in epithelial ovarian tumors, Gynecologic Oncology, 83, 56-63, 2001.

MAHLO R., READ N.D., PAIS M.S. et TREWAVAS A.J. Role of cytosolic free calcium in the reorientation of pollen tube growth, The Plant Journal, 5, 331-341, 1994.

MANOLI I. et coll. Mitochondria as key components of the stress response, Trends in endocrinology and metabolism, 18, 190-198, 2007.

MAY-PANLOUP P., CHRETIEN M.F., MALTHIERY Y. et REYNIER P. Mitochondries et reproduction, Médecine-sciences, 20, 719-783, 2004.

MCBRIDE H.M. et coll. Mitochondria more than just a powerhouse, Current Biology,16, R551-R560, 2006.

MCCORMACK J.G. et DENTON R.M. Physiological role of Ca^{2+} transport by mitochondria, Nature, 315, 635, 1985.

McDONALD D. et coll. Recruitment of HIV and its receptors to dendritic cell-T cell junctions, Science, 300, 1295-1298, 2003.

McDOWELL J.M. et coll. Molecular diversity at the plant-pathogen interface, Developmental and Comparative immunology, 32, 736-744, 2008.

NUDLER E. et MIRONOV A.S. The riboswitch control of bacterial metabolism, Trends in Biochemical Sciences, 29, 11-17, 2004.

RAMEL F., SULMON C., BOGARD M., COUÉE I. et GOUESBET G. Differential dynamics of reactive oxygen species and antioxidative mechanisms during atrazine injury and sucrose-induced tolerance in *Arabidopsis thaliana* plantlets, BMC Plant Biology, 9, 28, 2009.

RODRIGUEZ M.S. et coll. Nuclear export of RNA, Biology of the cell, 96, 639-655, 2004.

ROLLAND F., BAENA-GONZALEZ E. et SHEEN J. Sugar sensing and signalling in plants : conserved and novel mechanisms, Annual Review of Plant Biology, 57, 675-709, 2006.

ROLLAND F., WINDERICKX J. et THEVELEIN J.M. Glucose-sensing mechanisms in eukaryotic cell, Trends in Biochemical Sciences, 26, 310-317, 2001.

ROSENBERG L.E. Legacies of Garrod's brilliance. One hundred years – and still counting, Journal of Inheritable Metabolic Diseases, 31, 574-579, 2008.

SCHUMAKER K.S. et SZE H. I. Inositol 1,4,5-trisphosphate releases Ca2+ from vacuolar membrane vesicles of oat roots. The Journal of Biological Chemistry, 262, 3944-3946, 1987.

SCOTT J. et PAWSON T. La communication dans les cellules, Pour la science, 274, 50-56, 2000.

SENNER S. et BROCKDORFF N. Xist gene regulation at the onset of X inactivation, Current Opinion in Genetics & Development, 19, 122–126, 2009.

SINGER S.J. et NICOLSON G.L. The fluid mosaic model of the structure of cell membrane, Science, 175, 720-731 (1972).

SPETH E.B. et coll. Pathogen virulence factors as molecular probes of basic plant cellular functions, Current Opinion in Plant Biology, 10, 580-586, 2007.

TAKEDA K. et coll. Mitochondrial phosphoglycerate mutase 5 uses alternate catalytic activity as a protein serine / threonine phosphatase to activate ASK1, Proc. Natl. Acad. of Sci. USA, 106, 12301-12305, 2009.

TEMPEL S. et coll. Domain organization within repeated DNA sequences, Bioinformatics, 22, 1948-1954, 2006.

TEXIER-VIDAL A., Les compartiments membranaires de la cellule eucaryote, Médecine-Sciences, 18, 1004-1011, 2002.

WATSON J.D. et CRICK F.H.C., Molecular structure of nucleic acids - a structure for deoxyribose nucleic acid, Nature, 171, 737-738, 1953.

WINGLER A., LEA P.J., QUICK W.P. et LEEGOOD R.C. Photorespiration : metabolic pathways and their role in stress protection, Philos Trans R Soc Lond B Biol Sci, 355, 1517-1529, 2000.

Sites internet

JURY D'AGREGATION SCIENCES DE LA VIE ET DE LA TERRE, http://pedagogie.ac-limoges.fr/agreg-sv-stu

JURY DE CAPES SCIENCES DE LA VIE ET DE LA TERRE, http://svt-capes.scola.ac-paris.fr/

NOBEL FUNDATION, http://nobelprize.org/

TLFI « Trésor de la langue française informatisé », http://atilf.atilf.fr/tlf.htm, CNRS, Université Nancy 2, Université Henri Poincaré Nancy 1.

UFR (Unité de formation et de recherche) des Sciences de la Vie de l'université Pierre et Marie Curie, http://www.snv.jussieu.fr

biologie

Glossaire

Ce glossaire est principalement consacré au rappel et à l'éclaircissement d'abréviations utilisées dans le texte.

A

ABA
Acide abscissique

ACE
Enzyme de conversion de l'angiotensine I en angiotensine II

ACh
Acétylcholine

ACTH
AdrenoCortico Tropic Hormone

ADH
Hormone Anti-Diurétique ou vasopressine

AMPc
Adénosine monophosphate cyclique

Apaf-1
Apoptotic protease activating factor-1

ARF
Auxin-Response Factor

ARF1
GTPase de la famille Arf

ARNO
Arf nucleotide-binching site opener

B

BCR
Récepteur membranaire des lymphocytes B

C

CAM
Molécule d'adhésion cellulaire

CD4
Cluster de différenciation 4, glycoprotéine membranaire des lymphocytes T4

CGRP
Calcitonin gene related peptide

Chl
Chlorophylle

CMH
Complexe majeur d'histocompatibilité

CNRS
Centre national de la recherche scientifique

CRH
Corticotropin Releasing Hormone

D

DAG
Diacyl glycérol

E

EGF
Epidermal growth factor ou facteur de croissance épidermique

ELISA
Enzyme-linked immunosorbent assay

ERO
Espèce réactive de l'oxygène

F

FSH
Follicle-Stimulating Hormone

G

GA
Gibberellic acid, acide gibbérellique, gibbérellines, une des classes de phytohormones

GABA
Acide gamma-aminobutyrique

GAP
P21-ras-GTPase activating protein

GF
Growth factor

GH
Growth hormone

GMPc
Guanosine monophosphate cyclique

Gln
Glutamine

Glu
Glutamate

GLUT
Transporteur du glucose

GnRH
Gonadotropin Releasing hormone

Gp 120 et 41
Glycoprotéines 120 et 41

GR
Récepteur aux glucocorticoïdes

Grb2
Growth factor receptor bound protein 2

GS
Glycogen synthase

H

Hsp
Heat shock protein

I

IL
Interleukine

IMP
Isopropyl iodoamphetamine

INF
Interféron

INRA
Institut national de la recherche agronomique

INSERM
Institut national de la santé et de la recherche médicale

IP3
Inositol 1,4,5-trisphosphate

IRS
Insulin receptor substrate

L

LB
Lymphocyte B

LDL
Low density lipoprotein

LH
Luteinizing Hormone

LPS
Lipopolysaccharide

LRR
Répétitions riches en leucine

LT
Lymphocyte T

M

MAPK
Mitogen activated protein kinase

MET
Microscopie électronique à transmission

MPP
Mitochondrial processing protease

MRP2
Multidrug resistant associated protein 2

α-MSH
α-Melanocyte Stimulating Hormone

N

NB
Nucleotide-binding

NiR
Nitrite réductase

NK
Natural Killer

NPC
Nuclear pore complex

NR
Nitrate réductase

NSF
N-ethylmaleimide-sensitive fusion protein

O

OAA
Oxaloacétate

OGM
Organisme génétiquement modifié

P

p53
Suppresseur de tumeur

PA
Potentiel d'action

pb
Paire de bases

PDK
Phosphoinositide dependent kinase

PGA
Acide phosphoglycérique

PIF
Prolactin Inhibiting Factor

PIP3
Phosphatidylinositol 3,4,5-trisphophate

PK
Protéine-Kinase

PLA2
Phospholipase A2

PLC
Phospholipase C

POMC
Pro-Opio-Melano-Cortin

PRF
Prolactin Releasing factor

PTH
Parathormone

R

RBP
RNA Binding Protein

RCPG
Récepteur couplé à une protéine G

RE
Réticulum endoplasmique

RLK
Recepto like kinase

RNP
Ribonucleoprotein

ROS
Reactive oxygen species, ERO en français

RS
Réticulum sarcoplasmique

S

SBG
Parcours universitaire Systèmes biologiques et géologiques

SDS
Sodium dodecylsulfate, détergent anionique

SH2
Src homology 2

SHAM
Acide salicylhydroxamique, inhibiteur de la chaîne respiratoire alterne des mitochondries végétales

SNAP
Protéines solubles d'attachement au NSF

SNARE
SNAP receptor

SNC
Système Nerveux Central

Src
Oncogène codant pour une tyrosine kinase à l'origine du sarcome des poules

SRIF
Somatotropin release Inhibiting Factor

SRP
signal recognition particle

STE2
Le gène STE code pour une protéine qui se fixe sur une séquence ADN sensible aux phéromones chez la levure

SVT
Parcours universitaire Sciences de la Vie et de la Terre

T

T3
Tri-iodo-thyronine

T4
Tétra-iodo-thyronine ou tyroxine

TCD
Tube contourné distal du néphron

TCR
Récepteur membranaire des lymphocytes T

TIM
Translocase of the inner membrane

TGF
Transforming growth factor

TNF
Tumor necrosis factor

TOM
Translocase of the outer membrane

TSH
Thyroid Stimulating Hormone

U

Ub
Ubiquitine
Polypeptide de régulation de la protéolyse

UCP
Uncoupling protein ou protéine découplante

UMR
Unité mixte de recherche

UV
Ultraviolet

V

VIP
Vasoactive intestinal peptide

VMT
Virus de la mosaïque du tabac

Index

Mise en page : Compo-Méca sarl
64990 Mouguerre